Marc Fengel

Die zukunftssichere Elektroinstallation

Marc Fengel

Die zukunftssichere Elektroinstallation

Ein Leitfaden zur regelkonformen Errichtung von PV-Systemen, stationären Speichern und Ladeinfrastrukturen

2., überarbeitete und erweiterte Auflage

VDE VERLAG GMBH

ICS 29.020; 29.015; 27.160

Bibliografische Information der Deutschen Nationalbibliothek
Die Deutsche Nationalbibliothek verzeichnet diese Publikation in der Deutschen Nationalbibliografie; detaillierte bibliografische Daten sind im Internet über https://portal.dnb.de abrufbar.

ISBN 978-3-8007-6142-5 (Buch)
ISBN 978-3-8007-6143-2 (E-Book)

Titelmotiv: Hintergrund - ©lassedesignen - stock.adobe.com; Ladestecker - ©OrthsMedien - stock.adobe.com

Satz: Reemers Publishing Services GmbH, Krefeld
Druck: Medienhaus Plump GmbH, Rheinbreitbach
Printed in Germany 2023-09

Vorwort

Neben den klassischen Themen der Elektroinstallation spielen zukunftsfähige Elektroinstallationen, z. B. dezentrale Energieerzeuger, Stromtankstellen für Elektrofahrzeuge, Energieeffizienz und smarte Installation sowie Niederspannungsgleichstrominstallationen bei Errichtern, Geräteherstellern und Betreibern eine immer größer werdende Rolle.

Mit dem Einzug der Energiewende in Haushalten kamen zudem Plug-in-PV-Anlagen und Heimspeicher auf den Markt, die der Laie ohne Hilfe von Werkzeug einfach über eine Steckvorrichtung in Betrieb nehmen konnte, ohne sich der Risiken beim Mischbetrieb von Endstromkreisen bewusst zu sein.

Mit dem Einzug der Elektromobilität und dem Wegfall der Einspeisevergütungen bekommt das Thema Photovoltaik wieder eine größere Bedeutung. Durch den Auslauf der Einspeisevergütung und der Förderung von Speichern und aufgrund der politisch motivierten Etablierung der Elektromobilität steigt die Nachfrage hinsichtlich der Integration von Speichern und damit einher geht eine Erhöhung der Eigenverbrauchsquote selbst erzeugter elektrischer Energie. Dies stellt Planer, Errichter und Betreiber sowohl bei neuen Anlagen als auch bei der Erweiterung bestehender Anlagen vor neue Herausforderungen.

Was mir persönlich durch die ganze Aufmerksamkeit auf den erneuerbaren Energien verloren geht, ist die Sensibilität hinsichtlich der Einhaltung der elektrotechnischen Normen sowie die Vielzahl an Gefährdungen und die einzuhaltenden Regeln der Technik. Im Rahmen meiner Tätigkeit als Sachverständiger werde ich regelmäßig bei Fragestellungen bei der Errichtung und dem Betrieb von Photovoltaikanlagen herangezogen, um Klarheit zu schaffen. Dabei stellt sich jedes Mal heraus, dass – obwohl Photovoltaikanlagen einen relativ geringen Anteil an der gesamten elektrischen Anlage haben – diese bei fehlerhafter Planung und Ausführung die elektrische Anlage, den baulichen Brandschutz, Blitz- und Überspannungsschutz sowie weitere auch sicherheitsrelevante Anlagen der Gebäudetechnik beeinträchtigen können.

Als Sachverständiger merke ich im regelmäßigen Austausch mit Kollegen, Kunden und in Normungskreisen, dass mittlerweile für die Ausübung des klassischen Elektrohandwerks ein Blick über den Tellerrand hinaus unausweichlich ist. Sicher, mit diesem Buch ist das Thema bei weitem nicht ausgeschöpft. Es soll Planern, Errichtern und Betreibern sowie Sachverständigen einen Überblick über die sicherheitstechnischen Aspekte von Ladeinfrastrukturen, Photovoltaikanlagen und Speichern geben.

Danken möchte ich Herrn Bernd Schultz vom Lektorat Elektrotechnik/Elektrohandwerk des VDE Verlags für die Unterstützung dieses Projekts. Mein Dank gilt auch meinen Kolleginnen und Kollegen für die interessanten Anregungen zu diesem Buch. Ich bedanke mich auch bei allen Unterstützern und Herstellern für das zur Verfügung gestellte Bildmaterial. Besonderer Dank gilt meinem familiären und privaten Umfeld, das mir durch Verzicht an meiner Person den Rücken für die notwendigen Schreibarbeiten freihielt und damit erst dieses Buch ermöglichte.

Ich wünsche Ihnen viel Spaß beim Lesen.

Karlsruhe, Herbst 2023 *Marc Fengel*

Zum Autor

Marc Fengel (M. Eng. Dipl.-Ing. (FH)) ist ausgebildeter Elektroinstallateur und studierte an der Hochschule Karlsruhe Energie- und Automatisierungstechnik. Nach dem Masterabschluss im Bereich Elektrotechnik mit der Vertiefungsrichtung Erneuerbare Energien war er für die technische Betriebsführung von Solarparks zuständig.

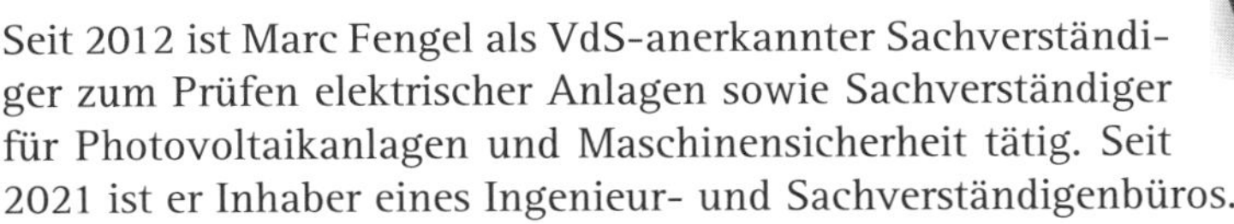

Seit 2012 ist Marc Fengel als VdS-anerkannter Sachverständiger zum Prüfen elektrischer Anlagen sowie Sachverständiger für Photovoltaikanlagen und Maschinensicherheit tätig. Seit 2021 ist er Inhaber eines Ingenieur- und Sachverständigenbüros.

Neben seiner Tätigkeit engagiert er sich in Arbeitskreisen der elektrotechnischen Normung beim DKE/VDE, u. a. in den Arbeitskreisen AK 221.1.6, AK 221.5.2, AK 221.5.4 und AK 211.5.5, ist als Dozent in der Meisterausbildung und ist als Fachautor tätig.

kontakt@sv-fengel.de

https://sv-fengel.de/

Inhaltsverzeichnis

1 Anforderungen der Netzbetreiber

EnWG § 19 Technische Vorschriften, EnWG § 49, EnWG, TAB, NAV

Betreiber von Elektrizitätsversorgungsnetzen sind nach EnWG § 17 verpflichtet, die Bedingungen für den Netzanschluss von Erzeugungsanlagen, Anlagen mit Speicherung sowie Anlagen, die direkt an der Kundenanlage zur Stromentnahme vorgesehen sind, festzulegen. Hierfür hat der Netzbetreiber die von ihm festgelegten Mindestanforderungen in Form der TAB (Technischen Anschlussbedingungen) öffentlich zugänglich zu machen. Diese umfassen auf Grundlage § 18 (3) EnWG Anforderungen an die Interoperabilität, die Netzverträglichkeit sowie an die technische Sicherheit. Für die Gewährleistung der technischen Sicherheit findet darüber hinaus EnWG § 49 Abs. 2 bis 4 Anwendung.

Elektrische Anlagen sind demnach so zu errichten und zu betreiben, dass die technische Sicherheit gewährleistet ist. Nach § 49 EnWG (2) wird die Einhaltung der allgemeinen anerkannten Regeln der Technik vermutet, wenn Anlagen zur Erzeugung, Fortleitung und Abgabe von Elektrizität gemäß der technischen Regeln des Verbandes der Elektrotechnik Elektronik Informationstechnik e. V. (kurz VDE) errichtet sind. Bei Anlagen oder Bestandteilen von Anlagen, die nach den in einem anderen Mitgliedstaat der Europäischen Union oder einem Vertragsstaat des Abkommens über den europäischen Wirtschaftsraum geltenden Regelungen oder Anforderungen rechtmäßig hergestellt und in den Verkehr gebracht wurden und die die gleiche Sicherheit gewährleisten, ist davon auszugehen, dass die Anforderungen nach Absatz 1 (§ 49 EnWG) an die Beschaffenheit der Anlagen erfüllt sind.

Anlagen oder Bestandteile von Anlagen gelten nach § 49 (3) EnWG ebenfalls als sicher in Übereinstimmung der Anforderungen nach § 49 Abs. 1, wenn diese nach in einem anderen Mitgliedsstaat der Europäischen Union oder einem Vertragsstaat des Abkommens über den Europäischen Wirtschaftsraum geltenden Regelungen und Anforderungen rechtmäßig hergestellt und in den Verkehr gebracht wurden. Damit gelten gemäß den europäischen Richtlinien in den Verkehr gebrachte Betriebsmittel, Anlagen und Anlagenteile unter der Voraussetzung des bestimmungsgemäßen Anschlusses sowie des bestimmungsgemäßen Betriebs in Übereinstimmung mit den geltenden Vorschriften als sicher.

Nach § 49 (4) EnWG ist das Bundesministerium für Wirtschaft ermächtigt, zur Gewährleistung der technischen Sicherheit, der technischen und betrieblichen Flexibilität von Erzeugungsanlagen sowie der Interoperabilität von öffentlich zugänglichen Ladeeinrichtungen für Elektromobile durch Rechtsvorschriften mit Zustimmung des Bundesrates u. a.

- Anforderungen an die technische Sicherheit dieser Anlagen, ihre Errichtung und ihren Betrieb festzulegen,
- behördliche Anordnungsbefugnisse festzulegen, insbesondere die Befugnis, den Bau und den Betrieb von Energieanlagen zu untersagen, wenn Anlagen nicht den in der Rechtsverordnung geregelten Anforderungen entsprechen,
- Anforderungen an die technische und betriebliche Flexibilität neuer Anlagen zur Erzeugung von Energie zu erlassen.

Die Niederspannungsanschlussverordnung – NAV regelt die Rechte und Pflichten zwischen Anschlussnehmer und Netzbetreiber. Sie wurde auf Grund § 18 Abs. 3, § 21b Abs. 1 Satz 1 sowie § 24 Satz 1 Nr. 1, 2 und 4 in Verbindung mit Satz 2 Nr. 2 und Satz 3, auch in Verbindung mit § 11 Abs. 2 und § 115 Abs. 1 Satz 2 des Energiewirtschaftsgesetzes erlassen.

Auf Grundlage der Niederspannungsanschlussverordnung – NAV § 1 Abs. 1 gelten die Technischen Anschlussbedingungen des jeweils zuständigen Netzbetreibers. Die Anforderungen gelten für Anlagen, die neu an das Verteilnetz angeschlossen, erweitert oder verändert werden.

Grundsätzlich sind Anschlüsse leistungsgerecht im Hinblick auf die gleichzeitig benötigte Leistung sowie entsprechend der angeschlossenen Betriebsmittel auszulegen. Der Netzbetreiber hat zum einen die benötigte elektrische Leistungs zur Verfügung zu stellen, zum anderen dürfen die Betriebsmittel die Netzstabilität nicht beeinträchtigen.

Erzeugungsanlagen bedürfen zudem nach (3) einer vorherigen Beurteilung und Zustimmung des Netzbetreibers.

Erzeugungsanlagen am Niederspannungsnetz sind seitens der Kundenanlage entsprechend den derzeit gültigen VDE-Bestimmungen zu errichten. Die sichere Errichtung wird zudem durch die Beschaffung entsprechender CE-konformer Betriebsmittel und Anlagenteile unter Voraussetzung der bestimmungsgemäßen Verwendung vermutet.

Nach NAV § 20 ist der Netzbetreiber berechtigt, in Form von technischen Anschlussbedingungen weitere für den sicheren und störungsfreien Betrieb relevante technische Anforderungen an den Netzanschluss und andere Anlagenteile sowie an den Betrieb festzulegen. Diese finden in den TAR Anwendung. Die Anforderungen müssen den allgemein anerkannten Regeln der Technik entsprechen. Der Netzbetreiber kann beim Anschluss bestimmter Verbrauchsgeräte die vorherige Zustimmung festlegen.

Nach NAV § 19 (3) hat der Anschlussnehmer oder -nutzer vor Errichtung einer Eigenanlage dies dem Netzbetreiber zu melden. Der Anschlussnehmer hat durch geeignete Maßnahmen sicherzustellen, dass von seiner Eigenanlage keine schädlichen Rückwirkungen in das Elektrizitätsversorgungsnetz möglich sind. Diesbezüglich ist der Netzbetreiber gemäß NAV § 20 zur Festlegung von technischen Anschlussbedingungen (TAB) berechtigt.

Im April 2019 wurde die neue Ausgabe der VDE-AR-N 4100:2019-04 „Technische Regeln für den Anschluss von Kundenanlagen an das Niederspannungsnetz und deren Betrieb (TAR Niederspannung)" veröffentlicht. Diese gilt parallel mit der VDE-AR-N 4105:2018-11 „Erzeugungsanlagen am Niederspannungsnetz – Technische Mindestanforderungen für Anschluss und Parallelbetrieb von Erzeugungsanlagen am Niederspannungsnetz". Beide Anwendungsregeln sind bei Neuerrichtung, Erweiterung und wesentlicher Änderung ab 27.04.2019 verbindlich auf Grundlage von § 19 des Energiewirtschaftsgesetzes (kurz: EnWG) anzuwenden. Die folgenden Regelwerke wurden im Zuge dessen zurückgezogen und dürfen nicht mehr angewendet werden:

- VDN-Richtlinie „Überspannungs-Schutzeinrichtungen Typ 1",
- VDN-Richtlinie „Notstromaggregate":2004,
- VDE-Anwendungsregel VDE-AR-N 4101,
- VDE-Anwendungsregel VDE-AR-N 4102 „Technische Anforderungen an den Zugang zu Niederspannungsnetzen des Distribution Code 2007",
- DIN VDE 0100-732:1995-07 „Hausanschlüsse in öffentlichen Kabelnetzen",
- VDEW „Anforderung an Plombenverschlüsse".

Mit den Anwendungsregeln VDE-AR-N 4100 und VDE-AR-N 4105 wurden die technischen Mindestanforderungen für Anschluss und Betrieb von Erzeugungsanlagen am Nieder- und Mittelspannungsnetz der allgemeinen Versorgung in Deutschland entsprechend der folgenden EU-Verordnungen auf nationaler Ebene verbindlich als allgemein anerkannte Regeln der Technik umgesetzt:

- Verordnung (EU) 2016/631 der Kommission vom 14. April 2016 zur Festlegung eines Netzkodex mit Netzanschlussbestimmungen für Stromerzeuger (NC RfG) und
- Verordnung (EU) 2016/1388 der Kommission vom 17. August 2016 zur Festlegung eines Netzkodex für den Lastanschluss (NC DCC).

Die Verordnungen gelten als gesamteuropäisch harmonisierte Vorschriften für die am Stromnetz angeschlossenen Anlagen. Die nationale Umsetzung dieser Verordnungen erfolgt über die allgemein anerkannten Regeln der Technik (VDE/FNN).

Die VDE-AR-N 4100 fasst die technischen Mindestanforderungen an Kundenanlagen am Niederspannungsnetz für die Planung, Errichtung und den Betrieb zusammen. Sie ist für neu errichtete Anlagen, sowie bei Änderung und Erweiterung anzuwenden.

Für Erzeugungsanlagen am Niederspannungsnetz finden ergänzend die Anforderungen nach VDE-AR-N 4105 Anwendung. Die Anwendungsregel VDE-AR-N 4105 gilt für Erzeugungsanlagen (PV-Anlage, BHKWs etc.) und Speicher sowie für rückspeisefähige Ladeeinrichtungen für Elektrofahrzeuge sowie für Erzeugungsanlagen mit einer maximalen Wirkleistung unter 0,8 kW.

1.1 Was ist was? – Begriffe

Der **Netzanschluss** ist die Verbindung des öffentlichen Verteilnetzes mit der Kundenanlage. Der Netzanschluss endet am Netzanschlusspunkt. Dies ist der Punkt, an dem die Kundenanlage über den Netzanschluss an das Netz der allgemeinen Versorgung angeschlossen ist. Der **Netzverknüpfungspunkt** der Kundenanlage ist der Verbindungspunkt an der nächstgelegenen Stelle im Netz der allgemeinen Stromversorgung, an den weitere Kundenanlagen angeschlossen sind oder angeschlossen werden können. Netzverknüpfungspunkt und Netzanschlusspunkt können je nach örtlichen Ausführungen an derselben Stelle sein. Am **Netzanschlusspunkt** beginnt die Kundenanlage. Der **Hausanschlusskasten** ist die Übergabestelle zwischen Kundenanlage und Niederspannungsnetz.

Die **Kundenanlage** ist die Gesamtheit aller elektrischen Betriebsmittel hinter der Übergabestelle mit Ausnahme der Messeinrichtung. Sie besteht aus dem Hauptstromversorgungssystem und der/den Anschlussnussnutzeranlage(n).

Das **Hauptstromversorgungssystem** umfasst die Hauptleitungen und Betriebsmittel hinter der Übergabestelle (Hausanschlusskasten) des Netzbetreibers vor der Zählung. Damit umfasst das Hauptstromversorgungssystem den Bereich zwischen der Übergabestelle und der Zählung. In der Kundenanlage sind an den Abgangsklemmen der Zähler die Anschlussnutzeranlagen angeschlossen. Die **Anschlussnutzeranlage** umfasst die Gesamtheit aller elektrischer Betriebsmittel hinter der Messeinrichtung zur Entnahme oder Einspeisung von elektrischer Energie. Die **Messeinrichtung** ist nicht Bestandteil der Kundenanlage, sondern des Messstellenbetreibers. Der **Anschlusspunkt Zählerplatz** ist die Schnittstelle zwischen Hauptübergabepunkt (HÜP) und Zählerplatz.

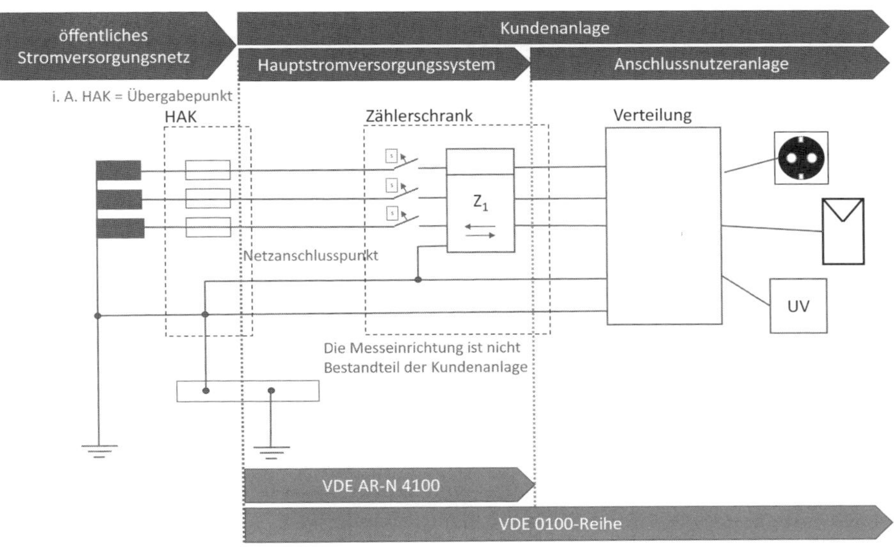

Bild 1.1 Kundenanlage mit Anwendungsbereich der Anforderungen an das Hauptstromversorgungssystem und der Anschlussnutzeranlage (*Zeichnung:* M. Fengel)

Die VDE-AR-N 4100 definiert den **Anschlussnehmer** als eine natürliche oder juristische Person, dessen Kundenanlage unmittelbar über einen Anschluss mit dem Netz des Netzbetreibers verbunden ist. Der **Anschlussnutzer** ist eine natürliche oder juristische Person, die im Rahmen des Anschlussnutzerverhältnisses einen Anschlusspunkt an das Niederspannungsnetz zur allgemeinen Versorgung zur Entnahme oder Einspeisung nutzt. Damit sind die Zuständigkeiten von Kundenanlage und Anschlussnutzeranlage klar definiert:

- Kundenanlage: der Anschlussnehmer,
- Anschlussnutzeranlage: der Anschlussnutzer.

Die Anschlussnutzeranlage kann eine elektrische Anlage zur allgemeinen Stromversorgung einer Nutzungseinheit, eine Erzeugungsanlage, ein Speicher oder eine Kombination daraus sein.

Erzeugungsanlage ist die an einem Netzanschluss/Hausanschluss angeschlossene Anlage, die sich aus einer oder mehreren Erzeugungseinheiten eines Energieträgers zur Erzeugung elektrischer Energie und allen zum Betrieb erforderlichen elektrischen Einrichtungen zusammensetzt. Erzeugungsanlagen (EZA) sind beispielsweise

- PV-Module mit zugehörigen Wechselrichtern,
- Speicher mit zugehörigen Wechselrichtern oder
- BHKW mit Netzsynchronisationseinrichtung.

Erzeugungseinheit und Speicher stellen die einzelne Einheit zur Erzeugung und/oder Speicherung elektrischer Energie dar. Die **Erzeugungseinheit** ist dabei die einzelne Einheit, die die elektrische Energie erzeugt bzw. aus anderen Energieformen umwandelt. Eine Erzeugungseinheit kann u. a. eine Batteriezelle oder das einzelne PV-Modul sein. Der Speicher ist eine Erzeugungseinheit einer Anlage, die elektrische Energie aus einer Anschlussnutzeranlage oder aus dem öffentlichen Netz bezieht und diese speichern und wiedereinspeisen kann.

Der Anwendungsbereich der Reihe DIN VDE 0100 umfasst nach DIN VDE 0100-100 Abs. 11 die Anforderungen an Errichtung und Prüfung elektrischer Anlagen bis 1 kV Wechselspannung und 1,5 kV Gleichspannung. Nach DIN VDE 0100-100 Abs. 11.4 fallen elektrische Anlagen ab dem Übergabepunkt in den Anwendungsbereich. Öffentliche Verteilungsnetze werden im Anwendungsbereich hingegen nicht berücksichtigt. Sie sind Sache der Netzbetreiber. Die Anforderungen der Reihe DIN VDE 0100 sind demnach ab dem Speisepunkt anzuwenden. Der Speisepunkt ist nach DIN VDE 0100-200 Abs. 826-10-02 der Punkt, an dem elektrische Energie in die elektrische Anlage eingespeist wird.

Nach VDE-AR-N 4100 Abs. 3.1.55 ist die Übergabestelle der technisch und räumlich definierte Ort der Übergabe der elektrischen Energie aus dem öffentlichen Niederspannungsnetz in die Kundenanlage bzw. aus der Kundenanlage in das öffentliche Niederspannungsnetz. Im Allgemeinen stellt der Hausanschlusskasten die Übergabestelle dar. Damit ist die Schnittstelle zwischen öffentlichem Netz und der Kundenanlage klar definiert und fällt in den Anwendungsbereich der Reihe DIN VDE 0100.

Hinter dem Übergabepunkt (i. d. R. an den Anschlussklemmen des HAK) beginnt die Kundenanlage. Die Kundenanlage ist die Gesamtheit aller elektrischen Betriebsmittel hinter der Übergabestelle mit Ausnahme der Messeinrichtung. Diese ist nach VDE-AR-N 4100 Abs. 3.1.31 Anmerkung 1 mit dem Begriff der „elektrischen Anlage“ nach NAV gleichzusetzen.

Das Hauptstromversorgungssystem ist Teil der Kundenanlage. Es umfasst die Hauptleitungen und Betriebsmittel hinter der Übergabestelle (Hausanschlusskasten) des Netzbetreibers, die nicht gemessene Energie führen, und endet an den Eingangsklemmen des Zählers. Unter Anschlussnutzeranlage wird die Gesamtheit aller elektrischen Betriebsmittel hinter der Messeinrichtung zur Entnahme oder Einspeisung von elektrischer Energie verstanden. Es kann sich dabei um eine elektrische Anlage oder eine Erzeugungsanlage handeln.

1.2 Definition „wesentliche Änderung“ und Anpassungspflicht

Für bestehende Anlagen und unveränderte Teile von Kundenanlagen besteht keine Anpassungspflicht, sofern ein sicherer und störungsfreier Betrieb der Kundenanlage sichergestellt ist.

Eine „wesentliche Änderung“ in bestehenden Kundenanlagen liegt nach VDE-AR-N 4100 4.4 bei Erweiterungen, Nutzungsänderungen oder Änderung der Betriebsbedingungen vor. In diesen Fällen hat der Errichter die Notwendigkeit einer Anpassung der bestehenden Kundenanlage zu prüfen und diese erforderlichenfalls anzupassen. Nach VDE-AR-N 4105 stellt eine gleichwertige Änderung oder Austausch im Sinne der Instandsetzung von Komponenten der EZE oder des Speichers und Anlagenteilen keine wesentliche Änderung dar, wodurch keine Pflicht zur Anpassung angeleitet werden kann.

Die Pflicht zur Anpassung der Kundenanlage besteht u. a. bei Erhöhung der benötigten Leistung, Änderung von haushaltsüblichen Verbrauchsverhalten zu Anwendungen mit Dauerstrom (z. B. Errichtung von Ladesystemen für Elektrofahrzeuge), Nachrüstung von steuerbaren Verbrauchseinrichtungen nach § 14a EnWG, Umwandlung der Bezugsanlage in eine Bezugsanlage mit Netzeinspeisung, Änderung der Raumnutzung, Änderung einer Anschlussnutzeranlage von einem einphasigen in einen dreiphasigen Anschluss und/oder Änderung der Netzform.

Bei Erzeugungsanlagen und Speichern liegen bei Änderung der vereinbarten Netzanschlussleistung $S_{\mathrm{A\,max}}$ um über 10 %, einer Verschlechterung der Netzrückwirkungen um die gültigen Grenzwerte oder einer Änderung des Schutzkonzepts sowie bei Änderung der eingespeisten Leistung wesentliche Änderungen vor. Demnach besteht bei folgenden Änderungen eine Anpassungspflicht:

- Erhöhung der benötigten bzw. eingespeisten elektrischen Leistung,
- Änderung von haushaltsüblichem Verbrauchsverhalten zu Anwendungen mit Dauerstrom,
- Nachrüstung von steuerbaren Verbrauchseinrichtungen nach § 14a EnWG,
- Umwandlung einer Bezugsanlage in eine Bezugsanlage mit Netzeinspeisung,
- Änderung der Raumnutzung,
- Änderung einer Anschlussnutzeranlage von einem einphasigen in einen dreiphasigen Anschluss und
- Änderung der Netzform.

1.3 Anmeldeverfahren

Die Anwendungsregel VDE-AR-N 4100 umfasst die wesentlichen Anforderungen für den Anschluss an das Niederspannungsnetz des Netzbetreibers. In der Anwendungsregel VDE-AR-N 4105 sind zudem ergänzende Anforderungen für Erzeugungsanlagen sowie bei rückspeisefähigen Stromkreisen am Niederspannungsnetz festgelegt, insbesondere für

- den Anschluss von Speichern,
- den Anschluss von Ladeeinrichtungen für Elektrofahrzeuge und
- den Anschluss von Erzeugungsanlagen am Niederspannungsnetz.

Bei der Anmeldung elektrischer Anlagen und Geräte sind die Abhängigkeiten zwischen Nutzer, Eigentümer und Netzbetreiber zu beachten. Handelt es sich beim Anschlussnehmer und beim Grundstücksbesitzer um unterschiedliche juristische Personen, ist nach NAV § 2 (3) die schriftliche Zustimmung des Eigentümers erforderlich. Die Herstellung des Netzanschlusses erfolgt nach NAV § 6 (1) durch den Netzbetreiber. Der Anschlussnehmer hat den Auftrag dem Netzbetreiber zu erteilen.

Die Auftragserteilung erfolgt schriftlich und ist auf Verlagen des Netzbetreibers vorzulegen. Die Vordrucke des zuständigen Netzbetreibers sind zu verwenden. Der Netzbetreiber hat den Netzanschluss leistungsgerecht auszulegen. Bei der Auslegung und Bereitstellung der Anschlussleistung hat der Netzbetreiber neben der gleichzeitig benötigten Leistung, die Art der Nutzung und die möglichen Netzrückwirkungen zu beurteilen. Bei Erweiterung betehender elektrischer Anlagen, bei Neuerrichtung und Änderung mit einer Erzeugungsanlage, einem Speicher oder einer Ladeeinrichtung für Elektrofahrzeuge sind die Netzrückwirkungen gesondert zu betrachten. Eine Anmeldepflicht besteht bei Ladeeinrichtungen für Elektrofahrzeuge und stationären Speichern mit einer Nennleistung ≥ 3,6 kVA.

Im Hinblick auf mögliche Netzrückwirkungen, der gleichzeitig benötigten Leistung sowie der Art der Anschlussnutzeranlage bedürfen u. a. folgende Änderungen und Erweiterungen der vorherigen Beurteilung und Zustimmung des Netzbetreibers:

- neue Anschlussnutzeranlagen,
- zu erweiternde Anlagen, wenn die im Netzanschlussvertrag vereinbarte gleichzeitig benötigte Leistung überschritten wird,
- Trennung oder Zusammenlegung von Anschlussnutzeranlagen,
- vorrübergehend angeschlossene Anlagen,
- Ladeeinrichtungen für Elektrofahrzeuge, wenn die Bemessungsleistung je Kundenanlage 12 kVA (Summen-Bemessungsleistung) überschreitet,

- stationäre Speicher, wenn die Bemessungsleistung je Kundenanlage 12 kVA (Summen-Bemessungsleistung) überschreitet,
- Erzeugungsanlagen,
- Notstromaggregate,
- Geräte zur Beheizung oder Klimatisierung (Wärmepumpen), ausgenommen ortsveränderliche Geräte,
- Einzelgeräte, auch ortsveränderliche Geräte, mit Nennleistungen über 12 kVA,
- elektrische Verbrauchsmittel, die die Grenzwerte für die Netzrückwirkungen überschreiten,
- Anschlussschränke im Freien.

Zur Anmeldung können die Protokolle gemäß VDE-AR-N 4100 und VDE-AR-N 4105 verwendet werden. Die VDE-AR-N 4100 stellt im informativen Anhang B folgende Vordrucke bereit:

- B.1: Datenblatt zur Beurteilung von Netzrückwirkungen nach VDE-AR-N 4100 Abs. 5.4,
- B.2: Datenblatt für Speicher zur Anmeldung beim Netzbetreiber nach VDE-AR-N 4100 Abs. 4 in Verbindung mit Abs. 14 und
- B.3: Datenblatt „Ladeeinrichtungen für Elektrofahrzeuge“ zur Anmeldung beim Netzbetreiber nach VDE-AR-N 4100 Abs. 4 in Verbindung mit Abs. 10.6.

2 Ausführung des Hauptstromversorgungssystems

Jedes Gebäude benötigt einen Netzanschluss. Die Notwendigkeit eines eigenen Netzanschlusses ergibt sich zudem aus folgenden Merkmalen:

- Es gibt eine eigene Hausnummer,
- es gibt eigene Hauseingänge oder
- der Netzbetreiber legt entsprechende Definitionen fest.

Der Zugang zum Hausanschlussraum muss durch Anschlussnutzer gewährt werden. Wenn Anschlussnutzer und Eigentümer nicht personengleich sind, sorgt der Anschlussnehmer gegenüber dem Eigentümer für die Durchführung der Verpflichtung. Bei Änderung des Netzanschlusses ergibt sich auch eine Änderung der elektrischen Anlage. Somit besteht eine Anpassungspflicht der Anschlussnutzeranlage.

2.1 Allgemeine Anforderungen an das Hauptstromversorgungssystem

Das Hauptstromversorgungssystem ist Teil der Kundenanlage. Es umfasst die Hauptleitungen und Betriebsmittel hinter der Übergabestelle (Hausanschlusskasten) des Netzbetreibers und endet an den Eingangsklemmen des Zählers.

Es gelten für das Hauptstromversorgungssystem folgende Anforderungen:

- Der Netzbetreiber gibt die Größe der Hausanschlusssicherung vor.
- Hauptleitungen sind durch leicht zugängliche Räume zu führen.
- Hauptleitungen müssen im TN-System einen PE- bzw. PEN-Leiter in gemeinsamer Umhüllung mitführen.
- Schutzeinrichtungen sind bei mehreren Hauptleitungsverteilern zusammenzufassen.
- Die Auftrennung des PEN-Leiters in N- und PE-Leiter ist ab der Einführung in das Gebäude (TN-System) oder an der erstmöglichen Stelle im Gebäude vorzunehmen (VDE-AR-N 4100 6.3). Es sind die Anforderungen nach DIN VDE 0100-540 zu beachten.

- In Wohngebäuden gelten zudem die Anforderungen nach DIN 18015-1 Abs. 5.
- An der Messeinrichtung muss ein Rechtsdrehfeld anliegen.
- Die Abgänge sind zu kennzeichnen.
- Die Errichtung des Hauptstromversorgungsnetzes hat als Strahlennetz zu erfolgen.
- Plombierte Überstrom-Schutzeinrichtungen dürfen nicht für den Überstromschutz für abgehende Endstromkreise verwendet werden.

Die **Kurzschluss-Schutzeinrichtungen im Hauptstromversorgungssystem** müssen über ein ausreichend hohes Kurzschlussausschaltvermögen verfügen. Sofern der Netzbetreiber keine abweichenden Angaben macht, sind die Anforderungen nach VDE-AR-N 4100 Abs. 6.2.4 einzuhalten

- 25 kA: Einbau im Hauptstromversorgungssystem vor der Messeinrichtung,
- 10 kA: Einbau im anlagenseitigen Anschlussraum des Zählerplatzes,
- 6 kA: Einbau im Stromkreisverteiler.

Der Spannungsfall im Hauptstromversorgungssystem darf höchstens 0,5 % betragen (Grundlage in Wohngebäuden 63 A). Hinter der Übergabestelle (Anschlussnutzeranlage) darf der Spannungsfall die nach DIN 18015-1 und DIN VDE 0100-520 vorgegebenen Werte von 3 % für Beleuchtungsanlagen und 5 % für andere elektrische Betriebsmittel nicht übersteigen. Wenn nichts anderes festgelegt ist, sollte gemäß DIN VDE 0100-520 Abs. 525 der Spannungsfall ab dem Hausanschlusskasten (HAK) bis zum Anschlusspunkt eines elektrischen Verbrauchsmittels (Steckdose oder Klemme für Festanschluss) 4 % nicht überschreiten.

In jeder Anschlussnutzeranlage ist im Anschlussraum des Zählerplatzes eine Trennvorrichtung vorzusehen. Hierfür sind selektive Überstrom-Schutzeinrichtungen (SH-Schalter nach DIN VDE 0641-21) vor der Messeinrichtung zu verwenden. Die Trennvorrichtung muss von Laien bedienbar sein. Sie ist zudem sperr- und plombierbar auszuführen, darf nicht als Überstrom-Schutzeinrichtung für Endstromkreise verwendet werden und muss ein Kurzschlussausschaltvermögen von 10 kA_{eff} aufweisen.

2.2 Überspannungsschutz

Die elektrische Anlage ist nach DIN VDE 0100-100 Abs. 131.1 u. a. durch geeignete Maßnahmen gegen Überspannungen und elektromagnetische Beeinflussungen zu schützen. Nach DIN VDE 0100-443 Abs. 443.4 ist durch Errichtung von Überspannungs-Schutzeinrichtungen (SPDs) der Schutz durch Begrenzung von Überspannungen entsprechend der Isolationskoordination sicherzustellen. Damit wird das Risiko durch Überspannungen durch direkte und indirekte Blitzeinschläge und das Risiko gefährlicher Funkenbildung sowie das daraus resultierende Brandrisiko reduziert. Der Schutz bei Überspannungen ist vorzusehen, wenn Auswirkungen zu erwarten sind auf:

- Menschenleben, z. B. bei Anlagen für Sicherheitszwecke und medizinisch genutzte Bereiche,
- öffentliche Einrichtungen, z. B. Ausfall öffentlicher Dienste, Telekommunikationszentren und nicht wiederbringbare Kulturgüter, z. B. in Museen,
- Gewerbe- oder Industrieaktivitäten, z. B. Hotels, Banken, Industriebetriebe etc.,
- Ansammlungen von Personen, z. B. Schulen, Büros, große Gebäude.

Zudem ist ein Überspannungsschutz bei Einzelpersonen in Wohngebäuden und kleinen Büros, in denen Betriebsmittel der Überspannungskategorie I und II errichtet sind, vorzusehen. Mittlerweile ist in Wohngebäuden grundsätzlich davon auszugehen, dass Betriebsmittel der Überspannungskategorie I und II an die feste Installation angeschlossen sind.

Die Überspannungskategorie ist zum Zweck der Isolationskoordination festgelegt. Die Klassifikation wird nach DIN VDE 0100-534 durch die Bemessungs-Stoßspannung festgelegt. Die Bemessungs-Stoßspannung wird vom Hersteller der Betriebsmittel angegeben.

Im Hauptstromversorgungssystem besteht das Risiko von Überspannungen vom öffentlichen Stromversorgungsnetz. Es sind deshalb Überspannungs-Schutzeinrichtungen vom Typ 1 in Übereinstimmung mit der Produktnorm DIN EN 61643-11 (VDE 0675-6-11) im Hauptstromversorgungssystem vorzusehen.

- Hierbei ist sicherzustellen, dass bei einem inneren Kurzschluss der SPD dauerhaft vom Netz getrennt wird.
- Es sind ausschließlich spannungsschaltende SPDs vom Typ 1 (mit Funkenstrecken) einzusetzen.
- Es dürfen keine Varistoren verwendet werden.
- Eine Parallelschaltung mit einem Varistor und Funkenstrecke ist unzulässig.
- Es dürfen durch Statusanzeigen (z. B. LED-Anzeigen) keine Betriebsströme verursacht werden.

- Die Kurzschlussfestigkeit I_{SCCR} des SPDs vom Typ 1 muss mindestens 25 kA betragen.
- Der Folgestrom I_r darf nicht zum Auslösen der Hausanschlusssicherung führen. (Das Folgestromverhalten hat der Hersteller anzugeben.)

Neben neu errichteten Kundenanlagen sind Überspannungsableiter vom Typ 1 auch zu installieren, wenn die bauliche Anlage über eine äußere Blitzschutzanlage verfügt.

- Die schutzisolierten Gehäuse für die Aufnahme der SPDs vom Typ 1 müssen plombierbar sein.
- Eine Überprüfung der Statusanzeige muss ohne Öffnung plombierter Gehäuse möglich sein.

Die Verwendung von kombinierten SPDs, die zusätzlich Anforderungen eines SPDs vom Typ 2 und ggf. Typ 3 der Produktnormen DIN EN 61643-11 (**VDE 0675-6-11**) erfüllen, sind bei gleichzeitiger Erfüllung der genannten Anforderungen zulässig.

Bei Anlagen mit erhöhtem Sicherheitsbedürfnis, wie in Krankenhäusern, Industriebetrieben etc., sind Fernmeldekontakte zulässig, wenn

- der Hilfsstromkreis aus dem gemessenen Teil der Anschlussnutzeranlage stammt und
- die Fernanzeige Teil der Anschlussnutzeranlage ist.

Die Einrichtungen zum Schutz bei Überspannung vom Typ 1 in Hauptstromversorgungssystemen sind nach DIN VDE 0100-534 nach Art der Erdverbindung auszuwählen. Der SPD Typ 1 Hauptstromversorgungssystem ist seitens der Erdverbindung an der Haupterdungsschiene/Haupterdungsklemme und zusätzlich mit dem Schutzleiter der Kundenanlage anzuschließen. Die Verbindung ist nach DIN VDE 0100-534 Abs. 534.4.10 mit einem Leiterquerschnitt von mindestens 16 mm^2 oder gleichwertig anzuschließen. SPDs vom Typ 1 im Hauptstromversorgungssystem dürfen nicht im Hausanschlusskasten installiert werden. Sie sind im netzseitigen Anschlussraum des Zählerschranks, in einem Hauptverteiler oder in einem separaten Gehäuse zu installieren.

Bei Gebäuden mit Freileitungseinspeisung besteht ein höheres Risiko eines direkten Blitzeinschlags in den letzten Mast. Die Leiterverbindungen und damit die Induktivitäten zwischen SPD und Haupterdungsschiene sind möglichst kurz zu halten. Aus funktionalen Gründen ist eine Anordnung in der Nähe der Gebäudeeinspeisung zu empfehlen.

Im TN-C-S-System mit „4+0“-Schaltung ist zusätzlich zu den drei Außenleitern auch der Neutralleiter im Sternpunkt der Überspannungsableiter und der Haupterdungsschiene angeschlossen. Diese Schaltungsvariante wird zum Schutz bei Gleichtaktstörungen verwendet. Auf den Überspannungsleiter kann verzichtet werden, wenn der Einbauort in einer Entfernung von bis zu 0,5 m von der Auftrennungsstelle des PEN-Leiters in N und PE liegt.

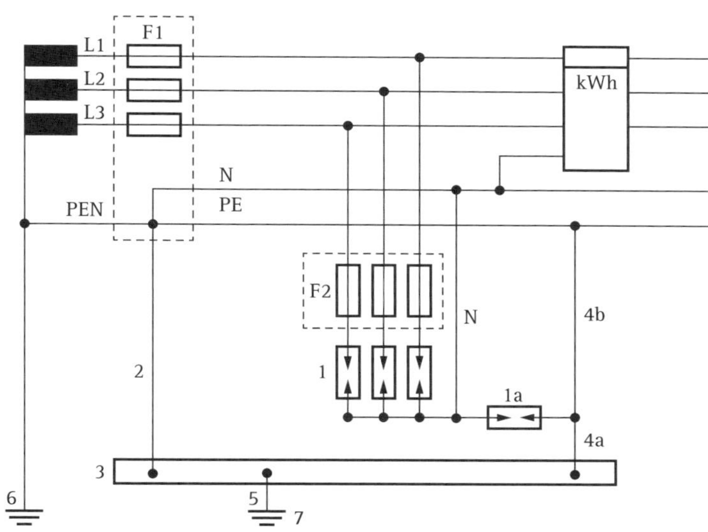

Bild 2.1 TN-C-S-System mit 4+0-Schaltung nach VDE-AR-N 4100 Anhang G (informativ)

1 SPDs Typ 1
1a SPD Typ 1 mit besonderen Anforderungen
2 Schutzleiter
3 Haupterdungsschiene
4a Erdungsverbindung der SPDs mit Haupterdungsschiene/Haupterdungsklemme
4b Erdungsverbindung der SPDs mit dem Schutzleiter der Kundenanlage
N N-Leiterverbindung zu SPDs 1 und SPD 1a
F1 Überstrom-Schutzeinrichtungen Netzanschluss
F2 Überstrom-Schutzeinrichtungen der SPDs Typ 1, soweit nach Angabe des Herstellers erforderlich
5 Erdungsleiter
6 Betriebserder der Stromquelle
7 Erder der Kundenanlage, z. B. Fundamenterder

2.3 Anschluss und symmetrischer Betrieb

Eine Symmetrieeinrichtung steuert oder regelt die Leistungsflüsse für die Erhaltung der Symmetriegrenze innerhalb der Kunden- oder Anschlussnutzeranlage. Beim Betrieb der Kundenanlage darf weder die Einspeisung durch eine Erzeugungsanlage sowie das Laden von Speichern und Elektrofahrzeugen eine Unsymmetrie von über 4,6 kVA (Gesamtunsymmetrie) hervorrufen. Zur Einhaltung der Symmetriegrenzen gelten folgende Anforderungen:

- Verbrauchsmittel, Erzeugungsanlagen, Speicher und Ladeeinrichtungen ≥ 4,6 kVA sind dreiphasig im Drehstromsystem anzuschließen.
- Geräte mit ≤ 4,6 kVA Bemessungsleistung dürfen einphasig und gleichmäßig auf die Außenleiter verteilt angeschlossen werden.
- Einphasige Erzeugungsanlagen, Speicher und Ladeeinrichtungen für Elektrofahrzeuge sind auf drei Geräte an einem Außenleiter mit einer Bemessungsleistung von ≤ 4,6 kVA begrenzt.
- Für einphasige Erzeugungsanlagen, Speicher und Ladeeinrichtungen für Elektrofahrzeuge darf der Verteilnetzbetreiber den zu verwendenden Außenleiter vorgeben.

Von den genannten Anforderungen kann durch Einsatz einer Symmetrieeinrichtung abgewichen werden. Die Symmetrieeinrichtung erfasst den 1-Minuten-Leistungswert. Wird dieser um 4,6 kVA überschritten, muss eine Reaktion – i. d. R. durch Abschaltung – innerhalb von 100 ms erfolgen. Weitere Symmetriearten, z. B. Basis der Netzspannung oder des Stroms der Kundenanlage sind nach Absprache des Netzbetreibers zulässig.

- Bei Schieflasten über 4,6 kVA ist eine Symmetrieeinrichtung an der Übergabestelle erforderlich.
- Auf Basis des 1-Minuten-Leitungswerts muss die Symmetrieeinrichtung innerhalb von 100 ms die Schieflasten auf 4,6 kVA begrenzen durch
  - kommunikative Kopplung zwischen Erzeugungsanlage und Speicher über eine Begrenzung der Summenleistung oder
  - Messung und Regelung der Netzaustauschleistung am Netzanschlusspunkt.
- Bei Ausfall der Symmetrieeinrichtung sind die eingebundenen Geräte auf 4,6 kVA in Summe zu begrenzen.
- Für einphasige Erzeugungsanlagen, Speicher und Ladeeinrichtungen für Elektrofahrzeuge darf der Verteilnetzbetreiber den zu verwendenden Außenleiter vorgeben.

- Die Einhaltung der Symmetriebedingungen obliegt dem Anschlussnehmer.
- Ab einer Bemessungsscheinleistung von 4,6 kVA je Außenleiter ist die Summenanschlussleistung auf 13,8 kVA je Außenleiter begrenzt.

Tabelle 2.1 Anschluss und symmetrischer Betrieb nach VDE-AR-N 4100 Abs. 5.5

Geräte an Kundenanlagen				Bemessungsscheinleistung	Ausführung			
Verbrauchsmittel	Erzeugungsanlage	Speicher	Ladeeinrichtung für EV		einphasig *(L-N)*	zweiphasig *(L1,2,3-L2,3,1)*	dreiphasig *(L1-L2-L3)*	Anmerkung
×	×	×	×*	> 4,6 kVA	×*		×	• mit Symmetrieeinrichtung
×	×	×	×	≤ 4,6 kVA	×			• bei Anschlussschränken im Freien nur bei Sonderanwendungen zulässig (öffentlich, Beleuchtung, Nahverkehr, Telekom)
	×*	×*	×*	≤ 4,6 kVA	×			• max. 3 Geräte je Außenleiter
×*				≤ 6,5 kVA		×	×	• bei Geräten mit kurzzeitverhalten (z. B. Durchlauferhitzer)
×*	×*	×*	×*	einphasige Geräte mit Dauerlastverhalten	Vorgabe Netzbetreiber			• Außenleiter, Messung und Betriebsspannung nach Festlegung des Netzbetreibers
	×*			k. A.			×	

* Symmetrieeinrichtung bei Ladeeinrichtungen immer erforderlich.

2.3.1 Blockheizkraftwerke

Bei Blockheizkraftwerken erfolgt durch die Drehstrom-Synchrongeneratoren und/oder Drehstrom-Asynchrongeneratoren physikalisch bedingt eine Symmetrierung der Netzspannung. Die sich dabei einstellende Leistungs-Asymmetrie ist auch dann zulässig, wenn sie einen Wert von 4,6 kVA übersteigt.

2.3.2 Ladeeinrichtungen für Elektrofahrzeuge

Bei Ladeeinrichtungen mit einer Bemessungsscheinleistung über 4,6 kVA ist grundsätzlich an der Übergabestelle eine Symmetrieeinrichtung erforderlich. Bei den Ladebetriebsarten 3 und 4 sind die Anforderungen an die Symmetrie beim DC-Laden und AC-Laden innerhalb der Ladeeinrichtung sicherzustellen. Im AC-Bereich erfolgt dies über die Kommunikation der Ladeeinrichtung mit dem Elektrofahrzeug über den Pilotkontakt. Der Nachweis erfolgt anhand der Herstellererklärungen.

2.3.3 Speicher

Die Symmetrieanforderungen an Speicher sind über eine kommunikative Kopplung zwischen Erzeugungsanlage und Speicher sowie einer Begrenzung der Erzeugungsanlage und Speicher oder durch eine Symmetrieeinrichtung am Netzanschlusspunkt zu realisieren.

- B.3: Erzeugungsanlage mit Symmetrieeinrichtung der einphasigen Umrichter und integriertem NA-Schutz,
- B.9: PV-Anlage $S_{\text{E max}}$ = 6 kVA mit Speicher $P_{\text{E max}}$ = 3 kW und Symmetrieeinrichtung.

2.4 Anforderungen an den Anschlussraum

Zählerplätze sind nach VDE-AR-N 4100 Abs. 7 auszuführen. Sie dienen zur Aufnahme von Messeinrichtungen. Jede Anschlussnutzeranlage muss über mindestens ein Zählerfeld zur Aufnahme einer Messeinrichtung mit Dreipunktbefestigung nach DIN VDE 0603-2-1 oder mit einer Befestigungs- und Kontaktiereinrichtung BKE-I nach DIN 0603-3-2 verfügen. Bei Anlagen in Gebäuden mit Direktmessung ist in den Zählerplätzen nach DIN VDE 0603-2-1 ein anlagenseitiger Anschlussraum von 300 mm Höhe vorzusehen.

Die Nutzung des Anschlussraums als Stromkreisverteiler ist unzulässig. Es sind jedoch bis zu drei Stromkreise mit einer Absicherung von maximal 16 A je Anschlussnutzeranlage sowie SPDs vom Typ 1 und 2 zulässig.

Der Anschlussraum darf ausschließlich für Schutzeinrichtungen von Stromkreisen, die im Keller des Anschlussnutzers vorgesehen sind, verwendet werden. Typische Anwendungsfälle sind:

- Kellerbeleuchtung und
- Stromkreise für Trockner oder Waschmaschine.

Aufgrund von Stromwärmeverlusten (max. 10 W nach der zurückgezogenen VDE-AR-N 4101) der Schutzeinrichtungen und Betriebsmittel sind diese auf eine höchst zulässige Belegung von 6 Teilungseinheiten und einphasigen Stromkreisen bis zu 16 A begrenzt.

In der VDE-AR-N 4100:2019-04 wurden im Zuge der neuen Anwendungen durch Ladeeinrichtungen für Elektrofahrzeuge sowie der Installation von Erzeugungsanlagen die Anforderungen angepasst. Folgende Anschlussvarianten sind zudem zulässig:

- einphasige Erzeugung und Ladeeinrichtungen für Elektrofahrzeuge bis 16 A,
- bei einfach belegten Zählerfeldern, die zur Messung von steuerbaren Verbrauchseinrichtungen (z. B. Wärmepumpen) oder Erzeugungsanlagen dienen, dürfen anlagenseitig für bis zu 3 × 16 A dreiphasig bestückt werden.

Zählerplätze nach DIN VDE 0603-2-1 mit einer internen Verdrahtung von 10 mm² sind für Betriebsströme bis zu 63 A bei haushaltsüblichen Bezugsanlagen o. Ä. unter Berücksichtigung des Belastungsgrads und Gleichzeitigkeitsfaktors nach DIN 18015-1 Bild A.1 Kurve 1 einsetzbar. Bei Erzeugungsanlagen sowie Speichern und Ladeeinrichtungen für Elektrofahrzeuge wird unterstellt, dass diese mit ihren Nennströmen laden bzw. entladen. Erzeugungsanlagen und Ladeeinrichtungen für Elektrofahrzeuge weisen damit kein haushaltsübliches Lastverhalten auf. Eine Reduzierung des Gleichzeitigkeitsfaktors ist demnach nicht zulässig. Zählerplätze nach DIN VDE 0603-2-1 mit einem Leiterquerschnitt der internen Verdrahtung von 10 mm² sind dadurch bei Erzeugungsanlagen und Ladeeinrichtungen bis zu 32 A zulässig.

Tabelle 2.2 Belastungs- und Bestückungsvarianten für Zählerschränke nach VDE-AR-N 4100

	interne Verdrahtung		
	10 mm² nach DIN VDE 0603-1		**16 mm² nach DIN VDE 0603-2-1**
Betriebsstrom	≤ 63 A	≤ 32 A	≤ 44 A
Anwendung	Bezugsanlagen für haushaltsübliche Anwendung	• Erzeugungsanlagen • Speicher • Ladeeinrichtungen für EV	• Erzeugungsanlage • Bezugsanlage • Ladeeinrichtungen für EV mit nicht haushaltsüblichen Lastverhalten
Überlast- und Kurzschlussschutz	Gleichzeitigkeitsfaktor nach DIN 18015-1 A.1 Kurve 1 beachten	Trenneinrichtung der Anschlussnutzeranlage SH-Schalter E 35A	SH-Schalter E 50A

Bei nicht jederzeit zugänglichen Anlagen (Ferienhäuser, Pumpenstationen von Versorgungsunternehmen etc.) sind die Zählerplätze in Anschlussschränken im Freien unterzubringen. Bei Zähleranschlussschränken im Freien ist ein Reduktionsfaktor der Strombelastbarkeit von 0,94 anzusetzen.

Bei abweichenden Betriebsbedingungen oder Nutzung ist ein gleichwertiges Sicherheitsniveau herzustellen. Dieses kann durch einen Erwärmungsnachweis nach z. B. DIN EN 61439-3 (DIN VDE 0660-600-3) Installationsverteiler für die Bedienung von Laien erbracht werden. Hierfür hat der Errichter das Stückprüfungsprotokoll nach DIN EN 61439-1/-3 (DIN VDE 0660-600-1/-3) anzufertigen, eine Konformitätserklärung nach Niederspannungsrichtlinie 2014/35/EU zu erstellen und die Herstellerkennzeichnung am Verteiler anzubringen.

Anforderungen an steuerbare Verbrauchseinrichtungen sind in § 14a EnWG geregelt. Diese dient dem Zweck der Netzstabilität.

Demnach können Netzbetreiber von Niederspannungsnetzen Kundenanlagen mit Verbrauchern und Erzeugungsanlagen ein reduziertes Netzentgelt berechnen, wenn im Gegenzug vom Anschlussnutzer die Steuerung von vollständig unterbrechbaren Verbrauchseinrichtungen gestattet werden.

Es sind folgende steuerbare Verbrauchseinrichtungen nach den Vorgaben des Netzbetreibers mit Datenübertragungsstrecke zur Übermittlung der Abrechnungsdaten auszustatten und an eine Kommunikationseinrichtung anzubinden:

- Ladeeinrichtungen für Elektrofahrzeuge mit einer Bemessungsleistung > 12 kVA,
- Erzeugungsanlagen und
- Speicher.

2.5 Schutz der Anschlussnutzeranlage

Daraus ergibt sich heutzutage die grundsätzliche Notwendigkeit eines Überspannungsschutzes bei der Errichtung elektrischer Anlagen.

- Sofern ein Überspannungsschutz erforderlich ist, ist im Hauptstromversorgungssystem ein SPD vom Typ 1 in Übereinstimmung der Anforderungen nach VDE-AR-N 11.2.2 vorzusehen.
- Der Anschluss der Überspannungs-Schutzeinrichtung vom Typ 1 im Hauptversorgungssystem und vom Typ 2 in der Verteilung muss nach DIN VDE 0100-534 Abs. 534.4.10 mit 16 mm² Kupfer im Hauptstromversorgungssystem und 6 mm² Kupfer in der Verteilung oder gleichwertig an der Haupterdungsschiene/-klemme erfolgen.

- Seitens des Anschlusspunkts besteht nach VDE-AR-N 4100 Abs. 11.2 die Notwendigkeit eines Überspannungsschutzes im Hauptstromversorgungssystem vom Typ 1 in 4+0-Schaltung.
- In TN-S- oder TN-C-S-Systemen kann zwischen Neutralleiter und Schutzleiter (3+1-Schaltung) der Überspannungsschutz entfallen, wenn der Abschnitt zwischen Auftrennen des PEN-Leiters in PE-/N-Leiter und der Einbauort der SPD weniger als 0,5 m beträgt.
- Zum Schutz bei indirektem Blitzschlag und Schaltüberspannungen sind nach DIN VDE 0100-534 Abs. 534.4.1 Überspannungs-Schutzeinrichtungen vom Typ 2 zu verwenden.
- Defekte Überspannungs-Schutzeinrichtungen (SPD) müssen wirksam bleiben. Nach DIN VDE 0100-534 Abs. 534.4.6 ist diese Anforderung bei Anwendung der Schutzmaßnahme Schutz durch automatische Abschaltung nach DIN VDE 0100-410 Abs. 411 in TN-Systemen generell durch eine vorgeschaltete Überstrom-Schutzeinrichtungen erfüllt.
- Bei IT-Systemen sind keine zusätzlichen Maßnahmen für den Fehlerschutz erforderlich.

2.6 Betrieb der Kundenanlage

Durch Absinken, Unterbrechen, Ausbleiben oder Wiederkehren der Spannung dürfen seitens der Kundenanlage weder Sach- noch Personenschäden entstehen. Der Anschlussnutzer hat hier die erforderlichen Maßnahmen gemäß DIN VDE 0100-450 sicherzustellen.

Bedingt durch die Leitungslängen, Leiterquerschnitte etc. in der elektrischen Anlage sowie durch Spannungsschwankungen im Netz kann es zu kurzzeitigen Spannungsabsenkungen bzw. Spannungsunterbrechungen kommen. Nach Spannungswiederkehr darf es weder für Personen noch für Sachgüter Gefährdungssituationen durch automatisches Zuschalten der Versorgungsspannung geben, z. B. durch gefahrbringende Bewegung an Maschinen und Antrieben. Besteht keine Gefährdung durch gefahrbringende Bewegungen oder ein anderes tragbares Risiko bzw. falls die Anlagenverfügbarkeit, wie bei Rechenzentren, Vorrang hat, ist kein Unterspannungsauslöser erforderlich. Bei letzterem trifft der Betreiber im Rahmen der Gefährdungsbeurteilung die erforderlichen Maßnahmen. Andernfalls sind Unterspannungs-Schutzeinrichtungen vorzusehen.

Die Einrichtungen zum Schutz bei Unterspannung sind neben den zu erwartenden Betriebsbeanspruchungen entsprechend der unteren und oberen Ansprechspannungen, der Zeitverzögerung und der automatischen Wiedereinschaltung bei Spannungswiederkehr auszuwählen.

- Leistungsschalter mit Unterspannungsauslöser im Bereich 70...35 % der Nennspannung schalten allpolig ab. Dadurch eignen sie sich besonders gut, da damit ein Einleiterlauf an Motoren verhindert wird.
- Sind kurzzeitige Unterbrechungen gefahrlos zu überbrücken, können Unterspannungsauslöser mit Zeitverzögerung verwendet werden. Dies ist beispielsweise in spannungsschwachen Netzen im ländlichen Raum der Fall.
- Werden Schütze verwendet, darf eine Abfall- oder Anzugsverzögerung nicht die sofortige Abschaltung durch Steuer- oder Schutzeinrichtungen verhindern.
- Eine automatische Wiedereinschaltung bei Spannungswiederkehr darf nur erfolgen, wenn Gefährdungen für Personen oder Sachen auszuschließen sind.
- Der Unterspannungsauslöser von Überstrom-Schutzeinrichtungen auf der Versorgungsseite darf die Selektivität der nachgeschalteten Schutzeinrichtungen nicht beeinträchtigen.

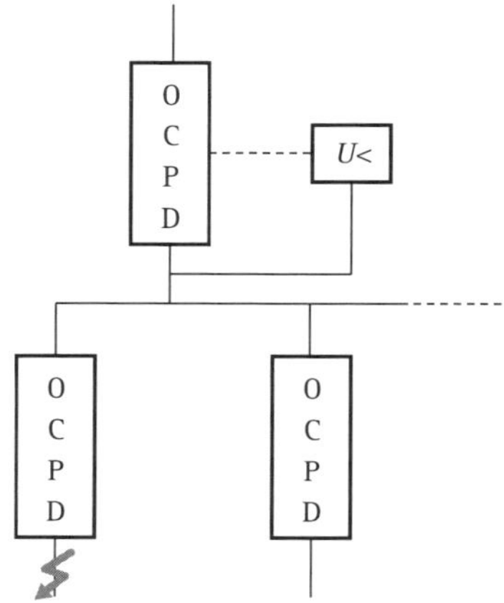

Bild 2.2 Anordnung Unterspannungsauslöser (nach DIN VDE 0100-530)

- Im Falle eines Fehlers kann ein hoher Kurz- oder Erdschlussstrom zu Spannungseinbrüchen innerhalb der Anlage führen. Um Selektivität sicherzustellen, muss die Auslösung des Unterspannungsauslösers entsprechend der maximalen Dauer des Kurz- oder Erdschlusses zeitverzögert stattfinden. In allen Fällen müssen die Anweisungen des Herstellers erfüllt werden, um die Sicherheit der elektrischen Anlage nicht zu beeinträchtigen.

2.7 Fundamenterder

Grundsätzlich ist **in neu errichteten Gebäuden** ein Fundamenterder zu errichten. Dieser dient dem Blitzschutz, der Schutzerdung von Antennenanlagen, der Schutz- und Funktionserdung von Erzeugungsanlagen und Speichern sowie zur Funktionserdung von Breitbandkabelnetzen und Telekommunikationsnetzen. Des Weiteren erhöht der Fundamenterder die Wirksamkeit des Hauptpotenzialausgleichs gemäß DIN VDE 0100-410 und dient der Schutzerdung im TT-System, der Potenzialausgleichssteuerung in Gebäuden, der elektromagnetischen Verträglichkeit und der Einhaltung der Spannungswaage.

Besonders bei Erzeugungsanlagen, die ein Netz ohne synchrone Verbindung zu einem öffentlichen Stromversorgungssystem (Inselnetz) bereitstellen, kommt dem Fundamenterder die Rolle des Anlagenerders im Ersatz-TN-System zu.

Bei der Planung und Errichtung sind Rückwirkungen durch andere Erdungsanlagen zu berücksichtigen. Es sind Rückwirkungen durch Betriebs-, Ableit- oder Streuströme von Bahnanlagen auf das Niederspannungsnetz zu beachten. Zu Erdungsanlagen von Bahnanlagen ist ein Mindestabstand von 10 m einzuhalten.

Die Verwendung des PEN-Leiters bzw. des Neutralleiters des Niederspannungsnetzes zu Schutz- und Funktionszwecken ist unzulässig.

Der *Nachweis über die korrekte Errichtung und der Wirksamkeit* ist bereits im informativen Anhang der derzeit aktuellen Ausgabe der DIN VDE 0100-600 *Erstprüfung elektrischer Anlagen* enthalten. In der aktuellen Ausgabe der DIN VDE 0100-410 wurden die Anforderungen, einen Fundamenterder nach DIN 18014 zu errichten, verbindlich als Teil der Schutzmaßnahmen in TN-Systemen aufgenommen.

Bei neu errichteten Gebäuden ist nach DIN 18014 Abs. 7 der Nachweis über die regelkonforme Errichtung der Erdungsanlage entsprechend den derzeit anerkannten Regeln der Technik zu erbringen. Der Nachweis erfolgt anhand der Dokumentation nach DIN 18014 Abs. 7.2:

- Ausführungspläne des Fundamenterders oder des Ringerders einschließlich des Funktionspotentialausgleichsleiters;
- aussagekräftige Fotografien der Gesamterdungsanlage;
- eindeutig zuordnungsbare Detailaufnahmen von Verbindungsstellen, z. B. zu Haupterdungsschienen, Anschlussteilen der Blitzschutzanlage;
- Ergebnisse der Durchgangsmessung nach DIN 18014 Abs. 7.3.

2.8 Netzrückwirkungen

VDE-AR-N 4100 Abs. 5.4, VDE-AR-N 4105 E.4

Spannungen und Frequenzen sind am Netzanschlusspunkt innerhalb der nach DIN EN 50160 vorgegebenen Grenzen zu halten. Unter normalen Betriebsbedingungen sind im elektrischen Energieversorgungsnetz Last- und Stromnachfrage gedeckt, Schalthandlungen und automatische Abschaltungen durch Schutzeinrichtungen oder Lastabwürfe wirken sich normalerweise nicht wesentlich auf Netzspannung und Netzfrequenz aus.

Grundsätzlich darf die elektrische Anlage nicht die Netzqualität des Verteilnetzes beeinträchtigen. Demnach sind elektrische Geräte so zu betreiben, dass Störungen anderer Anschlussnehmeranlagen und Netzrückwirkungen auf Einrichtungen des Netzbetreibers auszuschließen sind.

Netzrückwirkungen treten auf durch

- schnelle Spannungsänderungen,
- Flicker sowie
- Oberschwingungen und Zwischenharmonische.

Störungen trefen vorwiegend bei EDV- und Telekommunikationsanlagen auf, durch Helligkeitsschwankungen von Leuchtmitteln (dem sogenannten Flicker), Erwärmung von Transformatoren, Kondensatoren und Motoren sowie durch Schwingkreise durch Oberschwingungen zwischen Stromrichter und Kompensationskondensatoren.

Die Inbetriebsetzung der elektrischen Anlage ist nach den Maßgaben des Netzbetreibers gemäß NAV § 14 (1), (2) durchzuführen. Die Unterlagen sind nach NAV § 13 Abs. 2 auf Verlangen des Netzbetreibers zur Verfügung zu stellen. *Unzulässige Rückwirkungen* sind nach NAV § 13 (2) auszuschließen.

Bei Neu-Errichtung, Nutzungsänderung und Erweiterung sind zur Gewährleistung die Rechtsvorschriften, die behördlichen Bestimmungen und die anerkannten Regeln der Technik auf Grundlage § 49 Abs. 2 Nr. 1 EnWG durch ein im Installateur-Verzeichnis eingetragenes Installationsunternehmen durchzuführen.

Elektrische Betriebsmittel einer Kundenanlage sind nach VDE-AR-N 4100 5.4 so zu planen, zu bauen und zu betreiben, dass Rückwirkungen auf das Niederspannungsnetz oder andere Kundenanlagen durch schnelle Spannungsänderungen, Flicker und Oberschwingungen auf ein zulässiges Maß begrenzt werden. Erfüllen die Betriebsmittel nachweislich die einzuhaltenden Grenzwerte nicht oder übersteigt die gleichzeitig benötigte Leistung 12 kVA, ist eine Beurteilung durch den

Netzbetreiber oder einen in ein Installateur-Verzeichnis eingetragenes Installationsunternehmen nach VDE-AR-N 4100 5.4 durchzuführen.

2.9 Eingangsstrom bis 75 A

Es sind bei der Bewertung einzelner Geräte (Verbrauchsmittel, Erzeugungsanlage, Speicher) mit einem Eingangsstrom bis 75 A die Übereinstimmungen mit den nach VDE-AR-N 4100 Abs. 5.4.2.1 gelisteten Herstellernormen zu überprüfen.

Für jede Erzeugungseinheit und jeden Speicher bis 75 A ist die Netzverträglichkeit anhand des Deckblatts des Einheitenzertifikats entsprechend des Vordrucks nach VDE-AR-N 4105 E.4 nachzuweisen.

Die Harmonisierung ist derzeit in Vorbereitung, so dass bis dahin die harmonisierten Normen für Geräte mit einem Eingangsstrom bis 75 A angewendet werden dürfen. Kompaktspeicher im Anwendungsbereich der VDE-AR-E 2510-2 werden von einem Hersteller gemäß den zutreffenden Richtlinien, darunter auch der EMV-Richtlinie 2014/30/EU, in Verkehr gebracht, so dass hierfür normalerweise keine weiteren Bewertungen hinsichtlich Netzrückwirkungen erforderlich sind.

Tabelle 2.3 Herstellernormen für Erzeugungsanlagen mit einem Eingangsstrom bis 75 A

Einhaltung der Herstellernormen	
Geräte bis 75 A	EZA und Speicher
• DIN EN 61000-3-2 (VDE 0838-2) • DIN EN 61000-3-3 (VDE 0838-3) • DIN EN 61000-3-11 (VDE 0838-11) • DIN EN 61000-3-12 (VDE 0838-12) • DIN EN 61000-4-7 (VDE 0847-4-7) • DIN EN 61000-4-15 (VDE 0847-4-15)	• DIN EN 61000-3-16 (Oberschwingungen) • DIN EN 61000-3-17 (Flicker) • DIN EN 61000-3-2 (VDE 0838-2) • DIN EN 61000-3-3 (VDE 0838-3) • DIN EN 61000-3-11 (VDE 0838-11) • DIN EN 61000-3-12 (VDE 0838-12)

2.10 Eingangsstrom über 75 A

Die Bewertungen einzelner Geräte (Verbrauchsmittel, Erzeugungsanlage, Speicher) mit einem Eingangsstrom über 75 A sind gemäß der Verfahren nach VDE-AR-N 4100 Abs. 5.4.2 vorzunehmen.

Bei Erzeugungseinheiten mit einem Eingangsstrom über 75 A ist der Nachweis anhand des Auszugs aus dem Prüfbericht „Netzrückwirkungen“ entsprechend des Vordrucks nach VDE-AR-N 4105 E.5 nachzuweisen.

3 NA-Schutz

Bei Erzeugungsanlagen am Niederspannungsnetz ist ein Netz- und Anlagenschutz erforderlich. Der NA-Schutz wirkt auf den Kuppelschalter. Dieser schaltet bei unzulässigen Spannungs- und Frequenzwerten außerhalb der nach VDE-AR-N 4105 Kap. 6 vorgegebenen Grenzwerten die Anlage ab.

Die Ausführung des NA-Schutzes hängt von der Summe der maximalen Scheinleistungen aller Erzeugungsanlagen und Speicher am Netzanschlusspunkt ab. Dabei sind sowohl Bestandsanlagen als auch Neuanlagen zu berücksichtigen.

- Bei Erzeugungsanlagen mit $\Sigma\ S_{A\ max} \leq 30$ kVA ist ein zentraler NA-Schutz (am zentralen Zählerplatz oder einer Unterverteilung) oder ein integrierter NA-Schutz vorzusehen.
- Bei Erzeugungsanlagen mit $\Sigma\ S_{A\ max} > 30$ kVA ist ein zentraler NA-Schutz erforderlich.

Blockheizkraftwerke über 30 kVA mit einer jederzeit zugänglichen Schaltstelle mit Trennfunktion sind in der Berechnung nicht zu berücksichtigen. Ein integrierter NA-Schutz ist ausreichend.

Speicher über 30 kVA, die nicht in das Niederspannungsnetz des Netzbetreibers einspeisen, sind nicht bei der Berechnung zu berücksichtigen. Ein integrierter NA-Schutz ist ausreichend.

Liegt die maximale Scheinleistung der Erzeugungsanlage durch Erweiterung in Summe über 30 kVA, besteht die Notwendigkeit der Nachrüstung der Bestandsanlagen. Eine Notwendigkeit der Nachrüstung ist gegeben bei:

- Zubau und Erweiterung von neuen Erzeugungseinheiten, wie die nachträgliche Installation von Speichern,
- Änderungen des *Betriebsmodus des/der Speicher*, vom reinen Inselbetrieb in den Einspeisebetrieb in das Niederspannungsnetz des Netzbetreibers,
- Änderung der Betriebsbedingungen wie Wegfall Zugänglichkeit oder Entfernung der Schaltstelle mit Trennfunktion bei *BHKWs*.

Grundsätzlich darf ein Ausfall der Hilfsspannung des zentralen NA-Schutzes oder der Steuerung des integrierten NA-Schutzes die Schutzfunktionen nicht beeinträchtigen. Der NA-Schutz muss in diesem Fall eine unverzögerte Auslösung des Kuppelschalters bewirken. Die Schutzfunktionen müssen auch bei einem Fehler der Anlagensteuerung (z. B. Spannungsausfall) erhalten bleiben.

Zentraler und integrierter NA-Schutz sowie der Kuppelschalter sind entsprechend den zu erwartenden Betriebsbeanspruchungen auszuwählen, insbesondere hinsichtlich der Zuverlässigkeit des Schaltvermögens sowie der Schalthäufigkeit.

Die Abschaltung der einzelnen Leiter erfolgt je nach Netzform und der Betriebsart.

Tabelle 3.1 Erforderliche Abschaltung der aktiven Leiter bei Netz- und Inselbetrieb

<table>
<tr><th>Netzform</th><th>Betriebsart(en)</th><th>Leiter</th></tr>
<tr><td>TN</td><td rowspan="2">Netzbetrieb</td><td>alle Außenleiter</td></tr>
<tr><td>TT</td><td rowspan="2">allpoliges Schalten:
(alle Außenleiter und Neutralleiter)</td></tr>
<tr><td>TN, TT, IT</td><td>Netzbetrieb/Inselbetrieb</td></tr>
</table>

Bei inselnetzbildenden Systemen erfüllt der Kuppelschalter zusätzlich die Funktion der Netztrenneinrichtung. In diesem Fall ist ein allpoliges Schalten erforderlich.

Ein Fehler darf nicht zum Verlust der Schutzfunktion führen. Fehler gemeinsamer Ursache sind zu berücksichtigen, wenn die Wahrscheinlichkeit für das Auftreten eines solchen Fehlers von Bedeutung ist. Bei Auftreten eines Fehlers muss eine Abschaltung der Erzeugungsanlage erfolgen. Der Zustand ist beim zentralen NA-Schutz auf dem Display anzuzeigen.

Schutzeinrichtungen und Schutzeinstellungen

Der NA-Schutz (Netz- und Anlagenschutz) ist eine typgeprüfte Schutzeinrichtung mit NA-Schutz-Zertifikat. Der NA-Schutz dient der Inselnetzerkennung und verhindert so eine ungewollte Einspeisung der Erzeugungsanlage in einem vom Verteilnetz getrennten Teilnetz. Hierfür erfolgt die Abschaltung durch Wirkung des NA-Schutzes auf einen Kuppelschalter bei unzulässigen Spannungs- und Frequenzänderungen im Netz. Es sind in den einzelnen folgenden Funktionen zu realisieren:

- Spannungssteigerungs- und Spannungsrückgangsschutz ($U\gg$, $U>$, $U<$, $U\ll$),
- Frequenzsteigerungs- und Frequenzrückgangsschutz ($f\gg$, $f>$, $f<$, $f\ll$),
- Inselnetzerkennung.

Für die Spannungs-Schutzeinrichtung ist eine Auswertung der Grundschwingung (50 Hz) ausreichend. Die Überwachung der Spannungssteigerungs-/Spannungsrückgangs-Schutzrelais sind logisch ODER zu verknüpfen. Bei Über-/Unterschreitung eines Werts über/unter den Ansprechwert muss eine Abschaltung über den Kuppelschalter erfolgen.

Der Spannungssteigerungsschutz ist über den gleitenden 10-Minuten-Mittelwert im maximalen zeitlichen Abstand von 3 Sekunden zu bilden. Bei Überschreitung der nach DIN EN 50160 festgelegten Spannungsgrenze von $1{,}1 \cdot U_N$ muss der NA-Schutz ansprechen und eine Abschaltung der Erzeugungsanlage über den Kuppelschalter erfolgen. Die Toleranz zwischen Auslöse- und Einstellwert darf bei höchstens ± 1 % U_N liegen.

- Bei EZA $\leq$ 30 kVA ist die Messung der Spannung zwischen Außenleiter und Neutralleiter erforderlich.
- Bei EZA > 30 kVA ist eine Messung der Spannungen zwischen Außenleiter und Neutralleiter erforderlich. Die Außenleiterspannungen sind zudem entweder messtechnisch zu erfassen (2×3 Spannungswerte) oder rechnerisch zu ermitteln.

Zur messtechnischen Erfassung der Frequenz ist eine einphasige messtechnische Erfassung ausreichend. Die Toleranz zwischen Einstell- und Auslösewert darf bei höchstens ±0,1 % der Nennfrequenz liegen.

Einstellwerte der Schutzfunktionen sowie die letzten fünf datierten Fehlermeldungen (relativer Zeitstempel ist ausreichend) müssen am NA-Schutz gespeichert werden und müssen ablesbar sein. Spannungsunterbrechungen von bis zu 3 Sekunden dürfen zu keinem Datenverlust führen.

Beim integrierten NA-Schutz kann die Fehlerauslesung über eine Datenschnittstelle erfolgen. Eine Anzeige, wie beim zentralen NA-Schutz, ist nicht erforderlich.

3.1 Zentraler NA-Schutz

Der *zentrale NA-Schutz* ist am zentralen Zählerplatz in einem Zählerschrank nach DIN VDE 0603-1 oder in einem dafür vorgesehenen Verteiler unterzubringen. Der Anschluss ist entsprechend den nach VDE-AR-N 4105 Anhang B vorgegebenen Anschlussbeispielen auszuführen:

- B.4: Anschluss von 3 dreiphasigen Erzeugungseinheiten mit Überschusseinspeisung,
- B.5: Anschluss einer Erzeugungsanlage mit Anschlussscheinleistung $S_{A\,max}$ > 30 kVA mit $P_{AV,E}$-Überwachung,

- B.6: neue Erzeugungseinheit parallel zu einer Bestandsanlage $S_{A\,max} > 30$ kVA,
- Anschluss einer Erzeugungsanlage mit Anschlussscheinleistung $S_{A\,max} > 30$ kVA mit Volleinspeisung,
- B.10: Anschluss einer Erzeugungsanlage mit Zähleranschlusssäule bei einer Anschlussscheinleistung $S_{A\,max} > 30$ kVA.

Der *zentrale Kuppelschalter* ist als galvanische Schalteinrichtung auszuführen. Zulässig sind Schütze, Motorschutzschalter und mechanische Leistungsschalter.

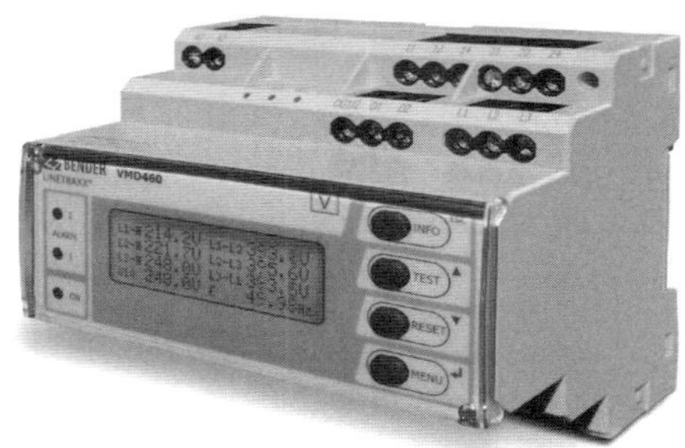

Bild 3.1 Zentraler NA-Schutz (VMD 460 der Fa. Bender, *Quelle:* Bender)

Beim zentralen NA-Schutz müssen die Betriebszustände ohne Hilfsmittel an einem Display ablesbar sein. Der NA-Schutz und Schutz vor Unsymmetrie nach VDE-AR-N 4100 5.5.3 oder $P_{AV,E}$-Überwachung darf in einem Gerät realisiert werden.

Der Nachweis an die technischen Anforderungen nach VDE-AR-N 4105 erfolgt über

- das Zertifikat für den NA-Schutz nach VDE-AR-N 4105 E.6 oder
- den Prüfbericht zum NA-Schutz nach VDE-AR-N 4105 E.7.
- Die Funktion des Auslösekreises (zentralen NA-Schutzes – Kuppelschalter) ist vom Errichter durch Betätigung der Prüftaste zu erproben. Die Auslösung muss am Kuppelschalter visualisiert sein.

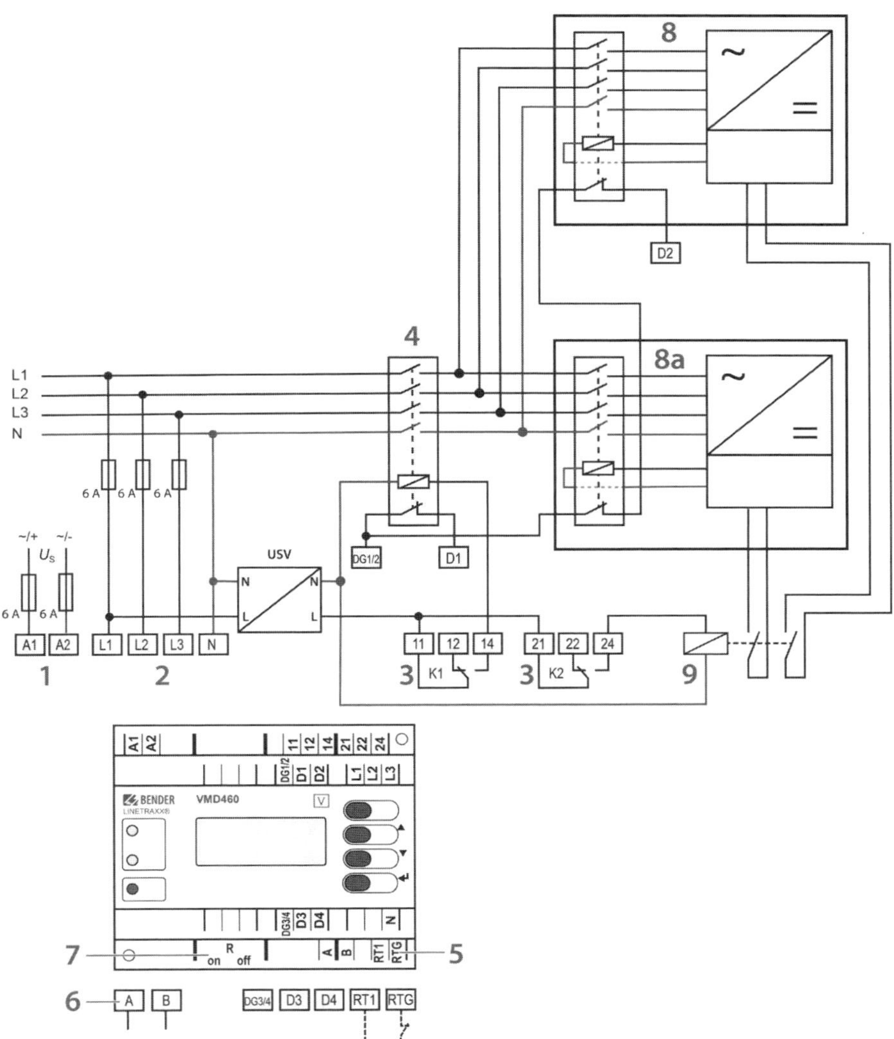

Bild 3.2 Anschlussbeispiel für zentralen NA-Schutz (VMD 460 der Fa. Bender, *Quelle:* Bender)

3.2 Integrierter NA-Schutz

Beim integrierten NA-Schutz sind Kuppelschalter und programmierbare Ansteuerung in der Erzeugungseinheit integriert. Integrierte Kuppelschalter müssen eine galvanische Abschaltung, z. B. durch ein Leistungsrelais, Schütz oder mechanischen Leistungsschalter etc., sicherstellen.

Bei Erzeugungsanlagen des Typ 2 stellen die Abschaltung der Umrichter keine galvanische Trennung zum Stromversorgungsnetz dar. Demnach ist der Kuppelschalter auf der Netzseite des Umrichters vorzusehen.

4 Netzsicherheitsmanagement

Das Netzsicherheitsmanagement beeinflusst die Leistungsabgabe von Erzeugungsanlagen bis zur kompletten Abschaltung. Das Netzsicherheitsmanagement wird auf der Grundlage von § 14 EnWG und § 14 EEG (Einspeisemanagement) und § 13 EnWG (Systemsicherheitsmanagement) zur Verhinderung und Beseitigung von Netzengpässen im Rahmen der Systemsicherheit eingesetzt. Es gelten für Erzeugungsanlagen und Speicher am Niederspannungsnetz die Anforderungen nach VDE-AR-N 4105 Abs. 5.7.4.2.

Tabelle 4.1 Anforderungen an das Netzsicherheitsmanagement – Übersicht

EZA und Speicher				Bemessungsleistung $P_{A\ max}$	Ausführung			
PV-Anlage	KWK	Speicher	weitere EZA		Leistungsbegrenzung dauerhaft auf 70 % von P_{G0}	Möglichkeit der Leistungsreduzierung durch Netzbetreiber	Abrufung der IST-Einspeiseleistung	Kommentar
×				≤ 30 kWp	×	×		wahlweise
×				30 kWp < ... ≤ 100 kWp		×		
×				> 100 kWp		×	×	
	×*			> 100 kWp		×	×	
		×*		> 100 kWp		×	×	Die Anforderung ist einzuhalten, wenn der Speicher oder die KWK-Anlage zur Pufferung verwendet wird.
		×	×	> 100 kWp		×	×	

* Puffer

Umsetzung des Netzsicherheitsmanagements

- Die Leistungsreduzierung der Erzeugungsanlage und des Speichers erfolgt ohne Trennung vom Netz.
- Bewährte Reduzierstufen sind: 100 %, 60 %, 30 %, 0 % von $P_{A\ max}$.
- Alternativ kann die Bezugsleistung der Kundenanlage erhöht werden.
- Die höchstzulässige Abweichung vom Sollwert ist ±5 %.
- Es ist die technische Möglichkeit zu schaffen, dass die Erzeugungsanlage im Falle eines Redispatch der Netzbetreiber die Leistung der Erzeugungsanlage bis $P_{A\ max}$ erhöhen kann.

Unter Redispatch versteht man Eingriffe in die Erzeugungsleistung von Kraftwerken, um Leitungsabschnitte vor einer Überlastung zu schützen. Droht an einer bestimmten Stelle im Netz ein Engpass, werden Kraftwerke diesseits des Engpasses angewiesen, ihre Einspeisung zu drosseln, während Anlagen jenseits des Engpasses ihre Einspeiseleistung erhöhen müssen. Auf diese Weise wird ein Lastfluss erzeugt, der dem Engpass entgegenwirkt.

- Bei Mischanlagen ist das Verhalten von Erzeugungsanlage und Bezugsanlage am Netzanschlusspunkt relevant.
  - Es kann die Leistung direkt an der Erzeugungsanlage reduziert werden oder
  - durch Zuschaltung von Verbrauchern erfolgen.
- Die Wirkleistungsvorgabe erfolgt bei Mischanlagen vom Netzbetreiber für jeden Primärenergieträger gesondert.

Wirkleistungsanpassung bei Über- und Unterfrequenz

Über- und Unterfrequenzen sind ein Indikator für Dysbalancen zwischen Erzeugung und Verbrauch im Netz. Bei Überfrequenzen steht ein Überschuss an Erzeugungsleistung einem Defizit an Bezugslast gegenüber, während bei Unterfrequenz ein Defizit an Erzeugung einem Überschuss an Bezugslast gegenübersteht. Weicht die Netzfrequenz um mehr als ±0,2 Hz von der Nennfrequenz ab, liegt ein kritischer Netzzustand vor. Hierzu müssen Erzeugungsanlage und Speicher bei einer Abweichung der Netzfrequenz von ±0,2 Hz von 50 Hz zur Stützung der Netzfrequenz beitragen.

- Die Genauigkeit der Frequenzmessung im eingeschwungenen Zustand muss ≤ 10 mHz sein.
- Für Speicher im Stromsparmodus (Stand-by-Betrieb) ist die Einhaltung der Anforderungen nach VDE-AR-N 4105 5.7.4.3 nicht erforderlich.

5 Erzeugungsanlagen

Für Erzeugungsanlagen sind die Anwendungsregeln VDE-AR-N 4105 und VDE-AR-N 4110 zu beachten. Die Anwendung richtet sich nach der Spannungsebene des Netzverknüpfungspunkts. Am Netzanschlusspunkt ist die Kundenanlage an das Netz der allgemeinen Stromversorgung angeschlossen. Der **Netzverknüpfungspunkt** ist die nächstgelegene Stelle im Netz der allgemeinen Stromversorgung, an der weitere Kundenanlagen angeschlossen werden können. In der Regel ist der Netzverknüpfungspunkt gleich dem Netzanschlusspunkt.

Netzverknüpfungspunkt und zutreffende Anforderungen:

- Niederspannung: VDE-AR-N 4100/VDE-AR-N 4105 (Erzeugungsanlagen),
- Mittelspannung: VDE-AR-N 4110.

Erzeugungsanlage mit $P_{A\,max}$ < 135 kW:

Erzeugungsanlagen und Speicher mit einer maximalen Wirkleistung ($P_{A\,max}$) unter 135 kW sind unabhängig von der Spannungsebene des Netzverknüpfungspunkts nach dem Betriebserlaubnisverfahren nach NC RfG in Betrieb zu nehmen. Es gelten folgende Anforderungen:

- VDE-AR-N 4105 Kap. 4.2 – Anmeldung und anschlussrelevante Unterlagen,
- VDE-AR-N 4105 Kap. 4.3 – Inbetriebsetzung der Erzeugungsanlage und/oder des Speichers,
- VDE-AR-N 4105 Kap. 9 – Nachweis der elektrischen Eigenschaften (Einheitenzertifikat).

Erzeugungsanlage mit $P_{A\,max} \geq$ 135 kW (bis 36 MW):

Die Erteilung der endgültigen Betriebserlaubnis von Erzeugungsanlagen ab 135 kW erfolgt unabhängig der Spannungsebene durch den Netzbetreiber. Es sind die folgenden Anforderungen zu beachten:

- VDE-AR-N 4105 Kap. 8.4 – Besonderheiten bei der Planung, Errichtung und beim Betrieb von Erzeugungsanlagen und Speichern mit jeweils $P_{A\,max} \geq$ 135 kW,

- VDE-AR-N 4110 Kap. 11 – Nachweis der elektrischen Eigenschaften für die Erzeugungsanlage.
- Liegt der Netzverknüpfungspunkt auf der Mittelspannungsebene, ist im Leitungsbereich zwischen 135 kW und ≤ 950 kW das Anlagenzertifikat B und zwischen 950 kW bis zu 36 MW das Anlagenzertifikat A nach VDE-AR-N 4110 Kap. 11 erforderlich.

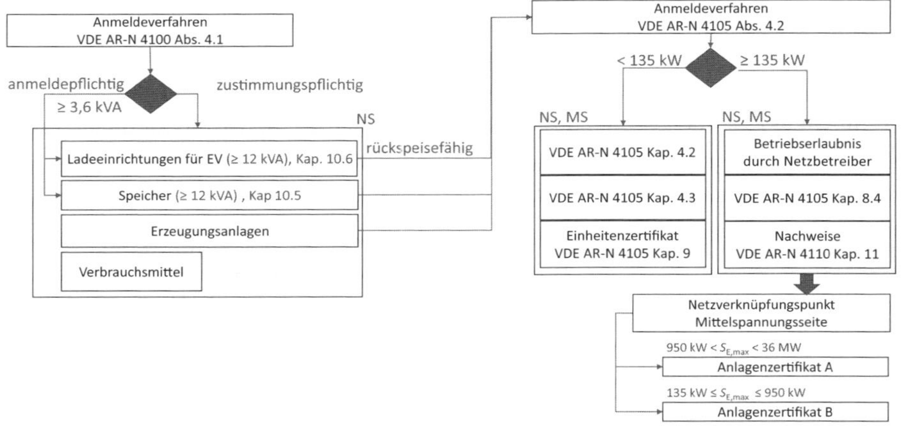

Bild 5.1 Anmeldeverfahren von Erzeugungsanlagen, Speichern und Ladeeinrichtungen für Elektrofahrzeuge in Abhängigkeit der Netzanschlussleistung und Spannungsebene des Netzverknüpfungspunkts

Nach DIN VDE V 0124-100 (**VDE V 0124-100**) *Netzintegration von Erzeugungsanlagen – Niederspannung – Prüfanforderungen an Erzeugungseinheiten vorgesehen zum Anschluss und Parallelbetrieb am Niederspannungsnetz* sind folgende Dokumente erforderlich:

- Nachweis über die zulässigen Netzrückwirkungen nach VDE-AR-N 4100 Abs. 5.4,
- Nachweis über die zulässigen Netzrückwirkungen nach VDE-AR-N 4100 Abs. 5.5,
- Nachweis über das Verhalten der EZE am Netz gemäß den Anforderungen nach VDE-AR-N 4105 Abs. 5.7.2.2,
- Nachweis über den NA-Schutz gemäß VDE-AR-N 4105 Abs. 6.1,
- Nachweis über die Zuschaltbedingungen und Synchronisation gemäß VDE-AR-N 4105 Abs. 8.3,

- Nachweis der $P_{AV,E}$-Überwachung gemäß VDE-AR-N 4105 Abs. 5.5.2,
- Nachweis über die dynamische Netzstützung gemäß VDE-AR-N 4105 Abs. 5.7.3.

Tabelle 5.1 Übersicht über die erforderlichen Dokumente und Verweise auf die Anforderungen

	VDE-AR-N			$P_{\text{A max}}$	
	4100	4105	4110	< 135 kW	≥ 135 kW
Antrag für Erzeugungsanlagen am Niederspannungsnetz		E.1	E.1	X	
Lageplan mit Flurstück		X		X	X
Datenblatt – Erzeugungsanlagen		E.2	E.8	X/P	X
Datenblatt – Speicher	B.2	E.3	E.8	X/P	
Einheitenzertifikat – Speicher		E.4		X/P	Z
Prüfbericht „Netzrückwirkungen" für Erzeugungsanlagen (EZA) mit > 75 A Eingangsstrom		E.5	E.2	X/P	
Beschreibung Schutzeinrichtung		6		X	
Zertifikat für den Netz- und Anlagenschutz (NA-Schutz)		E.6		Z/P	Z
Prüfbericht NA-Schutz		E.7		X/P	
Zertifikat: Leistungsüberwachung (70-%-Begrenzung)		Z 5.7.4.2		Z/P	
Zertifikat: Symmetrieeinrichtung (70-%-Begrenzung)	5.5	Z * a)		X	
Übersichtsplan EZA u./o. Speicher mit ggf. vorhandenen EZA u./o. Speicher		E.2 Bsp. B.11		X	
Inbetriebsetzungsprotokoll durch Anlagen-Errichter		E.8 * e) f)		X/P	Z
Betriebserlaubnisverfahren VDE-AR-N 4110 Kap. 11		E.9	11		F
Anlagenzertifikat A ≥ 135 kW			11		X
Anlagenzertifikat B > 950 kW, < 36 MW			11		
Anlagenzertifikat C (Einzelnachweisverfahren) Einzelanlagen, Kleinserien oder EZA ab 5 MW			11.6		X

X: erforderlich
P: alternativ Prüfbericht nach VDE V 0124-100

Die erforderlichen Anlagenzertifikate nach VDE-AR-N 4110 in Verbindung mit VDE-AR-N 4105 sind in der folgenden Tabelle zusammengefasst.

Tabelle 5.2 Ubersicht der erforderlichen Anlagenzertifikate für die verschiedenen Spannungsebenen

Spannungsebene	EZA Anschlussleistung	Anlagenzertifikat			Einheitenzertifikat			
		A	B	C	VDE-AR-N 4105 Abs. 9 (NS)	VDE-AR-N 4105 Abs. 11 (MS)	VDE-AR-N 4120 Abs. 11 (HS)	VDE-AR-N 4130 Abs. 11 (HöS)
Niederspannung	<135 kW				X			
	≥135 kW					X		
Mittelspannung 1 kV < ... < 60 kV	<135 kW				X			
	≥135 kW		X			X		
	>950 kW	X				X		
	≥36 MW	X					X	
	Einzelanlagen, EZE ab 5 MVA, Kleinserien			X[*1)]			X	X
Hochspannung 60 kV ≤ ... < 150 kV	unabhängig	X					X	
	Einzelanlagen, EZE ab 5 MVA, Kleinserien			X			X	
Höchstspannung ≥ 150 kV	unabhängig	X						X
	Einzelanlagen, EZE ab 5 MVA, Kleinserien			X				X

*NS: Niederspannung, MS: Mittelspannung, HS: Hochspannung, HöS: Höchstspannung, EZE: Erzeugungseinheit

*1) Anwendung der TAR HS oder TAR HöS im Rahmen des Betriebserlaubnisverfahrens zu klären

6 Errichtung von Ladeinfrastrukturen für Elektrofahrzeuge

Elektroinstallateure und Anlagenbetreiber beschäftigen sich hauptsächlich mit den sogenannten klassischen Themen der Elektroinstallation. Die Installation von Ladesystemen stellt Elektroinstallateure vor neue Herausforderungen. Zudem sind die Planungs- und Prüfgrundlagen oft für Errichter und Betreiber unklar; dies beginnt bei den Genehmigungsverfahren, der Errichtung der Stromkreise, der Ausstattung der Schutzeinrichtungen bis hin zur Inbetriebnahme-Prüfung mit den erforderlichen Dokumentationen. Weitere Fragen stellen sich beim Betrieb mit den dazugehörigen Betreiberpflichten von öffentlichen und/oder gewerblich betriebenen Ladesäulen.

Ladesäulen bzw. Ladestellen für Elektrofahrzeuge sind sowohl im öffentlichen, im gewerblichen und im privaten Bereich zusammen mit der elektrischen Anlage nach § 49 EnWG so zu errichten oder in bestehende elektrische Anlagen zu integrieren, dass von ihnen für Menschen und Nutztiere keine Gefährdung ausgeht. Bei bestehenden elektrischen Anlagen, die um Stromkreise, die zum Laden von Elektrofahrzeugen vorgesehen sind, erweitert werden, können sich durch die Erweiterung und Nutzungsänderungen weitere Anpassungen durch erhöhten Leistungsbedarf ergeben.

Ladepunkte fallen seitens der Errichtung bzw. Integration in elektrischen Anlagen in den Anwendungsbereich der Reihe DIN VDE 0100. Stromkreise, an denen Ladesäulen fest angeschlossen sind, oder Steckdosen, die für das Laden von E-Fahrzeugen über eine Steckdose vorgesehen sind, fallen in den Anwendungsbereich der DIN VDE 0100-722: Errichten von Niederspannungsanlagen – Teil 7-722: Anforderungen für Betriebsstätten, Räume und Anlagen besonderer Art – Stromversorgung von Elektrofahrzeugen. Es sind zudem zusätzliche Anforderungen für den leitungsgebundenen Anschluss von Elektrofahrzeugen am Niederspannungsnetz zu beachten. Es gelten hier weitere Anforderungen gemäß VDE-AR-N 4100. Bei rückspeisefähigen Systemen sind zudem weitere Anforderungen u. a. nach DIN VDE 0100-551 und VDE-AR-N 4105 zu beachten.

Bild 6.1 Öffentliche Ladesäule mit Normal- und Schnellladefunktion, Rastplatz Waldlaubersheim, Rheinland-Pfalz (*Foto:* M. Fengel)

Bild 6.2 Öffentliche Ladesäule für Elektrofahrzeuge der Marke Tesla, Rastplatz Waldlaubersheim, Rheinland-Pfalz (*Foto:* M. Fengel)

6.1 Was ist was? – Begriffe

In den Anwendungsbereich der DIN VDE 0100-722 fallen Stromkreise für die Energieversorgung von Elektrofahrzeugen, zum Laden des Speichers und für Rückspeisung elektrischer Energie aus dem Elektrofahrzeug in die ortsfeste elektrische Anlage. Ergänzend zu den Begrifflichkeiten aus der DIN VDE 0100-200 beinhaltet die DIN VDE 0100-722 weitere Begrifflichkeiten:

Ein *Elektrofahrzeug* ist nach DIN VDE 0100-722 722.3.1 jedes Fahrzeug, das von einem Elektromotor mit Strom aus einem wieder aufladbaren Energiespeicher angetrieben wird und hauptsächlich für den Einsatz auf öffentlichen Straßen bestimmt ist.

Die Begriffe *Elektrofahrzeug-Ladestation* und *Stromversorgungseinrichtung* für das Elektrofahrzeug wurden neu aufgenommen. Damit wurden die Begriffe hinter dem Anschlusspunkt definiert. Die Elektrofahrzeug-Ladestation umfasst den ortsfesten Teil der elektrischen Anlage, der über einen Versorgungsstromkreis

(Verteilerstromkreis) gespeist wird und der über eine Steckvorrichtung zum Laden von Elektrofahrzeugen vorgesehen ist. Die Stromversorgungseinrichtung für das Elektrofahrzeug ist eine Einrichtung oder eine Kombination aus Einrichtungen, die mit speziellen Funktionen ausgestattet ist, um ein Elektrofahrzeug zum Zweck des Ladens über eine ortsfeste elektrische Anlage oder ein Versorgungsnetz mit elektrischer Energie zu versorgen. Die Einrichtung kann ein Ladesystem gemäß DIN EN IEC 61851-1 (VDE 0122-1) mit fest angeschlossenem Ladekabel und einem genormten Ladestecker oder Teil der ortsveränderlichen Leitungsgarnitur mit integrierter Steuer- und Schutzeinrichtung (IC-CPD) sein.

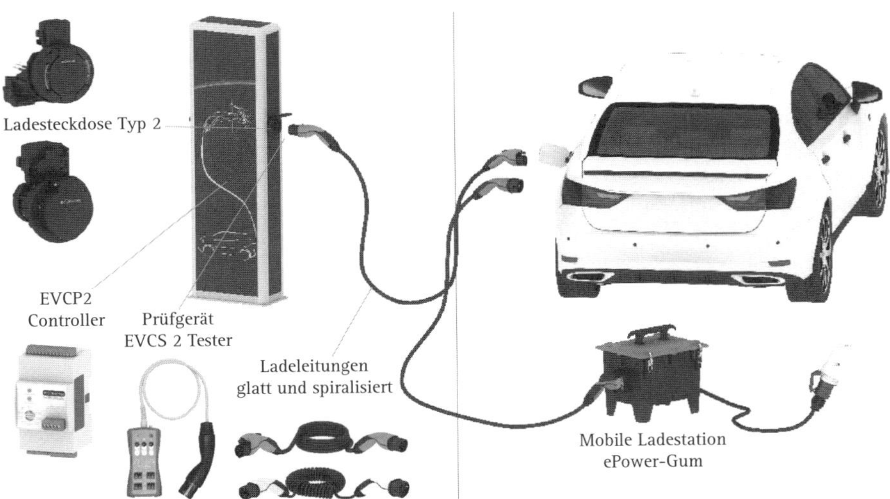

Bild 6.3 Übersicht über die verschiedenen Anschlussmöglichkeiten zum Laden eines Elektrofahrzeugs (*Quelle:* Bals)

6.2 Inverkehrbringen von Ladesäulen

Hersteller ist, wer ein Produkt gemäß den zutreffenden europäischen Richtlinien im europäischen Wirtschaftsraum in Verkehr bringt (ein Stück Ladesäule). Errichter ist, wer die elektrische Anlage unter Berücksichtigung der Regeln der Technik errichtet und in Betrieb nimmt. Betreiber ist, wer eine Ladesäule öffentlich zugänglich macht oder für gewerbliche Zwecke nutzt.

Elektrische Betriebsmittel, darunter auch Ladesäulen und Wallboxen, sind unter Einhaltung der für die Betriebsmittel zutreffenden EU-Richtlinien im europäischen

Wirtschaftraum in den Verkehr zu bringen. Ladesäulen sind ortsfeste elektrische Betriebsmittel, die an einer Anschlussnutzeranlage als ortsfeste Betriebsmittel angeschlossen werden. Diese fallen aufgrund des Spannungsbereichs hinsichtlich der Beschaffenheit der elektrischen Ausrüstung in den Anwendungsbereich der Niederspannungsrichtlinie 2014/35/EU und der EMV-Richtlinie 2014/30/EU. Hersteller und Inverkehrbringer sind demnach verpflichtet, die Ladesäulen so zu konstruieren, dass entsprechend den Anhängen 1 die Schutzziele hinsichtlich der elektrischen Sicherheit sowie die Sicherheitsziele hinsichtlich der elektromagnetischen Verträglichkeit eingehalten werden. Die Einhaltung dieser Schutzziele wird vermutet, wenn die Ladesäulen entsprechend den im Amtsblatt der EU gelisteten harmonisierten Normen konstruiert sind und dem Benutzer die notwendigen Angaben zur Installation, Handhabung und dem sicheren Betrieb bereitgestellt werden. In jedem Fall hat der Hersteller im Rahmen der Produktentwicklung eine Risikobeurteilung nach dem Leitfaden 32:2014 der CENELEC zur Niederspannungsrichtlinie 2014/35/EU durchzuführen. Die Risiken sind über den gesamten Lebenszyklus zu identifizieren, zu bewerten und nach dem 3-Stufen-Modell abzustellen und auf ein vertretbares Restrisiko zu minimieren. Demnach sind die Maßnahmen zur Risikoreduzierung in folgender Rangfolge anzuwenden:

1. Inhärente sichere Konstruktion zur Vermeidung der Risiken,
2. Festlegen technischer Schutzmaßnahmen in Übereinstimmung mit den harmonisierten Normen zur Risikoreduzierung,
3. Erstellen von Benutzerinformationen zur Warnung vor Restrisiken und zur bestimmungsgemäßen sicheren Verwendung.

Sind die Anforderungen an die Richtlinien erfüllt und die Ladesäule in Übereinstimmung mit den harmonisierten Normen der Normenreihe DIN EN 61851 (**VDE 0122**) konstruiert, wird die Sicherheit der Ladesäule vermutet. Formell hat der Hersteller zudem die notwendige Dokumentation zu erstellen, eine CE-Kennzeichnung anzubringen, sowie die Nutzerinformationen beizufügen, so dass der Benutzer in die Lage versetzt wird, die Ladesäule sicher zu installieren und zu betreiben.

Leitungsgebundene Ladesysteme sind nach den im Amtsblatt der EU zur Niederspannungsrichtlinie veröffentlichten harmonisierten Normen zu konstruieren:

- DIN EN IEC 61439-7 (**VDE 0660-600-7**): Niederspannungs-Schaltgerätekombinationen – Teil 7: Schaltgerätekombinationen für bestimmte Anwendungen wie Marinas, Campingplätze, Marktplätze, Ladestationen für Elektrofahrzeuge
- DIN EN IEC 61851-1 (**VDE 0122-1**): Elektrische Ausrüstung von Elektro-Straßenfahrzeugen – Konduktive Ladesysteme für Elektrofahrzeuge – Teil 1: Allgemeine Anforderungen

- DIN EN 61851-21-1 (**VDE 0122-2-11**): Elektrische Ausrüstung von Elektro-Straßenfahrzeugen – Konduktive Ladesysteme für Elektrofahrzeuge – Teil 21-1: EMV-Anforderungen an Bordladegeräte für Elektrofahrzeuge mit Wechselstrom-/Gleichstromversorgung
- DIN EN IEC 61851-21-2 (**VDE 0122-2-1-2**): Elektrische Ausrüstung von Elektro-Straßenfahrzeugen – Konduktive Ladesysteme für Elektrofahrzeuge – Teil 21-2: Anforderungen für den konduktiven Anschluss von Elektrofahrzeugen an eine Wechsel-/Gleichstromversorgung – EMV-Anforderungen an externe Ladesysteme für Elektrofahrzeuge
- DIN EN 61851-22 (**VDE 0122-2-2**): Elektrische Ausrüstung von Elektro-Straßenfahrzeugen – Konduktive Ladesysteme für Elektrofahrzeuge – Teil 2-2: Wechselstrom-Ladestation für Elektrofahrzeuge
- DIN EN 61851-23 (**VDE 0122-2-3**): Konduktive Ladesysteme für Elektrofahrzeuge – Teil 23: Gleichstromladestationen für Elektrofahrzeuge
- DIN EN 61851-24 (**VDE 0122-2-4**): Konduktive Ladesysteme für Elektrofahrzeuge – Teil 24: Digitale Kommunikation zwischen einer Gleichstromladestation für Elektrofahrzeuge und dem Elektrofahrzeug zur Steuerung des Gleichstromladevorgangs

Hierzu sind nach DIN EN IEC 61851-1 (**VDE 0122-1**) die allgemeinen Anforderungen an leitungsgebundene Ladesysteme zu beachten. Darin definiert sind u. a.

- die Ladebetriebsarten,
- die Anschlussarten,
- die Kommunikationsschnittstelle zwischen Ladeeinrichtung und Fahrzeug und
- Anforderungen an den Schutz gegen elektrischen Schlag sowie
- Anforderungen an den Netzanschluss.

6.3 Anschlussarten

Der **Anschlusspunkt** ist der Teil einer ortsfesten Installation, über den Energie zwischen ortsfester Elektroinstallation und Elektrofahrzeug übertragen wird. Damit beschränkt sich die Definition des Anschlusspunkts nicht ausschließlich auf rein leitungsgebundene Ladevorgänge, sondern umfasst zusätzlich neben der leitungsgebundenen Rückspeisung in die ortsfeste Elektroinstallation auch die Ladung und die Rückspeisung über Vorrichtungen zur kontaktlosen Energieübertragung. Der Anschlusspunkt ist je nach Anschlussart

- Teil der ortsfesten elektrischen Anlage,
- Teil der ortsveränderlichen Leitungsgarnitur,
- Teil des ACD-Systems (automatische Anschlusssysteme),
- Teil des Stationärteils des berührungslosen Energieübertragungssystems (induktives Laden) oder
- Teil des Batteriewechselsystems.

6.3.1 Leitungsgebundene Anschlussarten

Leitungsgebundene Ladebetriebsarten sind nach DIN EN IEC 61851-1 **(VDE 0122-1)** Abs. 6.3 in drei Anschlussfällen definiert. Beim **Anschlussfall** A ist das Ladekabel direkt mit dem Elektrofahrzeug verbunden. Beim **Anschlussfall B** ist das Elektrofahrzeug über eine beidseitig steckbare Leitungsgarnitur mit dem Anschlusspunkt verbunden. Bei diesen Anschlussarten stellt die Steckdose der ortsfesten elektrischen Anlage oder der Ladestation den Anschlusspunkt dar. Diese ist normalerweise im Lieferumfang des Elektrofahrzeugs enthalten. Zwischen IC-CPD und Fahrzeugstecker übernimmt ein Pilotkontakt die Übertragung von Steuerungs-, Signal-, Überwachungs- oder Verriegelungsfunktionen. Beim **Anschlussfall C** ist das flexible Ladekabel fest mit der Ladestation verbunden. Damit ist der Stecker der Teil, der mit der ortsfesten elektrischen Anlage verbunden ist, und stellt somit den Ladepunkt dar.

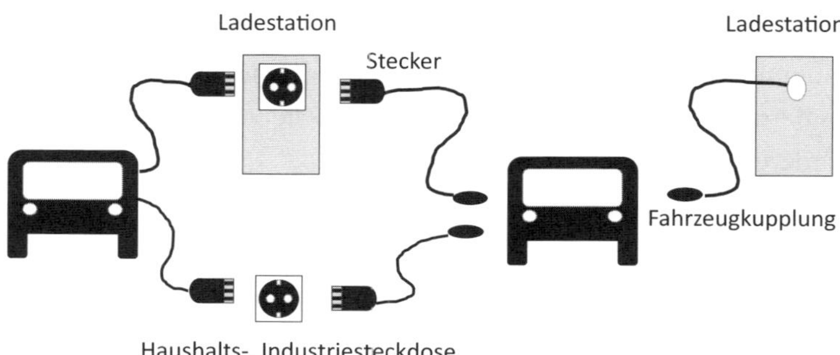

Bild 6.4 Anschlussfälle A, B, C
(*Quelle:* DIN EN IEC 61851-1 (VDE 0122-1), *Zeichnung:* M. Fengel)

Zum leitungsgebundenen Laden zählen Systeme mit automatischem Verbindungsaufbau (ACD-System). Nach DIN EN 61851-23-1 (VDE 0122-2-31) sind die Anschlussfälle D und E definiert. Das ACD-System besteht aus einem Ladegerät zum automatischen Verbindungsaufbau und dem ACD-Gegenstück.

Bild 6.5 Ladestation eines kommunalen Gebäudes (*Foto:* M. Fengel)

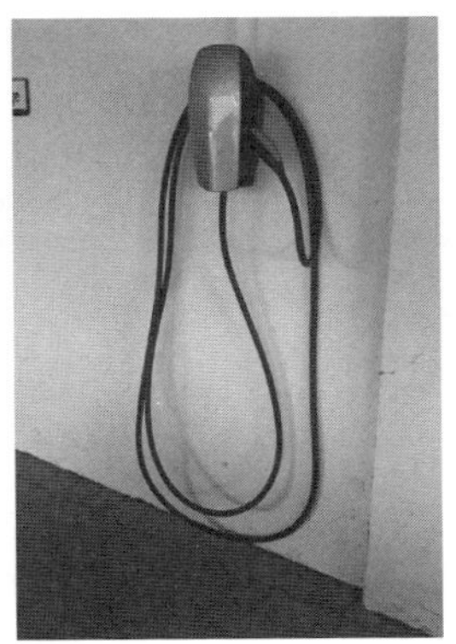

Bild 6.6 Wallbox an einem Firmenparkplatz (Ladebetriebsart 3, Anschlussfall C) (*Foto:* M. Fengel)

Bild 6.7 Ladestation an einer Raststätte (Ladebetriebsart 3, 4, Anschlussfall C) (*Foto:* M. Fengel)

6.3.2 Leitungsgebundene Anschlussarten mit automatischem Verbindungsaufbau

Beim **Anschlussfall D** ist das Ladegerät mit automatischen Verbindungaufbau Teil der ortsfesten elektrischen Anlage und somit der Anschlusspunkt. Der Anschluss über das ortsfeste System zum automatischen Verbindungsaufbau ist zum Laden stehender Fahrzeuge geeignet. Der fahrzeugseitige Kontakt erfolgt über das am Fahrzeug vorhandene ACD-Gegenstück. Dieses ist Teil des Elektrofahrzeugs. Der Anschlussfall ist zum Laden im stehenden Zustand geeignet. Beim **Anschlussfall E** gehört das Ladegerät zum automatischen Verbindungsaufbau zum Fahrzeug. Dieses kontaktiert zum Laden das fest installierte ACD-Gegenstück. Hier ist im Vergleich zum Anschlussfall D das ACD-Gegenstück Teil der ortsfesten Anlage. Während der Anschlussfall D ausschließlich als schaltender Kontakt zum Laden stehender Elektrofahrzeuge Anwendung findet, ist bei der Anschlussart E der Ladevorgang auch über eine gleitende Kontaktierung während des Fahrens möglich.

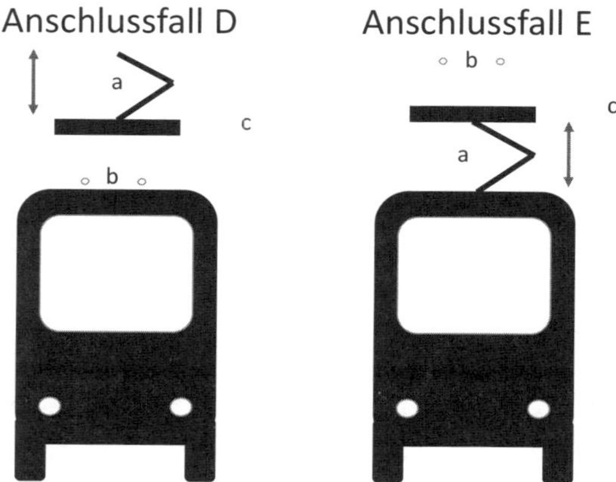

Bild 6.8 Anschlussfall D und E
(*Quelle:* E DIN EN 61851-23-1 (VDE 0122-2-31):2017-08, *Zeichnung:* M. Fengel)

a Ladegerät mit automatischem Verbindungsaufbau
b ACD-Gegenstück
c ACD-System

6.4 Kontaktlose Energieübertragung

Beim **Anschlussfall E** basiert die kontaktlose Energieübertragung auf dem Prinzip der elektromagnetischen Induktion. Kernstück der stationären Ladeeinrichtung (Stationärteil) ist die stationäre Feldplatte und der Inverter. Der Inverter besteht

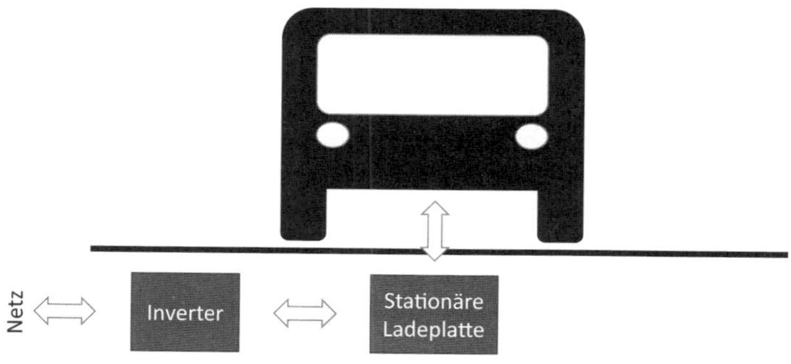

Bild 6.9 Anschlussfall (E)/induktives Laden
(*Quelle:* DIN EN IEC 61980-1 (VDE 0122-10-1), *Zeichnung:* M. Fengel)

im Wesentlichen aus den Netzanschlussklemmen, der Leistungselektronik zum Erzeugen und Nachführen der Systemfrequenz. Eine Nachführeinheit dient zur Kontrolle und ggf. zur Nachführung des Ladestroms. Im Elektrofahrzeug wird über die mobile Feldplatte – auch PICKUP genannt – die Bordelektronik gespeist, die den Speicher des Elektrofahrzeugs lädt.

Batteriewechselsysteme

Eine weitere Lademöglichkeit stellen Batteriewechselsysteme dar. Die Ladung der Batterien erfolgt in einer Batteriewechselstation. Die Ladung erfolgt außerhalb des Elektrofahrzeugs durch das SBS-Ladegerät (swappable battery system coupler). Das Batteriewechselsystem besteht aus einer am Stromnetz angeschlossenen Batteriewechselstation, dem austauschbaren Batteriesystem (SBS), sowie aus weiteren unterstützenden Systemen. Die Batteriewechselstation besteht im Wesentlichen aus dem Lagerungssystem, dem Ladesystem, dem Batteriehandhabungssystem sowie dem Fahrspursystem. Zur Koordination der Lade- und Batteriewechselvorgänge überwacht ein Steuerungssystem die einzelnen Systeme, detektiert die korrekte Positionierung des Elektrofahrzeugs und koordiniert die erforderlichen elektrischen und mechanischen Verbindungen. Die Ladung erfolgt über ein Gleichstromladesystem. Darüber hinaus gibt es unterstützende Systeme zum Transport und zur Wartung der Batterien.

Das Konzept der Batteriewechselstationen eignet sich aufgrund der kurzen Wechselzeiten besonders für gewerbliche Anwendungen wie Elektrobusse, Taxen und überall dort, wo Stillstandszeiten durch den Ladevorgang dem wirtschaftlichen Nutzen entgegen stehen. Ob sich das System im Privatbereich, vor allem für Langstrecken, durchsetzt ist derzeit aufgrund unterschiedlicher Elektrofahrzeuge allerdings fraglich.

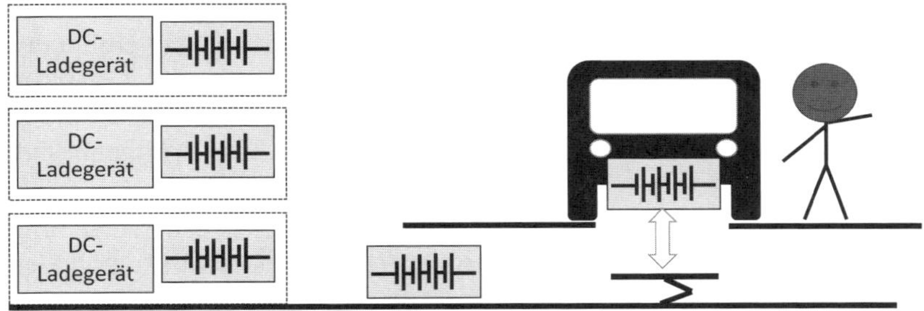

Bild 6.10 Schema Batteriewechselsystem mit Wechsel von unten
(*Zeichnung:* M. Fengel)

6.5 Ladebetriebsarten

Nach DIN EN IEC 61851-1 (**VDE 0122-1**) Abs. 6.2 sind vier Ladebetriebsarten definiert. Der Anschlusspunkt ist die Schnittstelle zwischen der ortsfesten elektrischen Anlage und dem Elektrofahrzeug (EV). Der Anschlusspunkt ist danach der Punkt, an dem

- das ortsveränderliche Ladekabel zum Laden des EV eingesteckt wird oder
- der Ladestecker, der über eine flexible Leitung fest am ortsfesten Ladesystem angeschlossenen ist.

Die Ladebetriebsarten unterscheiden sich nach Anschlussstecker, Ladestrom, Lage und Art der Schutzeinrichtungen und Kommunikation mit dem Elektrofahrzeug. Die Ladebetriebsarten unterscheiden sich je nach Elektrofahrzeug und Ladeinfrastruktur hinsichtlich der Steckvorrichtungen, den Ladeströmen und der Ladespannungen sowie der Lage und Art der Schutzeinrichtungen.

6.5.1 Ladebetriebsarten 1 und 2

Die Ladebetriebsarten 1 und 2 kommen bei den Anschlussfällen A und B zur Anwendung. Bei der Ladebetriebsart 1 ist der Anschlusspunkt eine genormte Steckdose. Der Ladestrom beträgt höchstens 16 A und die Ladespannung liegt unterhalb 250 V (einphasig) und unterhalb 480 V (mehrphasig). Damit kann das Elektrofahrzeug mit einer Ladeleistung von 3,7 kW (einphasig) und bis zu 11 kW (dreiphasig) geladen werden. Es findet keine Kommunikation zwischen Elektrofahrzeug und Ladepunkt statt. Das Elektrofahrzeug stellt seitens der ortsfesten elektrischen Anlage ein reines Verbrauchsmittel dar. Die Verriegelung von Stecker und Steckdose findet ausschließlich am Fahrzeug statt.

Bei der Ladebetriebsart 2 ist das Elektrofahrzeug wie bei der Ladebetriebsart 1 über eine genormte Steckdose mit der ortsfesten elektrischen Anlage verbunden. Der Ladestrom darf aufgrund der geltenden Produktnorm DIN EN 62752 (**VDE 0666-10**) höchstens 32 A bei einer Ladespannung von max. 250 V (einphasig) und 480 V (mehrphasig) betragen. Damit sind Ladeleistungen bis zu 14,5 kW (einphasig) und 43,6 kW (dreiphasig) möglich.

Im Vergleich zur Ladebetriebsart 1 ist in der ortsveränderlichen Ladeleitung ein Steuergerät integriert, wodurch zwischen Ladeeinrichtung (IC-CPD) und Elektrofahrzeug eine Kommunikation stattfindet. Diese wird i. d. R. vom Fahrzeughersteller mitgeliefert und beinhaltet eine Pilotfunktion zur Kommunikation zwischen Ladepunkt (LP) und Elektrofahrzeug. Über den Pilotkontakt (CP) werden die unterschiedlichen Ladezustände des Elektrofahrzeugs abgefragt. Zudem beinhaltet diese eigene Einrichtungen zum Schutz gegen elektrischen Schlag zwischen cable-control-box und Elektrofahrzeug. Die genormte Steckdose in der Elektroinstallation stellt damit den ortsfesten Ladepunkt dar. Das ortsveränderliche Ladekabel mit der cable-control-box ist Teil des Elektrofahrzeugs und fällt anlagenseitig nicht in den Anwendungsbereich der DIN VDE 0100-722. Das ladeleitungsintegrierte Steuergerät muss im Stecker oder in einer Entfernung bis zu 0,3 m vom Stecker oder der EVSE angeordnet sein. In Deutschland muss das ladeleitungsintegrierte Steuergerät (in-cable control box) im Stecker oder maximal 2,0 m vom Stecker entfernt angebracht werden.

Fahrzeugkupplungen sind nach DIN EN IEC 60309-1 (**VDE 0623-1**) die klassischen Industriesteckvorrichtungen. Sie kommen bei den Ladebetriebsarten 1 und 2 zur Anwendung, wenn keine Kompatibilität gefordert ist. Steckdosen bis einschließlich 16 A dürfen auch nach den nationalen Normen (Schukosteckdose) konstruiert sein. Dies findet i. d. R. bei privater Anwendung meistens mit Verwendung einer Leitungsgarnitur mit integrierter Steuereinrichtung (in-cable-control-box) Anwendung. Sie sind für die Ladebetriebsarten 1 und 2 für einen Ladestrom von bis zu 32 A bei einer Ladespannung von 250 V (einphasig) und 480 V (dreiphasig) bemessen. Sie finden im privaten und nicht-öffentlichen Bereich Anwendung.

Bild 6.11 Schukosteckdose (*Quelle:* Bals)

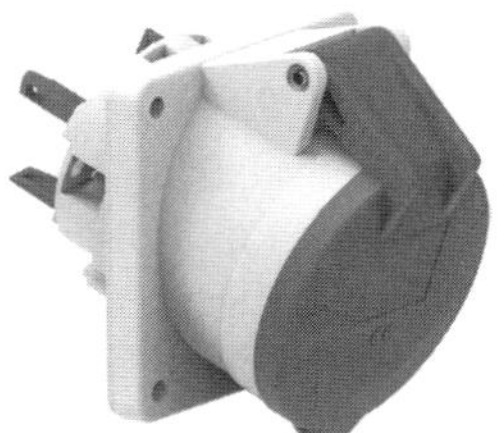

Bild 6.12 Industriesteckdose 16 A/dreihphasig (*Quelle:* Bals)

Die Herstellernorm DIN EN IEC 60309-1 (**VDE 0623-1**) ist im Amtsblatt der EU zur Niederspannungsrichtlinie 2014/35/EU gelistet. Demnach müssen Steckdosen über eine CE-Kennzeichnung und über die nach DIN EN IEC 60309-1 (**VDE 0623-1**) Abs. 7 vorgegebenen Aufschriften verfügen, u. a. elektrische Bemessungsgrößen, Hersteller und Typ, Schutzgrad sowie Angaben über zulässige Verschmutzung und Umgebungsbedingungen. Die Gehäuse sind je nach Spannungsebene farblich gekennzeichnet (rot: 400 V und blau: 230 V). Steckdosen bis einschließlich 16 A dürfen auch nach den nationalen Normen konstruiert sein.

Für Stromkreise zur Versorgung von Steckdosen mit Bemessungsströmen bis einschließlich 32 A, die für handgeführte Geräte verwendet werden, sind die Schutzmaßnahmen Schutz durch automatische Abschaltung der Stromversorgung, Schutz durch Kleinspannung mittels SELV oder PELV und Schutz durch Schutztrennung mit Transformatoren mit einfacher Trennung und je einem Verbraucher nach DIN VDE 0100-410 zulässig.

6.5.2 Ladebetriebsarten 3 und 4

Bei den Ladebetriebsarten 3 und 4 findet zwischen Ladepunkt und Elektrofahrzeug eine Kommunikation und Sicherheitsüberwachung sowie eine Überwachung des Ladevorgangs über den Pilotkontakt (CP) nach DIN EN IEC 61851-1 (**VDE 0122-1**) statt.

Die Ladebetriebsart 3 besteht aus einer ausschließlich für diesen Zweck bestimmten Stromversorgungseinrichtung, bei der eine Pilotfunktion sich bis zur Steuerung in der EVSE erstreckt und die EVSE mit dem Wechselstromnetz verbunden ist. Schutzeinrichtungen und Sicherheitsfunktionen sind in der Ladestation integriert.

Der Ladebetrieb ist über alle drei leitungsgebundenen Anschlussarten (A, B und C) möglich, indem der Ladestecker fest am Fahrzeug angeschlossen ist, die Ladeleitung beidseitig mit einer Steckvorrichtung versehen ist oder die Ladeleitung samt Stecker fest an der Ladestation angeschlossen ist. Bei letzterem stellt der Fahrzeugstecker den fest mit der elektrischen Anlage verbundenen Anschlusspunkt dar.

Normalladepunkte/Wechselstrom-Ladepunkte mit Ladeleistungen bis 22 kW sind aus Gründen der Interoperabilität mit Steckdosen und Stecker des Typs 2 nach EN 62196-2 auszurüsten. Dieser verfügt über einen dreiphasigen Wechselstromanschluss mit jeweils einem Neutral- und Schutzleiterkontakt. Die Kommunikation mit dem Elektrofahrzeug erfolgt über die Pilotkontakte CP/PP. Fahrzeugstecker und Fahrzeugkupplungen dieses Typs sind für Ladeströme bis 63 A bei 480 V Drehstrom oder 70 A bei 250 V Einphasenwechselstrom bemessen [vgl. DIN EN 62196-2 (**VDE 0623-5-2**)]. Damit sind Ladeleistungen bis zu 32 kW möglich. Korrekt hergestellte Steckverbindungen sind über einen Hilfskontakt zu gewährleisten. Eine mechanische oder elektromechanische Verriegelung verhindert das unbeabsichtigte Ziehen des Steckers während des Ladevorgangs. Damit ist aus Gründen der Interoperabilität die Ladebetriebsart 3 mit dem Typ-2-Stecker die gängigste Ladebetriebsart.

Schnellladepunkte sind sowohl Wechselstrom- als auch Gleichstrom-Ladepunkte mit Ladeleistungen über 22 kW. Sie sind darüber hinaus mit Kupplungen des „combined charging system Combo 2“ nach der Norm DIN EN 62196-3 auszurüsten. Sie verfügen zudem über zwei Gleichstromkontakte DC+/DC−.

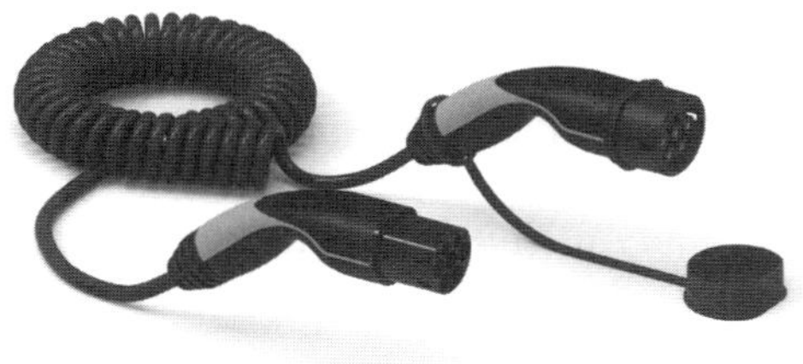

Bild 6.13 Ladekabelgarnitur mit Typ-2-Steckvorrichtungen
(*Quelle:* Bals)

Typisches Beispiel für beide Ladebetriebsarten (3 und 4) sind Ladesäulen in öffentlich zugänglichen Bereichen im Anwendungsbereich der Ladesäulenverordnung.

Bei der Ladebetriebsart 4 ist hingegen ein externes Ladegerät ständig mit dem Stromkreis verbunden. Die Ladebetriebsart 4 lädt im Vergleich zu den Ladebetriebsarten 1, 2 und 3 ausschließlich mit Gleichstrom. Beim leitungsgebundenen Gleichstromladen darf ausschließlich die Anschlussart C – Ladeleitung und Ladestecker sind fest an der Ladestation angeschlossen – angewendet werden. Der Fahrzeugstecker muss mit den Anforderungen nach DIN EN 62196-3 (**VDE 0623-5-3**) übereinstimmen. Bei kombinierten Ladesystemen („combined charging system Combo 2") ist die Gleichspannung auf 1 000 V und einen Ladestrom von 200 A begrenzt. Damit sind Ladeleistungen bis zu 200 kW möglich.

6.6 Stromversorgung und allgemeine Merkmale

Der Verteilnetzbetreiber hat den Netzanschluss leistungsgerecht auszulegen. Bei der Auslegung und Bereitstellung der Anschlussleistungen hat der Verteilnetzbetreiber neben der gleichzeitig benötigten Leistung, die Art der Nutzung und die möglichen Netzrückwirkungen zu beurteilen. Bei der Nachrüstung und Neuerrichtung von Ladeeinrichtungen für Elektrofahrzeuge sind die Anforderungen nach VDE-AR-N 4100 und VDE-AR-N 4105 zu beachten. Der Nachweis über die Einhaltung der technischen Anforderungen für die Entnahme und den Einspeisebetrieb ist vom Hersteller über die Konformitätserklärung zu bescheinigen.

6.6.1 Anschlussleistung

Die Niederspannungsanschlussverordnung regelt die allgemeinen Bedingungen aus dem Netzanschlussverhältnis nach NAV § 2 (1) zwischen Netzbetreiber und Anschlussnehmer. Die Kundenanlage (inklusive der Anschlussnutzeranlage) ist mit den Verbrauchsgeräten nach NAV § 19 so zu betreiben, dass Störungen auf andere Kundenanlagen und Anschlussnutzeranlagen ausgeschlossen sind. Erweiterungen und Änderungen von Anlagen (Kundenanlagen) sowie die Verwendung zusätzlicher Verbrauchsgeräte sind nach NAV § 19 (2) dem Netzbetreiber mitzuteilen, soweit sich dadurch die vorzuhaltende Leistung erhöht oder mit Netzrückwirkungen zu rechnen ist.

Ladeeinrichtungen für Elektrofahrzeuge sind nach NAV § 19 (2) 2 dem Netzbetreiber vor der ersten Inbetriebnahme mitzuteilen. Im Gegensatz zu den Anforderungen nach VDE-AR-N 4100 Abs. 4.1, die eine Anmeldepflicht für Ladeeinrichtungen von Elektrofahrzeugen mit einer Bemessungsleistung ab 3,6 kVA fordert, enthält die Niederspannungsanschlussverordnung (NAV) in § 19 (2) 2 für die Anmeldung keine Angabe zur Bemessungsleistung. Jedoch fordern die Niederspannungsanschlussverordnung (NAV § 19 (2)) und die VDE-AR-N 4100 Abs. 4.1 eine Zustimmung des Netzbetreibers ab einer Summen-Bemessungsleistung von 12 kVA je Kundenanlage, worunter Ladeeinrichtungen für Elektrofahrzeuge ebenfalls fallen. Die Zustimmung hat vor Inbetriebnahme durch den Netzbetreiber zu erfolgen. Der Netzbetreiber hat sich innerhalb von zwei Monaten nach Eingang der Mitteilung (des Zustimmungsgesuchs) zu äußern. Erfolgt keine Zustimmung des Netzbetreibers, hat dieser den Hintergrund seiner Zustimmungsverweigerung, mögliche Abhilfemaßnahmen und für die Zustimmung notwendige umzusetzende Maßnahmen sowohl für den Anschlussnehmer als auch für den Netzbetreiber darzulegen sowie den für die Umsetzung erforderlichen Zeitbedarf.

Hierfür ist das Datenblatt für „Ladeeinrichtungen für Elektrofahrzeuge“ B3 nach VDE-AR-N 4100 vom Anschlussnehmer oder seinem Beauftragten auszufüllen.

Tabelle 6.1 Gegenüberstellung Anmeldepflicht nach VDE-AR-N 4100 und NAV

Anforderung	Anmeldepflicht	Zustimmungspflicht
NAV §19 (2) 2	grundsätzlich	ab Σ 12 kVA
VDE-AR-N 4100 Abs. 4.1	ab 3,6 kVA	

6.6.2 Überlastschutz und Spannungsfall

Für eine wirtschaftliche und zuverlässige Planung sowie für den sicheren Betrieb der Ladeeinrichtung ist die Kabel- und Leitungsanlage im Hinblick auf den Gleichzeitigkeitsfaktor, die Strombelastbarkeit und den zulässigen Spannungsfall zu dimensionieren.

Kabel und Leitungen der Anschlussnutzeranlage dürfen aufgrund der Betriebsströme nicht unzulässig thermisch beansprucht werden. Für die Auslegung der Betriebsmittel sind deshalb die zulässigen Strombelastbarkeiten nach DIN VDE 0100-520 und DIN VDE 0298-4 unter Berücksichtigung der Reduktionsfaktoren und des Gleichzeitigkeitsfaktors zu beachten.

Der Betriebsstrom des Stromkreises darf die zulässige Strombelastbarkeit nicht überschreiten. Zum Schutz vor Überstrom, bestehend aus Kurzschluss und Überlast, sind nach DIN VDE 0100-430 die Nennstromregel und die Auslöseregel einzuhalten.

Es gilt:

$$I_{\mathrm{B}} \leq I_{\mathrm{n}} \leq I_{\mathrm{Z}}$$

und

$$I_2 \leq 1{,}45\ I_{\mathrm{Z}}$$

I_{B} Betriebsstrom des Stromkreises
I_{Z} zulässige Dauerstrombelastbarkeit der Leitung
I_{n} Bemessungsstrom der Schutzeinrichtung
I_2 großer Prüfstrom (der Strom, der eine wirksame Abschaltung innerhalb der festgelegten Zeit sicherstellt)

Für jeden Stromkreis ist ein Überstromschutz nach DIN VDE 0100-430 vorzusehen. Jeder Anschlusspunkt muss über eine eigene Überstrom-Schutzeinrichtung verfügen. Die Schutzeinrichtungen können je nach Ausführung und Ladebetriebsart Teil der Elektroverteilung oder in der Elektrofahrzeug-Ladeeinrichtung integriert sein.

Bei Anschlusspunkten ist davon auszugehen, dass das Elektrofahrzeug mit dem Nennstrom geladen wird. Deshalb ist grundsätzlich von einer gleichzeitigen Strombeanspruchung in Höhe des Nennstroms für jeden Anschlusspunkt sowie einer entsprechenden Beanspruchung der Verteilerstromkreise auszugehen. Hierfür ist für die Planung ein Gleichzeitigkeitsfaktor $g = 1$ anzunehmen.

Der Ladestrom in einem Außenleiter ergibt sich aus der Ladeleistung und der Nennspannung.

$$I_{\text{Lade}} = I_{\text{B}} = \frac{P_{\text{Lade}}}{U_{\text{N}}} - P_{\text{Eigenverbrauch}}$$

P_{Lad} Ladeleistung des Ladepunkts
U_{N} Nennspannung
I_{Lade} Ladestrom des Ladepunkts
$P_{\text{Eigenverbrauch}}$ Eigenverbrauch der Ladestation

Zudem ist bei mehreren Ladepunkten davon auszugehen, dass diese, z. B. bei Ladevorgängen in Garagen mit mehreren Stellplätzen, gleichzeitig mit der vollen Nennleistung betrieben werden. Somit ist mit dem vollen möglichen Betriebsstrom des Stromkreises zu rechnen.

Tabelle 6.2 Unterschiedliche Ladeströme

Ladespannung/Netz	Ladeleistung	Ladestrom
230 V/1 AC	< 3,7 kW	bis zu 16 A
400 V/3 AC	> 3,7 kW bis 22 kW	ab 16 A bis 32 A je Strang
400 V/3 AC	> 22 kW	> 32 A
400 V/3 AC	> 40 kW	> 58 A
400 V/3 AC	> 60 kW	> 87 A
400 V/3 AC	> 100 kW	> 144 A

Bild 6.14 Lastströme beim Laden von Elektrofahrzeugen mit anderen Verbrauchern

Bei Anschlusspunkten von Elektrofahrzeugen können bei der Ladebetriebsart 1 Ladeströme von bis zu 16 A fließen. Damit liegt die Ladeleistung am Ladepunkt bei 3,6 kW.

Eine Reduktion des Gleichzeitigkeitsfaktors $g < 1$ ist möglich, wenn eine Lastregelung die Summe der Lastströme (= Ladeströme) sicher regelt.

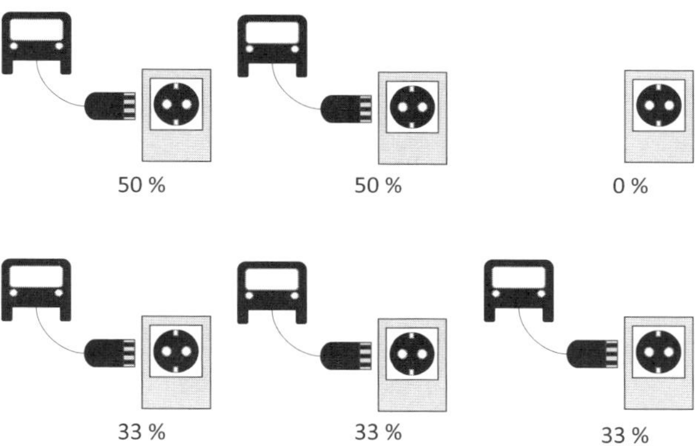

Bild 6.15 Reduzierung der Leistung beim Laden mehrerer Elektrofahrzeuge

Allerdings ist die gleichzeitige Verwendung der Ladepunkte aufgrund der Ladeleistungen mit höheren Ladezeiten verbunden.

Bei Ladeströmen in Richtung 200 A sind hingegen die Betriebsmittel, wie Klemmen, Stecker und Leitungen, hierfür zu dimensionieren.

Bild 6.16 Öffentlich zugängliche Ladesäulen für Tesla (Ladebetriebsart 4, Ladestrom 200 A (DC)) am Autohof Waldlaubersheim in Rheinland-Pfalz
(*Foto:* M. Fengel)

6.6.3 Spannungsfall

Die Kabel und Leiterquerschnitte sind nach DIN VDE 0100-100 Abs. 132.6 auch unter Berücksichtigung des zulässigen Spannungsfalls zu dimensionieren. Der Spannungsfall wird beeinflusst durch die Leitungslänge, den Leiterquerschnitt und den spezifischen Leiterwiderstand. Der Spannungsfall in der Anschlussnutzeranlage darf zwischen Hauseinführung und Verbrauchsmittel bzw. dem Anschlusspunkt oder den Netzanschlussklemmen der DC-Ladestation, falls nicht anders vorgegeben, die Grenzwerte nach DIN VDE 0100-520 und in Wohngebäuden nach DIN 18015-1 nicht überschreiten.

Leitungslänge bei zwei belasteten Leitern:

$$l = \frac{A \cdot \gamma \cdot \Delta U}{2 \cdot I \cdot \cos\varphi}$$

Leitungslänge im symmetrisch belasteten Drehstromsystem mit 3 belasteten Adern:

$$l = \frac{A \cdot \gamma \cdot \Delta U}{\sqrt{3} \cdot I \cdot \cos\varphi}$$

A Nennleiterquerschnitt
γ spezifische Leitfähigkeit in $m/(\Omega \cdot mm^2)$
I Ladenennstrom (maximaler Ladenennstrom)

Zur Berechnung des Spannungsfalls in Gleichstromsystemen ist $\cos\varphi$ gleich 1 zu setzen.

Bei der Bewertung des Spannungsfalls ist der Betriebsstrom sowie die maximale Betriebstemperatur am Leiter zu berücksichtigen.

Da bei Stromkreisen zum Laden von Elektrofahrzeugen von einer langen Ladedauer über mehrere Stunden auszugehen ist, ist die Leitfähigkeit bei der maximalen zulässigen Betriebstemperatur am Leiter zur Berechnung des Spannungsfalls bzw. der maximalen Leitungslängen anzusetzen.

6.6.4 Unsymmetrie

Ungleichmäßige Scheinleistungen zwischen Außenleitern bzw. Außenleiter und Neutralleiter beeinträchtigen die Netzstabilität. Durch übermäßige Belastung eines Außenleiters im Drehstromsystem kann es zur Abschaltung der Überstrom-Schutzeinrichtung des Außenleiters kommen. Die Außenleiterströme der übrigen Außenleiter addieren sich im Neutralleiter geometrisch. Dadurch kann es zu einer

Überlastung im Neutralleiter kommen. Demnach sind in Drehstromsystemen unsymmetrische Lasten gering zu halten. Ladeeinrichtungen für Elektrofahrzeuge sind ab einer Bemessungsleistung von 4,6 kVA nach VDE-AR-N 4100 dreiphasig am Niederspannungsnetz anzuschließen.

Einphasige Ladeeinrichtungen mit einer Bemessungsleistung von je höchstens 4,6 kVA sind auf maximal drei je Außenleiter auf 13,8 kVA begrenzt. Sind Schieflasten über 4,6 kVA nicht zu vermeiden, sind Symmetrieeinrichtung an der Übergabestelle zu installieren. Diese müssen dann auf Basis des 1-Minuten-Leitungswerts innerhalb von 100 ms Schieflasten auf den Grenzwert von 4,6 kVA begrenzen. Bei Ladeeinrichtungen mit einer Bemessungsleistung über 4,6 kV, ist grundsätzlich an der Übergabestelle eine Symmetrieeinrichtung erforderlich.

Bei Ladeeinrichtungen für Elektrofahrzeuge sind die Anforderungen an die Symmetrie beim DC-Laden und AC-Laden innerhalb der Ladeeinrichtung sicherzustellen. Im AC-Bereich erfolgt dies über die Kommunikation der Ladeeinrichtung mit dem Elektrofahrzeug über den Pilotkontakt.

6.6.5 Netzrückwirkungen

Ladepunkte für Elektrofahrzeuge sind wie alle elektrischen Betriebsmittel einer Kundenanlage nach VDE-AR-N 4100 5.4 so zu planen, zu bauen und zu betreiben, dass Rückwirkungen auf das Niederspannungsnetz oder andere Kundenanlagen durch schnelle Spannungsänderungen, Flicker und Oberschwingungen auf ein zulässiges Maß begrenzt werden. Erfüllen die Betriebsmittel nachweislich die einzuhaltenden Grenzwerte nicht oder übersteigt die gleichzeitig benötigte Leistung 12 kVA, ist eine Beurteilung durch den Netzbetreiber oder einen in ein Installateur-Verzeichnis eingetragenes Installationsunternehmen nach VDE-AR-N 4100 5.4 durchzuführen. Hierfür ist das Datenblatt zur Beurteilung von Netzrückwirkungen B.1 nach VDE-AR-N 4100 vom Anschlussnehmer oder seinem Beauftragten auszufüllen (siehe auch Abschnitt 2.8 Netzrückwirkungen).

6.6.6 Lastmanagement

Die Ladeeinrichtungen können je nach Vorgaben des Netzbetreibers am Lastmanagement des öffentlichen Niederspannungsnetzes zur Netzstabilisierung teilnehmen. Dies erfolgt beispielsweise auf Grundlage gesonderter vertraglicher Regelungen zwischen Anlagen- und Netzbetreiber durch eine Fernsteuerung der Ladeleistung.

6.6.7 Blindleistung

Für den Anschluss von elektrisch angetrieben Fahrzeugen ist nach DIN ISO 17409 Abs. 8.6 der Verschiebungsfaktor bei Nennleistung bei einem $\cos\varphi$ von mindestens 0,95 zu halten. Beträgt die Ladeleistung weniger als 5 % der Nennleistung oder weniger als 300 W, ist ein Verschiebungsfaktor $\cos\varphi$ von mindestens 0,9 einzuhalten. Diese Grenzwerte sind auch in der VDE-AR-N 4100 Abs. 10.6.3 enthalten. Nach VDE-AR-N 4100 Abs. 10.6.2 ist der Grenzwert des Verschiebungsfaktors $\cos\varphi$ von mindestens 0,9 bei Ladeleistungen von 5 % von $P_n \leq P < P_n$ vorgeschrieben. Beim DC-Laden ist der Verschiebungsfaktor durch die DC-Ladeeinrichtung sicherzustellen. Beim DC-Laden und induktiven Ladeeinrichtungen mit einer Bemessungsscheinleistung > 12 kVA darf der Netzbetreiber die $\cos\varphi$-Kennlinie und einen Verschiebungsfaktor zwischen 0,9 induktiv/kapazitiv vorgeben.

6.6.8 Wirkleistungssteuerung

Zusätzlich zu den Anforderungen nach VDE-AR-N 4100 Abs. 10.5.7 und VDE-AR-N 4105 müssen Ladeeinrichtungen mit einer Bemessungsleistung > 12 kVA über

- Steuerung/Regelung beispielsweise in 10-%-Schritten,
- eine intelligente zeitliche Steuerung oder
- eine Regeleinrichtung zur Netzintegration

verfügen. Eine Unterbrechbarkeit durch den Netzbetreiber muss möglich sein.

6.7 Leiteranordnung und System der Erdverbindung

6.7.1 Rechtsdrehfeld

Nach VDE-AR-E 2100-550 Abschnitt 55.5.6 sind Steckdosen in dreiphasigen Wechselstromsystemen so zu installieren, dass ein Rechtsdrehfeld der Steckerbuchsen von vorne betrachtet besteht. Hintergrund dieser Forderung ist, dass bei Drehstrommotoren im eingesteckten Zustand immer Rechtslauf bestehen muss, da es aufgrund falscher Drehrichtung zu unvorhergesehenen gefahrbringenden Bewegungen kommen kann. Allerdings sind sowohl beim Ladevorgang als auch beim Rückspeisen keine drehenden elektrischen Maschinen am Stromkreis angeschlossen. Zudem sind Steckvorrichtungen wie der Typ-2-Stecker für den alleinigen Zweck des Ladens von Elektrofahrzeugen vorgesehen, so dass sowohl eine Verwechslung mit anderen Anwendungsfällen als auch die Gefahr durch Bewegung (Linkslauf am Antrieb) nicht bestehen.

6.7.2 Netzform

Ladepunkte sind je nach Ladebetriebsart Teil der ortsfesten elektrischen Anlage oder Teil einer Ladegarnitur bestehend aus Stecker und flexibler Ladeleitung. Für flexible Leitungen ist aus mechanischen Gründen im TN-System das Führen eines PEN-Leiters in Endstromkreisen verboten. Ladepunkte sind demnach in der Netzform TN-S oder mit Anwendung der Schutzmaßnahme Schutztrennung auszuführen. Für jeden Anschlusspunkt ist ein eigener Stromkreis erforderlich.

6.7.3 Verwendung von herkömmlichen Steckvorrichtungen für Notladekabel

Steckdosen sind im Sinne der DIN VDE 0100-200 elektrische Betriebsmittel zur Verteilung und Anwendung elektrischer Energie. Elektrische Betriebsmittel führen demnach Betriebsströme und sind nach DIN VDE 0100-100 Abs. 133.2.2 bezüglich des zu erwartenden Dauerstroms auszuwählen. Der zu erwartende Dauerstrom ist der Strom, der unter normalen Betriebsbedingung entsprechend der vorgesehenen Anwendung über die Steckdose zum Laden von Elektrofahrzeugen entnommen wird. Die Beanspruchung eines Stromkreises ist zu unterscheiden in

- haushaltsübliches Lastverhalten und
- Dauerlastverhalten.

Beim haushaltsüblichem Lastverhalten ist die Dauer und die Höhe des fließenden Betriebsstroms durch den Nutzer und des versorgten Betriebsmittels begrenzt. Beim Laden von Elektrofahrzeugen ist jedoch davon auszugehen, dass die Höhe des Ladestroms (Betriebsstrom) dem Bemessungsstrom des Stromkreises entspricht. Zudem erstreckt sich der Ladevorgang über mehrere Stunden, sodass man hier von einem Dauerlastverhalten spricht.

Die Anforderung ist in der DIN VDE 0100-722 in Abs. 722.311 mit folgendem Wortlaut festgelegt: *„Es ist zu berücksichtigen, dass im normalen Gebrauch jeder einzelne Anschlusspunkt mit seinem Bemessungsstrom betrieben wird oder mit dem konfigurierten maximalen Ladestrom der Ladestation.“*

Damit sind Ladepunkte grundsätzlich entsprechend dem maximalen Betriebsstrom zu dimensionieren. Bei Ladepunkten der Ladebetriebsart 2 erfolgt zwischen dem Ladepunkt (Typ-2-Stecker) und dem Elektrofahrzeug die Einstellung des maximalen Ladestroms über eine Widerstandscodierung des PP-Kontakts. Da bei Ladepunkten mit CEE-Steckdosen (entspricht der Ladebetriebsart 1) keine Kommunikation zwischen Anschlusspunkt zum Elektrofahrzeug oder dem Ladekabel mit PP-Kontakt stattfindet, ist demzufolge grundsätzlich von einer Dauerbeanspruchung in Höhe des Bemessungsstroms des Ladestromkreises auszugehen.

Die bestimmungsgemäße Verwendung der Steckdosen (elektrische Betriebsmittel) gibt der Hersteller in der Montage- und Bedienungsanleitung vor. Diese haben Planer, Errichter und Betreiber gemäß DIN VDE 0100-100 Abs. 134.1 zu beachten, so dass die Einhaltung der Herstellervorgaben Bestandteil einer regelkonform errichteten und betriebenen elektrischen Anlage ist. Demzufolge sind die Herstellerangaben bei der Auswahl der Steckdose zu beachten.

CEE-Steckdosen fallen in den Anwendungsbereich der Normenreihe DIN EN IEC 60309-2 (VDE 0623-2):2023-06 Stecker, ortsfeste oder ortsveränderliche Steckdosen und Gerätestecker für industrielle Anwendungen – Teil 2: Anforderungen an die maßliche Kompatibilität von Stift- und Buchsensteckvorrichtungen.

Demnach sind die Steckdosen nach DIN EN IEC 60309-1 (VDE 0623-1) einer Produktprüfung unterzogen und dürfen nach Abs. 22 bei bestimmungsgemäßem Gebrauch keine übermäßigen hohen Temperaturen an den Klemmen und Leitern entwickeln. Die Produktprüfung einer CEE-Steckdose ist bestanden, wenn in der Steckdose in einer vorgegebenen Zeit bei Führen des ausgewiesenen Bemessungsstroms keine unzulässig hohen Temperaturen im Betriebsmittel entstehen.

Für Steckvorrichtungen gelten in Abhängigkeit der ausgewiesenen Nennströme gemäß DIN EN IEC 60309-1 (VDE 0623-1) Abs. 22 folgende Prüfzeiten:

Bemessungsstrom (Nennstrom)	Prüfdauer
$I_N \leq 32$ A	1 h
32 A $< I_N \leq 125$ A	2 h
125 A $< I_N \leq 250$ A	3 h

Genau hier liegt bei Verwendung von CEE-Steckdosen das Problem. Während CEE-Steckdosen bis 32 A nur eine Stunde getestet sind, übersteigt die Ladedauer die Prüfdauer von einer Stunde.

Sofern der Hersteller bzgl. des Dauerlastverhaltens keine Angaben in der Montage- und Bedienungsanleitung oder dem Datenblatt macht, sind CEE-Steckdosen in Übereinstimmung der Produktnorm DIN EN IEC 60309-2 (VDE 0623-2), nur zur

Entnahme des Bemessungsstroms für eine Stunde zugelassen. Bei Überschreitung der Ladezeit/Stromentnahme in Höhe des Bemessungsstroms liegt demnach eine Abweichung von der bestimmungsgemäßen Verwendung der CEE-Steckdose vor.

In Einzelfällen gibt der Hersteller die Verwendung der CEE-Steckdose als Ladepunkt mit Dauerlastverhalten frei. Damit ist davon auszugehen, dass der Hersteller sein Produkt (Steckdose) entsprechend konstruiert und getestet hat.

In der Praxis zeigt sich allerdings, dass solche nachträglichen Freigaben einer erweiterten Anwendung häufig in Form von E-Mails oder mündlichen Aussagen erfolgen. Zur Vermeidung von Unstimmigkeiten bei Haftungsfragen, sollte die Freigabe der CEE-Steckdose aus einem offiziellen Dokument des Herstellers (Montage- und Bedienungsanleitung, Datenblätter, Erklärungen) hervorgehen.

Die Verwendung einer CEE-Steckdose mit dem Aufdruck (CEE-Steckdose nach DIN EN IEC 60309) ist erstmal grundsätzlich nur für eine Stunde mit dem ausgewiesenen Bemessungsstrom vom Hersteller geprüft. Demnach sind CEE-Steckdosen aufgrund der wesentlich längeren Ladedauer nicht zum Laden von Elektrofahrzeugen geeignet. Die Verwendung von Ladegarnituren mit CEE-Stecker und Ladestecker vom Typ 2 sind hierzu lediglich als „Notladekabel" zugelassen, so dass diese bei bestimmungsgemäßer Verwendung eigentlich zur permanenten Ladung des Elektrofahrzeugs ungeeignet sind.

Gibt der Hersteller der CEE-Steckdose den Dauerbetrieb mit Bemessungsstrom von über einer Stunde frei, liegt beim Laden eines Elektrofahrzeugs keine Abweichung von der bestimmungsgemäßen Verwendung der CEE-Steckdose vor und ist demnach zulässig.

6.7.4 Ausstattung in Wohngebäuden

DIN 18015-2 legt die Anforderungen hinsichtlich Art und Umfang der Mindestausstattung fest. Welche Teile der Norm anzuwenden sind, ist zwischen Planer bzw. Errichter und Kunde zu klären. Hierzu sind im Rahmen der Prüfung vom Prüfer vertraglich festgelegte Bestandteile der Normenreihe in Erfahrung zu bringen. Liegen explizit keine Abweichungsvereinbarungen vor, sind die für den Ladepunkt relevanten Anforderungen zu berücksichtigen. Externe Prüfer sollten in jedem Fall auf die Anforderungen sowie mögliche Abweichungen im Prüfbericht hinweisen.

Gemäß DIN 18015-2 Abs. 4.3 sind Steckdosen in allgemeinen Räumen und im Freien gegen unbefugte Benutzung und Manipulation zu sichern. Typischerweise kann der Schutz gegen unbefugte Nutzung durch abschließbare Steckdosen oder Unterbringung der Ladepunkte in abschließbaren Umwehrungen sichergestellt werden. Alternativ kann die Zuschaltung über einen Schlüsselschalter mit einem

Schütz, welches sich in der Unterverteilung in einem nicht allgemein zugänglichen Bereich befindet, sichergestellt werden. Als Manipulation wird sowohl die Umgehung von Abdeckungen mit Werkzeug als auch Schalthandlungen in bzw. an der elektrischen Anlage verstanden.

Manipulationen durch mutwillige Zerstörung von Abdeckungen sowie die Hilfenahme von Werkzeugen kann im Allgemeinen nicht ausgeschlossen werden. Netzwerkkabel sind ebenso durch abschließbare Netzwerksteckdosen gegen Fremdzugriff zu schützen. Ungewollte Abschaltungen der Fehlerstrom-Schutzeinrichtung sowie Abschaltungen anderer Stromkreise stellen ebenso eine Manipulation dar. Deshalb sollten gemäß DIN 18015-2 Abs. 4.3 Anmerkung 2 Steckdosen im Allgemeinen im Außenbereich nicht über einen Sammel-RCD mit anderen Endstromkreisen geschützt werden, zumal Ladepunkte gemäß DIN VDE 0100-722 sowieso über separate Fehlerstrom-Schutzeinrichtungen (RCD) zu schützen sind.

6.8 Überwachungs- und Schutzfunktionen (PE, PP, CP)

Mit Ausnahme der Schutzmaßnahme Schutztrennung muss jede Steckdose über einen Schutzkontakt verfügen. Galvanische Einkopplungen von Steuersignalen auf dem Schutzleiter sind zu vermeiden.

Steuersignale sind über den dafür vorgesehenen Pilotkontakt (CP) mit einer galvanischen Trennung zum Netz zu übermitteln. Der Pilotleiter dient der Kommunikation zwischen Ladesystem und Elektrofahrzeug. Es werden nach DIN EN IEC 61851-1 (VDE 0122-1) Abs. 6.4 folgende Zustände zwischen EVSE und Fahrzeug über eine Pilotfunktion bei den Ladebetriebsarten 2, 3 und 4 übertragen:

- Fahrzeug angeschlossen,
- ständige Überwachung der Durchgängigkeit der Schutzleiter,
- Einschalten des Systems nach ordnungsgemäßer Verbindung zwischen EVSE und Elektrofahrzeug,
- Ausschalten des Systems bei unterbrochener Pilotfunktion und
- Fehler – Kurzschluss CP-PE.

Bei der Anschlussart B ist der Pilotleiter Teil des ladeleitungsintegrierten Steuergeräts. Zur Vermeidung kritischer Ladezustände dürfen der Pilotleiter und der Schutzleiter keinesfalls abreißen. In diesem Fall hat das Ladesystem den Ladevorgang zu unterbrechen.

Im Gegensatz zu herkömmlichen Steckdosen sind Ladestation und Elektrofahrzeug über den CP-Kontakt verbunden. Der CP-Kontakt dient der Kommunikation und Freigabe der Ladespannung. Darüber hinaus können weitere Funktionen abgebildet werden:

- Auswahl der Ladestromstärke,
- Bestimmung der Lüftungsanforderungen im Ladebereich,
- Erkennung/Einstellung des momentan verfügbaren Laststroms der Stromversorgungseinrichtung,
- Sperren/Freigeben und Verriegeln der Steckvorrichtung,
- Steuerung des Stromflusses in beide Richtungen.

Der Ladevorgang darf die ortsfeste elektrische Anlage insbesondere die korrekte Funktion der Schutzeinrichtungen für den Schutz durch automatische Abschaltung im Fehlerfall nicht beeinträchtigen bzw. durch Sättigung bedingt durch Gleichfehlerströme der Fehlerstrom-Schutzeinrichtungen unwirksam machen.

Galvanische Einkopplungen durch Schutzleiterströme verursacht von Steuersignalen auf dem Schutzleiter sind deshalb zu vermeiden. Steuersignale sind über den dafür vorgesehenen Pilotkontakt mit einer galvanischen Trennung zum Netz zu übermitteln. Der Pilotleiter dient der Kommunikation zwischen Ladesystem und Elektrofahrzeug.

Er kann mehrere Funktionen erfüllen. Bei der Anschlussart B ist der Pilotleiter Teil des ladeleitungsintegrierten Steuergeräts. Zur Vermeidung kritischer Ladezustände darf der Pilotleiter und der Schutzleiter keinesfalls abreißen. In diesem Fall hat das Ladesystem den Ladevorgang zu unterbrechen.

6.8.1 Funktionen in der Ladebetriebsart 4

Das Gleichstromladen birgt erhöhte Risiken durch die Art der Gleichspannungsquelle. Einsatzmöglichkeiten der Ladebetriebsart 4 sind:

- öffentlich zugängliche Schnellladepunkte mit Ladeleistungen über 22 kW mit Kupplungen des „combined charging system Combo 2“ nach DIN EN 62196-3 im Anschlussfall B oder C,
- Systeme mit automatischem Verbindungsaufbau, sogenannte ACD-Systeme (Anschlussfall D und E),
- Batteriewechselsysteme, wobei hier die Ladung mit der Ladebetriebsart 4 außerhalb des Fahrzeugs stattfindet.

Beim leitungsgebundenen DC-Laden sind hinsichtlich der Funktionen die Anforderungen nach DIN EN 61851-23 (**VDE 0122-2-3**) zu beachten. Für Systeme mit automatischem Verbindungsaufbau (ACD-System) gelten darüber hinaus die Anforderungen nach DIN EN 61851-23-1 (**VDE 0122-2-31**) (derzeit im Entwurf). Es sind beim Gleichstromladen die folgenden Funktionen bereitzustellen:

- vorschriftsmäßiger Anschluss,
- Überwachung der Durchgängigkeit des Schutzleiters,
- Ein- und Ausschalten des Systems,
- Gleichstromversorgung des Elektrofahrzeugs,
- Messung von Strom und Spannung,
- Sperren und Freigeben der Steckvorrichtung,
- Verriegeln der Steckvorrichtung,
- Kompatibilitätsbewertung,
- Isolationsprüfung vor dem Laden,
- Schutz der Batterie vor Überspannung,
- Bestätigung der Spannung der Fahrzeugkupplung,
- Integrität der Steuerkreisversorgung,
- Kurzschlussprüfung vor dem Ladevorgang,
- vom Benutzer ausgelöste Abschaltung und
- Überlastschutz für parallele Leiter (bedingte Funktion).

Wahlweise sollten durch das Gleichstromladesystem folgende Funktionen bereitgestellt werden:

- Bestimmung der Lüftungsanforderungen im Ladebereich,
- Erkennung/Einstellung des momentan verfügbaren Laststroms der Stromversorgungseinrichtung,
- Auswahl der Ladestromstärke,
- Aktivierung der Gleichstromladestation für Elektrofahrzeuge durch das Elektrofahrzeug,
- Anzeigeeinrichtung, um den Nutzer über den Verriegelungszustand der Fahrzeugsteckvorrichtung zu informieren.

6.8.2 Überwachung der Durchgängigkeit des Schutzleiters bei DC-Ladesystemen

Die Durchgängigkeit der Schutzleiter ist nach DIN EN 61851-23 (VDE 0122-2-3) bei Gleichstromladesystemen ständig zu überwachen. Bei galvanisch getrennten leitungsgebundenen Systemen (Anschlussfall C) mit Bemessungsspannungen über 60 V (DC) muss nach Verlust des elektrischen Schutzleiterdurchgangs zwischen Gleichstromladestation und dem Elektrofahrzeug innerhalb von 10 Sekunden eine Notabschaltung erfolgen. Bei galvanisch getrennten Systemen mit automatischem Verbindungsaufbau (Anschlussfall D und E) muss die Abschaltung innerhalb 100 ms erfolgen.

Bei galvanisch verbundenen DC-Ladesystemen ist der Erdungsleiterdurchgang zu überwachen. Bei Verlust des Erdleiterdurchgangs ist eine Notabschaltung durch eine Trennung der Gleichstromladestation mit einer Bemessungsspannung > 60 V (DC) vom Wechselstromversorgungsnetz innerhalb 5 Sekunden zu trennen.

6.8.3 Ausschalten des Systems

Erdfehler und Überstrom müssen von der Ladestation erkannt werden und es muss eine Trennung der Stromversorgung erfolgen. Bei Kurzschluss, Erdschluss, CPU-Fehler und Übertemperatur im Steuerstromkreis muss die Gleichstromladestation die Versorgung mit Ladestrom beenden und die Versorgung des Stromkreises vom Elektrofahrzeug trennen. Eine Sekunde nach der Trennung des Elektrofahrzeugs darf die Spannungen zwischen den zugänglichen leitenden Teilen und dem Schutzleiter bei höchstens 60 V liegen und die verfügbare gespeicherte Energie muss kleiner als 20 Joule sein.

6.8.4 Verriegeln, Sperren und Freigeben der Steckvorrichtung

Zur Verhinderung von Gleichstromlichtbögen müssen DC-Ladesteckvorrichtungen mit einer Vorrichtung zum Sperren und Freigeben der Ladespannung versehen werden. Die Verriegelung der Fahrzeugstecker während des Ladevorgangs ist bei einer Ladegleichspannung über 60 V erforderlich. Eine Entriegelung darf erst bei Unterschreiten des Grenzwerts erfolgen. Die Verriegelung muss bei Auftreten einer Fehlfunktion des Ladesystems wirksam bleiben und eine sichere Trennung der Stromversorgung bewirken. Es ist eine Funktion zum Erkennen der Trennung des elektrischen Stromkreises für die Verriegelungsfunktion erforderlich.

6.8.5 Notabschaltung

Gleichstromladesysteme sind mit einer Notabschaltung auszustatten, die Anomalien in der Station und dem Fahrzeug erkennt und den Ladevorgang unterbricht.

Bei Systemen zum automatischen Verbindungsaufbau (ACD-Systemen) ist die mechanische Trennung des ACD und der Rückstellung des ACD in die Bereitschaftsstellung erforderlich. Der Abbruch des Ladevorgangs erfolgt durch kontrollierte oder unkontrollierte Unterbrechung. Die Notabschaltung kann von der Ladestation oder dem Elektrofahrzeug ausgelöst werden.

Bei der kontrollierten Unterbrechung wird der Ladestrom oder die Ladespannung mit einer Stromänderungsgeschwindigkeit kontrolliert auf ein ungefährliches Maß abgesenkt. Bei dem Vorgang findet eine Kommunikation zwischen Ladestation und ECV statt, so dass das Elektrofahrzeug in einen sicheren Betriebszustand übergeht.

Bei einem erkannten Erdschluss, Überstrom oder einem Isolationsfehler ist eine schnelle Unterbrechung der Stromversorgung erforderlich. Bei dieser unkontrollierten plötzlichen Beendigung des Ladevorgangs findet keine bzw. möglicherweise nicht rechtzeitige Kommunikation zwischen Ladestation und Elektrofahrzeug statt. Eine Abschaltung zum Schutz der Batterie bei Überspannung ist ebenso erforderlich. Weitere spezifische Bedingungen können sich im Rahmen einer Risikobewertung ergeben.

Für die Abschaltung durch den Benutzer muss ein Betätigungselement, das zur Abschaltung führt, vorhanden sein. Hierfür sind u. a. die Gestaltungsleitsätze für Not-Aus-Betätigungselemente nach ISO 13850 zu beachten.

6.8.6 Isolationsprüfung vor dem Laden von DC-Ladesystemen

Vor Beginn des Ladevorgangs muss nach DIN EN 61851-23 (VDE 0122-2-3) die Ladestation den Isolationswiderstand zwischen dem Gleichstromausgangsschaltkreis und dem Schutzleiter zum Fahrgestell sowie dem Gehäuse der Ladestation überprüfen. Eine automatische Zuschaltung der Schütze (in der DC-Ladestation) darf erst erfolgen, wenn der erforderliche Isolationswiderstand den Wert von mindestens 100 Ω/V nicht unterschreitet. Während der Prüfung müssen alle Relais im Gleichstromausgangsschaltkreis geschlossen sein.

$$R \geq 100\,\frac{\Omega}{\mathrm{V}} \cdot U$$

Für die Spannung U ist die Bemessungsausgangsspannung des Gleichstromladesystems einzusetzen.

6.8.7 Schutz vor zeitweiliger Überspannung bei DC-Ladesystemen

Zum Schutz der DC-Ladestation und des Elektrofahrzeugs ist nach DIN EN 61851-23 (VDE 0122-2-3) der Gleichstromladekreis gegen zeitweilige Überspannungen zu schützen.

- Bei DC-Ladestationen mit einer maximalen Ausgangsspannung bis zu 500 V darf zwischen DC+/DC- und PE keine Spannung über 550 V länger als 5 Sekunden auftreten;
- bei DC-Ladestationen mit einer maximalen Ausgangsspannung über 500 V bis zu 1 000 V darf zwischen DC+/DC- und PE keine Spannung über 110 % der Ausgangsgleichspannung länger als 5 Sekunden auftreten;
- bei DC-Ladestationen mit Spannungen über 1 000 V muss die Gleichstromladestation einen Gleichstrom oder eine Gleichspannung entsprechend der VCCF-Anforderungen an die Fahrzeugbatterie liefern.

Die Gleichstromladestation muss bei zeitweiliger Überspannung im DC-System und bei einem Erdschluss des galvanisch von der Versorgungsseite getrennten Ausgangs den Ladevorgang beenden und den Gleichstromkreis von seiner Stromversorgung innerhalb von 5 Sekunden trennen.

6.9 Schutzmaßnahmen

DIN VDE 0100-722 regelt in Absatz 722.4 die zulässigen Schutzmaßnahmen gegen elektrischen Schlag. Die Schutzmaßnahmen Schutz durch Hindernisse und Schutz durch Anordnung außerhalb des Handbereichs darf nach DIN VDE 0100-410 Abs. 410.3.5 ausschließlich in Bereichen, in denen nur Elektrofachkräfte oder elektrotechnisch unterwiesene Personen Zugang haben, angewendet werden.

Die Anwendung der Schutzmaßnahmen nach DIN VDE 0100-410 Abs. 410.3.6 Anhang C Schutz durch nichtleitende Umgebung, Schutz durch erdfreien örtlichen Schutzpotentialausgleich und Schutz durch Schutztrennung darf für die Versorgung von mehr als einem Verbrauchsmittel nur angewendet werden, wenn die Anlage unter der Überwachung durch Elektrofachkräfte oder elektrotechnisch unterwiesene Personen steht, so dass Unbefugte Änderungen nicht vornehmen können. Die Schutzmaßnahmen Schutz durch automatische Abschaltung der Stromversorgung und Schutz durch Schutztrennung sind unter bestimmten Voraussetzungen zulässig.

6.9.1 Schutz durch Anordnung außerhalb des Handbereichs bei ACD-Systemen bis 1 kV AC/1,5 kV DC

In DIN VDE 0100-722 sind in Absatz 722.410.3 die genannten Schutzmaßnahmen mit Ausnahme der Schutzvorkehrung Schutz durch Anordnung außerhalb des Handbereichs ausgeschlossen. Nach DIN EN 61140 (**VDE 0140-1**) Abs. 5.2.5 kann die Schutzvorkehrung Anordnung außerhalb des Handbereichs für den Basisschutz u. a. in Niederspannungsanlagen angewendet werden, wenn die Schutzvorkehrungen Basisisolierung, Schutzabdeckung oder Schutzumhüllung, Hindernisse, Begrenzung der Spannung und Begrenzung von Beharrungsströmen und Energie nicht anwendbar sind.

Hier lässt DIN VDE 0100-722 Ladegeräte mit automatischem Verbindungsaufbau (ACD-Systeme) nach DIN EN 61851-23-1 (**VDE 0122-2-31**) zu. Die Norm ist derzeit noch in Bearbeitung.

Das spannungsführende ACD-Gegenstück sowie das Ladegerät des ACD-Systems bilden eine Einheit. Sowohl das Ladegerät des Elektrofahrzeugs als auch das ACD-Gegenstück stehen beim Ladevorgang unter Spannung. Beim Stillstand des Elektrofahrzeugs kann im öffentlich für Laien zugänglichen Bereich der Abstand durch Gegenstände, wie Leitern o. Ä., verringert werden, so dass der Basisschutz unwirksam ist. Hierfür müssen die Systeme zudem die ergänzenden Anforderungen u. a. nach DIN EN 61851-23 und DIN EN 61851-23-1 sowie die geltenden Regeln der Technik erfüllen.

Bei **Anschlussfall D** kann durch falsche Positionierung des Elektrofahrzeugs unter dem Ladegerät der Mindestabstand unzulässig reduziert werden, sodass Laien in den Gefahrenbereich gelangen können. Nach E DIN EN 61851-23-1 (**VDE 0122-23-1**) (aktueller Entwurf 2017-08) ist nach Abs. 8.1.201 der Mindestabstand sowohl von der Trittstufe als auch von der Standfläche (bzw. Plattform) von 3,0 m um das ACD-System herum einzuhalten.

Gemäß Abs. 8.3 ist der Fehlerschutz durch eine Markierung des Bereichs um das ACD herum (z. B. mit dem Warnhinweis vor gefährliche Spannungen) auszuführen. Bei Anschlussfall D ist der verkürzte Abstand durch das ausgefahrene ACD-System zu beachten. Zudem stellt die Einschränkung des Zugangs sowie die Möglichkeiten der Reduzierung des Abstands durch Gegenstände besonders in öffentlich zugänglichen Bereichen ein zusätzliches Gefährdungspotential dar. Das ungewollte Absenken des ACD-Systems und die Freigabe der Ladespannung sind über die Steuerungen unter den Gestaltungsaspekten der funktionalen Sicherheit zu vermeiden.

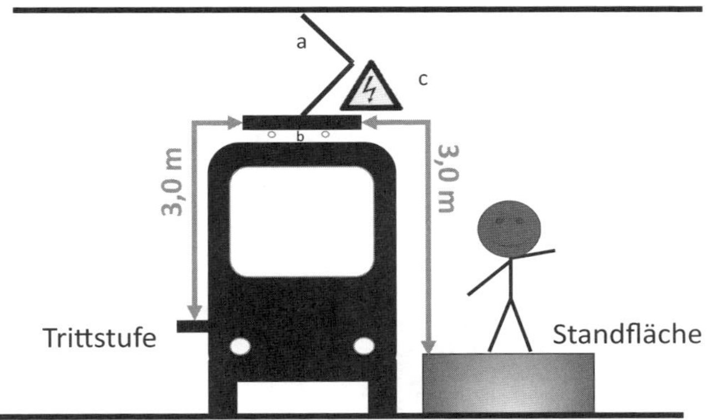

Bild 6.17 Abstand zwischen ACD-System und Standfläche (Anschlussfall D)

a Ladegerät mit automatischem Verbindungsaufbau
b ACD-Gegenstück
c ACD-System

Diese Gefährdung kann z. B. durch Anwendung bzw. Unterbringung in abgeschlossenen Bereichen, die für Laien und betriebsfremde Personen unzugänglich sind, reduziert werden. Allerdings widerspricht der Schutz durch Abstand im Bereich von Laien den Grundsätzen der DIN VDE 0100-410 und ist demnach im öffentlichen und privaten Bereich kritisch zu betrachten. Im Anwendungsbereich der Reihe DIN VDE 0100 können hier in Zukunft sicherheitstechnische Aspekte zur funktionalen Sicherheit hinzukommen. Es ist im Niederspannungsbereich mindestens die gleichwertige Sicherheit unter dem Aspekt der sicheren Fahrzeugerkennung herzustellen. Hier muss die Steuerung in der Lage sein, ein Elektrofahrzeug sicher von Personen und weiteren Abstand reduzierenden Gegenständen zu unterscheiden. Genauso muss das ACD-System in der Lage sein, die korrekte Position des Elektrofahrzeugs sicher zu erkennen und erst dann den Ladevorgang zu beginnen.

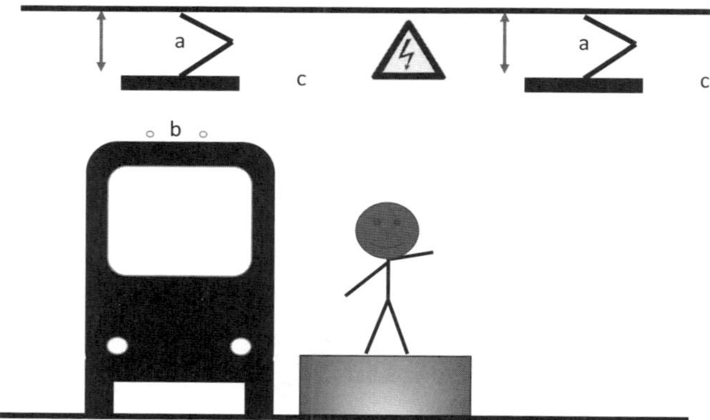

Bild 6.18 Anschlussfall D
(*Quelle:* E DIN EN 61851-23-1 (VDE 0122-2-31):2017-08, *Zeichnung:* M. Fengel)

a Ladegerät mit automatischem Verbindungsaufbau
b ACD-Gegenstück
c ACD-System

6.9.2 Schutz durch Anordnung außerhalb des Handbereichs bei ACD-Systemen über 1 kV AC/1,5 kV DC

Bei Anlagen > 1 kV gelten die Anforderungen nach DIN VDE 0101-1. Außerhalb elektrischer Betriebsstätten sind nach DIN VDE 0101-1 Abs. 8.2.2 ausschließlich die Basisschutzvorkehrungen Schutz durch Umhüllung und Schutz durch Abstand zulässig.

Der Schutz durch Umhüllung muss mindestens der Schutzart IP2XC entsprechen. Ausnahmen sind zulässig, wenn sichergestellt ist, dass durch Annährung an gefährliche aktive Teile der Schutz gegen direktes Berühren sichergestellt ist.

Bei Anwendung des Schutzes durch Abstand ist bei Anlagen im Freien der Zugang Unbefugter zu verhindern. Bei Haltestellen für Elektrobusse mit Ladesystemen mit automatischem Verbindungsaufbau (ACD-System) ist eine besondere Sorgfalt im Rahmen der Verkehrssicherungspflicht geboten. Nach DIN VDE 0101-1 Abs. 7.2.6 ist der Schutz durch Abstand durch äußere Umzäunung oder feste Wände in geeigneter Ausführung sicherzustellen. Die äußere Umzäunung bzw. die feste Wand muss über eine Mindesthöhe von 1 800 mm verfügen. Die Unterkante bis zum Boden (Standfläche) darf höchstens 50 mm betragen. Die Schutzart muss mindestens IP1X betragen. Dies wird bei Metallzäunen mit einer Maschenweite von 50 mm × 50 mm erreicht, wenn durch die Gestaltung der Umzäunung ein unbefugter Zugang verhindert wird.

Türen und Zugänge sind gegen unbefugten Zugang beispielsweise mit Sicherheitsschlössern zu sichern. Hierfür können aus Gründen der öffentlichen Sicherheit weitere technische und organisatorische Maßnahmen erforderlich sein.

Bild 6.19 Ladestrecke für ACD-Systeme (Anschlussfall E) bei Frankfurt a. M.

Zur Vermeidung von Bedienungsfehlern und Unfällen sind Personen vor den Gefahren mit geeigneter gut lesbarer und dauerhaft angebrachter Kennzeichnung zu warnen. Die Sicherheitsschilder (Warnschilder, Verbotsschilder und Hinweisschilder) sind an geeigneten Stellen anzubringen. An Ladesystemen mit automatischem Verbindungsaufbau (Anschlussfälle D) sind alle Zugangstüren, alle Seiten der äußeren Umzäunung mit Warnzeichen an den Zuängen zu versehen.

6.10 Schutz durch automatische Abschaltung der Stromversorgung

Jeder AC-Anschlusspunkt ist nach DIN VDE 0100-722 Abs. 722.411.3 mit einer separaten Fehlerstrom-Schutzeinrichtung (RCD) vom Typ A mit einem Bemessungsdifferenzstrom von höchstens 30 mA zu versehen. Die Fehlerstrom-Schutzeinrichtung stellt sowohl die Schutzvorkehrung für den Schutz durch automatische Abschaltung im Fehlerfall nach DIN VDE 0100-410 Abs. 411 sowie den zusätzlichen Schutz nach Abs. 415 dar. Die Wirksamkeit der Schutzmaßnahmen durch automatische Abschaltung im Fehlerfall im TN-System ist gegeben, wenn im Fehlerfall die nach DIN VDE 0100-410 Tabelle 41.1 geforderten Abschaltzeiten nicht überschritten werden. Bei Elektrofahrzeug-Ladestationen, die mit einer Steckdose oder Fahrzeugkupplung der Normenreihe DIN EN 62196 (**VDE 0623**) versehen sind, ist aufgrund der Ladebetriebsart mit Gleichfehlerströmen zu rechnen.

Durch Gleichfehlerströme über 6 mA geht der Eisenkern von Fehlerstrom-Schutzeinrichtungen vom Typ A in die Sättigung. Die Schutzmaßnahme ist dadurch eingeschränkt. Bei Ladeeinrichtungen mit der *Ladebetriebsart 3 (AC-Laden)* mit Anschlusspunkten sind nach der Normenreihe DIN EN 62196 (**VDE 0623**) entweder

- allstromsensitive Fehlerstrom-Schutzeinrichtungen vom Typ B oder
- Fehlerstrom-Schutzeinrichtungen vom Typ A oder Typ F in Verbindung mit einer Gleichstrom-Überwachungseinrichtung (RDC-DD) nach DIN IEC 62955 VDE 0666-20) zu verwenden.

Die Notwendigkeit hinsichtlich der Auswahl ergibt sich auch aus den Herstellerangaben der Ladestation. Es dürfen allerdings keine anderen Fehlerstrom-Schutzeinrichtungen vom Typ A dem Ladepunkt vorgeschaltet werden, da diese sonst durch die Gleichfehlerströme ebenfalls unwirksam werden (vgl. DIN VDE 0100-530 Bild A.2). Aus Gründen der Verfügbarkeit muss Selektivität der Fehlerstrom-Schutzeinrichtungen zwischen Anschlusspunkt und vorgeschalteten Stromkreis erreicht werden. Die Verwendung von Sammel-RCDs ist deshalb unzulässig.

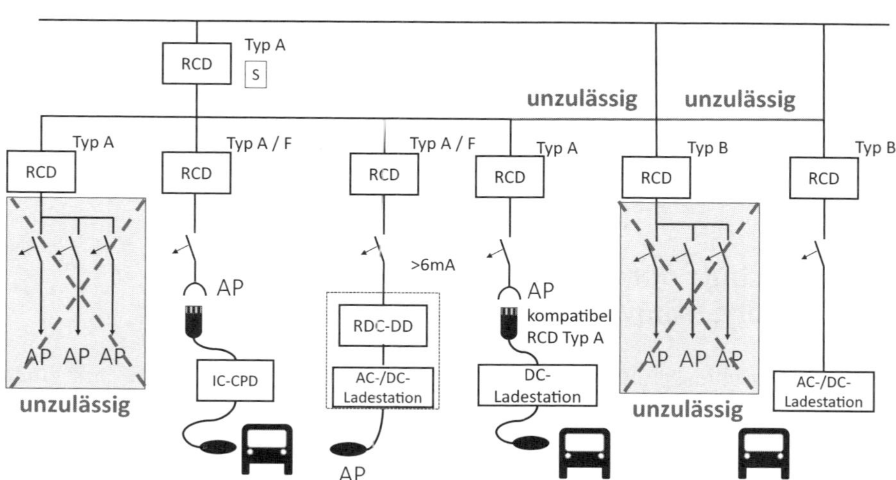

Bild 6.20 Anordnung der Fehlerstrom-Schutzeinrichtungen und Anschlusspunkte nach DIN VDE 0100-530 und DIN VDE 0100-722
(*Zeichnung:* M. Fengel)

Gleichstromladestationen (Ladebetriebsart 4), die über einen genormten Stecker am Wechselstromnetz angeschlossen werden, müssen nach DIN EN 61851-23 (VDE 0122-2-31) Abs. 6.2 zusätzlich zur integrierten Fehlerstrom-Schutzeinrichtung für die Wirksamkeit des anlagenseitigen Schutzes bei indirektem Berühren und des zusätzlichen Schutzes mit Fehlerstrom-Schutzeinrichtungen des Typs A aus denselben Gründen kompatibel sein.

Je nach Höhe der Ladespannungen reduzieren sich die Abschaltzeiten nach DIN VDE 0100-410. Bei Gleichladespannungen > 400 V muss die automatische Abschaltung im Fehlerfall innerhalb von 0,1 Sekunden erfolgen. Alternativ sind die Ersatzmaßnahmen nach DIN VDE 0100-410 Anhang D anzuwenden.

6.11 Gleichfehlerstromüberwachungseinrichtungen

Es kommen immer wieder Fragen auf, ob man bei einer in der Ladestation integrierten Gleichfehlerstromüberwachungseinrichtung auf eine Fehlerstrom-Schutzeinrichtung verzichten kann. Dies ist aus folgenden Gründen klar mit **„nein“** zu beantworten.

Schutz durch automatische Abschaltung im Fehlerfall

Zum Schutz von AC-Ladepunkten, die zum Laden von Elektrofahrzeugen vorgesehen sind, ist durch die RCD der Schutz durch automatische Abschaltung im Fehlerfall sicherzustellen. Die RCD erfüllt damit den Zweck einer Schutzeinrichtung. Diese ist gemäß DIN VDE 0100-722 Abs. 722.411 sicherzustellen. Das Erfordernis, RCDs mit einem Bemessungsfehlerstrom von höchstens 30 mA einzusetzen, resultiert aus den besonderen Anforderungen gemäß DIN VDE 0100-722 Abs. 722.411 in Verbindung mit DIN VDE 0100-410 Abs. 411.3.3.

Die Nummerierung „-411“ stellt die eindeutige Verbindung zur DIN VDE 0100-410 Abs. 411 her, sodass die RCD ausschließlich den Schutz durch automatische Abschaltung und damit die Abschaltzeiten gemäß DIN VDE 0100-410 Tabelle 41.1 sicherstellt (siehe Tabelle 1). Beim AC-Laden muss die RCD demnach je nach Ladespannung innerhalb von 0,4 Sekunden den Stromkreis bei Körperschluss automatisch abschalten.

Tabelle 6.3 Abschaltzeiten nach DIN VDE 0100-410 Tabelle 41.1 für Endstromkreise mit Steckvorrichtungen bis 63 A und fest angeschlossenen Betriebsmitteln bis 32 A

	$50\ V < U_0 \leq 120\ V$		$120\ V < U_0 \leq 230\ V$		$230\ V < U_0 \leq 400\ V$		$U_0 > 400\ V$	
Netzform	**AC**	**DC**	**AC**	**DC**	**AC**	**DC**	**AC**	**DC**
TN	0,8 s	*1)	0,4 s	1 s	0,2 s	0,4 s	0,1 s	0,1 s
TT	0,3 s	*1)	0,2 s	0,4 s	0,07 s	0,2 s	0,04 s	0,1 s

U_0 ist die Nennwechselspannung oder Nenngleichspannung Außenleiter gegen Erde.
*1) Die Abschaltung kann aus anderen Gründen als den Schutz gegen elektrischen Schlag gefordert werden.

Der Schutz durch RCD mit einem Bemessungsfehlerstrom von höchstens 30 mA ist demnach ausschließlich als Einrichtung zur automatischen Abschaltung gemäß DIN VDE 0100-530 Abs. 531.3.5 am Anfang des Stromkreises (bei der Überstromschutzeinrichtung) zur Sicherstellung des Schutzes bei indirektem Berühren des Kabels und des Betriebsmittels anzuordnen.

RCD als Vorkehrung für den zusätzlichen Schutz

Fehlerstrom-Schutzeinrichtungen (RCD) mit einem Bemessungsfehlerstrom von bis zu 30 mA können zudem gemäß DIN VDE 0100-410 Abs. 415.1.1 den zusätzlichen Schutz sicherstellen. Im Gegensatz zur automatischen Abschaltung im Fehlerfall, welche ausschließlich die Abschaltzeiten gemäß DIN VDE 0100-410 Tabelle 41.1 sicherstellt, dient der zusätzliche Schutz dem reinen Personenschutz bei Versagen des Basisschutzes oder bei Versagen der Vorkehrung für den Fehlerschutz bei Sorglosigkeit des Benutzers. Fehlerstrom-Schutzeinrichtungen für den zusätzlichen Schutz begrenzen damit die Zeit innerhalb der Strom-Zeit-Diagramme gemäß VDE V 0140-479-1 (siehe Tabelle 2).

Aufgabe der RDC-DD

Bei Ladeeinrichtungen mit AC-Anschlusspunkten sind demnach Varianten zulässig:

- allstromsensitive Fehlerstrom-Schutzeinrichtungen vom Typ B oder
- Fehlerstrom-Schutzeinrichtungen vom Typ A in Verbindung mit einer Gleichstromüberwachungseinrichtung (RDC-DD).

Gemäß DIN VDE 0100-510 Abs. 512.1.5 sind Betriebsmittel, darunter Schutzeinrichtungen, so auszuwählen, dass diese ihre bestimmungsgemäße Funktion bei vorhersehbaren Betriebsbeanspruchungen (Ströme, Spannungen etc.) erfüllen.

Tabelle 6.4 Übersicht zur Auswahl von Fehlerstrom-Schutzeinrichtungen für unterschiedliche Schutzziele

	Schutz gegen:		
	elektrischen Schlag		**thermische Auswirkungen**
Schutzziel	Fehlerschutz (Schutz bei indirektem Berühren)	zusätzlicher Schutz (Personenschutz)	Brandschutz
Normenstelle	**DIN VDE 0100-410**		**DIN VDE 0100-420**
	Abs. 411	Abs. 411.3.3 / Abs. 415	Abs. 422.3.9
Vorgaben Bemessungs-fehlerstrom $I_{\Delta N}$	**max. 500 mA** typische Werte: 100 mA, 300 mA, 500 mA	**max. 30 mA**	**max. 300 mA (allgemein)**
	30 mA Steckdosen bis 32 A 30 mA festangeschlossene und handgeführte Betriebsmittel im Außenbereich bis 32 A 30 mA Beleuchtungsstromkreise in Wohnungen		30 mA Impedanz behaftete Fehler
Grundlage	Abschaltzeiten Abs. 411.3.2 Z_S bei TN-System, R_A bei TT-Systemen	Stromgefährdungs-kurve VDE V 0140-479-1	Risiko einer Brand-entstehung (ab 60 W an Fehlerstelle)
Anordnung im Strom-kreis	Einspeisestelle	Einspeisestelle oder am Betriebsmittel	Einspeisestelle und außer-halb von feuergefährdeter Betriebsstätte

Bei Gleichströmen über 6 mA ist der bestimmungsgemäße Betrieb aufgrund der Sättigung des Eisenkerns in der Fehlerstrom-Schutzeinrichtung vom Typ A nicht gegeben, wodurch die Wirksamkeit der Schutzeinrichtung zur Sicherstellung der Schutzmaßnahme durch automatische Abschaltung beeinträchtigt ist. Wird die RCD vom Typ A aufgrund der Betriebsbeanspruchungen (6 mA) in ihrer bestimmungsgemäßen Funktion beeinträchtigt, ist der bestimmungsgemäße Betrieb durch eine Gleichstromüberwachung RDC-DD sicherzustellen.

Die RDC-DD stellt somit eine reine Überwachung während des normalen Betriebs dar. Damit ist die Schutzeinrichtung RCD (Typ A) nicht in ihrer bestimmungsgemäßen Funktion beeinträchtigt.

Ansprechzeiten der RDC-DD

Die RDC-DD bewirkt gemäß Herstellerangaben bei einem Gleichstromanteil von 6 mA innerhalb von 10 Sekunden eine betriebsmäßige Abschaltung. Ausschlaggebend für die Einhaltung der Abschaltzeiten ist beim RCD der A-Teil. **Innerhalb dieser 10 Sekunden kann die RCD vom Typ A unwirksam werden, so dass im Fehlerfall (Körperschluss) die Schutzmaßnahme nicht zuverlässig sichergestellt ist.**

Tabelle 6.5 Gegenüberstellung Abschaltzeiten bei RDC-DD und RCD Typ B

	RDC-DD / 6 mA (DC)	RCD Typ B / 30 mA
Abschaltzeit bei glatten DC-Strömen	6 mA: < 10 s 60 mA: < 0,3 s 0,2 A: < 0,1 s	15 mA < $I_{\Delta N}$ < 60 mA: < 0,3 s < 300 mA: < 0,04 s

Strom-Zeit-Diagramm für DC

Ungeachtet der Tatsache, dass die RCD den Schutz durch automatische Abschaltung im Fehlerfall und nicht als Maßnahme für den zusätzlichen Schutz dient, ist aus dem Strom-Zeit-Diagramm (DC) gemäß VDE V 0140-479-1 folgendes abzuleiten:

- **RCD Typ B:** Der RCD Typ B löst gemäß Herstellerangaben bei einem Gleichfehlerstrom zwischen 15 mA und 60 mA innerhalb von 0,3 Sekunden aus. Da es sich bei der RCD um eine Schutzeinrichtung handelt, kann meines Erachtens der Argumentation, dass die Abschaltung innerhalb des Bereichs DC-3 des Strom-Zeit-Diagramms erfolgt, bestätigt werden.
- **RDC-DD:** Bei der RDC-DD handelt es sich um eine reine Überwachungseinrichtung. Sie erfüllt meines Erachtens damit nicht die Anforderungen, eine Abschaltung im Sinne einer Maßnahme für den zusätzlichen Schutz sicherzustellen. Bei Auftreten von Gleichfehlerströmen bis zu 60 mA handelt es sich demnach um eine betriebsmäßige Abschaltung. **Der Personenschutz ist demnach nicht sichergestellt!**

6.12 Schutz durch Schutztrennung

Die Schutzmaßnahme basiert auf einer galvanischen Trennung zwischen dem geerdeten Stromkreis, der Primärseite, zur Sekundärseite des Transformators. Bei Versagen der Basisisolierung liegt keine gefährliche Berührungsspannung am Körper an. Im Vergleich zur Schutzmaßnahme Schutz durch automatische Abschaltung nach DIN VDE 0100-410 Abs. 411 darf der Körper nicht mit dem Schutzleiter verbunden werden.

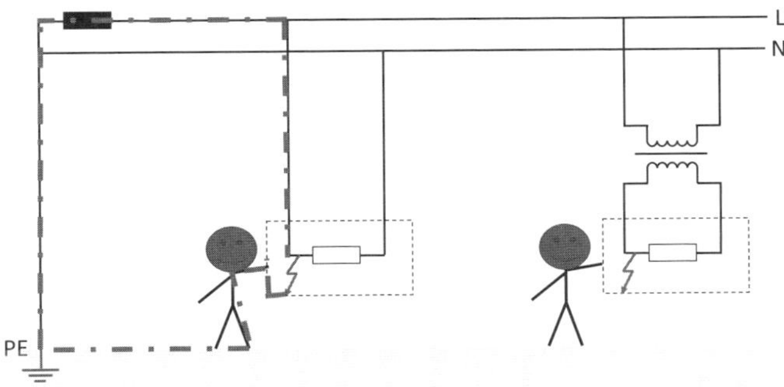

Bild 6.21 Gegenüberstellung der Stromwege von Netzen mit geerdeten Sternpunkt und Schutztrennung

Als Basisschutzvorkehrung ist eine Basisisolierung oder Abdeckung oder Umhüllung der aktiven Teile anzubringen. Die aktiven Teile des Stromkreises dürfen an keinen Punkt mit anderen Stromkreisen oder Erde verbunden werden. Die unterschiedlichen Stromkreise sind mit einer Basisisolierung gegenseitig zu isolieren.

Die aktiven Teile müssen im Inneren von Umhüllungen oder hinter Abdeckungen sein, die mindestens der Schutzart IPXXB oder IP2X entsprechen. Horizontale Oberflächen von Abdeckungen oder Umhüllungen, die leicht zugänglich sind, müssen mindestens der Schutzart IPXXD oder IP4X entsprechen. Die Abdeckungen dürfen nur von befugten Personen mit Werkzeug oder einer Schließvorrichtung abnehmbar sein. Die Anforderungen sind bei Betriebsmitteln, die in Übereinstimmung mit DIN VDE 0100-722 errichtet sind, mit der geforderten Schutzart von mindestens IP44 erfüllt. Die Schutzart fertiger Steckvorrichtungen sind zu prüfen.

Der Fehlerschutz bei Ladeinfrastrukturen mit Schutztrennung ist sicherzustellen durch eine Stromquelle (Trenntransformator) mit mindestens einfacher Trennung. Jede Stromquelle darf nur einen Ladepunkt versorgen. Der Trenntransformator muss über ein festes Übersetzungsverhältnis verfügen. Die Körper dürfen nicht mit dem Schutzleiter verbunden werden. Die Spannung darf ausgangsseitig nicht verändert werden. Der Trenntransformator muss den Anforderungen nach DIN EN 61558-2-4 (**VDE 0570-2-4**) entsprechen. Die Bemessungs-Ausgangsspannung muss bei in Ladesystemen integrierten nicht ortsveränderlichen Transformatoren oder mehreren in Reihe geschalteten Transformatoren zwischen 50 V (AC) und 500 V (AC) oder zwischen 120 V (DC) und 708 V geglättete Gleichspannung liegen. Die Bemessungs-Ausgangsleistung darf bei einphasigen Transformatoren 25 kVA und bei mehrphasigen Transformatoren 40 kVA nicht überschreiten. Die Bemessungseingangsspannung darf höchstens 1 100 V (AC) oder 1 415 V (DC) betragen.

Auf dem Trenntransformator muss eines der folgenden Bildzeichen nach IEC/DIN EN 61558 aufgedruckt sein.

Tabelle 6.6 Bildzeichen für Trenntransformatoren

Bildzeichen nach IEC/DIN EN 61558	Bedeutung
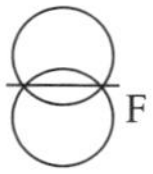 F oder F 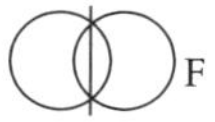	Fail-safe-Transformator
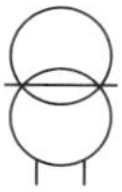 oder 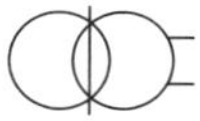	nicht kurzschlussfester Trenntransformator
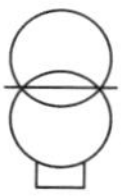 oder 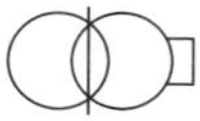	kurzschlussfester Trenntransformator (bedingt oder unbedingt kurzschlussfest)

Bei der Erstprüfung nach DIN VDE 0100-600 ist die korrekte Auswahl des Trenntransformators durch Besichtigen des Typenschilds festzustellen.

Der Transformator muss bei Belastung über eine ausreichend hohe Spannungssteifigkeit verfügen. D. h., dass die Differenz zwischen Ausgangsspannung des Transformators bei Belastung zur Leerlauf-Ausgangsspannung nicht unzulässig einbrechen darf.

$$\frac{U_{\text{Leerlauf}} - U_{\text{Belastung}}}{U_{\text{Belastung}}} \cdot 100\ \%$$

Der relative Spannungsfall ist sekundärseitig durch Messung der Leerlaufspannung und der Spannung bei Nennlast zu messen. Das Verhältnis zwischen Ausgangsspannung bei Leerlauf und bei Bemessungsleistung darf prozentual nach DIN EN 61558-2-4 (VDE 0570-2-4) folgende Werte nicht überschreiten:

Tabelle 6.7 Bemessungsausgangsspannung und relativer Spannungseinbruch nach DIN EN 61558-2-4

Bemessungsausgangsleistung	relativer Spannungseinbruch
bis einschl. 63 VA	20 %
über 63 VA bis einschl. 250 VA	15 %
über 250 VA bis einschl. 630 VA	10 %
über 630 VA	5 %

6.13 Einrichtungen zur Überwachung (IT-System)

Ist keine Unterbrechung des Stromkreises beim ersten Erdschluss vorhanden, ist nach DIN VDE 0100-722 Abs. 722.538 ein Isolationsüberwachungsgerät nach DIN EN 61557-8 (**VDE 0413-8**) vorzusehen. Die Isolationsüberwachungseinrichtung (IMD) dient einer ständigen Überwachung des Isolationswiderstands.

Während bei der Ladebetriebsart 3 die Isolationsüberwachung fahrzeugseitig gegen den anlagenseitig überwachten Schutzleiter stattfindet, sind bei DC-Ladestationen (Ladebetriebsart 4) zusätzlich anlagenseitig Isolationsüberwachungseinrichtungen erforderlich.

Die Isolationsüberwachungseinrichtung zwischen DC+/PE und DC-/PE zur Überwachung des Versorgungsvorgangs periodisch die Systemzustände (unzulässig, zulässig, Warnung, Fehler) an das Elektrofahrzeug übermitteln.

Unterhalb 300 Ω/V sollte nach DIN VDE 0100-722 eine Vorwarnung durch eine Meldung mittels eines optischen und/oder akustischen Signals erfolgen. Begonnene Ladezyklen dürfen abgeschlossen werden. Eine Warnmeldung mit Speicherung muss bei DC-Ladestationen entsprechend DIN EN 61851-23 (**VDE 0122-2-3**) CC.4 c) bereits bei einem Grenzwert ab 500 Ω/V erfolgen.

Ein neuer Ladezyklus darf nicht begonnen werden. Unterhalb 100 Ω/V ist der Ladekreis innerhalb von 10 Sekunden automatisch abzuschalten. Die Abschaltung der DC-Ladestation erfolgt nach DIN EN 61851-23 (**VDE 0122-2-3**) CC.4 d) bei Unterschreiten des Grenzwerts, wenn dieser innerhalb von zwei aufeinander folgenden Minuten ansteht.

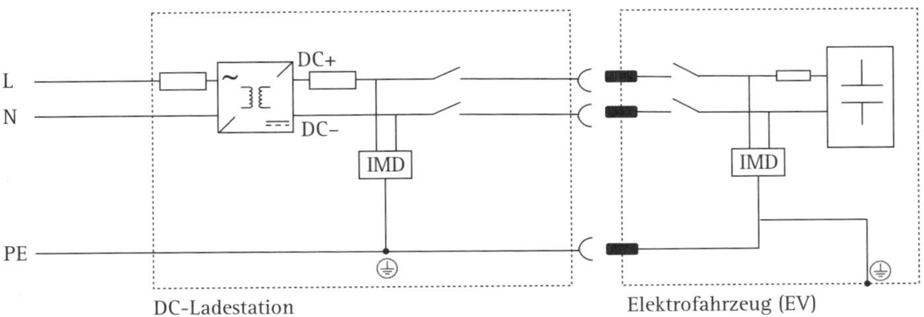

Bild 6.22 Ladebetriebsart 4 in Anlehnung an Hofheinz-Haub-Zeyen: Elektrische Sicherheit in der Elektromobilität. VDE Verlag: 2019 (*Zeichnung:* M. Fengel)

6.14 Schutz bei Störspannungen und elektromagnetischen Störungen

6.14.1 Schutz bei Störspannungen

Öffentlich zugängliche Anschlusspunkte sind nach DIN VDE 0100-722 Abs. 722.443 Teil der öffentlichen Einrichtung. Nach DIN VDE 0100-443 Abs. 443.4 sind u. a. in öffentlichen Einrichtungen, Gewerbe- oder Industrieaktivitäten sowie bei Orten mit Ansammlungen von Personen Vorkehrungen zum Schutz vor Überspannungen vorzusehen. Durch die Einrichtung von Überspannungs-Schutzeinrichtungen (SPD) ist die Spannung zu begrenzen, um entsprechend der Isolationskoordination gefährliche Funkenbildung und daraus resultierende Brände zu vermeiden.

Ladepunkte sowie das Verteilnetz sind i. d. R. als TN-System ausgeführt und es wird die Schutzmaßnahme Schutz durch automatische Abschaltung im Fehlerfall angewendet. Hier sind die Erdungsleiter der Überspannungs-Schutzeinrichtungen (SPDs) mit dem PEN-Leiter oder dem Schutzleiter (PE) in der 3+0-Schaltung oder 3+1-Schaltung zu verbinden.

Der Anschluss der Überspannungs-Schutzeinrichtung vom Typ 1 im Hauptversorgungssystem und vom Typ 2 in der Verteilung muss nach DIN VDE 0100-534 Abs. 534.4.10 mit 16 mm^2 Cu im Hauptstromversorgungssystem und 6 mm^2 Cu in der Verteilung oder gleichwertig an der Haupterdungsschiene/-klemme erfolgen. Seitens des Anschlusspunkts ergibt sich daraus nach VDE-AR-N 4100 Abs. 11.2 die Notwendigkeit eines Überspannungsschutzes vom Typ 1 in 4+0-Schaltung im Hauptversorgungssystem. In TN-S- oder TN-C-S-Systemen kann zwischen Neutralleiter und Schutzleiter (3+1-Schaltung) das SPD vom Typ 1 entfallen, wenn der Abschnitt zwischen Auftrennen des PEN-Leiters in PE-/N-Leiter und der Einbauort der SPD weniger als 0,5 m beträgt.

Zum Schutz bei indirektem Blitzschlag und Schaltüberspannungen sind nach DIN VDE 0100-534 Abs. 534.4.1 Überspannungs-Schutzeinrichtungen vom Typ 2 zu verwenden. Im Falle defekter Überspannungs-Schutzeinrichtungen (SPD) muss in jedem Fall die elektrische Anlage wirksam bleiben.

Nach DIN VDE 0100-534 Abs. 534.4.6 ist bei Anwendung der Schutzmaßnahme Schutz durch automatische Abschaltung nach DIN VDE 0100-410 Abs. 411 in TN-Systemen generell die Anforderung an die Wirksamkeit der elektrischen Anlage bei defekten Überspannungs-Schutzeinrichtungen durch eine vorgeschaltete Überstrom-Schutzeinrichtung erfüllt.

6.14.2 Induktive Ladeeinrichtungen

Bei induktiven Ladeeinrichtungen erfolgt die Energieübertragung berührungslos durch Induktion. Die Übertragung erfolgt durch elektromagnetische Felder von den in eine Bodenplatte eingelassenen Spulen zum Fahrzeug. Das **induktive Laden** basiert auf dem Prinzip der elektromagnetischen Induktion. Kernstück der stationären Ladeeinrichtung (Stationärteil) ist die stationäre Feldplatte und der Inverter. Der Inverter besteht im Wesentlichen aus der Leistungselektronik zum Erzeugen und Nachführen der Systemfrequenz. Eine Nachführeinheit dient zur Kontrolle und ggf. zur Nachführung des Ladestroms.

Im Elektrofahrzeug wird über die mobile Feldplatte – auch PICKUP genannt – die Bordelektronik gespeist, die den Speicher des Elektrofahrzeugs lädt. Das Mobilteil der Ladeeinrichtung beinhaltet zusätzliche Schutz- und Überwachungseinrichtungen zum Schutz der Bordelektronik des Elektrofahrzeugs und des Speichers. Sie besteht im Wesentlichen aus der Verbindung zur mobilen Feldplatte (AC-Eingang), dem Gleichspannungsausgang als Schnittstelle zum Bordnetz sowie der Melde- und Überwachungsschnittstelle zur Integration in das bordeigene Kommunikationsnetz.

Die Feldplatte besteht aus einer Spule oder einer aus mehreren Spulen bestehenden Einheit zur Erzeugung oder Rückwandlung der magnetischen Feldenergie. Diese wird die Energie über den Luftspalt zwischen Elektrofahrzeug und stationärer Ladeeinrichtung auf das Elektrofahrzeug übertragen.

Der **Wirkungsgrad** der berührungslosen Übertragung ist wie bei der konduktiven Ladung vom Netz bis hin zur DC-Auskopplung der Fahrzeugseite zu betrachten.

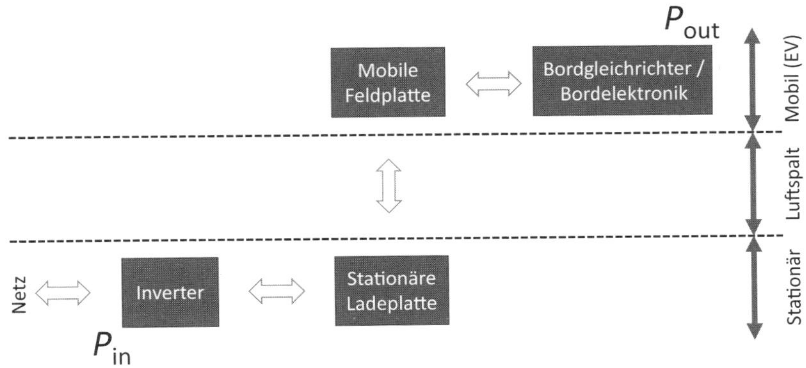

Bild 6.23 Prinzipdarstellung induktive Ladeeinrichtungen

Der Wirkungsgrad wird über das Verhältnis der Ausgangsleistung des sekundären induktiven Systems hinter dem Gleichrichter zur Netzeingangsleistung (AC) des primären induktiven Systems berechnet.

$$\eta_{\mathrm{B}} = \frac{P_{\mathrm{max\,(sek-AUS_{DC})}}}{P_{\mathrm{prim-EIN_{AC}}}}$$

Bei der Ermittlung des Wirkungsgrads wird unterstellt, dass sich das berührungslose Übertragungssystem in Nennposition befindet, die Schutzziele in den Bereichen 1 bis 4 eingehalten werden und die maximale Netzeingangsleistung entnommen wird.

Inverter und stationäre Ladeplatte bilden eine Einheit und werden i. d. R. als ein elektrisches Betriebsmittel in Übereinstimmung der zutreffenden Richtlinien in den Verkehr gebracht. Damit ist das Stationärteil der berührungslosen Energieübertragung seitens der Elektroinstallation als Endstromkreis zum Laden von Elektrofahrzeugen zu betrachten. Der Anschluss des Inverters unterliegt den zutreffenden normativen Anforderungen des Netzanschlusses. Hierfür sind u. a. folgende Anforderungen zu beachten:

- DIN VDE 0100-722 Errichten von Niederspannungsanlagen – Teil 7-722: Anforderungen für Betriebsstätten, Räume und Anlagen besonderer Art – Stromversorgung von Elektrofahrzeugen,
- VDE-AR-N 4100:2019-04 Technische Regeln für den Anschluss von Kundenanlagen an das Niederspannungsnetz und deren Betrieb (TAR Niederspannung).
- Rückspeisefähige Systeme sind als Erzeugungsanlage zu betrachten. Hierfür gelten darüber hinaus die Anforderungen nach VDE-AR-N 4105 Erzeugungsanlagen am Niederspannungsnetz – Technische Mindestanforderungen für Anschluss und Parallelbetrieb von Erzeugungsanlagen am Niederspannungsnetz.

Der aus dem Versorgungsnetz entnommene Strom darf zu keinem Zeitpunkt höher als 16 A bei einer Versorgungsspannung von 230 V sein. Hierfür sind die Angaben des Herstellers entscheidend. Damit liegt bei einem Wirkungsgrad von 90 % die Ladeleistung P_{out} bei 3,3 kW und die Netzanschlussleistung bei < 3,7 kW. Damit sind induktive Ladeeinrichtungen mit einer Bemessungsleistung ≥ 3,6 kVA entsprechend VDE-AR-N 4100 4.1 beim Netzbetreiber anmeldepflichtig. Übersteigt die Summen-Bemessungsleistung der Kundenanlage mehrerer induktiver Ladeplätze 12 kVA ist zudem eine Zustimmung des Netzbetreibers erforderlich. Bei rückspeisefähigen Systemen sind zudem die Anforderungen nach VDE-AR-N 4105 und VDE V 0100-551 zu beachten.

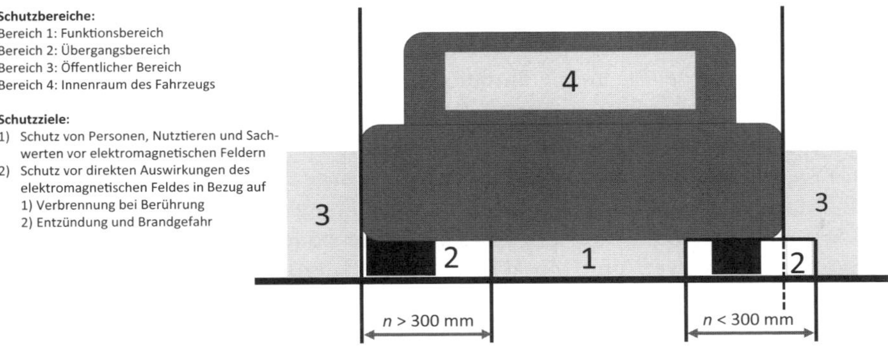

Bild 6.24 Schutzbereiche bei induktiven Ladesystemen
(*Quelle:* DIN EN IEC 61980-1 (VDE 0122-10-1), *Zeichnung:* M. Fengel)

Hierfür sind zusätzlich u. a. die Anforderungen nach DIN VDE 0100-444, der Richtlinie 2014/30/EG (EMV-Richtlinie) und der Richtlinie 2004/40/EG (Mindestvorschriften zum Schutz von Sicherheit und Gesundheit der Arbeitnehmer vor der Gefährdung durch physikalische Einwirkungen (elektromagnetische Felder)) zu beachten.

In den *Schutzbereichen 1 und 2* direkt unterhalb des Elektrofahrzeugs bis zur Außenkannte der Karosserie besteht durch magnetische Flussdichten ein erhöhtes Risiko der Erwärmung und Entzündung von Geräten und Betriebsmitteln. Personen, Nutztiere und Sachwerte sind vor den Auswirkungen elektromagnetischer Felder zu schützen. Im elektromagnetischen Feld befindliche Teile, Betriebsmittel und Oberflächen dürfen keine, bedingt durch die Felder unzulässig hohen Temperaturen annehmen. Es besteht erhöhte Gefahr durch Entzündung und Entflammung brennbarer/entflammbarer Materialien. In Anlehnung an DIN VDE 0100-420 dürfen nach dem aktuellen Normenentwurf DIN EN IEC 61980-1 (VDE 0122-10-1) Metallteile mit metallischer Oberfläche höchstens 80 °C und Teile mit nicht-metallischen Oberflächen höchstens 90 °C bei einer Umgebungstemperatur von 40 °C aufweisen. Der Betreiber ist hier in der Pflicht für Kontrollen der Bundesnetzagentur die notwendige auf dem aktuellen Stand gehaltene Dokumentation nach EMVG § 4 Abs. 2 Satz 2 zur Einsicht bereitzuhalten und gegenüber seinen Beschäftigten eine Gefährdungsbeurteilung durchzuführen.

In dem *Schutzbereichen 3 und 4* sind Benutzer vor den Wirkungen durch elektromagnetische Felder mit Frequenzen bis 140 kHz zu schützen.

Die Wirkung elektromagnetischer Felder auf den Menschen erstreckt sich im statischen und niedrigen Frequenzbereich von Schwindel und Übelkeit bis hin zur Stimulation von Sinnesorganen, Nerven und Muskeln. Hiervor sind Benutzer zu schützen. Für den Schutz im Schutzbereich 4 sind vom Fahrzeughersteller die zutreffenden Produktnormen einzuhalten. Bei Ladeplätzen in Firmen o. Ä. hat hierfür der Arbeitgeber eine Gefährdungsbeurteilung durchzuführen.

Systeme zur berührungslosen Energieübertragung induzieren betriebsbedingt elektromagnetische Felder, von denen eine erhöhte direkte und indirekte Gefährdung für Personen, Nutztiere und Sachwerte ausgeht. Die damit entstehenden Gefährdungen hängen in erster Linie von der Frequenz und Stärke der Quelle sowie Dauer der Exposition ab. Manche Felder können zu Stimulationen der Sinnesorgane, Nerven und Muskeln führen. Andere führen zu Erwärmungen im Gewebe. Indirekt wirken sich elektromagnetische Felder über Gegenstände, die sich im elektromagnetischen Feld befinden, aus. Es sind demnach folgende Schutzziele einzuhalten:

1. Schutz von Personen, Nutztieren und Sachwerten vor elektromagnetischen Feldern,
2. Schutz vor indirekten Auswirkungen des elektromagnetischen Felds in Bezug auf
   - Verbrennung bei Berührung und
   - Entzündung und Brandgefahr.

Tabelle 6.8 Wirkung elektromagnetischer Felder auf den menschlichen Körper

	Direkte Wirkungen	Indirekte Wirkungen
Menschen und Nutztier	• Schwindel und Übelkeit durch statische Magnetfelder • Wirkung auf Sinnesorgane, Nerven und Muskeln durch niederfrequente Felder bis 100 kHz • Erwärmung des Körpers oder von Körperteilen durch hochfrequente Felder ab 10 MHz • Wirkungen auf Nerven und Muskeln sowie Erwärmung durch Zwischenfrequenzen im Bereich 100 kHz bis 10 MHz	• Störungen bei elektronischen medizinischen Geräten, wie Defibrillatoren und Herzschrittmachern • Erwärmung von Implantaten, wie Hüftgelenken etc. • Auswirkungen auf Körperschmuck, Piercings und Tattoos • etc.
Sachwerte		• Brände durch Entzündung von entzündlichen oder Explosion durch entzündliche oder explosive Materialien bzw. explosionsgefährlichen Atmosphären • Stromschläge oder Verbrennung durch induzierte Ströme bei Berührung eines leitfähigen Gegenstands im Feld

6.15 Auswahl und Anordnung der Betriebsmittel

6.15.1 Auswahl der Betriebsmittel – Äußere Einflüsse

Flexible Ladeleitungen für Nennspannungen bis einschließlich 450 V/750 V, die zum Laden von Elektrofahrzeugen und auch gegebenenfalls zur Übertragung von Steuersignalen verwendet werden, müssen unabhängig von der vorliegenden Anschlussart DIN EN 50620 (VDE 0285-620) entsprechen.

Die Leitungen müssen eine Ursprungskennzeichnung haben. Diese kann aus einem Herstellerkennfaden bestehen oder aus einer fortlaufenden Kennzeichnung mit dem Herstellernamen, dem Warenzeichen oder einer Identifikationsnummer des Herstellers. Die Ursprungskennzeichnung kann durch ein bedrucktes Band in der Leitung oder eine erhabene Prägung oder Tiefenprägung der Isolierhülle auf mindestens einer beliebigen Ader oder des Mantels angebracht sein. Es dürfen folgende Kabel mit den Bauart-Kurzzeichen verwendet werden:

- H05BZ5-F,
- H05BZ6-F,
- H07BZ5-F und
- H07BZ6-F

Die Bezeichnung CEN/CENELEC darf nicht enthalten sein. Die Bauart-Kennzeichnung muss neben dem Bauartkurzzeichen die Kennzeichnungen EVC (*engl.:* electric vehicle cable), Anzahl und Nennquerschnitt der Energieadern sowie, falls vorhanden, Angaben zu zusätzlichen Adern (CC und/oder CP) mit Anzahl und Nennquerschnitt, die Nennspannung und die Normnummer der Kabelnorm enthalten.

Die Ladekabel in Übereinstimmung mit DIN EN 50620 (VDE 0285-620) sind für folgende Temperaturen und Spannungen geeignet:

Temperaturen:

- Höchste zulässige Betriebstemperatur am Leiter: 90 °C,
- höchste zulässige Kurzschlusstemperatur:
  - 200 °C für verzinnte Leiter,
  - 160 °C für EVI-1,
  - 250 °C für blanke oder versilberte Leiter,
- höchste zulässige Temperatur an der Leiteroberfläche: 80 °C,
- tiefste Temperatur bei Verlegung und Handhabung: -35 °C.

Spannungen:

Die Betriebsspannung eines Ladepunkts darf bei einem fest angeschlossene Ladekabel (Anschlussfall C) die Grenzwerte nicht dauerhaft überschreiten:

Tabelle 6.9 Höchst zulässige Spannungen gemäß DIN EN 50620 (VDE 0285-620)

Nennspannung der Leitung/Kabel	höchste dauernd zulässige Betriebsspannung	
U_0 / U [V]	Wechselstrom	Drehstrom
	$U_{0\ max}$ [V]	U_{max} [V]
300 / 500	320	550
450 / 750	480	825

Ladeleitungen mit der Kennzeichnung 300/500 sind ausschließlich für die Ladebetriebsart 1 geeignet, während Ladeleitungen mit der Kennzeichnung 450/750 für die Ladebetriebsarten 1, 2 und 3 geeignet sind.

Beanspruchung:

Die Ladekabel sind gemäß den äußeren Einflüssen auszuwählen. Hierzu sind die Leitungen an den Ladestationen so anzuordnen, dass diese möglichst keine Verkehrswege beim Laden kreuzen. Die Ladekabel sind zudem gemäß den zu erwartenden mechanischen Beanspruchungen und der Anwesenheit von Wasserstoff auszuwählen. Dabei ist auch das Vorhandensein korrosiver Stoffe zu beachten. In Tabelle 6.10 ist eine Übersicht über die äußeren Einflüsse aufgelistet.

Tabelle 6.10 Auswahl äußerer Einflüsse für Ladeleitungen gemäß DIN EN 50620 (VDE 0285-620)

	300 V / 500 V 3 x 1,5 mm² 3 x 2,5 mm²	450 V / 750 V
Art der Beanspruchung		
sehr leicht	+	+
leicht	+	+
normal	-	+
schwer	-	+
Auftreten von Wasser		
Bedingung AD1	+	+
Bedingung AD2	+	+
Bedingung AD6	+	+
Bedingung AD7	-	-
Bedingung AD8	-	-

	300 V / 500 V 3 x 1,5 mm^2 3 x 2,5 mm^2	450 V / 750 V
Schlag und Vibration		
Bedingung AG2	-	+
Bedingung AH3	-	+
+ geeignet, - nicht geeignet		

Stoffe:

Ladeleitungen in Übereinstimmung mit DIN EN 50620 (**VDE 0285-620**) sind mit Probeflüssigkeiten bei Raumtemperatur geprüft. Bei der Prüfung wird die fertiggestellte Leitung für eine Stunde bei Raumtemperatur nacheinander in die folgenden Prüfchemikalien, die typischerweise an Tankstellen vorhanden sind, gelegt:

- Motoröl, geeignet für Diesel- und Benzinmotoren (15W40),
- Kraftstoff: Benzin, bleifrei, nach EN 228,
- Harnstoff 32,5 % nach ISO 22241-1,
- Kraftstoff: Diesel, nach EN 590,
- Kühlerfrostschutz, Ethylenglycol ($C_2H_6O_2$) – Wasser (Gemisch 1:1),
- Kaltreiniger, zum Beispiel: P3-Solvclean AK (Fa. Henkel).

Ladestation bzw. Steckdosen sind so anzuordnen, dass das Risiko einer Beschädigung durch das Fahrzeug nahezu ausgeschlossen ist. Ladekabel in Verkehrswegen stellen Stolpergefahren dar. Zudem besteht die Gefahr der Beschädigung durch Fahrzeuge. Deshalb sind Steckdosen und Fahrzeugkupplungen so anzuordnen, dass diese möglichst nahe am Fahrzeug sind. In privaten Garagen sollte deshalb der Nutzer die Steckdose bzw. die Wallbox so anordnen, dass diese an der Seite des Ladepunkts des Fahrzeugs angeordnet ist und der Leitungsweg so kurz wie möglich gehalten wird. Beschädigungen von Ladekabeln mit integrierter cable-control-box sind z. B. durch eine geeignete Halterung zu vermeiden. Die Gehäuse sind ebenso gegen Kollision mit Elektrofahrzeugen gegen mittlere mechanische Beanspruchungen zu schützen. Dies kann entweder durch Anordnung bzw. Aufstellung der Betriebsmittel erfolgen, so dass das Risiko einer Beschädigung weitestgehend vermieden wird, oder durch Anbringung eines örtlichen oder allgemeinen mechanischen Schutzes. In Parkhäusern ist der Schutz durch Installation der Betriebsmittel in einer ausreichenden Höhe gegeben. An öffentlichen Parkplätzen haben sich dagegen Leitplanken und Rammböcke (Poller) bewährt.

Bild 6.25 Öffentlich zugängliche Ladestation auf einem Rastplatz (*Foto:* M. Fengel)

Beschädigungen von Ladekabeln mit integrierter cable-control-box können z. B. durch eine geeignete Halterung an den Stellplätzen vermieden werden.

Ladestationen und Anschlusspunkte werden in Garagen und im Freien aufgestellt. Bei der Aufstellung von Ladestationen wird nach DIN EN IEC 61851-1 (**VDE 0122-1**) Abs. 11.2 zwischen nicht witterungsgeschützter Freiluftnutzung und Innenraumnutzung in witterungsgeschützten Bereichen unterschieden. Stecker sowie Basis- und Universalschnittstellen müssen zwischen Ladepunkt und Elektrofahrzeug nach DIN EN IEC 61851-1 (**VDE 0122-1**) Abs. 11.3 gegen das Eindringen von Fremdkörpern und Flüssigkeiten entsprechend des Aufstellorts im nicht zusammengesteckten und gesteckten Zustand über eine ausreichende Schutzart nach DIN EN 60529-1 (**VDE 0470-1**) verfügen. Selbstredend, dass der Schutz gegen direktes Berühren gemäß DIN VDE 0100-410 Abs. 411.1 und Anhang A.2 durch die Schutzarten IPXXB oder IP2X grundsätzlich erfüllt sein muss.

Bei **Innenraumnutzung** von Ladestationen und Ladepunkten, z. B. innerhalb von geschlossenen Garagen, müssen sowohl Fahrzeugstecker bzw. Stecker zusammengesteckt mit der Fahrzeugkupplung bzw. der Steckdose sowie nicht zusammengesteckte Fahrzeugkupplungen (Anschlussfall C) mindestens der Schutzart IP21 entsprechen. Anschlusspunkte und Ladestationen im Freien (**Außenraumnutzung**) müssen nach DIN VDE 0100-722 Abs. 722.512 mindestens der Schutzart IP44 entsprechen. Fahrzeugstecker mit der Fahrzeugkupplung sowie Stecker mit der Steckdose müssen im zusammengesteckten Zustand im Außenbereich diese Schutzart erfüllen.

Nach DIN VDE 0100-200 NC.1.5 sind elektrische Anlagen im Freien darunter auch errichtete Ladestationen an Wegen, Tankstellen und Gebäudeaußenwänden in geschützte und ungeschützte elektrische Anlagen im Freien unterteilt. Die für Ladepunkte im Freien geforderte Schutzart kann bei fest installierten Ladepunkten alternativ durch geeignete konstruktive Maßnahmen durch Überdachungen und/oder Unterbringung in geeigneten Gehäusen erfüllt werden. Ladegarnituren sind dagegen ortsveränderliche Betriebsmittel. Sie müssen demnach grundsätzlich die Anforderungen für die Freiluftnutzung erfüllen (Fahrzeugstecker in Stellung „Fahrbetrieb": IP55 und nicht zusammengesteckte Fahrzeugkupplungen und Steckdosen: IP24).

Zu Ladepunkten werden auch **Zählerschränke im Freien** installiert. Diese sind nach VDE-AR-N 4100 Abs. 12 hinsichtlich der äußeren Beanspruchungen mit dem Netzbetreiber abzustimmen. Die Gehäuse der Anschlussschränke müssen nach VDE-AR-N 4100 Abs. 12.3.3 mindestens der Schutzart IP44 oder IP34D entsprechen und eine ausreichende Standsicherheit aufweisen.

Die Ladeleitungen sind nach der zu erwartenden Dauerstrombelastbarkeit auszuwählen. Dabei ist zum einen der Ladestrom der Ladestation sowie der Ladestrom des Ladesteckers zu beachten. Einige Ladestationen sind in ihrem Betriebsstrom (Ladestrom) durch Parametrierung oder Einbringung von Codier-Widerständen begrenzt. Bei der Auswahl ist in jedem Fall darauf zu achten, dass die Strombelastbarkeit der Ladeleitung dem eingestellten Ladestrom entspricht. Allerdings sollten spätere Änderungen in der Einstellung des Ladestroms berücksichtigt werden, so dass die Ladeleitungen gemäß der maximalen Ladeleistung der Ladestation bzw. des Stromkreises auszulegen sind.

Bei der Auswahl der Leiterquerschnitte nach der zu erwartenden Belastung ist grundsätzlich von einem Dauerbetrieb (Belastungsgrad 100 %) auszugehen. Die Ladeleitung ist hinsichtlich der Strombelastbarkeit für die Verlegung in Luft bei einer Umgebungstemperatur von 30 °C gemäß Tabelle 6.11 auszuwählen.

Tabelle 6.11 Zulässige Dauerstrombelastbarkeit von Ladeleitungen gemäß DIN EN 50620 (VDE 0285-620) Anhang E

Leiterquerschnitt S [mm²]	maximale Dauerstrombelastbarkeit I_Z [A]					
	Wechselstrom			Drehstrom		
Belastbarkeit für flexible Leitungen nur in der Ladebetriebsart 1 (300/500 V)						
1,5 mm²	14 A			entfällt		
2,5 mm²	25 A			entfällt		
Belastbarkeit für flexible Leitungen in den Ladebetriebsarten 2 und 3 (450/750V)						
1,5 mm²	14 A			entfällt		
2,5 mm²	25 A			20 A		
4 mm²	35 A			30 A		
6 mm²	44 A			38 A		
10 mm²	62 A			54 A		
16 mm²	82 A			71 A		
25 mm²	109 A			94 A		
35 mm²	135 A			117 A		
Umrechnungsfaktoren für Umgebungstemperaturen						
Umgebungstemperatur [°C]	30	35	40	45	50	55
Reduktionsfaktor	1,0	0,91	0,82	0,71	0,58	0,41

Für die Auswahl der Ladeleitung gemäß Strombelastbarkeit wird eine Betriebstemperatur am Leiter von 60°C anstatt 90 °C herangezogen. Die Leitertemperatur von 60 °C berücksichtigt, dass an der Oberfläche der Leitung die Temperatur von 50 °C aufgrund ungewollter Reaktionen der Nutzer beim Anfassen der Kabel nicht überschritten wird.

6.15.2 Verkehrswege und Kollisionsschutz

Betriebsmittel, Stecker und Ladeleitungen öffentlich zugänglicher Ladestationen in Parkhäusern und in öffentlich zugänglichen Parkplätzen sind bedingt durch Verkehrswege erhöhter mechanischer Beanspruchung ausgesetzt.

Ladepunkte sind so anzuordnen, dass das Risiko einer Beschädigung durch das Fahrzeug nahezu ausgeschlossen ist. Gleichzeitig sollte eine leichte Zugänglichkeit gegeben sein. Zur Reduzierung des Risikos durch Stolpern sind Steckdosen und Fahrzeugkupplungen so anzuordnen, dass diese möglichst nahe am Fahrzeug sind und Ladekabel keine Verkehrswege kreuzen.

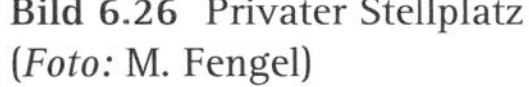

Bild 6.26 Privater Stellplatz (*Foto:* M. Fengel)

Bild 6.27 Privater Stellplatz (*Foto:* M. Fengel)

Gehäuse sind gegen Kollision mittlerer mechanischer Beanspruchungen zu schützen. Dies kann entweder durch Anordnung bzw. Aufstellung der Betriebsmittel erfolgen, so dass das Risiko einer Beschädigung weitestgehend vermieden wird oder durch Anbringung eines örtlichen oder allgemeinen mechanischen Schutzes. In Parkhäusern und öffentlichen Ladepunkten ist der Schutz durch Installation der Betriebsmittel in einer ausreichenden Höhe gegeben. **Die Anforderungen an die Barrierefreiheit können davon beeinträchtigt sein**, so dass zwischen den Zielen „Schutz der Betriebsmittel" und Barrierefreiheit unter den geltenden Baubestimmungen abzuwägen ist.

Häufig werden in öffentlich zugänglichen Ladeeinrichtungen, insbesondere an Autobahnrastplätzen, Erschütterungssensoren, die sogenannten **Crash-Sensoren**, installiert. Durch den Crash-Sensor, der auf den Unterspannungsauslöser des Leitungsschalters wirkt, erfolgt eine Abschaltung des Hauptkabels. Dieser ist normativ zwar nicht gefordert. Im Fall einer Kollision an öffentlich zugänglichen Ladesäulen ist jedoch bei durch Kollisionen beschädigten Ladestationen die für den Basisschutz erforderliche Schutzart von mindestens IPXXB oder IP2X gemäß DIN VDE 0100-410 Abs. 411.1 und Anhang A.2 nicht erfüllt.

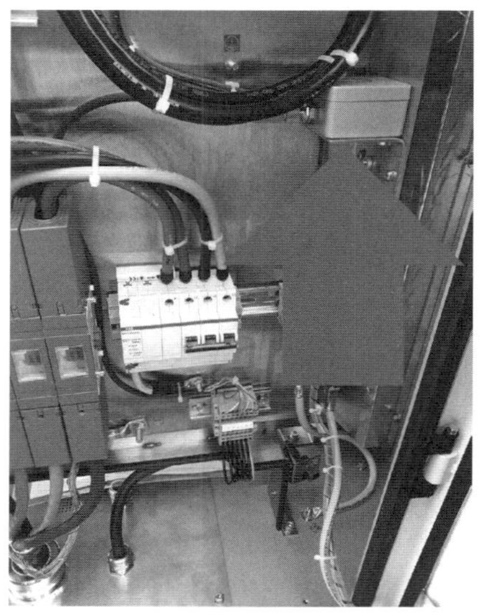

Bild 6.28 Crash-Sensor in einer öffentlich zugänglichen Ladestation auf einem Rastplatz (*Foto:* M. Fengel)

6.16 Zählerplätze

Zählerplätze sind nach VDE-AR-N 4100 Abs. 7 auszuführen. Jede Anschlussnutzeranlage muss über mindestens ein Zählerfeld zur Aufnahme einer Messeinrichtung mit Dreipunktbefestigung nach DIN VDE 0603-2-1 oder mit einer Befestigungs- und Kontaktiereinrichtung BKE-I nach DIN VDE 0603-3-2 verfügen. Die Nutzung des Anschlussraums als Stromkreisverteiler ist unzulässig. Es sind jedoch bis zu drei Stromkreise mit einer Absicherung von maximal 16 A je Anschlussnutzeranlage sowie SPDs vom Typ 1 und 2 zulässig. Diese dürfen ausschließlich für Schutzeinrichtungen von Stromkreisen, die im Keller des Anschlussnutzers vorgesehen sind, wie Kellerbeleuchtung, Trockner oder Waschmaschine, verwendet werden. Aufgrund von Stromwärmeverlusten (max. 10 W nach der zurückgezogenen VDE-AR-N 4101) der Schutzeinrichtungen und Betriebsmittel sind diese auf eine höchst zulässige Belegung von 6 Teilungseinheiten und einphasigen Stromkreisen bis zu 16 A begrenzt. In der VDE-AR-N 4100:2019-04 wurden im Zuge der neuen Anwendungen durch Ladeeinrichtungen für Elektrofahrzeuge sowie der Installation von Erzeugungsanlagen die Anforderungen angepasst. Folgende Anschlussvarianten sind zudem zulässig:

- Einphasige Erzeugung und Ladeeinrichtungen für Elektrofahrzeuge bis 16 A,
- bei einfach belegten Zählerfeldern, die zur Messung von steuerbaren Verbrauchseinrichtungen (z. B. Wärmepumpen) oder Erzeugungsanlagen dienen, dürfen anlagenseitig bis zu 3 × 16 A dreiphasig bestückt werden.

Damit können Ladeeinrichtungen mit einer Ladeleistung bis zu 11 kW (3 · 230 V · 16 A = 11 kW) in Privathaushalten mit dieser Ausführung installiert werden.

Zählerplätze mit internen Verdrahtungen nach DIN VDE 0603-2-1 mit einem Leiterquerschnitt von 10 mm² sind u. a. für Stromkreise zum Laden von Elektrofahrzeugen unabhängig von deren Einschaltdauer für Betriebsströme bis zu 32 A zulässig. Zählerplätze mit Leiterquerschnitt von 16 mm² der internen Verdrahtung sind für den Anschluss von Erzeugungsanlagen und Ladeeinrichtungen für Elektrofahrzeuge bei Einfachbelegung mit einem maximalen Betriebsstrom von 44 A geeignet. Wird dieser durch die Ladeeinrichtung überschritten, sind die Leistungsflüsse entsprechend zu reduzieren. Bei Anschlussschränken im Freien sind infolge der Umweltbedingungen die zulässigen Betriebsströme um den Faktor 0,94 zu reduzieren. Soll bei Anwendungen mit einem Dauerstrom von 32 A neben dem Kurzschluss auch der Überlastschutz durch die Trenneinrichtung sichergestellt werden, sind SH-Schalter mit einem Bemessungsstrom von 35 A und einer E-Charakteristik zulässig. Ein Dauerstrom von 44 A wird durch einen SH-Schalter mit einem Bemessungsstrom von 50 A (E-Charakteristik) begrenzt.

6.17 Elektrofahrzeug als EZE am Niederspannungsnetz

Elektrofahrzeuge (EV) sind laut DIN VDE 0100-722 Fahrzeuge, die mit einem Elektromotor angetrieben werden, die ihren Strom von einer wiederaufladbaren Speicherbatterie oder einem anderen ortsveränderlichen Energiespeicher beziehen und zur Wiederaufladung von einer außerhalb des Fahrzeugs befindlichen Quelle, wie dem Niederspannungsnetz aus der Anschlussnutzeranlage, wiederaufgeladen werden. Hierfür sind für rückspeisefähige Ladepunkte zusätzlich die Anforderungen nach VDE 0100-802 und DIN V VDE 0100-551-1 zu beachten. Ergänzend hierzu muss ein eigener rückspeisefähiger Stromkreis fest angeschlossen sein und fahrzeugseitig eine Steckvorrichtung beispielsweise vom Typ 2 oder „combined charging system Combo 2“ nach DIN EN 62196 (**VDE 0623-5**) vorgesehen sein. Hierbei findet nach DIN EN IEC 61851-1 (**VDE 0122-1**) Abs. 6.4.2 über die wahlfreien Funktionen der Ladebetriebsarten 2, 3 und 4 auch die Auswahl der Ladestromstärke sowie die Steuerung des Stromflusses in beide Richtungen statt. Zur Sicherstellung, dass der

Ladestrom die Bemessungskapazität des speisenden Netzes sowie die zulässige Batterielade- und -entladeströme nicht überschreitet, sind manuelle oder automatische Vorrichtungen vorzusehen. Bei den Ladebetriebsarten 1 und 2 sind die Anforderungen an eine Rückspeisung in einen Endstromkreis über eine Schuko- oder Industriesteckvorrichtung (CEE) aufgrund der Verwechselbarkeit nicht erfüllt. Eine Einspeisung über solche Endstromkreise ist demnach unzulässig.

Rückspeisefähige Ladesysteme sind nach dem Anmeldeverfahren nach VDE-AR-N 4105 Abs. 4.1 beim Netzbetreiber anzumelden.

Für die rückspeisefähigen Ladesysteme gelten die Anforderungen nach VDE-AR-N 4105 Abs. 5.7.4.3 an die dynamische Netzstützung für Typ-2-Einheiten und Speicher. Ziel der dynamischen Netzstützung ist es, bei kurzzeitigen Spannungseinbrüchen oder -erhöhungen eine ungewollte Abschaltung von Erzeugungsleistung zu vermeiden, um damit nicht die Netzstabilität zu gefährden. Liegt die Netzspannung an den Generatorklemmen unterhalb 85 % und oberhalb 110 % der Netznennspannung, liegt ein Netzfehler vor. Das Kriterium des Fehlerendes ist erfüllt, wenn die Außenleiter-Neutralleiter-Spannung 5 Sekunden nach dem Beginn des Fehlers im Bereich von –15 % bis +10 % der Nennspannung anliegt.

Zum Erhalt der Netzstabilität müssen die Einspeiseleistungen vom Netzbetreiber über Fernsteuerung am Netzanschlusspunkt reduziert werden können.

Weitere spezifische vertragliche Regelungen zwischen Anlagen- und Netzbetreiber sind zu beachten. Außerdem sind weitere Anforderungen an ein Lastmanagement, Mess- und Betriebskonzept nach VDE-AR-N 4105 Abs. 10.6.2 zu beachten.

Zusätzlich sind DC-Ladeeinrichtungen und induktive Ladeeinrichtungen mit einer Bemessungsanschlussleistung über 12 kVA mit einer Leistungsregelung auszuführen (siehe hierzu auch Kapitel 2).

6.18 Prüfungen

Die Errichtung von Anschlusspunkten zum Laden von Elektrofahrzeugen sind Teil der orstfesten elektrischen Anlage. Die Stromkreise, die zum Laden von Elektrofahrzeugen vorgesehen sind, müssen mit den Anforderungen nach DIN VDE 0100-722 zwischen Schutzeinrichtung und Anschlusspunkt übereinstimmen. Die Stromkreise sind bei Neuerrichtung, einer Nutzungsänderung eines bestehenden Stromkreises und Erweiterung der bestehenden elektrischen Anlage einer Erstprüfung nach DIN VDE 0100-600 durch den Errichter zu unterziehen. Im Betrieb sind Prüfungen in bestimmten Zeitabständen nach DIN VDE 0105-100/A1 durchzuführen. Die Durchführung obliegt dem Betreiber.

Es sind zudem neben den gesetzlichen und privatrechtlichen Anforderungen u. a. folgende Bewertungskriterien zu beachten:

- Verordnung über Allgemeine Bedingungen für den Netzanschluss und dessen Nutzung für die Elektrizitätsversorgung in Niederspannung (Niederspannungsanschlussverordnung – NAV) vom 1. November 2006 (BGBl. I S. 2477), zuletzt geändert durch Art. 3 V v. 4.3.2019 I 333
- Technische Anschlussbedingungen – TAB
- Betriebssicherheitsverordnung – BetrSichV
- VDE-AR-N 4100:2019-04 Technische Regeln für den Anschluss von Kundenanlagen an das Niederspannungsnetz und deren Betrieb (TAR Niederspannung)
- VDE-AR-N 4105:2018-11 Erzeugungsanlagen am Niederspannungsnetz – Technische Mindestanforderungen für Anschluss und Parallelbetrieb von Erzeugungsanlagen am Niederspannungsnetz
- DIN VDE 0100-600 (**VDE 0100-600**):2017-06 Errichten von Niederspannungsanlagen – Teil 6: Prüfungen
- DIN VDE 0100-718 (**VDE 0100-718**):2014-06 Errichten von Niederspannungsanlagen – Teil 7-718: Anforderungen für Betriebsstätten, Räume und Anlagen besonderer Art – Öffentliche Einrichtungen und Arbeitsstätten
- DIN VDE 0100-722:2019-06 Errichten von Niederspannungsanlagen – Teil 7-722: Anforderungen für Betriebsstätten, Räume und Anlagen besonderer Art – Stromversorgung von Elektrofahrzeugen
- Anforderungen an den Blitz- und Überspannungsschutz (DIN VDE 0100-443)
- Anforderungen hinsichtlich der elektromagnetischen Verträglichkeit (DIN VDE 0100-444, EMV-Dokumentation)
- DIN EN 50620 (**VDE 0285-620**):2020-03 Ladeleitung für Elektrofahrzeuge
- DIN VDE 0298-4 (**VDE 0298-4**):2023-06 Verwendung von Kabeln und isolierten Leitungen für Starkstromanlagen – Teil 4: Empfohlene Werte für die Strombelastbarkeit von Kabeln und Leitungen für feste Verlegung in und an Gebäuden und von flexiblen Leitungen

Es muss zwischen den unterschiedlichen Anschlussfällen unterschieden werden:

- Bei den *Anschlussfällen A und B* ist der Anschlusspunkt eine handelsübliche Haushalts- oder Industriesteckdose. Die Prüfung erstreckt sich im Rahmen der ortsfesten elektrischen Anlage wie bei Stromkreisen der allgemeinen Stromversorgung bis zur Steckdose.

- Beim *Anschlussfall C* ist aufgrund des in der Steckvorrichtung integrierten Pilotkontakts ein Adaptermessgerät zur Simulation eines Elektrofahrzeugs erforderlich.
- Die *Anschlussfälle D und E* durch Systeme mit automatischem Verbindungsaufbau sind gesondert zu betrachten. Hier sind weitere Anforderungen hinsichtlich der Verkehrssicherheit von Personen und dem Nutzerkreis zu beachten.
- *Induktive Ladeeinrichtungen* sind fest angeschlossene Betriebsmittel. Es sind zusätzliche Anforderungen an elektrische und magnetische Felder zu beachten.

Die Prüfung besteht aus:

- Besichtigen,
- Prüfung der Dokumentation und Kennzeichnungen,
- Funktionsprüfung (Erproben) und
- Messen.

6.18.1 Besichtigen

Vor dem Erproben und Messen ist eine Besichtigung durchzuführen. Das Besichtigen des Ladesystems sowie des übergeordneten Verteilerstromkreises dient zur Bestätigung, dass die Sicherheitsanforderungen des leitungsgebundenen Ladesystems nach DIN EN IEC 61851-1 (**VDE 0122-1**) erfüllt wurden und entsprechend der Herstellerangaben installiert wurde. Dies kann in Form der Angaben auf dem Typenschild, der Angaben in der Betriebsanleitung sowie gemäß Anhang Kennzeichnungen und Zertifikate erfolgen.

Die Installation des Ladesystems hat neben der Einhaltung der VDE-Bestimmungen unter Berücksichtigung der Herstellervorgaben zu erfolgen. Die erfordelrichen Angaben hinsichtlich des Leitungsquerschnitts, der Art der Schutzeinrichtung etc. ist aus der Montage- und Bedienungsanleitung des Ladesystems zu entnehmen. Es ist inbesondere auf folgende Aspekte zu achen:

- Aufstellung des Ladesystems in Bezug auf die Schutzart und den Aufstellungsort,
- Erfordernis weiterer Vorkehrungen gegen mechanische Beschädigungen (z. B. Rammschutz),
- Auswahl der Aufstellung, so dass das Risiko einer Beschädigung des Ladesystems möglichst gering ist und gleichzeitig das Risiko durch Stolpern gering gehalten wird.

Grundsätzlich sind die Schutzmaßnahmen gegen elektrischen Schlag nach DIN VDE 0100-410 zu überprüfen. Ladesysteme bzw. Stromkreise zur Versorgung der Ladesysteme sind in Übereinstimmung der Anforderungen nach DIN VDE 0100-722 und DIN EN IEC 61851-1 (**VDE 0122-1**) zu überprüfen. Hier findet die Schutzmaßnahme Schutz durch automatische Abschaltung im Fehlerfall Anwendung. Hierzu ist der korrekte Anschluss der Körper an die Erdungsanlage zu prüfen. Dies beinhaltet vor allem:

- Auswahl und Anordnung der Schutzvorkehrungen,
- Bemessung, Anordnung und Leiterquerschnitte des Schutzleitersystems nach DIN VDE 0100-540,
- Schutzmaßnahmen gegen direktes Berühren,
- Aufteilung der Stromkreise,
- Auswahl der Steckvorrichtungen, Kabel und Leitungen,
- Eignung der Fehlerstrom-Schutzeinrichtungen hinsichtlich der Höhe und Art der Fehlerströme.
- Bei **ACD-Systemen** sind die Anforderungen hinsichtlich des Schutzes durch Abstand in Kombination mit den Anforderungen der funktionalen Sicherheit zu beachten.

Es sind die Maßnahmen zum Schutz gegen thermische Einflüsse sowie das Vorhandensein von Brandschottungen zu prüfen. Grundsätzlich sind Leitungsdurchführungen durch Wände und Decken entsprechend der Feuerwiderstandsdauer des Raums zu verschließen. Es sind insbesondere die Anforderungen nach DIN VDE 0100-520 und DIN VDE 0100-420 sowie die zutreffenden Verordnungen einzuhalten.

Bei **induktiven Ladesystemen** sind zudem die Anforderungen hinsichtlich der elektromagnetischen Verträglichkeit sowie die Maßnahmen zum Schutz von Menschen und Nutztieren hinsichtlich der Auswirkungen von elektromagnetischen Felder zu beachten.

Kabel und Leitungen sind hinsichtlich der Strombelastbarkeit mit einem Gleichzeitigkeitsfaktor $g = 1$ zu dimensionieren. Der höchst zulässige Spannungsfall ist aus den zutreffenden Vorgaben, z. B. nach NAV, VDE-AR-N 4100, DIN VDE 0100-520, DIN VDE 0298-4 und DIN 18015-1, zu entnehmen.

Für **Wohngebäude** sind im Hauptstromversorgungssystem die Anforderungen gemäß § 13 NAV in Verbindung mit VDE-AR-N 4100 einzuhalten. Demnach darf der Spannungsfall im Hauptstromversorgungssystem höchstens 0,5 % betragen. Für Wohngebäude liegt für den zulässigen Spannungsfall ein Bemessungsstrom von mindestens 63 A zugrunde.

Es ist die Auswahl, Einstellung, Selektivität und Koordinierung von Schutz- und Überwachungsgeräten in Übereinstimmung nach DIN VDE 0100-530 Abs. 535 zu prüfen.

Befinden sich die Überstrom-Schutzeinrichtungen der Stromversorgungskreise für Ladeeinrichtungen im anlagenseitigen Anschlussraum des Zählerplatzes nach DIN VDE 0603-1 und in Trafonähe müssen die Kurzschluss-Schutzeinrichtungen über ein **Kurzschlussausschaltvermögen von mindestens 10 kA** verfügen. Beim Einbau im Stromkreisverteiler sind 6 kA ausreichend. Hierzu sind die Anforderungen des zuständigen Netzbetreibers zu beachten.

Der Trenntransformator muss bei Anwendung der Schutzmaßnahme Schutztrennung mit der Herstellernorm DIN EN 61558-2-4 (**VDE 0570-2-4**) übereinstimmen.

Es ist die Auswahl, Anordnung und Errichtung der Überspannungs-Schutzeinrichtungen (SPDs) zu prüfen. Bei **öffentlichen Anschlusspunkten**, in Gewerbe und Industrie ist das Vorhandensein von Überspannungs-Schutzeinrichtungen sowie die korrekte Verschaltung gemäß den Anforderungen nach VDE-AR-N 4100 und DIN VDE 0100-443 zu prüfen.

Ladeeinrichtungen im Freien können außerhalb des Schutzwinkels von Blitzschutzanlagen der benachbarten Gebäude liegen. Hier ist der äußere und innere Blitzschutz der Ladestation aufeinander abzustimmen.

Es ist die Anordnung der Betriebsmittel unter Berücksichtigung mechanischer Beanspruchungen zu prüfen. Hierzu zählt insbesondere bei Außenraumnutzung die Schutzart der Ladesysteme, der Schutz gegen Kollisionen mit Elektrofahrzeugen durch Rammblöcke (Poller) oder alternativ die Anordnung der Betriebsmittel, sodass das Risiko einer Kollision weitestgehend vermieden wird. Die Notwendigkeit eines Erschütterungssensors (Crash-Sensor) als zusätzliche Maßnahme ist zu überprüfen.

Es sind die Maßnahmen gegen elektromagnetische Störungen nach DIN VDE 0100-444 zu überprüfen. **Konduktive Ladesysteme** müssen nach Niederspannungsrichtlinie 2014/35/EU und EMV-Richtlinie 2014/30/EU in den Verkehr gebracht werden. Bei bestimmungsgemäßer Installation und Verwendung kann davon ausgegangen werden, dass Störeinkopplungen ausgeschlossen werden können. Die Anforderungen hinsichtlich der **Netzrückwirkungen** nach VDE-AR-N 4100 Abs. 5.4 sind zu beachten. Grundsätzlich sind Betreiber in der Pflicht gegenüber dem Beschäftigen im Rahmen des Arbeitsschutzes eine Gefährdungsbeurteilung zu erstellen. Hierzu hat der Arbeitgeber insbesondere bei induktiven Ladeeinrichtungen die Gefährdungen durch elektrische und magnetische Felder zu beurteilen und Maßnahmen gemäß dem Arbeitsschutz festzulegen. Zudem sind Betreiber in der Pflicht die notwendige auf dem aktuellen Stand gehaltene Dokumentation nach EMVG § 4 Abs. 2 Satz 2 für Kontrollen der Bundesnetzagentur zur Einsicht bereitzuhalten.

6.18.2 Dokumentation

Grundsätzlich sind nach DIN VDE 0100-510 Abs. 514.5 Schaltpläne und eine Dokumentation zu erstellen. Schaltpläne und Zeichnungen müssen in geeigneter Form Auskunft über Art und Aufbau der Ladeeinrichtung und des Stromversorgungssystems geben. Der Einbauort, die Einstellwerte und die vorgesehenen Funktionen der Schutz-, Trenn- und Schalteinrichtungen müssen ersichtlich sein.

Für Ladestationen sowie für Systeme mit automatischem Verbindungsaufbau und induktiven Ladeeinrichtungen sind weitere Dokumente erforderlich:

- Unterlagen und erforderliche Datenblätter nach VDE-AR-N 4100, insbesondere der Anforderungen an den Betrieb von Ladeeinrichtungen für Elektrofahrzeuge nach Abschnitt 10.6 und Zählerschränke im Freien,
- Anmeldung bzw. die erforderliche Zustimmung des Netzbetreibers gemäß NAV § 19 (2),
- Unterlagen und erforderliche Datenblätter nach VDE-AR-N 4105 bei rückspeisefähigen Ladesystemen,
- Anmeldeprotokoll nach LSV bei öffentlich zugänglichen Ladesäulen,
- Konformitätsnachweise,
- Not-Aus-Konzept,
- Betriebs- und Montageanleitungen mit Wartungsangaben für das Ladesystem,
- Datenblätter der Steckvorrichtungen,
- Schaltpläne,
- Übersichtspläne,
- Nutzerinformationen (falls erforderlich),
- Messprotokoll nach DIN VDE 0100-600,
- Errichterbescheinigung nach DGUV Vorschrift 3 (falls erforderlich),
- EMV-Dokumentation nach EMVG § 4 Abs. 2 Satz 2,
- Blitz und Überspannungsschutz.

6.19 Erproben und Messen

Das Erproben und Messen umfasst alle Maßnahmen, mit denen die ordnungsgemäße Funktion einer Ladeinfrastruktur nachgewiesen wird. Das Erproben bezieht sich im Wesentlichen auf das Betätigen von Prüftasten in Kombination mit der Feststellung der vorgesehenen Reaktion der Anlage bzw. des Betriebsmittels. Das Messen umfasst das Feststellen von bestimmten Messgrößen mit einem Messgerät der Reihe DIN EN 61557 (VDE 0413-4).

6.19.1 Erproben

Beim Erproben bei Stromkreisen, die zum Laden von Elektrofahrzeugen vorgesehen sind, ist zwischen anlagenseitigen Funktionen und integrierten Funktionen der Ladestation zu unterscheiden.

Erproben der anlagenseitigen Funktionen

Anlagenseitig sind die vorhandenen Schutzeinrichtungen und Funktionsprüfungen durch Betätigung der Testtasten am Betriebsmittel bzw. durch eine Funktionsprüfung von Sensoren und Steuerungen zu erproben. Hierbei sind folgende Funktionen zu erproben:

- Betätigen der Testtaste an Fehlerstrom-Schutzeinrichtungen (RCDs),
- Betätigen der Testtaste an Isolationsüberwachungseinrichtungen (IMDs),
- Betätigen von NOT-AUS-Einrichtungen und Erprobung von Verriegelungen,
- Erproben von Erschütterungssensoren durch Kippen der Sensoren,
- Erprobung von manuellen Ein- und Abschaltungen, z. B. Freigabe der Stromversorgung im Außenbereich über Schlüsselschalter o. Ä.

Erproben der Ladestation

Zum Erproben und Messen ist bei Ladepunkten der Ladebetriebsart 3 und 4 bei den Anschlussfällen B und C ein Messadapter erforderlich. Der Messadapter besteht letztlich aus einem Typ-2-Stecker und einstellbaren Widerständen über dem PP und CP, die über zwei analoge Signale des Elektrofahrzeugs am Anschlusspunkt simulieren. Hierzu verfügt der Messadapter über folgende Funktionen:

- PP-Simulation,
- CP-Simulation und
- Fehlersimulation.

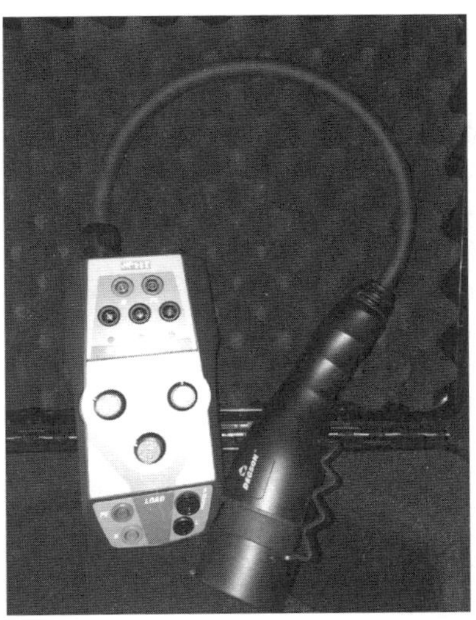

Bild 6.29 Prüfadapter für Ladestecker Typ 2

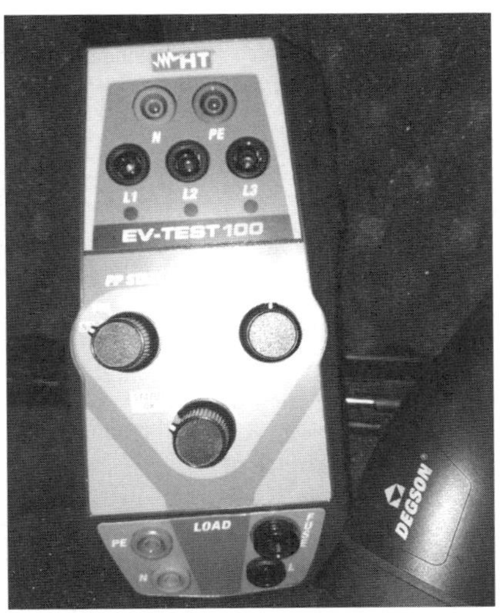

Bild 6.30 Prüfadapter für Ladestecker Typ 2

PP-Simulation

Zwischen Ladestation (Wallbox) des Ladekabels mit Stecker und dem Elektrofahrzeug ist hinsichtlich des maximalen Ladestroms eine Kommunikation erforderlich. Der PP (Proximity Pilot) dient der Information des maximalen Ladestroms. Die Begrenzung über die Widerstandscodierung gemäß Tabelle 6.13 ergibt sich aus der kleinsten Ladestrombegrenzung der folgenden Komponenten:

- Begrenzung in Ladestation,
- Begrenzung des Kabels oder
- Begrenzung durch das Elektrofahrzeug.

Bei Ladestationen der Ladebetriebsart 3 mit dem Anschlussfall B ist die Begrenzung im Rahmen der Erstprüfung nach DIN VDE 0100-600 ausschließlich von der Ladestation bestimmt. Dieser ergibt sich aus dem maximal zulässigen Ladestrom und der beim Netzbetreiber angemeldeten Anschlussleistung.

Beim Anschluss C ist bei der Ladebetriebsart 2 auch die Ladeleitung und der Stecker zu berücksichtigen. Hierzu sind neben der Widerstandscodierung auch die zulässige Strombelastbarkeit des Anschlusssteckers sowie des fest angeschlossenen Anschlusskabels gemäß Tabelle 6.13 zu überprüfen.

Tabelle 6.12 PP-Simulation zur Erprobung der Widerstandscodierung vom Ladekabel und Elektrofahrzeug mit den zulässigen Strombelastbarkeiten für das Ladekabel gemäß DIN EN 50620 (VDE 0285-620) Anhang E

Einstellung	Beschreibung	Code	Strombelastbarkeit des Ladekabels bei einer Umgebungstemperatur von 30 °C *1)		
		Widerstand PP-PE (Toleranzbereich)	Nennquerschnitt S [mm²] *2)	Wechselstrom I_r [A] *3)	Drehstrom I_r [A] *3)
NC	Es ist kein Kabel angeschlossen.	keine Verbindung		entfällt	
13 A	EVSE-System verbunden mit Kabel für maximal 13 A	1500 Ω (1000...2200 Ω)	1,5 mm²	14 A	–
20 A	EVSE-System verbunden mit Kabel für maximal 20 A	680 Ω (330...1000 Ω)	2,5 mm²	25 A	20 A
			4 mm²	35 A *4)	30 A
32 A	EVSE-System verbunden mit Kabel für maximal 32 A	220 Ω (150...330 Ω)	6 mm²	44 A	38 A
			10 mm²	62 A	54 A
63 A	EVSE-System verbunden mit Kabel für maximal 63 A	100 Ω (75...150 Ω)	16 mm²	82 A	71 A
			25 mm²	109 A	94 A
			35 mm²	135 A	117 A

*1) Strombelastbarkeit des flexiblen Ladekabels nach DIN EN 50620 (VDE 0285-620) Anhang E (informativ)

*2) Nennleiterquerschnitt für Kupferleiter

*3) Bei Umgebungstemperaturen über 30 °C sind die Reduktionsfaktoren zu berücksichtigen.

*4) Bei Wechselstromladen kann das Kabel mit dem Leiterquerschnitt bis zu einem Ladestrom von 32 A verwendet werden.

Umrechnungsfaktoren für Umgebungstemperaturen						
Umgebungstemperatur	30 °C	35 °C	40 °C	45 °C	50 °C	55 °C
Umrechnungsfaktor / Reduktionsfaktor	1,0	0,91	0,82	0,71	0,58	0,41

Funktionsprüfung

Die Funktionsprüfung der Ladestation (Wallbox) dient gemäß DIN VDE 0100-600 Abs. 6.4.3.10 dem Nachweis, dass die Ladestation die zum Laden, Überwachen und zu Schutzzecken vorgesehenen Funktionen bestimmungsgemäß erfüllt. Fälschlicherweise beziehen sich hier viele Errichter auf die Herstellervorgaben der Ladestation.

Da jedoch die Funktionsprüfung ein klassisches Schnittstellenthema zwischen der bestimmungsgemäßen Errichtung der ortsfesten Elektroinstallation, den integrierten Funktionen der Ladestation laut Hersteller und den Funktionen des Elektrofahrzeugs ist, sind die Funktionen im Rahmen der Erstprüfung mit dem Messadapter zur Fahrzeugsimulation zu erproben. Der Status kann hierzu je nach Ausführung der Ladestation über ein Display abgelesen werden. Die Funktionen aus Tabelle 6.13 und Tabelle 6.14 sind in den einzelnen Schritten mit dem Messadapter zu erproben.

Ist kein Elektrofahrzeug angeschlossen oder liegt ein Fehler vor, darf keine Spannung an den Kontakten des Ladepunkts anliegen und der Status der Ladestation muss den entsprechenden Fehlerstatus anzeigen. Die Ausgangsspannung kann über den Messadapter gemessen werden. Ist kein Elektrofahrzeug angeschlossen oder ist dieses nicht ladebereit, darf an den Kontakten des Ladepunkts an L1,L2,L3 keine Spannung anliegen. Liegt ein Kurzschluss zwischen CP und PE über interne Diode vor, darf die Ladestation keine Spannung freigeben und muss in den Fehlerstatus übergehen. Gleiches gilt bei einem Erdungsfehler des Schutzleiters.

Tabelle 6.13 CP-Simulation

Einstellung / Position	EV angeschlossen	EV ladebereit	Belüftung erforderlich
A	nein	entfällt	entfällt
B	ja	nein	entfällt
C	ja	ja	nein
D	ja	ja	ja

Tabelle 6.14 Fehlersimulation

Einstellung / Position	Beschreibung
STATUS OK	keine Fehlersimulation
FEHLER PE	Simulation PE-Fehler (Erdungsfehler)
FEHLER E	Simulation eines Kurzschlusses zwischen CP und PE über interne Diode

Spannungspolarität und Phasenfolge

Nach VDE-AR-E 2100-550 Abs. 550.5.6 sind Steckdosen in dreiphasigen Wechselstromsystemen so anzuschließen, dass ein Rechtsdrehfeld der Steckerbuchsen von vorne betrachtet anliegt. Im Fall von mehrphasigen Ladestromkreisen ist die Einhaltung der Phasenfolge zu prüfen. Die Einhaltung der Phasenfolge ist erfüllt, wenn ein Rechtsdrehfeld nachgewiesen ist. Dies ist in der Regel bei Drehstromsteckdosen mit CEE-Steckvorrichtungen der Fall. Zudem fordert die VDE-AR-N 4100 in Abs. 6.1, dass an den Messeinrichtungen ein Rechtsdrehfeld anliegt.

Am Ladestromkreis ist die Messung sowohl an der Einspeisestelle des Stromkreises, den Anschlussklemmen der Ladestation (Wallbox) als auch am Ladepunkt durchzuführen.

Für Ladestecker wie den Typ-2-Stecker zum Anschluss von Elektrofahrzeugen ist eine Freigabe der Spannung und demnach eine Prüfung der Spannungspolarität und Phasenfolge erst bei Simulation der Betriebszustände des Fahrzeugs mit Hilfe eines speziellen Prüfadapters möglich.

Zur Messung muss das Lastschütz in der Ladestation geschlossen sein und das Elektrofahrzeug betriebsbereit. Hierzu ist die CP-Simulation auf C oder D zu stellen. Die Polarität und Phasenfolge ist dann an den Messbuchsen zu prüfen.

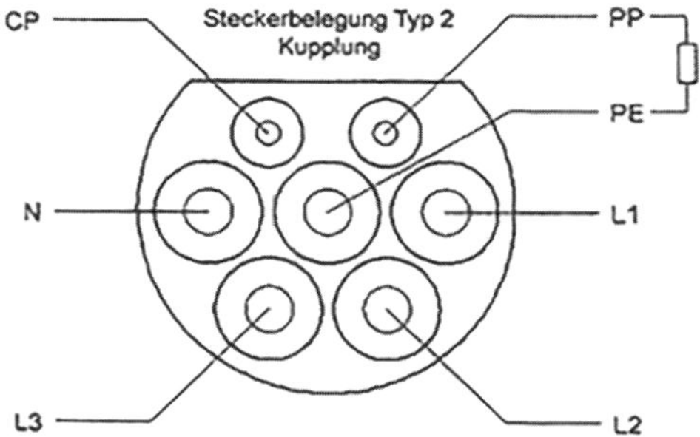

Bild 6.31 Anschlüsse an einem Typ-2-Stecker

Darüber hinaus sind u. a. folgende Einrichtungen zu erproben:

- Schutzeinrichtungen/Schutzrelais,
- Funktion der Isolationsüberwachungseinrichtungen (IMDs) durch Betätigen der Prüftaste,
- Melde- und Anzeigeeinrichtungen,
- Erproben aller Not-Aus-Betätigungselemente (bei Gleichstromladeeinrichtungen),
- automatische Abschaltung bei Öffnen der Türen.

Öffentlich zugängliche Ladesäulen auf Rastplätzen verfügen zudem über einen Erschütterungssensor, der über den Unterspannungsauslöser des Leitungsschalters in der Station die Zuleitung abschaltet. Im Rahmen der Erprobung ist die Funktion des Erschütterungssensors durch Kippen zu erproben. Hierfür ist der Sensor zuvor zu lösen.

Bild 6.32 Erproben der Abschaltung durch den Crash-Sensor

6.19.2 Messen

Die Erstprüfung umfasst nach DIN VDE 0100-600 folgende **Messungen**:

- Durchgängigkeit der Leiter,
- Isolationswiderstand,
- Isolationswiderstand zur Bestätigung des Schutzes durch Schutztrennung,
- Prüfung der Spannungspolarität,
- Prüfung zur Bestätigung der Wirksamkeit des Schutzes durch automatische Abschaltung der Stromversorgung,
- Prüfung der Wirksamkeit des zusätzlichen Schutzes,

- Prüfung der Phasenfolge der Außenleiter,
- Spannungsfall.

Bei der **Ladebetriebsart 3** ist der genormte Fahrzeugstecker beim Anschlussfall C fest mit der ortsfesten elektrischen Anlage verbunden. Demnach stellt dieser den Anschlusspunkt dar. Zur Freigabe der Ladespannung benötigt die Ladestation über die Pilotfunktion (CP) ein Freigabesignal. Während des Ladebetriebs findet hierüber die Kommunikation mit dem Elektrofahrzeug statt. Zum Erproben und Messen am Anschlusspunkt ist bei der Ladebetriebsart 3 ein **Prüfadapter zur Fahrzeugsimulation** (Pilotfunktion (CP) nach DIN EN IEC 61851-1 (**VDE 0122-1**)) erforderlich.

Bild 6.33 Prüfen der Schutzmaßnahmen mit einem Messadapter zur Fahrzeugsimulation (*Quelle:* Fluke Corporation)

Bild 6.34 Messadapter Fluke EVA-500-D (*Quelle:* Fluke Corporation)

6.19.3 Durchgängigkeit der Leiter

Die Widerstandsmessung dient dem Nachweis des korrekten Anschlusses der Körper am Schutzleitersystem und der wirksamen niederimpedanten Verbindung zwischen Hauptpotentialausgleich und Schutzleitern. Die Durchgängigkeit der Schutzleiter sind nach DIN VDE 0100-600 Abs. 6.4.3.2 für den Ladestromkreis zwischen der Schutzleiterklemme in der Unterverteilung und dem Ladepunkt zu messen. Zur Messung der Durchgängigkeit der Schutzleiter ist ein Messgerät nach DIN EN IEC 61557-4 (VDE 0413-4):2022-12 erforderlich. Der Prüfstrom darf nach VDE 0413 Abs. 4.2 im minimalen Messbereich einen Wert von 0,2 A nicht unterschreiten. Die Betriebsmessunsicherheit bei der Messung liegt bei 30 % und ist bei der Bewertung mit zu berücksichtigen.

Die Durchgängigkeit ist zwischen den Schutzleitern, einschließlich der Schutzpotentialausgleichsleiter und den Körpern der Ladestationen/Wallboxen der Schutzklasse 1, bis zum Anschlusspunkt zu messen. Da es sich beim Ladepunkt um die Anschlussstelle der Ladeinfrastruktur handelt, die mit der ortsfesten elektrischen Anlage verbunden ist, ist hier zwischen den Anschlussfällen zu unterscheiden. Bei den Anschlussfällen A und B ist die Messung der Schutzleiter zwischen dem Verteiler und der ortsfesten Steckdose zu messen. Beim Anschlussfall C ist die Durchgängigkeit bis zum Ladestecker zu messen.

Normativ ist kein höchstzulässiger Widerstand vorgegeben. Die gemessenen Werte werden allerdings entsprechend den Leitungslängen, dem Leitermaterial und den Leiterquerschnitten, unter Berücksichtigung der üblichen Übergangswiderstände durch Klemmen innerhalb der plausiblen Widerstandswerte, liegen. Zur Plausibilitätsprüfung sind die Messwerte abzgl. der Betriebsmessabweichungen, der Längen und Leiterquerschnitte der Schutzleiter mit den spezifischen Leiterwiderständen, z. B. gemäß DIN VDE 0100-600 Anhang A (informativ), abzugleichen. Das Schutzleitersystem führt im fehlerfreien Betrieb höchstens die Ableitströme. Da die Messung im Rahmen der Erstprüfung i. d. R. im unbelasteten Betrieb (Leitertemperatur 30 °C) durchgeführt wird, sind bei der Beurteilung die Messwerte unter der höchstzulässigen Temperatur am Leiter im Fehlerfall zu betrachten.

Tabelle 6.15 Spezifische Leiterwiderstände von Kupfer und Aluminium für die erforderlichen Leiterquerschnitte nach DIN VDE 0100-600

Bemessungsquerschnitt S in mm^2	spezifischer Leiterwiderstand R bei 30 °C in mΩ/m
	Kupfer
1,5	13,25755
2,5	7,5661
4	4,7392
6	3,1491
10	1,8811
16	1,1858
25	0,7525
35	0,5467

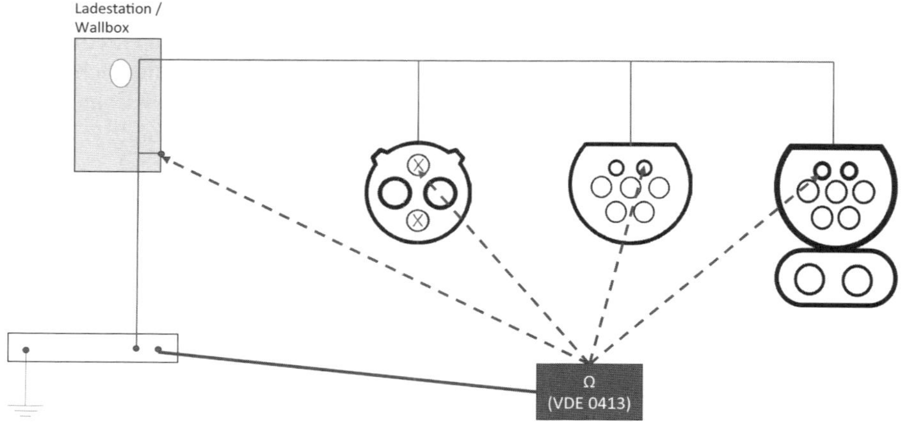

Bild 6.35 Prüfen der Durchgängigkeit der Leiter
(*Zeichnung:* M. Fengel)

6.19.4 Prüfung der Spannungspolarität und Phasenfolge der Außenleiter

Das Erproben der Spannungspolarität und Phasenfolge dient dem Nachweis des korrekten Anschlusses des Ladepunkts. Für die Erprobung an Ladepunkten mit Wechsel- und Gleichstromstecker ist über den Prüfadapter zur Fahrzeugsimulation (Pilotfunktion (CP)) die Ladespannung freizugeben, damit am Stecker eine Spannung anliegt. Die Spannungspolarität und Phasenfolgen müssen mit den zutreffenden normativen Vorgaben der Ladestecker und den Ladespannungen des Ladesystems übereinstimmen.

Nach VDE-AR-E 2100-550 Abs. 550.5.6 sind Steckdosen in dreiphasigen Wechselstromsystemen so anzuschließen, dass ein Rechtsdrehfeld der Steckerbuchsen von vorne betrachtet anliegt. Im Falle von mehrphasigen Ladestromkreisen ist die Einhaltung der Phasenfolge zu prüfen. Die Einhaltung der Phasenfolge ist erfüllt, wenn ein Rechtsdrehfeld nachgewiesen ist. Dies ist in der Regel bei Drehstromsteckdosen mit CEE-Steckvorrichtungen der Fall. Zudem fordert die VDE-AR-N 4100 in Abs. 6.1, dass an den Messeinrichtungen ein Rechtsdrehfeld anliegt.

Am Ladestromkreis ist die Messung sowohl an der Einspeisestelle des Stromkreises, den Anschlussklemmen der Ladestation (Wallbox) als auch am Ladepunkt durchzuführen.

Für Ladestecker wie den Typ-2-Stecker zum Anschluss von Elektrofahrzeugen ist eine Freigabe der Spannung und demnach eine Prüfung der Spannungspolarität und Phasenfolge erst bei Simulation der Betriebszustände des Fahrzeugs mit Hilfe eines speziellen Prüfadapters möglich.

Zum Messung muss das Lastschütz in der Ladestation geschlossen sein und das Elektrofahrzeug betriebsbereit. Hierzu ist die CP-Simulation auf C oder D zu stellen. Die Polarität und Phasenfolge ist dann an den Messbuchsen (siehe Bild 6.31 auf S. 120) zu prüfen.

6.19.5 Prüfung der Wirksamkeit der automatischen Abschaltung im Fehlerfall

Für die Auswahl und Wirksamkeit der Schutzmaßnahmen gegen elektrischen Schlag nach DIN VDE 0100-410 Abs. 411 gelten für Ladepunkte mit Bemessungsströmen bis einschließlich 63 A die Abschaltzeiten gemäß DIN VDE 0100-410 Tabelle 41.1. Demnach sind abhängig von der Ladespannung gegen Erde im TN-System für AC-Ladepunkte folgende Abschaltzeiten einzuhalten:

- ab 120 V bis 230 V: 0,4 Sekunden,
- ab 230 V bis 400 V: 0,2 Sekunden,
- ab 400 V: 0,1 Sekunden.

Beim Typ-2-Stecker liegt eine Spannung in Höhe der Spannung des Niederspannungsnetzes 400 V/230 V an. Die Spannung gegen Erde beträgt demnach 230 V, so dass die Abschaltzeit von 0,4 Sekunden bei Körperschluss nicht überschritten werden darf. Für die Sicherstellung der Abschaltzeiten ist eine Fehlerstrom-Schutzeinrichtung (RCD) mit einem Bemessungsdifferenzstrom von höchsten 30 mA für jeden AC-Ladepunkt erforderlich.

Der Stromkreis, der zum Laden von Elektrofahrzeugen vorgesehen ist, darf gemäß DIN VDE 0100-722 Abs. 722.312 keinen PEN-Leiter besitzen. Die Ausführung der Stromkreise als TN-C-System sind demnach sowohl im ortsfesten Teil der elektrischen Anlage als auch in flexiblen Ladeleitungen unzulässig. Die Ladepunkte sind wie Steckdosen zur Versorgung von ortsveränderlichen Betriebsmitteln mit Rädern und Straßenzulassung im Außenbereich zu betrachten. Gemäß DIN VDE 0100-200 Abs. 826-14-03 ist ein Endstromkreis dafür vorgesehen, elektrische Verbrauchsmittel oder Steckdosen unmittelbar mit Strom zu versorgen. Die Steckdose entspricht dem Ladepunkt gemäß Ladesteckdose bzw. der Ladestecker entspricht dem Ladepunkt gemäß Definition nach DIN VDE 0100-722, sodass der Ladestromkreis als Endstromkreis einzustufen ist.

Messungen zum Nachweis der Schutzmaßnahme im TN-System

Das Stromversorgungssystem für Ladepunkte in städtischen Bereichen ist in der Regel als TN-System ausgeführt. Der Nachweis über die Wirksamkeit des Schutzes durch automatische Abschaltung in TN-Systemen ist gemäß DIN VDE 0100-600 Abs. 6.4.3.7 a) zu erbringen. Hierbei ist die Abschaltbedingung des Ladepunkts gemäß DIN VDE 0100-410 Abs. 411.4.4 und die Einhaltung der Abschaltzeiten gemäß DIN VDE 0100-410 Abs. 411.3.2 nachzuweisen.

Abschaltbedingungen

Damit die Schutzeinrichtung innerhalb der erforderlichen Abschaltzeiten den Stromkreis abschaltet, muss der Fehlerstrom I_F bei einem Körperschluss höher sein als der für die automatische Abschaltung erforderliche Abschaltstrom I_a der Schutzeinrichtung. Die Abschaltbedingung kann anhand der Schleifenimpedanz oder durch den einpoligen Kurzschlussstrom bewertet werden.

Bei Bewertung der Abschaltbedingungen über die Schleifenimpedanz gilt folgender Zusammenhang:

$$Z_S \leq \frac{2}{3} \cdot \frac{U_0}{I_a} = \frac{2}{3} \cdot \frac{U_0}{I_{\Delta N}}$$

Die Schleifenimpedanz Z_s ist die Impedanz der Fehlerschleife bestehend aus der Stromquelle, dem Außenleiter bis zum Fehlerort, dem Schutzleiter zwischen dem Fehlerort und der Stromquelle. Sie muss ausreichend gering sein, damit im Fall eines Körperschlusses der Fehlerstrom in Höhe von mindestens dem erforderlichen Abschaltstrom I_a der Schutzeinrichtung zum Fließen kommt. Im Rahmen der Erstprüfung sind die vorgelagerten Verteilerstromkreise nicht belastet. Demnach entstehen aufgrund der Betriebsströme keine Stromwärmeverluste an den Leitern, so dass der gemessene Widerstand im unbelasteten Netz niedriger ist. Bei einer Leitertemperatur von Kupfer von 80 °C erhöht sich der spezifische Leiterwiderstand im Vergleich zu 20 °C um den Faktor 1,24. Für die Bewertungen der Schutzmaßnahmen ist allerdings vom schlechtesten Betriebsfall auszugehen. Dieser liegt bei belastetem Netz vor. Darüber hinaus liegt die Toleranz der Messungen (Fehlerschleifenimpedanz und des Netzinnenwiderstands) gemäß DIN EN 61557-3 (VDE 0413-3) bei bis zu 30 %. In der Praxis hat sich hierzu die sogenannte 2/3-Methode durchgesetzt, wodurch die gemessene Fehlerschleifenimpedanz mit diesem Faktor für die Bewertung zu multiplizieren ist.

Nachweis der Abschaltbedingungen im TN-System mit RCDs

Bei AC-Ladepunkten ist der Schutz durch automatische Abschaltung an jedem Ladepunkt durch Fehlerstrom-Schutzeinrichtungen mit einem Bemessungsdifferenzstrom von 30 mA sicherzustellen. Die automatische Abschaltung muss im Fehlerfall bei einer Spannung U_0 von 230 V gegen Erde im TN-System innerhalb 0.4 Sekunden erfolgen.

Stellen Fehlerstrom-Schutzeinrichtungen mit einem Bemessungsfehlerstrom von höchstens 500 mA die Einhaltung der Abschaltzeiten sicher, ist die Messung der Fehlerschleifenimpedanz nicht erforderlich. Anstelle dessen ist der Nachweis durch Messen der Schutzleiterverbindungen und Berechnung der Fehlerschleifenimpedanz nachzuweisen. Allerdings erweist sich die Berechnung bei der Erweiterung bestehender elektrischer Anlagen aufgrund der Belastung der vorgelagerten Stromkreise als schwierig, sodass alternativ die Netzinnenimpedanz am Ladepunkt gemessen werden kann.

Die Wirksamkeit der automatischen Abschaltung des Ladestromkreises wird nachgewiesen, wenn die Fehlerstrom-Schutzeinrichtung (RCD) spätestens bei ihrem Bemessungsdifferenzstrom von 30 mA die Abschaltung innerhalb von 0,4 Sekunden bewirkt. Der Nachweis ist durch Messen der Abschaltzeit bei dem Bemessungsdifferenzstrom zu erbringen. Allerdings sind bei der Beurteilung der Abschaltzeiten nicht nur die Anforderungen nach DIN VDE 0100-410 Abs. 411 zu beachten. Fehlerstrom-Schutzeinrichtungen vom Typ A müssen gemäß ihren Produktnormen bei ihrem einfachen Bemessungsdifferenzstrom innerhalb 300 ms abschalten. Damit gilt für die Beurteilung der Abschaltzeit der A-Auslösung der Fehlerstrom-Schutzeinrichtung die „schärfere“ Anforderung, nämlich die 300ms. Wird bei Messung der Abschaltzeit bei einfachem Bemessungsdifferenzstrom eine Abschaltzeit zwischen 300 ms und 400 ms gemessen, wäre demzufolge die Anforderung an die Abschaltzeit für Endstromkreise im TN-System von 0,4 Sekunden eingehalten. Allerdings wäre die Fehlerstrom-Schutzeinrichtung nicht im ordnungsgemäßen Zustand gemäß den Produktnormen, wodurch grundsätzlich beide Aspekte zu bewerten sind. Im Rahmen wiederkehrender Prüfungen ist ergänzend der Fokus auf den Erhalt des ordnungsgemäßen Zustands der Fehlerstrom-Schutzeinrichtung zu legen. Gemäß DIN VDE 0105-100/A1 Abs. 5.3.3.101.0.2 Anmerkung 2 sollte die Abschaltzeit beim fünffache Bemessungsfehlerstrom gemessen werden. Die Abschaltung muss gemäß Produktnorm innerhalb 40 ms erfolgen. Der ordnungsgemäße Zustand ist zudem mit Mischfrequenzen bzw. bei pulsierenden Gleichfehlerströmen in Höhe des 1,4-fachen des Bemessungsdifferenzstroms nachzuweisen. Hierbei gelten dieselben Abschaltzeiten.

Prüfung von RCDs vom Typ B

Fehlerstrom-Schutzeinrichtungen vom Typ B besitzen neben der Funktion des Typs A die Erkennung und Abschaltung von Gleichfehlerströmen. Die Wirksamkeit der Schutzmaßnahme: Schutz durch automatische Abschaltung stellt der RCD mit der Funktion des A-Typs sicher. Zum Erhalt des ordnungsgemäßen Zustands ist auch im Rahmen der wiederkehrenden Prüfung die Funktion des B-Typs zu messen. Fehlerstrom-Schutzeinrichtungen vom Typ B mit einem Bemessungsdifferenzstrom von 30 mA müssen bei einem Gleichfehlerstrom im Bereich des 0,5- bis 2-fachen Bemessungsfehlerstrom auslösen. Die maximale Abschaltung beim zweifachen Bemessungsfehlerstrom des RCDs von 300 ms darf nicht überschritten werden.

6.19.6 Prüfung der Wirksamkeit des zusätzlichen Schutzes

AC-Ladepunkte sind Steckdosen in Endstromkreisen, die durch Laien bedient werden. Bei einem Bemessungsstrom bis zu 32 A (AC) erfüllt der RCD neben dem Schutz durch automatische Abschaltung den zusätzlichen Schutz gemäß DIN VDE 0100-410. Hier ist der Nachweis durch die Auswahl der Schutzeinrichtung und Betätigen der Prüftaste zu erbringen.

6.19.7 Isolationswiderstand

Der Isolationswiderstand ist wie folgt zu messen:

- zwischen den aktiven Leitern,
- zwischen aktiven Leitern und dem Schutzleiter.

Ladesysteme sind je nach Ladebetriebsart galvanisch mit dem Stromversorgungssystem verbunden oder können über einen Trenntransformator galvanisch vom Versorgungsstromkreis getrennt sein.

Ladesysteme der Ladebetriebsarten 3 und 4 im Anschlussfall C sowie Inverter bei induktiven Ladesystemen stellen im Hinblick auf das Stromversorgungssystem eigenständige fest angeschlossene Betriebsmittel dar. Der Stromkreis des Ladesystems erstreckt sich von der Schutzeinrichtung des Stromkreises über die Leitung und endet anlagenseitig an den Anschlussklemmen des Ladesystems.

Diese Systeme verfügen teilweise über integrierte Überspannungs-Schutzeinrichtungen, die das Messergebnis verfälschen können. In diesem Fall ist es zweckdienlich, die Messungen des Stromkreises ohne angeschlossenes Ladesystem durchzuführen oder die Überspannungs-Schutzeinrichtungen (SPDs) oder andere

Betriebsmittel vor den Messungen abzutrennen. Allerdings ist ein Trennen der Überspannungs-Schutzeinrichtungen oder ein Abklemmen vor der Messung praktisch nicht immer möglich. In diesen Fällen ist ein Herabsetzen der Prüfgleichspannung auf 250 V unter der Voraussetzung, dass der Isolationswiderstand mindestens 1 MΩ beträgt, zulässig.

Bei Ladesystemen der **Ladebetriebsart 4** (Gleichstromladen) muss während des Ladevorgangs der Isolationswiderstand über Isolationsüberwachungseinrichtungen anlagen- und fahrzeugseitig überwacht werden und über die Pilotfunktion bei einem Isolationsfehler der Ladevorgang unterbrochen werden. Die Messung des Isolationswiderstands ist vor dem Anschluss der Isolationsüberwachungseinrichtung (IMD) durchzuführen.

Der Nachweis der Schutzmaßnahme **Schutztrennung** nach DIN VDE 0100-410 Abs. 413 mit einem Verbraucher ist durch Besichtigen der Auswahl und dem Einbau der Betriebsmittel und Messung des Isolationswiderstands nachzuweisen.

6.19.8 Einrichtungen zur Überwachung (IT-System)

Bei der Ladebetriebsart 4, dem DC-Laden, wird der Isolationswiderstad während des Ladevorgangs ladestationsseitig und fahrzeugseitig durch Isolationsüberwachungseinrichtungen (IMDs) überwacht. Das Fahrzeug und die Ladestation sind über den Schutzleiter miteinander verbunden. Sind ladestationsseitig die Isolationsüberwachungseinrichtungen (IMD) in einem Ladesystem integriert, sind IMD und Stecker (Ladepunkt) Teil eines vom Hersteller in den Verkehr gebrachten Betriebsmittels. Die Prüfung des Isolationswiderstands ist demnach ausschließlich für den Versorgungsstromkreis erforderlich. Ist die Isolationsüberwachungseinrichtung in einer vom Ladepunkt separaten Niederspannungs-Schaltgerätekombination installiert, liegt zwischen dieser und dem Ladepunkt ein IT-System vor. Demnach ist vor dem Anschluss der Isolationsüberwachungseinrichtungen (IMDs) der Isolationswiderstand im Rahmen der Erstprüfung zu messen.

6.20 Ladesäulenverordnung (LSV)

Die Richtlinie 2014/94/EU vom 22. Oktober 2014 zum Aufbau der Infrastruktur für alternative Kraftstoffe wurde erlassen, um die Abhängigkeit von fossilen Brennstoffen und die daraus resultierende Umweltbelastung zu verringern. Es sind Mindestanforderungen für die Errichtung der Infrastruktur für alternative Kraftstoffe einschließlich Ladepunkten für Elektrofahrzeuge festgelegt. Die Mitgliedsstaaten haben sicherzustellen, dass kabelgebundene Ladepunkte für Elektrofahrzeuge, die ab dem 18. November 2017 errichtet oder erneuert werden, aus Gründen der Interoperabilität mindestens folgenden technischen Spezifikationen entsprechen müssen:

- Normalladepunkte sind Wechselstrom-Ladepunkte mit Ladeleistungen bis 22 kW. Sie sind aus Gründen der Interoperabilität mit Steckdosen und Steckern des Typs 2 nach EN 62196-2 auszurüsten. Schnellladepunkte sind sowohl Wechselstrom- als auch Gleichstrom-Ladepunkte mit Ladeleistungen über 22 kW. Sie sind darüber hinaus mit Kupplungen des „combined charging system Combo 2“ nach der Norm EN 62196-3 auszurüsten.
- Öffentlich zugängliche Ladepunkte müssen u. a. hinsichtlich des Zugangs, der Nutzung, der Bezahlung etc. nichtdiskriminierend zugänglich sein.
- Öffentlich zugängliche Ladepunkte sind mit intelligenten Verbrauchererfassungssystemen entsprechend den Anforderungen der Richtlinie 2012/27/EU Abs. 27 und Art. 9 (2) zur Energieeffizienz auszustatten.

Die Richtlinie 2014/94/EU vom 22. Oktober 2014 über den Aufbau der Infrastruktur für alternative Kraftstoffe ist in der Verordnung über technische Mindestanforderungen an den sicheren und interoperablen Aufbau und Betrieb von öffentlich zugänglichen Ladepunkten für Elektromobile, kurz Ladesäulenverordnung (LSV), in nationales Recht umgesetzt worden. Neben den Ausstattungsmerkmalen von Ladesteckern zum interoperablen Betrieb beinhaltet die Ladesäulenverordnung Anforderungen an die Anmeldeverfahren sowie an die Inbetriebnahme-Prüfung und die Genehmigungsverfahren für Ladesäulen, die zum Laden von Elektromobilen als reine Batteriefahrzeuge oder von außen aufladbaren Hybridfahrzeugen vorgesehen sind.

6.20.1 Anforderungen an Interoperabilität und Sicherheit

Nach § 3 (4) Ladesäulenverordnung sind insbesondere Anforderungen an die technische Sicherheit von Energieanlagen nach § 49 Abs. 1 EnWG und Abs. 2 Satz 2 Nummer 1 EnWG anzuwenden. Demnach sind Ladestationen seitens der Elektroinstallation so zu errichten und zu betreiben, dass die technische Sicherheit gewährleistet ist. Die Einhaltung der allgemeinen Regeln der Technik wird somit vermutet, wenn die technischen Regeln des Verbandes der Elektrotechnik, Elektronik und Informationstechnik e. V., kurz VDE, angewendet werden. Die Ladesäulen fallen somit auch in den Anwendungsbereich der technischen Regeln zur Errichtung elektrischer Anlagen. Damit hat der Betreiber die sichere Errichtung nach den anerkannten Regeln der Technik gegenüber der zuständigen Behörde nachzuweisen.

Nach § 6 LSV kann die Regulierungsbehörde den Nachweis der technischen Anforderungen an Schnellladepunkte regelmäßig prüfen lassen. Bei Nichteinhaltung der technischen Anforderungen sowie bei fehlenden Nachweisen kann die Regulierungsbehörde den Betrieb untersagen.

Öffentlich zugängliche Ladepunkte sind dem Nutzer von Elektromobilen zugänglich zu machen. D. h., dass die allgemeine Nutzung ungehindert möglich sein muss. Dies ist sichergestellt, wenn der jeweilige Ladepunkt zum Laden

- keine Authentifizierung erfordert zur Nutzung durch kostenloses Laden oder gegen Zahlung mittels Bargelds in unmittelbarer Nähe zum Ladepunkt oder
- eine Authentifizierung durch bargeldloses Zahlen mittels eines gängigen kartenbasierten Bezahlsystems, wie EC, oder webbasierten Bezahlsystems, wie Paypal o. Ä., ermöglicht.

Das Anmeldeverfahren betrifft öffentlich zugängliche Ladepunkte. Diese sind öffentlich zugänglich, wenn sie entweder im öffentlichen Straßenraum oder auf privatem Grund installiert sind und der zum Ladepunkt gehörige Parkplatz von einem unbestimmten oder nach allgemeinen Merkmalen bestimmbaren Personenkreis befahren werden kann. Damit fallen Parkhäuser und öffentlich befahrbare Garagen neben öffentlichen Parkplätzen in den Anwendungsbereich der LSV.

Betreiber von öffentlich zugänglichen Normalladepunkten über 3,7 kW bis 22 kW und Schnellladepunkten über 22 kW sind verpflichtet, die Inbetriebnahme und die Außerbetriebnahme der Regulierungsbehörde schriftlich oder elektronisch anzuzeigen. Inbetriebnahmen von Schnellladepunkten, die sowohl vor und nach Inkrafttreten der LSV errichtet und in Betrieb genommen wurden, sind der Regulierungsbehörde anzuzeigen. Dem Betreiber obliegt die schriftliche Anzeige bei der Bundesnetzagentur bei

- Aufbau,
- Außerbetriebnahme,
- öffentlich zugänglich werdenden Ladepunkten,
- Wechsel des Betreibers.

Inbetriebnahmen nach dem 17.03.2016 hat der Betreiber von Schnell- und Normalladepunkten der Regulierungsbehörde mindestens vier Wochen vor dem geplanten Beginn des Aufbaus anzuzeigen. Bei Außerbetriebnahmen muss die Meldung unverzüglich erfolgen. Neben dem Nachweis der Ausrüstung der Stecker (Gleichstromladen und Wechselstromladen) ist der Nachweis über die elektrische Sicherheit zu erbringen. Bei nach Inkrafttreten der Ladesäulenverordnung (18. November 2017) neu installierten Ladepunkten sind bei Inbetriebnahme oder bei Betreiberwechsel bereits in Betrieb genommener Ladepunkte die Unterlagen zum Nachweis der technischen Anforderungen nach § 3 Abs. 2 bis 4 LSV zu erbringen:

- Vorhandensein einer Kupplung vom Typ 2 nach DIN EN 62196-2 bei Wechselstrom-Schnellladepunkten,
- Vorhandensein einer Kupplung vom Typ Combo 2 nach DIN EN 62196-3 bei Schnellladepunkten, an denen das Gleichstromladen möglich ist,
- Protokoll über die Erstprüfung nach DIN VDE 0100-600.

Betreiber von öffentlich zugänglichen Schnellladepunkten, die vor Inkrafttreten der LSV (18. November 2017) in Betrieb genommen wurden, haben lediglich den Nachweis über die Prüfung der korrekten Elektroinstallation nach DIN VDE 0100-600 zu erbringen. Eine Nachrüstpflicht hinsichtlich der Ausstattung mit Typ-2-Steckern besteht nicht.

Weiter kann die Regulierungsbehörde die Einhaltung der technischen Anforderungen an den interoperablen Betrieb und den Nachweis zum Erhalt des ordnungsgemäßen Zustands regelmäßig überprüfen und bei Nichteinhaltung den Betrieb untersagen. Gleiches gilt bei Nichteinhaltung der Anforderungen hinschtlich des Zugangs durch nicht gängige Bezahlsysteme.

Tabelle 6.16 Ausstattungsmerkmale nach LSV

Ladeleistung	vor	nach	Anzeigepflicht	Nachweispflicht	einheitlicher Stecker
	Inkrafttreten der LSV				
< 3,7 kW	×	×	keine	keine	keine Anforderungen
3,7 kW bis < 22 kW	×	×	ja		
Normalladepunkt ≤ 22 kW		×	ja	keine	ja, ab 17.06.19
	×		keine		keine Anforderungen
Schnellladepunkt > 22 kW		×	ja	Allgem. Techn. Anforderungen nach § 49 EnWG, § 3 II, III LSV	ja, ab 17.06.19
	×			Allgem. Techn. Anforderungen nach § 49 EnWG, § 3 IV LSV	keine Anforderung

6.20.2 Anmeldeprotokoll

Das Anmeldeprotokoll der Bundesnetzagentur ist zu verwenden. Das Inbetriebnahmeprotokoll für Ladeeinrichtungen im Sinne der Ladesäulenverordnung beinhaltet in Anlehnung an die Anforderungen an die Erstprüfung nach DIN VDE 0100-600 sowie der Anforderungen nach DIN VDE 0100-722 folgende Angaben zur Prüfung und dem Prüfergebnis:

- verwendetes Messgerät nach DIN VDE 0413,
- geprüfte Mindestanforderungen:
  - elektrische Durchgängigkeit der Leiter,
  - Isolationswiderstand der elektrischen Anlage,
  - Schutz durch SELV, PELV oder durch Schutztrennung,
  - Widerstand/Impedanz von isolierenden Fußböden und isolierenden Wänden,
  - Schutz durch automatische Abschaltung der Stromversorgung,
  - zusätzlicher Schutz,
  - Spannungspolarität,
  - Phasenfolge der Außenleiter,
- Prüfergebnis:
  - Übereinstimmungsbestätigung der Ladeeinrichtung mit den geltenden VDE-Normen,
  - Bestätigung des sicheren Gebrauchs der Ladeeinrichtung bei bestimmungsgemäßer Verwendung.

Wie man aus den Angaben entnehmen kann, stellt das Inbetriebnahmeprotokoll der Bundesnetzagentur lediglich eine Meldung der zutreffenden geprüften Schutzmaßnahmen dar. Es ist eine Art Übergabeprotokoll zwischen Errichter und Betreiber und ersetzt keinesfalls den nach DIN VDE 0100-600 erforderlichen Prüfbericht über die Erstprüfung.

Das Protokoll steht bei der Bundesnetzagentur zum Download bereit:
https://www.bundesnetzagentur.de/SharedDocs/Downloads/DE/Sachgebiete/Energie/Unternehmen_Institutionen/HandelundVertrieb/Ladesaeulen/Inbetriebnahmeprotokoll.pdf?__blob=publicationFile&v=1

6.21 Ergonomische Gestaltung von Ladesystemen

Öffentliche und für den Laien zugängliche Ladestationen müssen sicher bedient werden können. Die sichere Bedienung setzt eine geeignete Gestaltung und Anordnung der Bedienelemente voraus. Der Benutzer (auch der Laie) muss in der Lage sein, die Funktion und Bedeutung der Bedien- und Anzeigeelemente zu verstehen. Ladeeinrichtungen sind demnach unter Berücksichtigung ergonomischer Prinzipien zu planen und zu errichten:

- Anordnung und Kennzeichnung der Bedienelemente unter Berücksichtigung unterschiedlicher Körpermaße des Bedienpersonals sowie ausreichender Bewegungsfreiraum mit Berücksichtig der Anforderungen an die Barrierefreiheit,
- Benutzerinformationen in klarer und verständlicher Sprache mit gängiger Beschilderung,
- ausreichende Beleuchtung zur bestimmungsgemäßen und sicheren Handhabung.

6.21.1 Barrierefreiheit von Stellplätzen

Barrierefreiheit spielt bei der Nutzung technischer Einrichtungen eine immer wichtigere Rolle. Durch das Behindertengleichstellungsgesetz (BGG) ist eine Benachteiligung behinderter Menschen auszuschließen, so dass sie am öffentlichen Leben teilnehmen können. Nach BGG § 4 sind u. a. bauliche und sonstige Anlagen, Verkehrsmittel, technische Gebrauchsgegenstände sowie Systeme der Informationsverarbeitung, darunter auch Parkplätze, so auszustatten, dass sie für Menschen mit Behinderung in der allgemein üblichen Weise ohne besondere Erschwernis und grundsätzlich ohne fremde Hilfe sowie je nach Art der Behinderung mit und ohne behinderungsbedingte Hilfsmittel auffindbar, zugänglich und nutzbar sind.

Öffentlich zugängliche Stellplätze und Garagen, die dem allgemeinen Besuchsverkehr dienen, sind nach § 50 MBO (Musterbauordnung) für Menschen mit Behinderung barrierefrei zugänglich zu machen. Stellplätze in öffentlichen Garagen müssen durch einen Eingang mit einer lichten Durchgangsbreite von mindestens 0,90 m stufenlos erreichbar sein. Die Stellplätze müssen über eine ausreichende Bewegungsfläche verfügen. Rampen dürfen eine maximale Steigung von 6 % aufweisen, müssen alle 6 m ein Zwischenpodest haben und über eine Breite von mindestens 1,20 m mit beidseitigem Handlauf verfügen.

Öffentlich zugängliche Parkplätze sind in ausreichender Zahl barrierefrei auszustatten. Allerdings fährt nicht jeder körperlich Beeinträchtigte ein Elektrofahrzeug. Deshalb sind aufgrund der geringen Anzahl vorzuhaltender Stellplätze mit Ladevorrichtungen zum Laden von Elektrofahrzeugen diese barrierefrei zu gestalten. Eine Ausweisung als Behinderten-Parkplatz ist nicht erforderlich.

Bei der Planung öffentlich zugänglicher Ladepunkte und privater Stellplätze sind u. a. die Anforderungen an das barrierefreie Bauen in öffentlich zugänglichen Gebäuden nach DIN EN 18040-1 zu beachten. Gleiches wird für private Stellplätze empfohlen.

PKW-Stellplätze müssen mindestens 350 cm Breite und 500 cm Länge aufweisen. Sind Stellplätze für Kleinbusse vorgesehen, betragen die Mindestmaße 350 cm (Breite), 750 cm (Länge) und 250 cm (Höhe). Anforderungen hinsichtlich der uneingeschränkten Rollstuhlnutzung sollten beachtet werden. Bedienelemente an Ladestationen und Wallboxen sind u. a. entsprechend den Anforderungen nach DIN 18040-2 so anzuordnen, dass diese für Rollstuhlfahrer uneingeschränkt zugänglich sind.

Es sind u. a. folgende Anforderungen zu beachten:

- Die maximal aufzuwendende Kraft beim Betätigen sollte für Schalter und Taster zwischen 2,5 N und 5 N liegen.
- Bedienelemente müssen stufenlos erreichbar sein.
- Vor den Bedienelementen sollte eine Bewegungsfläche von mindestens 150 cm × 150 cm für die Rollstuhlnutzung verfügbar sein.
  - Für Bewegungsflächen ohne erforderliche Wendemöglichkeit, z. B. bei seitlicher Anfahrt der Bedienelemente, ist eine Fläche von 120 cm × 150 cm ausreichend.
  - Der seitliche Abstand zu Wänden und bauseitigen Einrichtungen muss mindestens 50 cm betragen.
- Frontal anfahrbare Wallboxen mit einer Tiefe von mindestens 15 cm müssen mit dem Rollstuhl unterfahren werden können.
- Achsmaße von Greifhöhen und Bedienelementen sind in einer Höhe von 85 cm anzuordnen.

Allerdings können sich die Anforderungen an den mechanischen Schutz von Ladestationen bzw. Steckdosen widersprechen. Zwar ist das Risiko einer Beschädigung der Ladestation durch das Elektrofahrzeug auszuschließen und das Ladekabel, wenn möglich, außerhalb von Zugängen zum Fahrzeug und Verkehrswegen zu legen, allerdings steht dem die Bedien- und Nutzbarkeit durch behinderte Menschen entgegen. Hier hat der Planer entsprechend abzuwägen und durch Ersatzmaßnahmen einen gleichwertigen mechanischen Schutz der Betriebsmittel herzustellen.

6.21.2 Anforderungen an Beleuchtung von Stellplätzen

Grundsätzlich sind Stellplätze mit einer geeigneten Beleuchtung auszustatten. Die Beleuchtung von Parkbauten und Parkplätzen dient dem Zweck der Bewältigung der Sehaufgabe des Benutzers im Zusammenhang mit dem Parkvorgang. Eine regelgerechte Beleuchtung fördert das rechtzeitige Wahrnehmen der Fußgänger, die die Parkbauten und Parkplätze gemeinsam mit den Fahrzeugen benutzen. Damit trägt die Beleuchtung zur Verkehrssicherheit und zur objektiven und subjektiven Sicherheitswahrnehmung der Benutzer bei. Die Beleuchtung fördert die Verkehrsabwicklung und ermöglicht schnelles und sicheres Zurechtfinden. Sie wirkt im Zusammenhang mit einer farblichen Gestaltung als Element eines Wegweisungssystems.

Ladesysteme für Elektrofahrzeuge sind vom Benutzer zudem sicher zu bedienen. Bei leitungsgebundenen Ladebetriebsarten ist durch die Leitungsverlegung der Ladekabel zwischen Wallbox und Elektrofahrzeug mit Stolpergefahren zu rechnen. Bei Batteriewechselstationen (siehe auch nachfolgende Abschnitte zu Batteriewechselstationen) ist für eine sichere Bedienung manueller, halb- und vollautomatisierter Bewegungen zu sorgen.

Für die Anwendung der zutreffenden Anforderungen ist der Aufstellort und die Nutzung (öffentlich, privat oder gewerblich) zu beachten. Sie basiert im Allgemeinen nach DIN 67528 auf folgenden lichttechnischen Gütemerkmalen:

- Leuchtdichteverteilung,
- Beleuchtungsstärke,
- Gleichmäßigkeit der Beleuchtungsstärke,
- Blendungsbegrenzung und
- Farbwiedergabeeigenschaften.

In Mittel- und Großgaragen sind die Anforderungen der in den Bundesländern zutreffenden Garagenverordnungen zu beachten. Nach MGaVO § 14 muss in Mittel- und Großgaragen eine allgemeine Beleuchtung vorhanden sein. Sie muss über zwei Stufen schaltbar sein, so dass an allen Stellen der Nutzflächen und Rettungswege in der ersten Stufe eine Beleuchtungsstärke von mindestens 1 lx und in der zweiten Stufe von mindestens 20 lx erreicht wird.

Für eingeschossige Großgaragen, die ausschließlich für einen festen Benutzerkreis zugänglich sind, ist eine Sicherheitsbeleuchtung nicht zwingend erforderlich.

Die Beleuchtungsstärke der Stellfläche muss nach DIN 67528 mindesten 50 lx (vertikal) betragen.

Stellplätze für die PKWs der Beschäftigten und Ladeplätze der Elektrofahrzeug-Firmenflotten sind hinsichtlich der Beleuchtung nach ASR 3.4 auszuführen. Bei betrieblichen Parkplätzen ist eine Beleuchtungsstärke von mindestens 10 lx mit einem Farbwiedergabeindex von R_a von mindestens 25 erforderlich.

Bei Außenstellplätzen sind zudem die Mindestbeleuchtungsstärken nach DIN EN 12464-2: Beleuchtung von Arbeitsstätten – Teil 2: Arbeitsplätze im Freien zu beachten. Demnach sind bei Parkplätzen abhängig vom Verkehrsaufkommen folgende Mindestbeleuchtungsstärken einzuhalten:

- geringes Verkehrsaufkommen: Parkplätze von Geschäften, Reihenhäusern und Wohnblöcken: 5 lx,
- mittleres Verkehrsaufkommen: Parkplätze von Warenhäusern, Bürogebäuden, Fabriken, Sportanlagen und Mehrzweckhallen: 10 lx,
- hohes Verkehrsauskommen: Parkplätze von großen Einkaufszentren, großen Sportanlagen und Mehrzweckhallen: 20 lx.

Die Anforderungen hinsichtlich der Beleuchtungsstärke und Ausführung von Batteriewechselstationen sind für die unterschiedlichen Nutzergruppen zu beachten. Hier können weitere Anforderungen bei Wartungs- und Instandhaltungsarbeiten in Betriebsräumen zutreffen.

Ein Ausfall der Beleuchtung darf zu keiner Gefährdungssituation für die anwesenden Personen führen. Besonders im Bereich beweglicher und rotierender Teile während des Batteriewechselvorgangs sind störender Schattenwurf, Blendungen und stroboskopische Effekte zu vermeiden.

- Steckdosen für Servicezwecke in den elektrischen Betriebsräumen der Batteriewechselstation sind von Beleuchtungsstromkreisen zu trennen.
- Bedien- und Wartungsgänge sind mit einer angemessenen Beleuchtung auszustatten.
- Steckdosen, Beleuchtungen und Betätigungseinrichtungen (Lichtschalter und Bedienteile) müssen eindeutig identifizierbar sein. Die Anlagenteile sind mit einer Gerätekennzeichnung nach DIN EN 81346-*x* zu versehen.
- Die Beleuchtung sollte auf mehrere Stromkreise aufgeteilt werden, damit bei Ausfall eines Beleuchtungsstromkreises eine ausreichende Beleuchtung vorhanden ist. Werden Fehlerstrom-Schutzeinrichtungen (RCDs) verwendet, darf eine Fehlerstrom-Schutzeinrichtung nicht mehr als einen Beleuchtungsstromkreis versorgen.

6.22 Batteriewechselsysteme

Batteriewechselsysteme stellen eine Sonderform der Ladeinfrastrukturen dar. Im Vergleich zum leitungsgebundenen Laden und zum kontaktlosen Laden (induktives Laden) befindet sich der Batteriespeicher während des Ladevorgangs nicht im Fahrzeug. Der Ladevorgang findet über externe DC-Ladegeräte in der Batteriewechselstation statt.

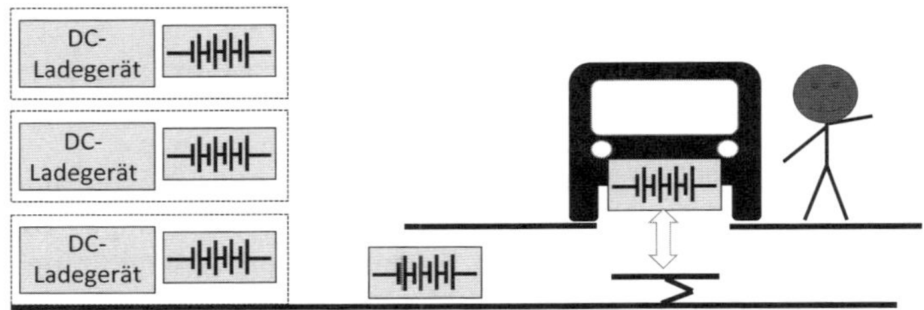

Bild 6.36 Schema Batteriewechselsystem mit Wechsel von unten (*Zeichnung:* M. Fengel)

Batteriewechselsysteme eignen sich v. a. für die Branchen Personentransport (Busunternehmen, Taxiunternehmen etc.), Güterverkehr und Nutzfahrzeuge. Das Vorhalten einer geladenen Batterie für jedes Fahrzeug einer Flotte bedeutet allerdings erhöhte Anschaffungskosten sowie Kosten für Lagerung und Wartung. Die fehlende Interoperabilität der Batteriewechselsysteme zwingt Betreiber dazu, eine hohe Anzahl unterschiedlicher Systeme zu installieren oder sich auf ein System festzulegen. Dies macht Batteriewechselsysteme für Privatanwendungen unattraktiv. Für den gewerblichen Transportbetrieb, wie Busunternehmer, Spediteure und Taxiunternehmer, bieten die kürzeren Ladezeiten, eine effiziente Logistik vorausgesetzt, Vorteile.

Batteriewechselstationen müssen mehrere Funktionen erfüllen. Sie dienen dem Austausch des austauschbaren Batteriesystems für Elektrofahrzeuge, der Lagerung der Batteriesysteme (SBS), dessen Aufladen und Abkühlen sowie der Prüfung, Wartung und dem Sicherheitsmanagement. Damit handelt es sich bei Batteriewechselstationen um automatisierte/teilautomatisierte Systeme, die über mehrere mechanische und elektrische Komponenten eine gesamte Funktionseinheit bilden. Die Funktionseinheiten sind funktionell, steuerungstechnisch und sicherheitstechnisch miteinander verbunden und verfügen über gemeinsame Einrichtungen zum Stillsetzen einschließlich der Not-Halt-Befehlsgeräte. Damit bildet das Batteriewechselsystem nach EU-Maschinenverordnung 2023/1230 eine „Gesamtheit von Maschinen“.

6.22.1 Das Batteriewechselsystem

Ein **Batteriewechselsystem** für Elektrofahrzeuge besteht aus einer Batteriewechselstation, den unterstützenden Systemen, dem austauschbaren Batteriesystem (SBS) und dem Stromversorgungssystem. Die Systeme sind elektrisch und mechanisch verbunden und wirken über eine Kommunikationsschnittstelle zusammen.

Die **Batteriewechselstation (BSS)** versorgt das Elektrofahrzeug mit einem austauschbaren Batteriesystem (SBS). Das Überwachungs- und Steuersystem der Batteriewechselstation (BSS) koordiniert das Lagerungssystem, das Ladesystem, das Batteriehandhabungssystem und das Fahrspursystem sowie die Schnittstelle zum Fahrzeug während des Tauschvorgangs.

Das **Überwachungs- und Steuersystem** überwacht und steuert den Batteriewechselprozess. Es findet sowohl eine Kommunikation mit dem Elektrofahrzeug als auch mit dem Stromnetz sowie dem unterstützenden System statt. Die Steuerung des Systems kann automatisch, manuell oder durch eine Mischung daraus erfolgen. Es verfügt hierzu über ein Fernsteuermodul und eine Mensch-Maschine-Schnittstelle (HMI – Human Machine Interface).

Das **Ladesystem** dient der sicheren Aufladung des austauschbaren Batteriewechselsystems (SBS). Es trägt das Batteriewechselsystem (SBS). Während des Ladevorgangs findet über die Batteriesteuereinheit (BCU) eine Kommunikation statt. Damit wird der sichere Ablauf des Ladevorgangs überwacht.

Das **Ladesystem** besteht aus einem Ladegerät(en) für SBS, den Ladegestellen und einer Überwachungs- und Kommunikationseinrichtung. Das DC-Ladesystem entspricht im Prinzip der Ladebetriebsart 4. Im Vergleich zum leitungsgebundenen Laden der Ladebetriebsart 4 ist das Elektrofahrzeug nicht direkt mit dem Anschlusspunkt der DC-Ladeeinrichtung verbunden. Der Ladevorgang des SBS findet getrennt vom Elektrofahrzeug statt. Hierfür werden die SBS in einem für die DC-Ladeeinrichtung vorgesehenen Ladegestell positioniert. Positionierung und Transport erfolgt über das Batteriehandhabungssystem.

Das **Batteriehandhabungssystem** beinhaltet eine Austauscheinrichtung und die Transporteinrichtung. Im Batteriehandhabungssystem erfolgt die Umschaltung der Betriebsphasen: Sperren/Entsperren, Montage/Demontage und Transport.

Das **Fahrspursystem** dient der Beförderung und der Positionierung des Elektrofahrzeugs (EV) und des Batteriewechselsystems (SBS). Das Fahrspursystem kann zudem Funktionen wie EV-Überprüfung, EV-Validierung, EV-Reinigung, EV-Positionierung und Sperrung/Entsperrung des EV erfüllen. Für Reinigungszwecke des EV und der Batterieteile darf die Fahrspur eine Reinigungsstation vor dem Wechselvorgang enthalten.

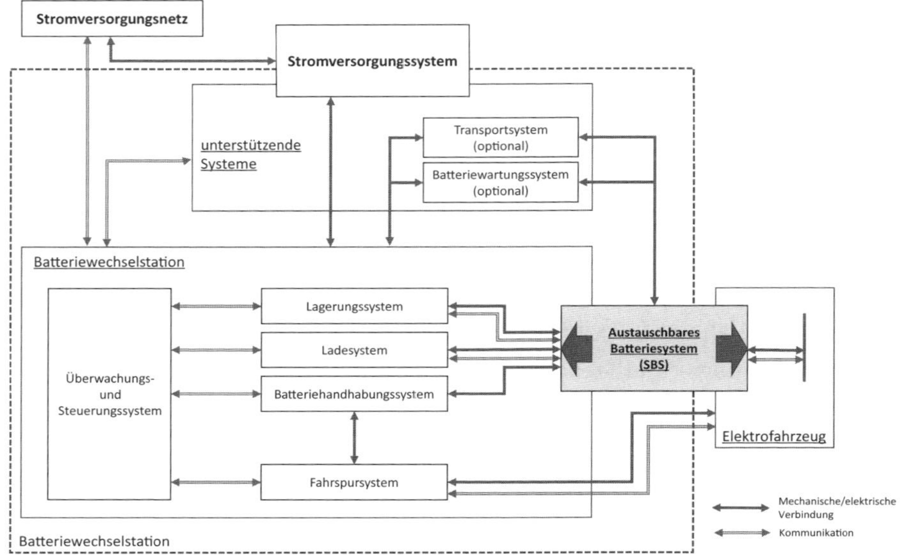

Bild 6.37 Batteriewechselsystem nach DIN IEC/TS 62840-1 (VDE V 0122-40-1):2017-06 (*Zeichnung:* M. Fengel)

Das **Batteriehandhabungssystem** besteht aus der Austauscheinrichtung und der Transporteinrichtung. Es erfüllt Funktionen zum Sperren/Entsperren, Montage/Demontage und Transport der Batterie. Damit kann das Batteriehandhabungssystem sicherheitsgerichtete Funktionen enthalten, wie Personenerkennung beim Batteriewechsel und dem sicheren Transport.

Das **Lagerungssystem** dient der sicheren Lagerung der SBS. Es besteht aus einem Lagerteil und einer Kommunikationseinrichtung mit Überwachungs- und Steuerungssystemen zur Überwachung des Status des SBS und den Umgebungseinflüssen während der Lagerung.

6.22.2 Benutzerrollen und Zugänge

Das Batteriewechselsystem ist in vier unterschiedliche Zonen (Fahrspurzone, Batteriewechselzone, Batterielagerzone, Batterieladezone) eingeteilt. Neben den Gefährdungen durch elektrische Energie bestehen bei Batteriewechselstationen ebenso wie bei einer Maschine weitere Risiken, die zu Gefährdungssituationen führen können. Es empfiehlt sich deshalb, eine Batteriewechselstation aus sicherheitstechnischen Aspekten wie eine Maschine zu behandeln.

Tabelle 6.17 Mögliche Benutzerrollen und Zugänge zu Batteriewechselstationen

		Fahrspur-zone	Batterie-wechselzone	Batterie-lagerzone	Batterie-ladezone	
Fahrer des Elektrofahrzeugs	Zugang	UB	B	NZ	NZ	• Laie
	Betrieb	B	B	NZ	NZ	
	Wartung	NZ	NZ	NZ	NZ	
Bedienpersonal der Station	Zugang	UB	UB	UB	UB	• Unterwiesene Person
	Betrieb	UB	UB	UB	UB	
	Wartung	NZ	NZ	NZ	NZ	
Wartungs- und Instandsetzungspersonal	Zugang	UB	UB	UB	UB	• Elektrotechnisch unterwiesene Person • Elektrofachkraft
	Betrieb	NZ	NZ	NZ	NZ	
	Wartung	UB	UB	UB	UB	

UB: uneingeschränkt befugt
B: bedingt
NZ: nicht zugänglich

Ähnlich wie bei elektrischen Betriebsräumen und Maschinen ist zwischen unterschiedlichen Benutzerrollen zu unterscheiden. Diese hat der Betreiber im Rahmen einer Gefährdungsbeurteilung festzulegen. Die Gefährdungsbeurteilung ist abhängig von der Benutzerrolle, dem Automatisierungsgrad und der Zugangsberechtigung durchzuführen.

6.22.3 Klassifikation von Batteriewechselsystemen

Batteriewechselsysteme werden unterschieden nach

- Automatisierungsgrad,
- Montageeinrichtung der SBS und
- Fahrzeugklasse.

Automatisierungsgrad

Es gibt den vollautomatischen, halbautomatischen und manuellen Betrieb. Der **vollautomatische Batteriewechselprozess** wird durch automatische elektrische und/oder mechanische Systeme ohne Eingriff des Bedieners durchgeführt.

Der Prozess startet automatisch. Sensoren erkennen die Position des Fahrzeugs, führen den Wechsel der SBS aus und führen den Transportvorgang zur Lagerung und Ladung durch.

Der **halbautomatische Batteriewechselprozess** wird vom Bedienpersonal initiiert und gesteuert. Der Batteriewechselprozess, wie die korrekte Positionierung des Fahrzeugs und der Batteriewechsel bis hin zur Ladung und Lagerung der Batterien, werden von Sensoren überwacht. Im Vergleich zum vollautomatischen Prozess dienen diese ausschließlich der Verriegelung und Freigabe von durch den Benutzer getätigten Steuerbefehlen. Im Einzelnen besteht der voll- und halbautomatische Batteriewechselprozess aus den Teilprozessen:

- Positionierung des Fahrzeugs,
- Wechsel der SBS aus dem bzw. in das Elektrofahrzeug,
- Überführung der SBS zum Lagersystem,
- Lagerung der SBS und
- Laden der SBS.

Der **manuelle Batteriewechselprozess** wird vom Bedienpersonal initiiert, durchgeführt und gesteuert. Die Teilprozesse werden manuell – ähnlich wie beim Reifenwechsel in der Werkstatt – durchgeführt. Es können Hilfsmittel wie Hebebühnen, Seilwinden und Lastaufnahmemittel erforderlich sein.

6.22.4 Gefahrenstellen und Gefährdungen

Im Bereich der **Batteriewechselzone** bestehen erhöhte **mechanische Gefährdungen** für Bedienpersonal und Nutzer durch Bewegungen beim Wechsel der SBS. Planer, Errichter und Betreiber haben im Rahmen des Sicherheitskonzepts die im Rahmen der bestimmungsgemäßen Verwendung möglichen Gefährdungssituationen zu bewerten und Maßnahmen nach dem Stand der Technik festzulegen. Ausschlaggebend hierfür ist die Richtung des Wechsels. Es ist zu unterscheiden zwischen:

- Wechsel in seitlicher Richtung,
- Wechsel nach unten,
- Wechsel nach oben,
- Wechsel zur Vorderseite,
- Wechsel zur Rückseite,
- Wechsel in mehrere Richtungen.

6.22.5 Batteriewechselstationen für Nutzfahrzeuge

Batteriewechselstationen für Nutzfahrzeuge wie LKWs und Busse eignen sich aufgrund der Abmessungen der Fahrzeuge und der mehrseitigen Anwendung der Batteriewechselstation als Wartungs- und Reparaturhalle für den gewerblichen Bereich.

Wechsel von unten: Die Batteriepakete sind beidseitig in die Fahrzeugkarosserie eingebaut. Das Batteriewechselsystem für Nutzfahrzeuge mit dem Wechsel von unten besteht üblicherweise aus zwei Austauscheinrichtungen für Batterien, der Batterielagerungseinrichtung, den Ladegeräten und einer Fahrzeugspur. Besonderheit dieses Lösungskonzepts: Der gesamte Batteriewechsel, der Ladevorgang und andere Management-Prozesse sollten automatisch unter der Kontrolle des Überwachungs- und Steuerungssystems ausgeführt werden. Diese Ladebetriebsart besitzt einen hohen Automatisierungsgrad, erfordert aber einen relativ großen Investitionsaufwand.

Wechsel von oben: Das Batteriewechselsystem für Nutzfahrzeuge mit dem Wechsel von oben eignet sich für gewerbliche Elektrobusse, bei denen das Batteriemodul unter Schiebetüren auf dem Dach angeordnet ist.

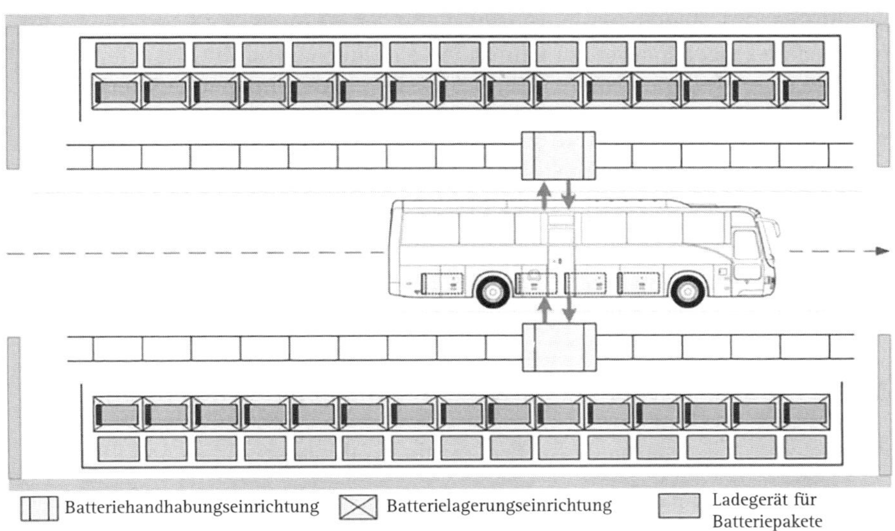

Bild 6.38 Batteriewechselstation für den automatischen Wechsel in seitlicher Richtung [*Quelle:* DIN IEC/TS 62840-1 (VDE V 0122-40-1):2017-06]

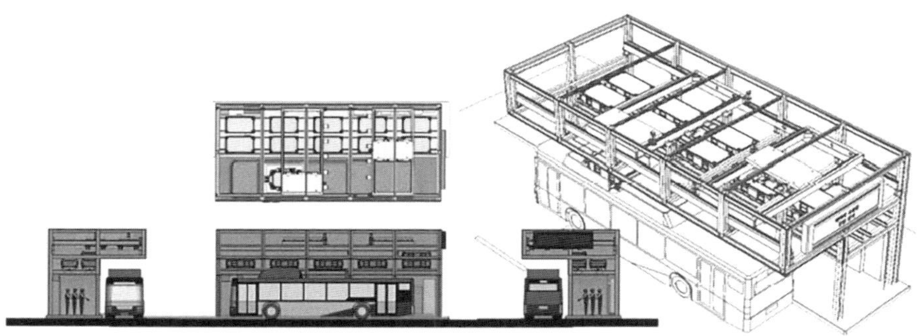

Bild 6.39 Batteriewechselstation für den automatischen Wechsel nach oben [*Quelle:* DIN IEC/TS 62840-1 (VDE V 0122-40-1):2017-06]

Die Arbeitszone besteht aus dem SBS mit Austauscheinrichtung. Das Lade- und Lagerungsgestell ist mit den Ladegeräten im Dach der Bushaltekonstruktion eingebaut.

Der gesamte Batteriewechsel, der Ladevorgang und andere Management-Prozesse sollten automatisch unter der Kontrolle des Überwachungs- und Steuerungssystems ausgeführt werden. Dies ist ein automatisches Batteriewechselsystem, das relativ wenig Platz und baulichen Investitionsaufwand erfordert, da es in übliche Bushaltestellen eingebaut werden kann. Eine entladene Batterie wird schnell durch eine geladene Batterie ersetzt, während die Fahrgäste ein- und aussteigen.

- Beim Batteriewechsel von oben ist sicherzustellen, dass die Austauscheinrichtung das SBS sicher festhält und es für Personen zu keinen Gefährdungssituationen durch herabfallende SBS kommt.
- Die Wege sollten nicht über öffentlich zugängliche Bereiche geführt werden.
- Bei Ausfall der Netzspannung darf die Austauscheinrichtung das sich im Tausch befindende SBS keinesfalls loslassen.

6.22.6 Batteriewechselstationen für Personenkraftfahrzeuge

Bei Batteriewechselstationen für Personenkraftfahrzeuge gibt es drei Konzepte:

- halbautomatische Wechselstation zur Rückseite,
- automatische Wechselstation nach unten,
- automatische Wechselstation in seitlicher Richtung.

Halbautomatische Wechselstation zur Rückseite: Halbautomatische Batteriewechselstationen mit Wechsel zur Rückseite eignen sich für PKWs mit Batteriepaketen im Kofferraum zu Lasten des Ladevolumens des Fahrzeugs. Es eignet sich für den Transport von Personen mit wenig Gepäck wie Taxen, Service- und Handwerkerdienste. Der Einsatz kann flexibel und der Investitionsaufwand relativ klein sein. Es erfordert jedoch einen großen manuellen Arbeitsaufwand.

Dieses System besteht aus einem oder mehreren Austauscheinrichtungen für Batterien, der Batterielagerungseinrichtung, Ladegeräten und Fahrspuren. Die Batteriepakete werden mit automatischen elektromechanischen Vorrichtungen befördert und der Batteriewechsel wird manuell durchgeführt.

Automatische Wechselstation nach unten: Üblicherweise besteht dieses System aus einer Austauscheinrichtung für Batterien, die sich unter dem Boden des Fahrzeugs befindet, zwei Transporteinrichtungen der Batterielagerungseinrichtung, die an beiden Seiten des Fahrzeugs angeordnet sind, und der Fahrspur.

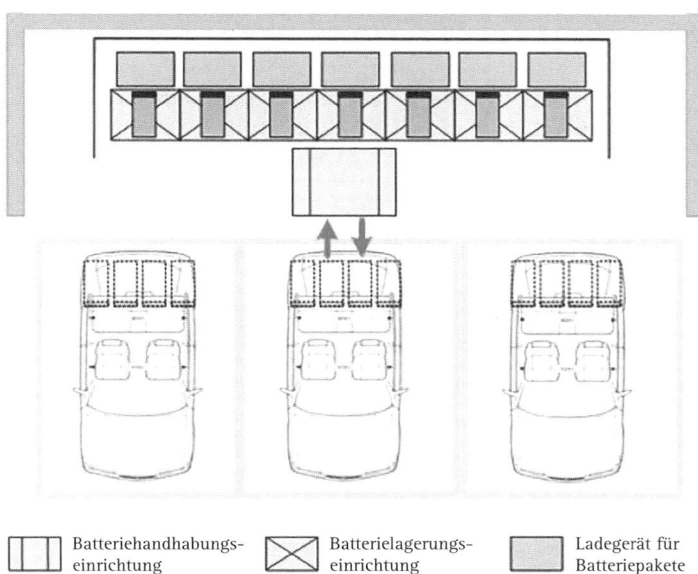

Bild 6.40 Batteriewechselstation für den halbautomatischen Wechsel zur Rückseite [*Quelle:* DIN IEC/TS 62840-1 (VDE V 0122-40-1):2017-06]

Die Prozesse der Überführung, des Austauschs, der Lagerung und des Ladevorgangs des Batteriepakets sollten automatisch unter der Kontrolle des Überwachungs- und Steuerungssystems ausgeführt werden. Dieses Verfahren besitzt einen hohen Automatisierungsgrad, erfordert aber viel Platz und einen relativ großen Investitionsaufwand.

Automatische Wechselstation in seitlicher Richtung: Anwendungsbereich: für elektrische PKW, z. B. Privatautos und Taxis, mit Batteriepaketen, die im Fahrgestell des Fahrzeugs eingebaut sind. Bestandteile des Systems: Üblicherweise besteht dieses System aus zwei Austauscheinrichtungen für Batterien an den beiden Seiten des Fahrzeugs, einer Batterielagerungseinrichtung und der Fahrspur. Die Prozesse der Batteriehandhabung, der Lagerung und des Ladevorgangs des Batteriepakets sollten automatisch unter der Kontrolle des Überwachungs- und Steuerungssystems ausgeführt werden. Dieses Verfahren besitzt einen hohen Automatisierungsgrad, erfordert aber viel Platz und einen relativ großen Investitionsaufwand.

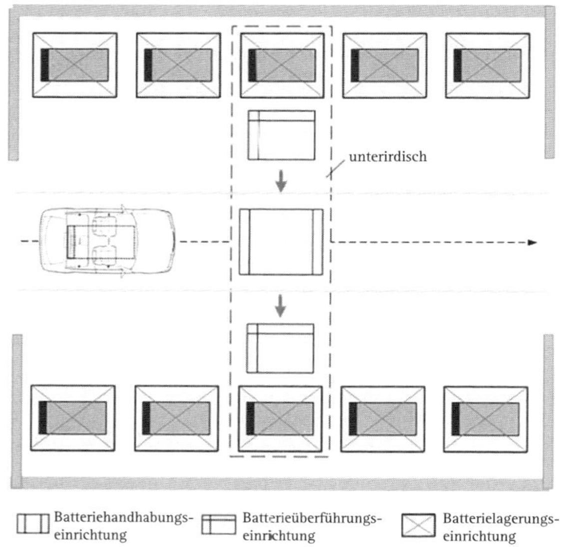

Bild 6.41 Batteriewechselstation für den automatischen Wechsel nach unten [*Quelle:* DIN IEC/TS 62840-1 (VDE V 0122-40-1):2017-06]

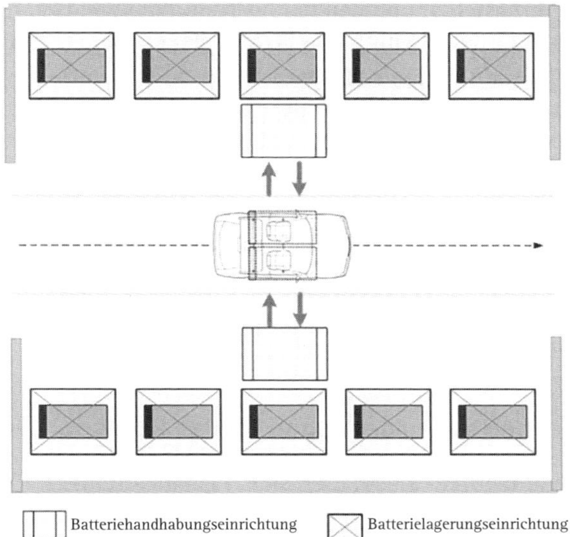

Bild 6.42 Batteriewechselstation mit automatischem Wechsel in seitlicher Richtung [*Quelle:* DIN IEC/TS 62840-1 (VDE V 0122-40-1):2017-06]

6.22.7 Elektrische Ausrüstung von Batteriewechselsystemen

Im Allgemeinen müssen die Batteriewechselsysteme für Elektrofahrzeuge den Anforderungen nach DIN EN 60204-1 (VDE 0113-1): Elektrische Ausrüstung von Maschinen – Allgemeine Festlegungen entsprechen. Weitere Aspekte stellen bei Batteriewechselsystemen die Anforderungen hinsichtlich der Funktionalen Sicherheit dar. Für sicherheitsgerichtete Funktionen gelten zudem die Anforderungen an sicherheitsgerichtete Steuerungen und deren Funktionen nach DIN EN 61511-1 (VDE 0810-1):2019-02 und DIN EN ISO 13849.

Das Batteriewechselsystem stellt eine in sich geschlossene Funktionseinheit dar. Aufgrund der steuerungstechnischen, funktionellen und sicherheitstechnischen Verknüpfung der einzelnen Systeme ist diese als eine „Gesamtheit von Maschinen" mit einem oder mehreren Ladepunkten zu betrachten.

Neben den Anforderungen an die elektrische Sicherheit spielen weitere Aspekte je nach Ladesystem eine nicht unwesentliche Rolle. Die DIN EN ISO 12100 ist eine nach EU-Maschinenverordnung 2023/1230 harmonisierte Norm als Leitfaden für Maschinenkonstrukteure zur Durchführung von Risikobeurteilungen. Aufgrund der

Vielzahl an Gefahrenstellen und den daraus resultierenden Gefährdungen eignet sich diese Norm auch für die mittlerweile komplexen Ladesysteme.

Zu Beginn der Planung sollte grundsätzlich eine Risikobeurteilung durchgeführt werden. Sie besteht aus einer Risikoanalyse und der Risikobewertung. Im Rahmen der Risikoanalyse sind im Rahmen der festgelegten Systemgrenzen (Grenzen der Maschine/Anlage, Benutzergruppen etc.) die möglichen Gefährdungen zu identifizieren. Die Risikobewertung umfasst eine auf der Risikoanalyse beruhende Beurteilung. Die zur Risikoreduzierung festgelegten Maßnahmen müssen dem Stand der Technik sowie den gesetzlichen Anforderungen entsprechen. Hierbei sind vor allem die Bedienbarkeit, die Qualifikation der Benutzer und die Betriebsphase zu beachten. Personell ist in der Betriebsphase zu unterteilen in Bedienpersonen/-personal und Wartungs- und Instandhaltungspersonal.

6.22.8 Sicherheitsanforderungen an das Fahrspursystem

Im Bereich des Fahrspursystems halten sich Systembetreiber und ortsunkundige Personen (Fahrzeuginsassen) auf. Falsche Parametrierung und damit kritische Zustände durch falsche Positionierung des Fahrzeugs, dem Tausch nicht kompatibler Akkus etc. sind zu vermeiden. Das Fahrspursystem muss bei Einfahrt das Elektrofahrzeug sicher erkennen. Hierfür müssen die EV-Informationen vom Fahrspursystem erkannt und in das Überwachungs- und Steuerungssystem eingespeist werden.

Ein weiterer Aspekt sind die Anforderungen an das in Fahrspursystemen integrierte Reinigungssystem. Die Betriebsmittel sind Spritz- und Strahlwasser ausgesetzt. Betriebsmittel sind deshalb so auszuwählen und anzuordnen, dass diese entsprechend den Umgebungsbedingungen wie Spritzwasser geschützt sind.

Grundsätzlich dürfen Personen keine unzulässigen mechanischen Gefährdungen ausgesetzt sein. Die Umsetzung der Verkehrssicherungspflicht obliegt dem Betreiber. Die Fahrzeuginsassen dürfen während des Batteriewechselvorgangs im Fahrzeug bleiben. Allerdings ist nicht immer davon auszugehen, dass sie das auch tun. Deshalb ist das Spursystem entsprechend den allgemeinen Gestaltungsgrundsätzen baulich so auszuführen, dass das Risiko durch Bewegungen mechanischer Teile sowie Gefährdungen durch Stolpern oder Umknicken infolge offener Hohlräume im Untergrund reduziert ist. Während des Batteriewechselvorgangs bestehen Gefährdungen durch Annährung und Abbremsen der Batterien.

Maßnahmen im Notfall

Nutzer, also Fahrer und Insassen, der Elektrofahrzeuge müssen während des Batteriewechselvorgangs im Notfall in der Lage sein, gefahrbringende Bewegungen über einen Not-Aus-Taster zu stoppen. Dieser muss für Fahrzeuginsassen und das Betriebspersonal in ausreichender Anzahl und geeigneter Anordnung vorhanden sein.

Das Batteriewechselsystem muss im Bereich der Fahrspur über geeignete Fluchtwege und Notausgänge verfügen. Hierfür sind die Flucht- und Rettungswege unter den Aspekten der Orientierung ortsunkundiger Personen einschließlich behinderter Personen, Kindern und Säuglingen bei einem Brand oder Notfall zu beachten. Kennzeichnung, Verlauf und Geometrie von Fluchtwegen und Notausgängen ist entsprechend den örtlichen Vorschriften auszuführen.

6.22.9 Sicherheitsanforderungen an das Batteriehandhabungssystem

Verriegelungsgeschützte trennende Schutzeinrichtungen

In der Austauscheinheit und Transporteinheit im Batteriehandhabungssystem bestehen während des automatischen Betriebs mechanische Gefährdungen, wie Quetschen, Einziehen, Stoß usw., durch automatisierte Bewegungen. Während des automatischen Betriebs ist der Zugang zum Batteriehandhabungssystem sowohl für Laien als auch für das Betriebspersonal verboten. Der Zugang ist durch trennende Schutzeinrichtungen konstruktiv zu verhindern.

Die Zugänge sind mit Sensoren an den Türen (Türkontakte) mit einer Zuhaltefunktion zu versehen. D. h., dass die Türen nur von außen geöffnet werden können, wenn das System stoppt. Falls die Tür oder ein Zugang geöffnet werden, muss das System umgehend alle Bewegungen anhalten und darf erst wieder in Betrieb genommen werden, wenn alle Türen geschlossen sind und sich keine Personen in der Zone befinden. Die Türen müssen so beschaffen sein, dass eine Flucht aus der Zone immer möglich ist.

Verriegelung der Fahrspur

Während des Wechselvorgangs ist das Elektrofahrzeug stillzusetzen und der Antriebsstrang abzuschalten. Erst dann darf das Batteriehandhabungssystem den Betrieb freigeben. Während des Vorgangs der Batteriehandhabung (Tausch) ist das Fahrzeug durch technische und organisatorische Maßnahmen stillzusetzen. Hierfür sind Anweisungsschilder für den Fahrer anzubringen:

- Handbremse anziehen,
- Motor abstellen/Zündung abschalten.

Vorgang der Batteriehandhabung

Fehlfunktionen und Beschädigungen durch verschweißte Kontakte zwischen SBS und Elektrofahrzeug müssen bei der Entnahme des SB erkannt werden. Im automatischen und halbautomatischen Betrieb muss hierfür das Überwachungs- und Steuerungssystem mit dem Batteriehandhabungssystem kommunizieren. Der Status der erfolgreichen oder nicht erfolgreichen Entriegelung des SBS muss vor Inbetriebsetzung des Elektrofahrzeugs an das Batteriehandhabungssystem übertragen werden. Automatische Batteriehandhabungssysteme müssen in der Lage sein, die SBS in den Lagerfächern zu erkennen. Dies soll Kollisionen bei der Lagerung/Ladung und beim Wechsel verhindern.

Das Batteriehandhabungssystem (Lagergestelle) ist entsprechend den mechanischen Beanspruchungen (Gewicht, Beschleunigung, Stoß, Vibrationen, ...) auszulegen. Es sind die Sicherheitsanforderungen der Maschinenrichtlinie und der Betriebssicherheitsverordnung an **Krane und Hebezeuge** einzuhalten.

Das Bedienpersonal ist mittels einer Meldung über die Mensch-Maschine-Schnittstelle (HMI) oder die Fernsteuereinheit über Störungen zu informieren, um per Fernsteuerung im Bedarfsfall eingreifen zu können.

Maßnahmen im Notfall

Bei Ausfall der elektrischen Energieversorgung dürfen grundsätzlich keine zusätzlichen Gefährdungen für den Nutzer und das Betriebspersonal entstehen. Das Batteriehandhabungssystem darf in keiner Weise das SBS freigeben und so Gefährdungen durch Herabfallen, Umkippen oder Quetschen verursachen. Es ist eine Nothalteeinrichtung vorzusehen, die die Bewegungen unverzüglich anhält und eine ungewollte Freigabe der Batterie verhindert.

Für den Notfall muss vom automatischen oder halbautomatischen Betrieb in den Notbetrieb und Handbetrieb zur manuellen Steuerung umgeschaltet werden können. Im manuellen Betrieb muss der Bediener den Gefahrenbereich einsehen können, andernfalls ist eine Erfassungs- und Warneinrichtung oder eine konstruktive Schutzmaßnahme vorzusehen.

6.22.10 Sicherheitsanforderungen an das Lagerungssystem

Im Lagerungssystem sind für die Lagerung die Anforderungen der SBS-Hersteller zu beachten. Die Batteriegestelle müssen für das Gewicht der SBS ausgelegt sein. Das Lagerungssystem muss hinsichtlich der Abmessungen so bemessen sein, dass das Risiko des Herausfallens eines SBS aus dem Lagerbehälter auszuschließen ist.

Lagergestelle sind am Boden und an den Wänden so zu befestigen, dass diese infolge Stoß und Vibrationen nicht zusammenbrechen. Unbeabsichtigte Bewegungen sind durch Verriegelungseinrichtungen zu verhindern. Das Lagerungssystem muss den geltenden Bauausführungen entsprechen.

Nicht vollständig gekapselte SBS, die im selben Lagergestell untergebracht sind, sind gegen Flüssigkeiten und Fremdkörper gegenseitig durch eine Abdeckung gegen Flüssigkeitstropfen (Elektrolyt) zu schützen. Die Abdeckungen müssen mindestens der *Schutzart IP42* entsprechen.

Während der Lagerung müssen die sicherheitskritischen Parameter der SBS überwacht werden. Es sind die folgenden Parameter zu überwachen und, falls diese außerhalb der vorgegebenen Werte liegen, sind durch das Überwachungs- und Steuerungssystem die notwendigen Maßnahmen automatisch einzuleiten:

- Temperatur kritischer Komponenten: Batterietemperatur, Umgebungstemperatur,
- elektrische Fehlfunktionen: Meldekontakte von Schutzeinrichtungen, Spannungsüberwachung,
- Verriegelungszustände: Überwachung der Rückführungs- und Meldekontakte.

Maßnahmen im Notfall

Im Notfall sind sowohl Ladevorgänge als auch Bewegungsvorgänge während der Batteriehandhabung sicher zu trennen bzw. zu stoppen.

Neben der korrekten Positionierung bestehen mechanische Gefährdungen durch automatisierte Bewegungen. Dadurch sind weitere Anforderungen hinsichtlich der mechanischen Gefährdungen, durch Quetsch- und Scherstellen an den Bodenklappen des Batteriewechselsystems oder Gefährdungen durch schwebende Lasten bei Batteriewechselsystemen mit automatischem Wechsel von oben, zu beachten.

Batteriewechselsysteme sind mit einer Einrichtung zum Stillsetzen im Notfall auszustatten. Die Art und Ausführung der Steuerungen sowie die Anzahl und Anordnung der Betätigungselemente sind im Rahmen einer Gefährdungsbeurteilung durch den Betreiber zu erbringen. Im idealen Fall findet hier eine enge Abstimmung zwischen Planer, Hersteller und Betreiber statt.

Die Art und Höhe des Gefahrenpotenzials in der Batteriewechselzone hängt neben dem Automatisierungsgrad im Wesentlichen von der Richtung des Wechsels des SBS ab. Der Wechsel kann in seitlicher Richtung, von unten, von oben, zur Vorderseite, zur Rückseite oder mittels einer Kombination aus mehreren Bewegungsrichtungen erfolgen.

Je nach Ausführung des Batteriwechselsystems können Beschleunigungs- und Abbremsvorgänge beim Batteriewechselvorgang ebenso mechanische Gefährdungssituationen durch Quetsch- und Scherstellen hervorrufen.

Es handelt sich bei Funktionen für Handlungen im Notfall um ergänzende Schutzmaßnahmen zur Reduzierung von Gefahren entsprechend des Gefahrenkatalogs nach DIN EN ISO 12100. Sie ersetzen nicht die Schutzmaßnahmen gegen elektrische und mechanische Gefährdungen etc. im Normalbetrieb. Dabei wird ein Erkennen der Gefahrensituation sowie eine bewusste Handlung im Notfall durch Betätigung des Not-Aus-Befehlsgeräts vorausgesetzt.

Es sind folgende Handlungen im Notfall zu unterscheiden:

- Not-Halt,
- Not-Start,
- Not-Aus,
- Not-Ein.

Der **Not-Halt** ist dazu bestimmt gefahrbringende Bewegungen zu stoppen. Hier kann es abhängig von der Ausführung der Batteriewechselstation zu folgenden Gefährdungssituationen durch Bewegung kommen:

- Beschleunigung und Abbremsung,
- Annäherung beweglicher Teile an feststehende Teile,
- schwebende Lasten,
- sich bewegende Teile und rotierende Teile.

Durch das Stillsetzen dürfen keinesfalls weitere Gefährdungen/Gefährdungssituationen entstehen. Im Notfall stillgesetzte Bewegungen von schwebenden Lasten, z. B. bei Systemen mit Batteriewechsel von oben, dürfen nicht zu einem Herunterfallen der schwebenden Lasten infolge der Betätigung des Not-Halt führen und so eine Gefährdung durch Herabfallen hervorrufen. Beim **Not-Start**, dem Starten einer Bewegung, um eine gefahrbringende Situation zu vermeiden, wird im Gegensatz zum Not-Halt bei Betätigung eine Bewegung verursacht.

Geräte für Not-Halt/Not-Start sind an allen Orten, an denen die Einleitung eines Not-Halt-Befehls erforderlich sein kann, anzubringen. Die Geräte müssen aus Gründen der Verwechslungsgefahr klar identifizierbar und für den Benutzer erreichbar sein.

- Die funktionalen Aspekte der Not-Halt-Einrichtungen sind nach ISO 13850 auszuführen.

- Stoppfunktionen müssen zugehörige Startfunktionen außer Kraft setzen und müssen gegenüber anderen Betriebsarten Vorrang haben.
- Stopp-Befehle müssen von jeder Bedienstation aus wirksam sein (ODER-Verknüpfung).
- Das Rücksetzen darf keinen Wiederanlauf einleiten.

Not-Aus ist dazu bestimmt, eine Versorgung der elektrischen Energie ganz oder für einen Teil der Installation abzuschalten, wenn das Risiko eines elektrischen Schlags oder eines anderen Risikos elektrischen Ursprungs besteht. Ein Not-Aus sollte vorgesehen werden, wenn der Basisschutz nur durch Abstand oder Hindernisse erreicht wird.

Das Batterielager/die Behälterfläche ist mit einer Brandmeldeanlage zu schützen. Die **Brandmeldeanlage** ist mit dem Überwachungs- und Steuerungssystem zu verbinden. Im Rahmen des Brandschutzkonzepts und der örtlichen Bestimmungen ist diese auf eine Feuerwache und/oder auf einen permanent besetzten Leitstand aufzuschalten.

Für das Batterielager/die Behälterfläche ist zudem eine **Feuerlöscheinrichtung** zu installieren.

6.22.11 Sicherheitsanforderungen an das Ladesystem

Die Ladung erfolgt entsprechend den Anforderungen an die Ladebetriebsart 4. Ladesysteme sind entsprechend der Herstellerangaben zu installieren und zu betreiben. Dies gilt insbesondere hinsichtlich

- Installation und Anschluss,
- Kühlung: Aufstellbedingungen, Wärmequellen, Abstände,
- Notwendigkeit einer Zwangsbelüftung.

Hierfür muss das Ladegerät sowohl über eine Stromversorgungseinrichtung als auch über eine geeignete Kommunikationseinrichtung verfügen. Die Stromversorgungseinrichtung ist gegen unkontrollierte Rückspeisung zu schützen. Zum Vermeiden von Fehlbedienung muss der Ladevorgang über ein eindeutiges Signal und eine Anzeigeeinrichtung angezeigt werden.

Die Ladeparameter müssen den angegebenen Parametern der Batterie entsprechen. Beim SBS sind wie beim leitungsgebundenen DC-Laden die funktionalen Anforderungen nach DIN EN 61851-23 (**VDE 0122-2-3**) Abs. 6.4.1 und 6.4.2 bereitzustellen (siehe hierzu auch Abschnitt 7.5).

Der Ladevorgang muss auf einem Echtzeit-Handshake-Betrieb zwischen Ladesteuereinheit und der Batteriesteuereinheit (BCU) beruhen. Zusätzlich sind folgende Parameter während des Ladevorgangs zu überwachen:

- Temperatur kritischer Komponenten,
- Spannungen,
- Batteriealterung (SOH: state of health),
- Ladezustand (SOC: state of charge),
- maximal zulässiger Ladestrom.

6.22.12 Anforderungen an Überwachungs- und Steuerungssysteme

Das Ladesystem muss mit dem Überwachungs- und Steuerungssystem kommunizieren. Zu übermitteln ist die Überwachung der Ladezustände, der Batteriezustände, der Fehlermeldungen etc. Die Batteriehandhabung muss überwacht werden.

6.22.13 Anforderungen an das Stromversorgungssystem

Das Stromversorgungssystem und die Batteriewechselstation stellen im Sinn von VDE-AR-N 4100 die Anschlussnutzeranlage dar. Bei rückspeisefähigen Systemen sind zusätzlich die Anforderungen nach VDE-AR-N 4105 zu beachten. Teil der ortsfesten elektrischen Anlage ist das Stromversorgungssystem seitens der Anschlussnutzeranlage. Für den DC-Ladepunkt gelten, wie bei anderen Ladepunkten, zusätzlich die Anforderungen nach DIN VDE 0100-722.

Das Stromversorgungssystem muss über Netztrenneinrichtungen verfügen, die das Personal in die Lage versetzt, die Systeme einzeln abzuschalten.

Ein **Notstromversorgungssystem** muss bei Stromausfall den Sicherheitszustand durch Verriegelung der Halteeinrichtungen der einzelnen Systeme aufrechterhalten:

- Überwachungs- und Steuerungssystem,
- Batterieüberwachungssystem (Teil des Ladesystems),
- Batteriehandhabungssystem zum Bewegen in einen sicheren Zustand um in Bewegung befindliche Teile bei Stromausfall sicher abzubremsen und wieder in ihre korrekte Ausgangslage zu bringen.

Hierfür ist eine *Ersatzstromversorgungsanlage* vorzusehen, die dazu bestimmt ist, die genannten Anlagenteile/Funktionen bei Unterbrechung der allgemeinen Stromversorgung aufrechtzuerhalten.

Lüftungsanlagen bei den Batterieladeplätzen bzw. in den Batterieräumen dürfen nicht mit abgeschaltet werden.

6.22.14 Schutz gegen elektrischen Schlag

Der Fehlerschutz ist durch eine oder mehrere der Schutzmaßnahmen nach DIN VDE 0100-410 ergänzend zum Basisschutz anzuwenden. Zulässig sind die Schutzmaßnahmen:

- Schutz durch automatische Abschaltung der Stromversorgung (Abs. 411),
- Schutz durch doppelte oder verstärkte Isolierung (Abs. 412),
- Schutz durch Schutztrennung mit einem Verbraucher (Abs. 413),
- Schutz durch Kleinspannung (SELV/PELV) (Abs. 414).

Mit Ausnahme der Schutzmaßnahme Schutz durch Schutztrennung sind grundsätzlich Fehlerstrom-Schutzeinrichtungen mit einem Bemessungsfehlerstrom von höchstens 30 mA als Schutzvorkehrung für den zusätzlichen Schutz nach DIN VDE 0100-410 Abs. 415 erforderlich. Ein automatisches Zurücksetzen der Schutzeinrichtungen ist unzulässig (siehe hierzu auch Abschnitt 7.9).

Es gelten u. a. folgende normative Anforderungen:

- DIN VDE 0100-410:2018-10 Errichten von Niederspannungsanlagen – Teil 4-41: Schutzmaßnahmen – Schutz gegen elektrischen Schlag,
- DIN EN 61140 (**VDE 0140-1**):2016-11 Schutz gegen elektrischen Schlag – Gemeinsame Anforderungen für Anlagen und Betriebsmittel,
- DIN EN 60204-1 (**VDE 0113-1**):2019-06 Sicherheit von Maschinen – Elektrische Ausrüstung von Maschinen – Teil 1: Allgemeine Anforderungen.
- Für Energieversorgungseinrichtungen sind die normativen Anforderungen nach DIN VDE 0100-722:2019-06 Errichten von Niederspannungsanlagen – Teil 7-722: Anforderungen für Betriebsstätten, Räume und Anlagen besonderer Art – Stromversorgung von Elektrofahrzeugen zu beachten.
- Die Ladeeinrichtung für SBS ist entsprechend den Anforderungen nach DIN EN IEC 61851-1 (**VDE 0122-1**):2019-12 Elektrische Ausrüstung von Elektro-Straßenfahrzeugen – Konduktive Ladesysteme für Elektrofahrzeuge – Teil 1: Allgemeine Anforderungen auszuführen.
- DIN EN IEC 62840-2 (**VDE 0122-40-2**):2019-08 Batteriewechselsysteme für Elektrofahrzeuge – Teil 2: Sicherheitsanforderungen.

6.22.14.1 Schutz gegen direktes Berühren

Der Schutz gegen direktes Berühren aktiver Teile ist durch geeignete IP-Schutzarten der Gehäuse oder Umhausungen sicherzustellen:

- Gehäuse, die den Schutz gegen Zugang zu aktiven Teilen bieten, müssen mindestens der Schutzart IPXXC entsprechen,
- Gehäuse für Innenraum-/Außenraumnutzung müssen mindestens der Schutzart IP21/IP44 entsprechen,
- Stecker müssen mindestens der Schutzart IPXXB entsprechen. Für Innenraum-/Außenraumnutzung müssen diese mindestens der Schutzart IP21/IP44 entsprechen,
- leicht zugängliche obere Oberflächen der Gehäuse müssen mindestens der Schutzart IP4X oder IPXXD entsprechen.

Der Zugang zu Gehäusen und spannungsführenden Teile durch Unbefugte ist zu verhindern:

- Der Zugang zu Gehäusen und Schaltschränken darf ausschließlich mit Werkzeug (Schraubendreher, Vierkantschlüssel etc.) durch befugte Personen möglich sein.
- Zu abgeschlossenen elektrischen Betriebsstätten dürfen ausschließlich unterwiesene Personen Zugang haben. Die Durchführung der organisatorischen Maßnahmen obliegt dem Anlagenbetreiber.
- Aktive Teile innerhalb von Gehäusen sind vor Öffnen der Schaltschranktür über eine Trennvorrichtung abzuschalten.
- Das Öffnen der Tür im eingeschalteten Zustand ist durch eine Verriegelung der Netztrenneinrichtung mechanisch zu verhindern.
- Das Öffnen darf ohne Schlüssel bzw. Werkzeug und ohne Abschaltung nur möglich sein, wenn alle aktiven Teile mindestens mit der Schutzart IP2X oder IPXXB gegen direktes Berühren geschützt sind.
- Aktive Teile innerhalb von Gehäusen sowie Bedienelemente, wie Einstellschrauben, Betätigungselemente von Schutzeinrichtungen etc., müssen mindestens mit der Schutzart IP2X oder IPXXB gegen direktes Berühren geschützt sein.
- Aktive Teile der Türeinbauten in Schaltschränken müssen innenseitig handrückensicher gegen direktes Berühren der Schutzart mindestens IP1X oder IPXXA entsprechen.

6.22.14.2 Gespeicherte Energie – Entladung von Kondensatoren

Bei Systemen über 60 V Gleichspannung sind die gespeicherten Energien in Kondensatoren zu berücksichtigen. Nach Abschaltung des Systems müssen die Spannungen innerhalb einer Sekunde auf unterhalb 60 V (DC) zwischen aktiven Teilen sowie zwischen aktiven Teilen und Erde abgesenkt sein oder die durch die Kondensatoren gespeicherte Energie auf unterhalb 0,2 J begrenzt werden.

Alternativ ist anstelle einer Basisisolierung die Schutzmaßnahme doppelte oder verstärkte Isolierung nach DIN VDE 0100-410 Abs. 412 anzuwenden. Ebeno wären eine mechanische Abdeckung oder ein Gehäuse möglich.

6.22.14.3 Schutzleiter

Batteriegestelle und berührbare leitfähige Teile sind mit dem Schutzleiter zu verbinden. Das Schutzleitersystem ist nach DIN VDE 0100-540 zu dimensionieren. Steuersignale dürfen nicht auf das Schutzleitersystem übertragen werden. Deshalb sollten Steuersignale idealerweise über eine galvanisch getrennte Stromquelle versorgt werden.

6.22.15 Auswahl und Aufbau von Betriebsmitteln

Elektrische Betriebsmittel, Gestelle und Schraubverbindungen sind aufgrund der Bewegungen der Batteriehandhabung erhöhten mechanischen Beanspruchungen durch Vibrationen und Erschütterungen ausgesetzt. Durch Ladeströme entstehen zudem hohe thermische Beanspruchungen. Zudem sind die Betriebsmittel Beanspruchungen durch für die Automobilindustrie typische Lösungsmittel und Flüssigkeiten (Öle, Fette etc.) ausgesetzt. Die Betriebsmittel und Gehäuse sind entsprechend den zu erwartenden Beanspruchungen auszuwählen und anzuordnen.

- Der Mindestschutzgrad gegen mechanische Beanspruchungen der Gehäuse muss IK10 nach IEC 62262 entsprechen.
- Freiliegende Flächen sind mit einem Korrosionsschutz zu versehen (IEC 61439-1):
- Innenraumnutzung: Schweregradprüfung A nach IEC 61439-1 10.2.2.2,
- Außenraumnutzung: Schweregradprüfung B nach IEC 61439-1 10.2.2.3.
- Isolierstoffe müssen ausreichend thermische Stabilität aufweisen (Prüfung mit trockener Wärme nach IEC 61439-1).
- Die Isolierstoffe müssen ausreichend feuerbeständig sein.
- Isolierstoffe, die aktive Teile stützen müssen, dürfen keine Richtstrecken bilden.

- Gehäuse und Betriebsmittel, die im Freien installiert sind, müssen gegenüber UV-Strahlung resistent sein oder gegen diese geschützt sein.

Schaltgeräte sind entsprechend den zu erwartenden Betriebsbeanspruchungen und dem Verwendungszweck nach DIN VDE 0100-530 auszuwählen.

Betriebsmittel, die Teil einer Sicherheitsfunktion sind, sind entsprechend den Anforderungen hinsichtlich der funktionalen Sicherheit auszuwählen. Für den Anschluss, die Verwendung und die Lebensdauer sind die Sicherheitshandbücher zu beachten.

Die Betriebsmittel müssen hinsichtlich der **funktionalen Sicherheit** den Anforderungen nach DIN EN 61508-1 und aus Sicht der elektromagnetischen Verträglichkeit den Anforderungen nach IEC 61000-6-7 entsprechen.

Tabelle 6.18 Schaltgeräte für Batteriewechselstationen
(*Tabelle:* M. Fengel)

Betriebsmittel	Herstellernorm	Gebrauchskategorie (mindestens)		geeignete Schalthandlung		
		AC	DC	betriebsmäßiges Schalten	Not-Abschalten	Trennen
Schalter und Lasttrennschalter	IEC 60947-3	AC-22A	DC-21A	ja	ja	ja
Schütze	IEC 60947-4-1	AC-1	DC-1	nein	ja	nein
Leistungsschalter	IEC 60898-1	• Kennlinie B oder C • Kennlinie D muss am BM angegeben sein		ja	ja	ja
Relais	IEC 61810-1	–	–	ja	nein	nein
Stromverbrauchsmessung	IEC 62052-11	–	–	–	–	–

6.22.16 Aufschriften, Kennzeichnungen und Warneinrichtungen

Benutzer, unabhängig von der Benutzerrolle, sind durch geeignete Informationen, Kennzeichnungen und Warnhinweise über die sachgerechte Handhabung, die möglichen Gefährdungen und die Handlungen im Notfall zu informieren.

- Die **Aufschriften, Symbole und Kennzeichnungen** müssen eindeutig und leicht verständlich sein und den nationalen Vorschriften entsprechen. Warnhinweise sind in nationaler Sprache auszuführen. Die Aufschriften und Bildzeichen sind entsprechend **ISO 2972, ISO 7000** und **DGUV Vorschrift 8** auszuführen.
- **Elektrische Betriebsmittel** sind in Übereinstimmung mit **DIN EN 60204-1** (**VDE 0133-1**) zu kennzeichnen.
- **Hydraulische und pneumatische Betriebsmittel** sind nach **ISO 4413** bzw. **ISO 4414** zu kennzeichnen.
- Das Personal ist entsprechend den Unfallverhütungsvorschriften vor erstmaligem Arbeitsbeginn und in regelmäßigen Abständen zu unterweisen. Die Anforderungen der Betriebssicherheitsverordnung und der Unfallverhütungsvorschriften sind zu beachten.

6.23 Quellen zum Kapitel „Ladeinfrastrukturen für Elektrofahrzeuge“

DIN VDE 0100-100:2009-06 Errichten von Niederspannungsanlagen – Teil 1: Allgemeine Grundsätze, Bestimmungen allgemeiner Merkmale, Begriffe: Juni 2009

DIN VDE 0100-200:2023-06 Errichten von Niederspannungsanlagen – Teil 200: Begriffe

DIN VDE 0100-410:2018-10 Errichten von Niederspannungsanlagen – Teil 4-41: Schutzmaßnahmen – Schutz gegen elektrischen Schlag

DIN VDE 0100-420:2022-06 Errichten von Niederspannungsanlagen – Teil 4-42: Schutzmaßnahmen – Schutz gegen thermische Auswirkungen

DIN VDE 0100-443:2016-10 Errichten von Niederspannungsanlagen – Teil 4-44: Schutzmaßnahmen – Schutz bei Störspannungen und elektromagnetischen Störgrößen – Abschnitt 443: Schutz bei transienten Überspannungen infolge atmosphärischer Einflüsse oder von Schaltvorgängen

DIN VDE 0100-444:2010-10 Errichten von Niederspannungsanlagen – Teil 4-444: Schutzmaßnahmen – Schutz bei Störspannungen und elektromagnetischen Störgrößen

DIN VDE 0100-520:2023-06 Errichten von Niederspannungsanlagen – Teil 5-52: Auswahl und Errichtung elektrischer Betriebsmittel – Kabel- und Leitungsanlagen

DIN VDE 0100-530:2018-06 Errichten von Niederspannungsanlagen – Teil 530: Auswahl und Errichtung elektrischer Betriebsmittel – Schalt- und Steuergeräte

DIN VDE 0100-534:2016-10 Errichten von Niederspannungsanlagen – Teil 5-53: Auswahl und Errichtung elektrischer Betriebsmittel – Trennen, Schalten und Steuern – Abschnitt 534: Überspannungs-Schutzeinrichtungen (SPDs)

DIN VDE V 0100-551-1:2018-05 Errichten von Niederspannungsanlagen – Teil 5-55: Auswahl und Errichtung elektrischer Betriebsmittel – Andere Betriebsmittel – Abschnitt 551: Niederspannungsstromerzeugungseinrichtungen – Anschluss von Stromerzeugungseinrichtungen für den Parallelbetrieb mit anderen Stromquellen einschließlich einem öffentlichen Stromverteilungsnetz

DIN VDE 0100-600:2017-06 Errichten von Niederspannungsanlagen – Teil 6: Prüfungen

DIN VDE 0100-722:2019-06 Errichten von Niederspannungsanlagen – Teil 7-722: Anforderungen für Betriebsstätten, Räume und Anlagen besonderer Art – Stromversorgung von Elektrofahrzeugen

DIN VDE 0105-100:2015-10 Betrieb von elektrischen Anlagen – Teil 100: Allgemeine Festlegungen

DIN VDE 0105-100/A1:2017-06 Betrieb von elektrischen Anlagen – Teil 100: Allgemeine Festlegungen; Änderung A1: Wiederkehrende Prüfungen

DIN EN 61140 (**VDE 0140-1**):2016-11 Schutz gegen elektrischen Schlag – Gemeinsame Anforderungen für Anlagen und Betriebsmittel

DIN EN IEC 60309-1 (**VDE 0623-1**):2023-06 Stecker, Steckdosen und Kupplungen für industrielle Anwendungen – Teil 1: Allgemeine Anforderungen

DIN EN 62196-2 (**VDE 0623-5-2**):2017-11 Stecker, Steckdosen, Fahrzeugkupplungen und Fahrzeugstecker – Konduktives Laden von Elektrofahrzeugen – Teil 2: Anforderungen und Hauptmaße für die Kompatibilität und Austauschbarkeit von Stift- und Buchsensteckvorrichtungen für Wechselstrom

DIN EN 62196-3 (**VDE 0623-5-3**):2015-05 Stecker, Steckdosen und Fahrzeugsteckvorrichtungen – Konduktives Laden von Elektrofahrzeugen – Teil 3: Anforderungen an und Hauptmaße für Stifte und Buchsen für die Austauschbarkeit von Fahrzeugsteckvorrichtungen zum dedizierten Laden mit Gleichstrom und als kombinierte Ausführung zum Laden mit Wechselstrom/Gleichstrom

DIN EN 50620 (**VDE 0285-620**):2020-03 Ladeleitung für Elektrofahrzeuge

M. Fengel: Plug-in-PV-Anlagen parallel betreiben Teil 1: Wie diese Anlagen normativ und technisch einzuordnen sind: Elektropraktiker 1/2019

M. Fengel: Plug-in-PV-Anlagen parallel betreiben Teil 2: Normative Voraussetzungen für den sicheren Parallelbetrieb: Elektropraktiker 2/2019

VDE-AR-N 4100:2019-04 Technische Regeln für den Anschluss von Kundenanlagen an das Niederspannungsnetz und deren Betrieb (TAR Niederspannung)

VDE-AR-N 4105:2018-11 Erzeugungsanlagen am Niederspannungsnetz – Technische Mindestanforderungen für Anschluss und Parallelbetrieb von Erzeugungsanlagen am Niederspannungsnetz

Niederspannungsrichtlinie 2014/35/EU vom 26. Februar 2014

EMV-Richtlinie 2014/30/EU vom 26. Februar 2014

Richtlinie 2004/40/EG des Europäischen Parlaments und des Rates vom 29. April 2004 über Mindestvorschriften zum Schutz von Sicherheit und Gesundheit der Arbeitnehmer vor der Gefährdung durch physikalische Einwirkungen vom 29. April 2004

DIN EN 61558-2-4 (**VDE 0570-2-4**):2009-12 Sicherheit von Transformatoren, Drosseln, Netzgeräten und dergleichen für Versorgungsspannungen bis 1 100 V – Teil 2-4: Besondere Anforderungen und Prüfungen an Trenntransformatoren und Netzgeräte, die Trenntransformatoren enthalten

DIN EN IEC 61851-1 (**VDE 0122-1**):2019-12 Elektrische Ausrüstung von Elektro-Straßenfahrzeugen – Konduktive Ladesysteme für Elektrofahrzeuge – Teil 1: Allgemeine Anforderungen

DIN EN 61851-23 (**VDE 0122-2-3**):2014-11 Konduktive Ladesysteme für Elektrofahrzeuge – Teil 23: Gleichstromladestationen für Elektrofahrzeuge

DIN EN 61851-23-1 (**VDE 0122-2-31**):2017-08 Konduktive Ladesysteme für Elektrofahrzeuge –Teil 23-1: Gleichstromladestation für Elektrofahrzeuge mit Ladegerät mit automatischem Verbindungsaufbau (Entwurf)

DIN IEC/TS 62840-1 (**VDE V 0122-40-1**):2017-06 Batteriewechselsysteme für Elektrofahrzeuge – Teil 1: Allgemeines und Leitfaden

DIN EN IEC 62840-2 (**VDE 0122-40-2**):2019-08 Batteriewechselsysteme für Elektrofahrzeuge – Teil 2: Sicherheitsanforderungen

DIN EN IEC 61980-1 (**VDE 0122-10-1**):2021-09 Kontaktlose Energieübertragungssysteme (WPT) für Elektrofahrzeuge – Teil 1: Allgemeine Anforderungen

DIN EN 62752 (**VDE 0666-10**):2022-07 Ladeleitungsintegrierte Steuer- und Schutzeinrichtung für die Ladebetriebsart 2 von Elektro-Straßenfahrzeugen (IC-CPD)

VDE-AR-E 2100-550:2019-02 Errichten von Niederspannungsanlagen – Teil 550: Auswahl und Errichtung elektrischer Betriebsmittel – Schalter und Steckdosen

Gesetz über die elektromagnetische Verträglichkeit von Betriebsmitteln (EMVG) Ausfertigungsdatum: 26.02.2008

Callondann: Schadensverhütung in elektrischen Anlagen. S. 226, Abs. 4.5.1

Hofheinz/Haub/Zeyen: Elektrische Sicherheit in der Elektromobilität. 2019: VDE Verlag

DIN VDE 0100-729:2010-02 Errichten von Niederspannungsanlagen – Teil 7-729: Anforderungen für Betriebsstätten, Räume und Anlagen besonderer Art – Bedienungsgänge und Wartungsgänge

DIN VDE 0100-731:2014-10 Errichten von Niederspannungsanlagen – Teil 7-731: Anforderungen für Betriebsstätten, Räume und Anlagen besonderer Art – Abgeschlossene elektrische Betriebsstätten

DIN VDE 0100-718:2014-06 Errichten von Niederspannungsanlagen – Teil 7-718: Anforderungen für Betriebsstätten, Räume und Anlagen besonderer Art – Öffentliche Einrichtungen und Arbeitsstätten

DIN EN 1837:2021-04 Sicherheit von Maschinen – Maschinenintegrierte Beleuchtung

7 Errichtung von Photovoltaik-(PV)-Stromversorgungssystemen

Photovoltaik-Stromversorgungssysteme bis 1,5 kV DC und 1 kV AC fallen in den Anwendungsbereich der Errichtungsnorm DIN VDE 0100-712: Errichtung von Niederspannungsanlagen – Anforderungen für Betriebsstätten, Räume und Anlagen besonderer Art – Photovoltaik-(PV)-Stromversorgungssysteme.

In deren Anwendungsbereich fallen PV-Stromversorgungssysteme, die eine elektrische Anlage insgesamt oder teilweise versorgen und elektrische Energie in ein öffentliches Stromversorgungsnetz oder eine Verbraucheranlage ohne Anbindung an das öffentliche Stromversorgungsnetz einspeisen.

Ein PV-System besteht gemäß der Norm aus einem oder mehreren PV-Modulen, die über vorgesehene Anschlusskabel in Reihe, parallel oder einer Kombination daraus miteinander verbunden sind und in ein öffentliches Stromversorgungsnetz oder eine Verbraucheranlage elektrische Energie einspeisen.

Die normativen Anforderungen gemäß der DIN VDE 0100-712 gelten demnach für PV-Systeme zur Einspeisung in eine elektrische Anlage,

- die nicht an ein öffentliches Stromverteilungsnetz angeschlossen ist,
- die parallel mit dem öffentlichen Stromverteilungsnetz,
- alternativ zum öffentlichen Stromverteilungsnetz oder
- als geeignete Kombinationen der zuvor genannten Aufzählungen

elektrische Energie einspeist. Energiespeichersysteme sind nicht im Anwendungsbereich enthalten und werden in anderen Errichtungsnormen behandelt.

Seitens der Anschlussnutzeranlage sind Photovoltaik-(PV)-Stromversorgungssysteme ortsfeste elektrische Erzeugungsanlagen. PV-Stromversorgungssysteme bestehen aus einem PV-Generatorfeld einschließlich Wechselrichter und einem PV-Wechselstrom-Versorgungskreis. Das PV-Generatorfeld besteht aus elektrisch untereinander verbundenen PV-Modulen, PV-Strängen, PV-Teilgeneratorfeldern und Anschlussgehäusen. Das PV-Generatorfeld besteht je nach Anwendungsfall aus mehreren in Reihe geschalteten PV-Modulen – einem PV-Strang – oder aus mehreren parallel geschalteten PV-Modulen. Das PV-Generatorfeld ist über das PV-Generatorfeldkabel/-leitung an den DC-Anschlüssen des PV-Wechselrichters angeschlossen. Dieser wandelt die vom PV-Generatorfeld gelieferte Gleichspannung und Gleichstrom in Wechselspannung/Wechselstrom um. Der Wechselrichter speist den Wechselstrom in den PV-Wechselstrom-Versorgungskreis ein.

Bild 7.1 PV-Generator einer Freiflächenanlage

Anders als bei fest angeschlossenen Betriebsmitteln sind bei der Auslegung netzgekoppelter Photovoltaikanlagen der PV-Generator, die Wechselrichter und Elektroverteilungen in folgenden Eigenschaften zu berücksichtigen:

- PV-Generator als Gleichstromerzeuger;
- der Strom fließt bei Einspeisebetrieb vom Wechselrichter in den PV-Stromversorgungskreis hinein;
- die Wechselrichter und die Wechselstromversorgungskreise sind als Betriebsmittel aus Sicht des Fehlerschutzes anzusehen.

Zu beachten sind:

- die Strombelastbarkeit des PV-Wechselstrom-Versorgungskabels,
- der maximale Einspeisestrom vom Wechselrichter unter Fehlerbedingungen,
- die Strombelastbarkeit des PV-Generators,
- der maximal zulässige DC-Eingangsstrom bzw. die maximal zulässige DC-Eingangsspannung an den Wechselrichtern.

7.1 PV-Module

Die PV-Module werden je nach Strom- und Eingangsspannungsbereichen der Wechselrichter in Reihe zu einem PV-Strang oder parallel zu einem PV-Teilgeneratorfeld geschaltet. Die installierte Leistung eines PV-Stromversorgungssystems berechnet sich aus der Summe der Nennleistungen unter STC aller im PV-Generator verschalteten PV-Module. PV-Stromversorgungssystem werden nach der installierten Modulnennleistung klassifiziert.

$$P_{\mathrm{G0}} = \text{Anzahl der PV-Module} \cdot P_{\mathrm{STC}}$$

PV-Module sind nichtlineare Gleichstromquellen. Der Kurzschlussstrom steigt proportional zur in die Modulebene eingestrahlten Bestrahlstärke. Die Leerlaufspannung steigt mit fallender Modultemperatur. Demnach stellen diese zwei Grenzwerte die für die Auslegung der Betriebsmittel relevanten Beanspruchungen dar. Die Anlage ist also nach der niedrigsten zu erwartenden Temperatur der PV-Module und nach der am höchsten zu erwartenden Bestrahlstärke auszulegen. PV-Module werden in Reihe zu einen PV-Strang oder/und parallel zu einen PV-Array geschaltet. Die Verbindung erfolgt über Stecker. Je nach Schaltungskonfiguration kann so die Leerlaufspannung eines Strangs ein Vielfaches der einzelnen Modulspannungen sein. Gleiches gilt bei parallel geschalteten PV-Modulen und Strängen bei den Strömen.

Durch die Verschaltung und durch die damit verbundene Erhöhung der Leerlaufspannungen eines Strangs übersteigt diese nach wenigen in Reihe geschalteten PV-Modulen die Grenze von 120 V DC. Ist die Grenze von

$$n_{\mathrm{Reihe}} \cdot U_{\mathrm{oc,\,STC}} \cdot K_{\mathrm{U}} > 120\ \mathrm{V}$$

erreicht, ist die Schutzmaßnahme Schutz durch Kleinspannung mittels SELV oder PELV nicht anwendbar. Zudem stehen die PV-Stränge und Leitungen permanent unter Spannung. Dies kann bei einem Isolationsfehler oder einem Ziehen der Steckerkontakte zu einem Gleichstromlichtbogen führen. Die PV-Module sind in ihrer Bauart so auszuführen, dass sie mit den Anforderungen an die Schutzklasse 2 übereinstimmen.

Die elektrischen Betriebsmittel auf der DC-Seite sind entsprechend den PV-Modulen (in einer Verschaltung zum Strang oder parallel) nach der maximalen Leerlaufspannung und dem maximalen Kurzschlussstrom auszuwählen.

Das Verfahren zur Berechnung der maximalen Leerlaufspannung und dem maximalen Kurzschlussstrom ist in DIN VDE 0100-712 Anhang B beschrieben. Die maximale Leerlaufspannung ergibt sich aus

$$U_{OC,\,max} = K_U \cdot U_{OC,\,STC}$$

mit

$$K_U = 1 + \left(\frac{\alpha_{U_{OC}}}{100}\right) \cdot \left(T_{min} - 25\ °C\right)$$

T_{min} niedrigste Temperatur der PV-Anlage in °C

$\alpha_{U_{OC}}$ negativer Faktor in [mV/°C] oder [%/°C], der das Temperaturverhalten der PV-Module beschreibt

K_U Korrekturfaktor, der die Temperaturabhängigkeit der Leerlaufspannung unter den gegebenen Temperaturen der PV-Anlage beschreibt

Liegen vom Hersteller keine Angaben vor, ist der Korrekturfaktor K_U von 1,2 zu verwenden.

Der maximale Kurzschlussstrom eines PV-Moduls, PV-Strangs oder PV-Teilgenerators wird berechnet mit

$$I_{SC,\,max} = K_I \cdot I_{SC,\,STC}$$

Für K_I ist ein Mindestwert von 1,25 anzusetzen. Dieser Korrekturfaktor kann je nach Umgebungsbedingungen jedoch höher liegen. Dieser berücksichtigt zusätzlich zum Anteil der direkten und diffusen Strahlung auf die PV-Modulfläche den Anteil der reflektierten diffusen Strahlung durch die Beschaffenheit des Bodens.

Erläuterung: Die Sonnenstrahlung setzt sich aus einem direkten und einem diffusen Strahlungsanteil zusammen. Die auf die Erde einfallende extraterrestrische Sonnenstrahlung wird von der Atmosphäre teils reflektiert, absorbiert oder gestreut. Das Maß der Absorption, Reflexion und Streuung hängt vom auftreffenden Winkel, den Wellenlängen der Lichtanteile und den in der Atmosphäre vorkommenden Gasen ab. Aus den an der Erdoberfläche absorbierten und gestreuten Strahlungsanteilen setzt sich die auf der Erdoberfläche auftreffende Globalstrahlung – bestehend aus direkten und diffusen Strahlungsanteilen – zusammen. Durch den Anstellwinkel der PV-Module und die Ausrichtung kann über das Jahr gesehen die Nutzung dieses Strahlungsanteils aufgrund der Sonnenlaufbahn optimiert werden. Durch die Erdoberfläche werden Teile des Sonnenlichts reflektiert. Diese diffusen Strahlungsanteile verstärken die auf der Modulfläche auftreffende Bestrahlung. Dieser Strahlungsanteil der vom Erdboden reflektierten Energie wird über den Reflexionsfaktor – auch Albedo genannt – abgeschätzt. In unseren Höhenlagen und Breitengraden werden PV-Anlagen – auch Freiflächen-PV-Anlagen – in der Nähe von Straßen, Wäldern, Wiesen o. Ä. errichtet. Die Reflexionsgrade hierfür liegen zwischen 0,1 und 0,3, sodass der Korrekturfaktor K_I den reflektierten

Strahlungsanteil mit 1,25 in unseren Regionen hinreichend berücksichtigt. In Wüstenregionen und bei Schnee liegt dieser deutlich höher.

7.1.1 Normbedingungen

Die elektrischen Kenngrößen von PV-Modulen werden unter den STC (Standard Test Conditions) nach DIN EN IEC 60904-3 (**VDE 0126-4-3**) angegeben.

Die **STC (Standard Test Conditions)** sind die Bedingungen, unter denen die PV-Modulleistung bzw. PV-Generatorleistung angegeben ist. Die Leistung der PV-Module hängt von der Bestrahlungsstärke, der Temperatur der Zelle und dem Lichtspektrum ab. Die extraterrestrische Strahlung trifft in einem Winkel auf die Atmosphäre. An der Atmosphäre wird das Licht gebrochen. Die absorbierten Lichtanteile treffen auf die Erde. Die Air-Mass Zahl (AM) drückt dabei die relative Wegelänge des Lichts bezogen auf den senkrechten direkten Weg zwischen Erdoberfläche und der äußeren Atmosphärenschicht aus. In Mitteleuropa ist diese Zahl mit 1,5 angegeben. In den STC sind zusammenfassend folgende Werte festgelegt:

- Bestrahlungsstärke G_0 = 1 000 W/m^2
- Zelltemperatur der PV-Module T_M = 25 °C
- Air Mass (AM) = 1,5

Zu den STC (Normprüfbedingungen) ist die Angabe der elektrischen Bemessungsgrößen unter den **NOCT** vorgesehen. Die Bestrahlung in Modulebene wirkt sich erhöhend auf die Zelltemperatur aus. Hinzu kommt, dass in Mitteleuropa die Bestrahlstärke nur kurzzeitig um die Mittagszeit bei 1 000 W/m^2 liegt. Die NOCT bilden hier die Bestrahl- und Temperaturbediungungen im Mittel praxisnäher ab. Die NOCT sind für folgende Werte festgelegt:

- Bestrahlungsstärke G = 800 W/m^2
- Zelltemperatur der PV-Module T_M = 45 °C
- Air Mass (AM) = 1,5

Die für die Auslegung des PV-Generators anzugebenden elektrischen Kenngrößen unter Angabe der Grenzabweichungen sind nach DIN EN 50461 (**VDE 0126-17-1**) Abs. 3.5 bei 1 000 W/m^2, 800 W/m^2 und 200 W/m^2, (25 ± 2 °C), AM 1,5 in den Datenblättern der Hersteller enthalten:

- Leerlaufspannung U_{OC} [V]
- Kurzschlussstrom I_{SC} [A]

- MPP-Spannung U_{MPP} [V]
- MPP-Strom I_{MPP} [A]
- Leistung bei U_{MPP} P_{MPP} [W]
- Wirkungsgrad bei MPP [%]

Zu den Kenngrößen sind die Grenzabweichungen anzugeben. Die Charakterisierung des thermischen Verhaltens wird über die Temperaturkoeffizienten berechnet. Die Temperaturkoeffizienten des Kurzschlussstroms α (in mA/K), der Leerlaufspannung β (in mV/K) und der Leistung δ (in W/K) sind in den Datenblättern anzugeben.

Tabelle 7.1 Zusammenfassung der Leistungsreferenzbedingungen bei AM 1,5 nach DIN EN 61853-1

Bedingung		Bestrahlstärke	Temperatur der Zelle
STC	Normprüfbedingungen	1 000 W/m²	25 °C
NOCT	Nennbetriebstemperatur einer Zelle	800 W/m²	20 °C (Umgebung) 40 °C
LIC	niedrige Bestrahlstärke	200 W/m²	25 °C
HTC	hohe Temperatur	1 000 W/m²	75 °C
LTC	niedrige Temperatur	500 W/m²	15 °C

7.1.2 Leerlaufspannung und Kurzschlussstrom

Die Leerlaufspannung variiert abhängig von der PV-Modultemperatur. Bei niedrigen Modultemperaturen unterhalb 25 °C liegt die Leerlaufspannung über U_{OC} und oberhalb 25 °C unterhalb von $U_{OC,STC}$. Der Einfluss der Bestrahlungsstärke auf die Leerlaufspannung ist zu vernachlässigen.

Der Kurzschlussstrom ist direkt proportional zur in die PV-Modulebene eingestrahlten Bestrahlungsstärke G. Der Einfluss der Temperatur auf den Kurzschlussstrom ist vernachlässigbar. Bei Bestrahlungsstärken über G_0 = 1 000 W/m² liegt der Kurzschlussstrom I_{SC} über $I_{SC,STC}$ und bei geringeren Bestrahlungsstärken unterhalb $I_{SC,STC}$.

$$I_{SC} = \frac{\text{Bestrahlstärke [W/m}^2\text{]}}{1\,000\ \text{W/m}^2} \cdot I_{SC,\,STC}$$

$$U_{OC} = \left(1 - \alpha_U \left(25\ ^\circ\text{C} - T_{Modul}\right)\right) \cdot U_{OC,\,STC}$$

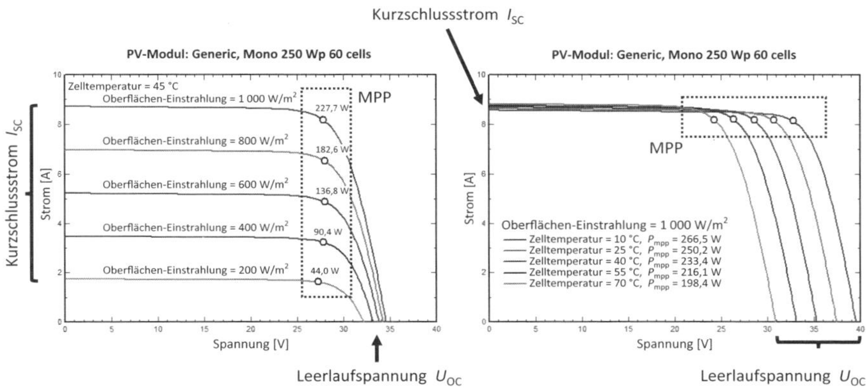

Bild 7.2 Beispiel: *U*/*I*-Kennlinie eines kristallinen PV-Moduls und Abhängigkeit der Einstrahlung

7.1.2.1 Nenngrößen bei MPP

Der MPP-Strom, die MPP-Spannung sowie die Leistung und der Wirkungsgrad beschreiben die Eigenschaften der Stromquelle – PV-Modul – im Arbeitspunkt, dem MPP. Der MPPT des Wechselrichters stellt den Arbeitspunkt des DC/DC-Wandlers in der *I*/*U*-Kennlinie auf den maximum power point (MPP) ein. An diesem Arbeitspunkt ist der Innenwiderstand der Stromquelle des PV-Generators gleich dem Innenwiderstand des DC/DC-Wandlers, so dass das PV-Modul den maximalen Wirkungsgrad erreicht und durch die Laststeuerung im Wechselrichter der optimale Arbeitspunkt eingestellt ist. Es erfolgt quasi eine automatische Quellen-Last-Anpassung und Optimierung durch den Wechselrichter.

7.1.2.2 Serien- und Parallelwiderstand

Die *I*/*U*-Kennlinie beschreibt die Charakteristik eines PV-Moduls, des gesamten PV-Strangs und der PV-Teilgeneratorfelder. Diese verfügen an den Anschlussstellen bzw. an den Messstellen über Parallel- und Serienwiderstände. Diese variieren je nach Länge der Strangleitung, Qualität der Steckerverbindungen sowie den Isolationseigenschaften der PV-Module etc. Durch eine Aufzeichnung der *I*/*U*-Kennlinie sind Serien- und Parallelwiderstände unter den momentanen Einstrahlungs- und Temperaturbedingungen messbar. Die Messwerte dienen z. B. der Fehlersuche und Identifizierung ertragsmindernder Faktoren im PV-Generatorfeld. Der Serien- und Parallelwiderstand wird durch Anlegen einer Tangente in der *I*/*U*-Kennlinie im Leerlaufpunkt und im Kurzschlusspunkt ermittelt. Fällt die Kennlinie im Kurzschlusspunkt stark ab, deutet dies auf einen reduzierten

Parallelwiderstand und damit auf reduzierte Isolationseigenschaften hin. Trifft die Kennlinie im Leerlaufpunkt steil auf, ist der Serienwiderstand der Quelle gering.

7.1.2.3 Kennzeichnung von PV-Modulen

PV-Module sind deutlich und dauerhaft mit einem Typenschild zu kennzeichnen. Das Typenschild muss folgende Angaben enthalten:

- Name, Kurzzeichen oder Symbol des Herstellers,
- Typen- oder Modellnummer,
- Seriennummer,
- Polarität der Anschlussklemmen oder Zuleitungen (Farbcodierung ist zulässig),
- Nennwerte und Kleinstwerte der maximalen Ausgangsleistung bei STC,
- Fertigungsdatum und Fertigungsort,
- CE-Kennzeichnung,
- Schutzklasse,
- Angabe der Anwendungsklasse gemäß DIN VDE 0123-30-1 Abs. 3 (IEC 61730).

7.2 PV-Wechselrichter

Am Wechselrichter sind gleichspannungsseitig die PV-Module, PV-Strings bzw. PV-Teilgeneratorfelder angeschlossen. Wechselspannungsseitig ist der Wechselrichter am PV-Wechselstrom-Versorgungskreis angeschlossen. Der Wechselrichter ist wechselspannungsseitig hinsichtlich des Fehlerschutzes nach DIN VDE 0100-410 und des Kurzschlussschutzes nach DIN VDE 0100-430 als elektrisch fest angeschlossenes Verbrauchsmittel zu betrachten, da seitens des Schutzes durch automatische Abschaltung der Stromversorgung und bei Kurzschluss im Wechselrichter die Fehlerstelle niederspannungsseitig gespeist werden. Im Einspeisebetrieb kann unter normalen Bedingungen ein Überlaststrom entstehen. Dieser wird vom Wechselrichter erzeugt und ins Netz eingespeist.

Die für die Verwendung relevanten Angaben sind in der Herstellernorm DIN EN 50524 (VDE 0126-13) festgelegt. Wechselrichter sind zudem eigens in den Verkehr gebrachte Betriebsmittel und müssen demnach über eine CE-Kennzeichnung verfügen und eine Kurzbeschreibung sowie eine Betriebsanleitung zur Sicherstellung der bestimmungsgemäßen Verwendung enthalten.

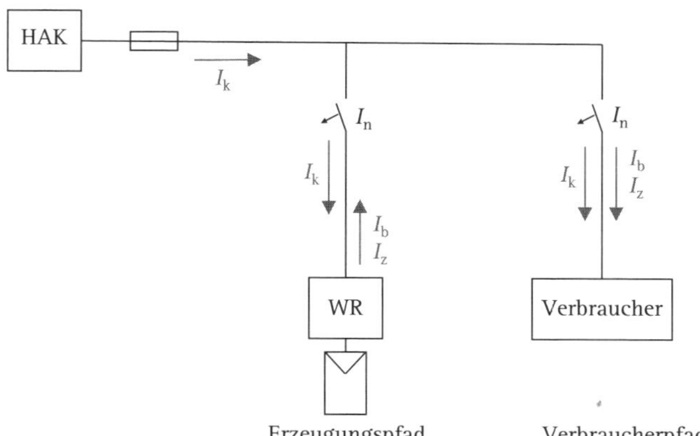

Bild 7.3 Überlast- und Kurzschlussschutz eines PV-Wechselstrom-Versorgungskreises im Vergleich zu einem reinen Verbraucherpfad

Tabelle 7.2 Elektrische Kenngrößen von PV-Wechselrichtern

	Gleichspannungsseite	Wechselspannungsseite
Spannungsbereich	$U_{dc,\,min}$, $U_{dc,\,max}$	$U_{ac,\,min}$, $U_{ac,\,max}$
Startspannung	$U_{dcStart}$ (kann auch als Bereich angegeben werden)	
optimaler Arbeitspunkt	$U_{dc,\,r}$	$U_{ac,\,r}$, f_r
Regelspannungsbereich	U_{MPPmin}, U_{MPPmax}	
maximaler Strom	$I_{dc,\,max}$	$I_{ac,\,max}$
Frequenzbereich	–	f_{min}, f_{max}
Leistungsangaben	–	$P_{ac,\,r}$ (Angabe bei 25 ± 3 °C und 230 V/50 Hz)
Phasenschieberbetrieb	–	$\cos\varphi_{ac,\,r}$

Bei den elektrischen Kenngrößen muss zwischen Eingangs- und Ausgangsgrößen unterschieden werden. Die Anordnung auf dem Typenschild sollte so erfolgen, dass eine deutliche Trennung erkennbar ist. Die aufgeführten Daten stellen ein Minimum an Information zur Verfügung, um den Wechselrichter zerstörungsfrei an einem gegebenen Netz betreiben zu können. Dies unterstellt nicht, dass dadurch die Bedienungsanleitung nicht beachtet werden muss.

Das Typschild und sonstige Aufschriften müssen in dauerhafter Ausführung auf dem Wechselrichter angebracht sein. Alle Aufschriften müssen in Englisch oder der Landessprache oder als verständliche, genormte Piktogramme verfasst sein.

Die Seriennummer des Produkts darf außerhalb des Typschilds angebracht werden. In diesem Fall muss das Etikett der Seriennummer in der Nähe des Typschilds vollständig sichtbar sein. Im Allgemeinen werden die für die Projektierung relevanten Angaben auf dem Datenblatt der Wechselrichter angegeben.

Der auf die normierte Ausgangsleistung $P_{ac,r}$ bezogene Wirkungsgrad ist in den MPP-Spannungsbereichsgrenzen und für den optimalen Arbeitspunkt bei $U_{dc,r}$ anzugeben. Es sind folgende Wirkungsgradangaben erforderlich:

- Wirkungsgrad ($P_{ac}/P_{ac,r}$): 5 %, 10 %, 20 %, 25 %, 30 %, 50 %, 75 %, 100 %

Die Auslastung des PV-Stromversorgungssystems variiert jahreszeitabhängig. Deshalb wird in Europa der sogenannte Euro-Wirkungsgrad bei Wechselrichtern angegeben. Dieser beinhaltet auslastungsabhängig die im statistischen Mittel vorkommenden lastabhängigen Wirkungsgrade. Er wird über die folgenden Teilwirkungsgrade berechnet:

$$\eta_{EU} = 0{,}03 \cdot \eta_{5\,\%} + 0{,}06 \cdot \eta_{10\,\%} + 0{,}13 \cdot \eta_{20\,\%} + 0{,}1 \cdot \eta_{30\,\%} + 0{,}48 \cdot \eta_{50\,\%} + 0{,}2 \cdot \eta_{100\,\%}$$

Herstellerangaben

Typenschild

Auf dem Typenschild sind folgende Angaben erforderlich:

- Name und Herkunft des Herstellers;
- Modell- oder Typbezeichnung;
- Seriennummer;
- elektrische Kenngrößen: U_{dcmax}, U_{mppmin}, U_{mppmax}, I_{dcmax}, $P_{ac,r}$, $U_{ac,r}$, f_r, I_{acmax};
- Schutzart;
- Überspannungskategorie;
- Schutzklasse.

Sicherheit und Einsatzbedingungen

- Angaben zur galvanischen Trennung (mit oder ohne Transformator),
- Art der Netzüberwachung (DIN V VDE V 0126-1-1),
- Einsatzbedingungen (Umgebungstemperatur, maximal zulässige relative Feuchte, Geräuschemission, wenn > 75 dB),
- Kühlprinzip,
- Montageorte/Abstände.

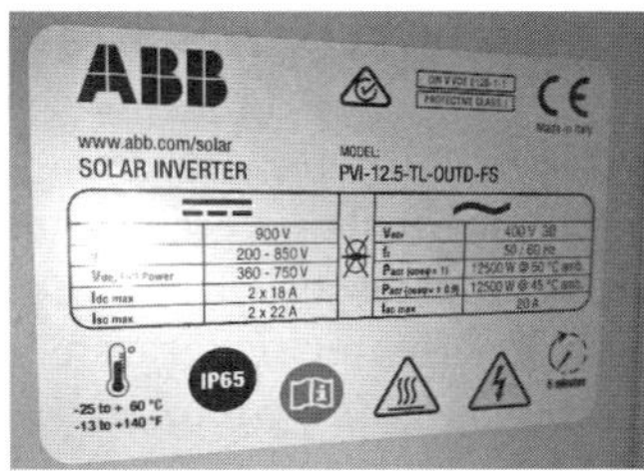

Bild 7.4 Typenschild eines Wechselrichters

7.3 Schutz gegen elektrischen Schlag des PV-Generatorfelds

Das PV-Generatorfeld stellt eine von der Bestrahlung abhängige Stromquelle dar. Sämtliche elektrische Betriebsmittel auf der DC-Seite sind deshalb nicht abschaltbar und müssen als unter Spannung stehend angesehen werden.

Nach DIN VDE 0100-712 Abs. 712.410.102 sind auf der Gleichspannungsseite folgende Schutzmaßnahmen gegen elektrischen Schlag zulässig:

- doppelte oder verstärkte Isolierung oder
- Schutz durch Kleinspannung (SELV oder PELV).

Die Anwendung der Schutzmaßnahmen nach DIN VDE 0100-410 Anhang B und C: Schutz durch Hindernisse, Schutz durch Anordnung außerhalb des Handbereichs, Schutz durch nichtleitende Umgebung, Schutz durch erdfreien örtlichen Schutzpotentialausgleich sowie Schutztrennung mit mehr als einem Verbrauchsmittel sind unzulässig.

Die Schutzmaßnahme Schutz durch doppelte oder verstärkte Isolierung besteht aus einer einzelnen Schutzvorkehrung bestehend aus einer Basisisolierung zwischen den gefährlichen aktiven Teilen und Körpern und einer zusätzlichen Isolierung. Die Anforderungen an die Schutzklasse 2 müssen nach DIN EN 61140 (**VDE 0140-1**) erfüllt sein.

Die Anwendung der Schutzmaßnahme Schutz durch Kleinspannung mittels SELV oder PELV ist ausschließlich bei maximalen Leerlaufspannungen $U_{\text{oc max}}$ bis 120 V (DC) zulässig. Bei Nennleerlaufspannungen $U_{\text{oc max}} > 30$ V muss für SELV- oder PELV-Stromkreise ein Schutz gegen direktes Berühren als Basisschutz vorgesehen werden. $U_{\text{oc max}}$ wird entsprechend des Verfahrens nach DIN VDE 0100-712 Anhang B berechnet.

7.4 Schutz gegen elektrischen Schlag der Wechselrichter

Der Wechselrichter, als ortsfestes Betriebsmittel, wird vom Hersteller mit einer dafür vorgesehenen Schutzklasse in den Verkehr gebracht. In der Regel entsprechen Wechselrichter der Schutzklasse 1. Damit ist der Schutz gegen direktes Berühren aktiver Teile am Wechselrichter sichergestellt. Für den Fehlerschutz ist eine möglichst geringe Fehlerschleifenimpedanz sicherzustellen. Hierfür sind die leitfähigen Teile des Wechselrichters mit dem Schutzleiter zu verbinden.

Bei Kurzschluss und Körperschluss wird die Fehlerstelle vom Niederspannungsnetz gespeist. Der Fehlerstrom bewirkt eine automatische Abschaltung der Stromversorgung. Hierfür gelten die Anforderungen nach DIN VDE 0100-410 Abs. 411 und die Abschaltzeiten nach DIN VDE 0100-410 Tabelle 41.1.

Können die Abschaltbedingungen für den Fehlerschutz nicht eingehalten werden, ist nach DIN VDE 0100-410 Abs. 411.3.6.2 ein zusätzlicher Schutzpotentialausgleich vorzusehen. Hierzu sind die Körper der Wechselrichter mit der Haupterdungsschiene mit einem Leiterquerschnitt von mindestens 6 mm^2 (Kupfer) oer gleichwertig zu verbinden. Für den Widerstand zwischen den gleichzeitig berührbaren Körpern der Wechselrichter und fremder berührbarer Teile gilt:

$$R \leq \frac{50\ \mathrm{V}}{I_\mathrm{a}}$$

Für den Abschaltstrom I_a ist bei Überstrom-Schutzeinrichtungen der Strom, der eine Abschaltung innerhalb 5 Sekunden bewirkt, einzusetzen. Werden Fehlerstrom-Schutzeinrichtungen als Schutzvorkehrung für den Fehlerschutz verwendet, ist der Abschaltstrom mit dem Bemessungsdifferenzstrom $I_{\Delta \mathrm{N}}$ gleichzusetzen.

Fehlerstrom-Schutzeinrichtungen sind entsprechend den zu erwartenden Betriebsbeanspruchungen auszuwählen. Wechselrichter sind elektrisch getaktete Energiewandler. Deshalb können Fehlerströme einen Gleichstromanteil enthalten. Normalerweise sind Fehlerstrom-Schutzeinrichtungen vom Typ A ausreichend. Allerdings führen Fehlerströme ab einem Gleichstromanteil von > 6 mA zu einer Sättigung des Eisenkerns im RCD und so zu einer Unwirksamkeit der Schutzmaßnahme.

Grundsätzlich sind nach DIN VDE 0100-712 Abs. 712.531.3.101 Fehlerstrom-Schutzeinrichtungen vom Typ B in Übereinstimmung nach DIN EN 62423 (**VDE 0664-100**) oder DIN EN 60947-2 (**VDE 0660-101**) für den Fehlerschutz vorzusehen.

Auf eine Fehlerstrom-Schutzeinrichtung vom Typ B kann jedoch unter der Voraussetzung, dass der Fehlerschutz am Anfang des PV-Wechselstrom-Versorgungskreises durch eine Überstrom-Schutzeinrichtung realisiert ist, unter einer der folgenden Voraussetzungen verzichtet werden:

- Zwischen Wechselspannungs- und Gleichspannungsseite besteht mindestens eine einfache Trennung.
- Zwischen Wechselrichter und RCD ist ein Transformator mit getrennten Wicklungen geschaltet.
- Der Wechselrichterhersteller bestätigt, dass der Wechselrichter konstruktiv so ausgeführt ist, dass der Gleichfehlerstromanteil nicht mehr als 6 mA beträgt und eine Fehlerstrom-Schutzeinrichtung vom Typ A betriebsbedingt nicht unwirksam wird.

7.5 Auswahl und Errichtung elektrischer Betriebsmittel

Elektrische Betriebsmittel des PV-Generatorfelds müssen bei Anwendung der Schutzmaßnahme doppelte oder verstärkte Isolierung die Anforderungen an die Schutzklasse 2 nach DIN EN 61140 (**VDE 0140-1**) Abs. 7.4 erfüllen. Hierzu zählen:

- PV-Module,
- Kabel und Leitungen,
- Niederspannungs-Schaltgerätekombinationen,
- Steckverbinder und
- Strangdioden.

<u>Auswahl der PV-Module nach Anwendungsklassen</u>

PV-Module sind für sich genommenen eigenständige Erzeugungseinheiten, die über Steckvorrichtungen zu einem PV-Strang seriell oder parallel zu einem PV-Array geschaltet werden können. Im Gegensatz zu fest angeschlossenen elektrischen Betriebsmitteln werden PV-Module über Steckverbinder (MC4-Stecker) verbunden. Werkzeug ist hierfür nicht erforderlich, so dass diese in der Praxis auch durch Dachdecker oder andere nicht elektrotechnischen Berufe bei der Montage zusammengesteckt werden können.

Werden mehrere PV-Module zu einem PV-Strang in Reihe geschaltet, übersteigt die Strangspannung schnell die Grenze von 120 V, so dass die Schutzmaßnahme: Schutz durch Kleinspannung mittels SELV oder PELV nicht mehr anwendbar ist. Die Zulässigkeit bzgl. der Bemessungsspannungen einzelner in Reihe geschalteter PV-Module ist hinsichtlich der Betriebsmittelauswahl und Aufbau des PV-Strangs aus der Anwendungsklasse nach DIN VDE 0126-30-1 zu entnehmen. Die Anwendungsklasse A ist die gängigste Anwendungsklasse. PV-Module der Anwendungsklasse A sind für den Gebrauch in Systemen mit einer Gleichspannung >120 V geeignet. Sie entsprechen der Schutzklasse 2 und sind so für die Anwendung der Schutzmaßnahme: Schutz durch doppelte oder verstärkte Isolierung geeignet und können in Reihe mit mehreren PV-Modulen zu einem PV-Strang geschaltet werden. Die Anwendungsklasse C lässt ausschließlich begrenzte Spannungen bis 120 V (DC) zu. Innerhalb dieser Anwendungsklasse wird davon ausgegangen, dass der PV-Strang die Anforderungen der Schutzklasse 3 erfüllt. Diese PV-Module kommen in der Regel aufgrund der beschränkten Spannungen ausschließlich bei Laienanwendungen wie Komplettbausätzen mit einfachem Insel-Wechselrichtern und Batterien zur autarken Versorgung von Gartenhäusern oder Caravans zum Einsatz. Die Anwendungsklasse B wird eigentlich nicht angewendet. Diese PV-Module sind ausschließlich auf abgeschlossene Bereiche beschränkt. Sie verfügen über eine Basisisolierung und über keine Beschränkung der zulässigen Systemspannung, womit die nach DIN VDE 0100-712 vorgegebenen Schutzmaßnahmen des PV-Generators nicht erfüllt sind. Zudem ist nebenbei anzumerken, dass die Schutzklasse 0 in Deutschland nicht zur Anwendung kommt.

Tabelle 7.3 Anwendungsklasse nach DIN VDE 0123-30-1 Abs. 3

Anwendungsklasse	A	B	C
zulässige Spannung des Systems	≥ 120 V (DC)	k.A.	< 120 V (DC)
Schutzklasse	SK 2	SK 0	SK 3
weitere Aspekte	k. A.	Einschränkung des Zugangs erforderlich	k. A.

7.5.1 Wechselrichter und Anschlussgehäuse

Die Wechselrichter müssen den Normen DIN EN 62109-1 (**VDE 0126-14-1**) und DIN EN 62109-2 (**VDE 0126-14-2**) entsprechen.

Wechselrichter und Betriebsmittel, die im Freien installiert sind, müssen mindestens:

- über die Schutzart IP44 zum Fremdkörperschutz verfügen und
- der Schutzart IK07 gegen mechanische Beanspruchungen entsprechen.

Anschlussgehäuse, Verteiler und Schaltgeräte-Kombinationen müssen der Normenreihe DIN EN 61439-1 (VDE 0660-600-1) entsprechen. Gehäuse, die in Haushalten montiert werden, sind entsprechend den Anforderungen aus DIN EN 60670-24 (VDE 0606-24) auszuwählen.

Wechselrichter dürfen nicht auf brennbaren Flächen montiert werden. Die Belüftung der Wechselrichter darf nicht beeinträchtigt werden. Hierzu sind entsprechend den Herstellerangaben die Mindestabstände zu Wänden sowie zwischen den Wechselrichtern zu beachten.

Bild 7.5 Anschlussgehäuse (GAK) auf einem Hallendach

7.5.2 Sperrdioden

Werden Sperrdioden verwendet, sind diese entsprechend der zu erwartenden Spannungen und Ströme zu dimensionieren. Sperrdioden werden bei parallel geschalteten PV-Strängen in Reihe zu jedem Strang geschaltet. Sie verhindern Rückströme bei Verschattungen einzelner Stränge, zu Mismatchverlusten führende Querströme o. Ä.

PV-Module wirken bei Verschattung o. Ä. in der Schaltung nicht mehr als Quelle, sondern als Verbraucher. Die Spannungsrichtung dreht sich um. Dadurch können an der Sperrdiode Spannungen bis zur doppelten PV-Strangspannung anliegen. Die Sperrdioden müssen in Durchlassrichtung entsprechend dem zu erwartenden Strangstrom bemessen sein.

Für Sperrdioden gilt:

$$\text{Sperrspannung} \geq 2 \cdot U_{\text{OC, max}}$$

$$\text{Bemessungsstrom} \geq 1{,}1 \cdot I_{\text{SC, max}}$$

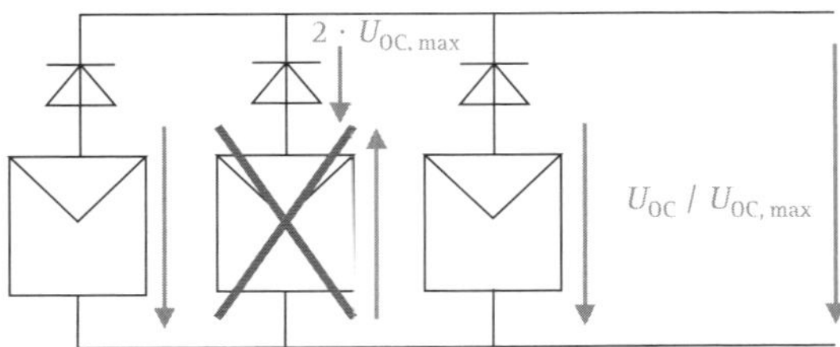

Bild 7.6 Anordnung von parallelen PV-Strängen mit Sperrdioden

7.5.3 Steckverbinder

Nach DIN VDE 0100-712 Abs. 712.526 müssen elektrische Steckverbindungen insbesondere auf der Gleichspannungsseite elektrisch und mechanisch kompatibel sein und für die Umwelteinflüsse geeignet sein. Diese Verbinder sind nach DIN EN 62852 (DIN VDE 0126-300) auszuwählen. Es gibt je nach Anschluss gleichspannungsseitig folgende Bauformen:

- freier Steckverbinder für die Verbindung einzelner PV-Module untereinander und der PV-Strangleitungen,
- eingebauter Steckverbinder in und an Wechselrichtern, Strangboxen,
- integrierter Steckverbinder mit DC-Trenneinrichtungen und Überspannungs-Schutzeinrichtungen im DC-Bereich.

Die Steckverbinder der Gleichstromleitungen und die der PV-Module müssen hinsichtlich ihrer Eignung und Paarung kompatibel sein. Die Anzahl der Steckverbinder sollte möglichst gering gehalten werden. Nach DIN EN 62852 (DIN VDE 0126-300) müssen diese für eine dauerhafte Verwendung im Freien in einem Umgebungstemperaturbereich von –40 °C bis +85 °C geeignet sein. Die Eignung ist anhand der Herstellererklärung zu belegen. Steckverbinder dieser Norm erfüllen im gesteckten Zustand die Schutzmaßnahme: Schutz durch doppelte oder verstärkte Isolierung und dürfen demnach für Strangspannungen über 120 V verwendet werden. Steckverbinder im gesteckten Zustand erfüllen die Anforderungen an die Schutzart IP55 und sind demnach für den Einsatz gemäß DIN VDE 0100-712 geeignet.

Bild 7.7 Generatoranschlusskasten/Stringkabel

Bild 7.8 Steckverbinder (PV-Module)

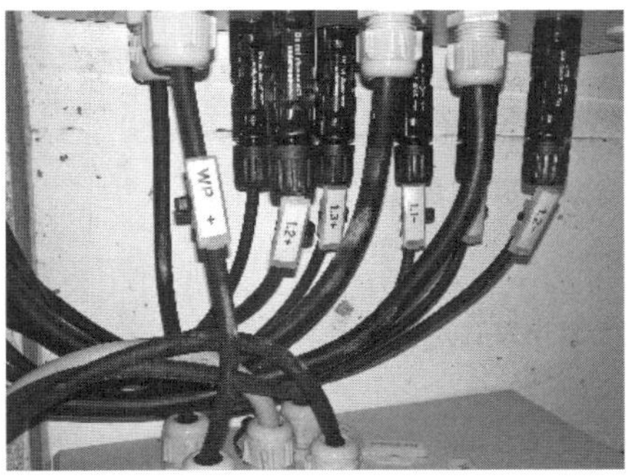

Bild 7.9 DC-Anschluss eines PV-Wechselrichters

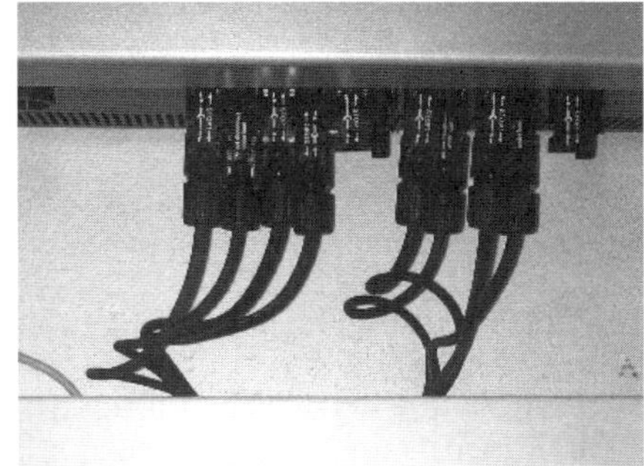

Bild 7.10 PV-Stringleitungen am Wechselrichter

Steckverbindungen dürfen nur durch Elektrofachkräfte oder elektrotechnisch unterwiesene Personen geöffnet werden. Freie verlegte Verbinder dürfen demnach ausschließlich mit einem Schlüssel oder Werkzeug geöffnet werden oder sind in einem nur mit Werkzeug oder Schlüssel zu öffnendem Gehäuse zu installieren. Sie müssen für dauerhafte Verwendung im Freien für einen Umgebungstemperaturbereich von –40 °C bis +85 °C geeignet sein. Die Anforderungen an die Schutzmaßnahme Schutz durch doppelte oder verstärkte Isolierung müssen erfüllt sein. Steckverbinder im gesteckten Zustand müssen mindestens der Schutzart IP55 entsprechen. Je nach Anforderungsbereich kann eine höhere Schutzart gefordert sein. Die Luft- und Kriechstrecken sind als Basisisolierung für einen Verschmutzungsgrad von 3 im Außenbereich und 2 innerhalb von Gehäusen zu bemessen.

Unterschiedliche Kontaktoberflächen können zu erhöhten Übergangswiderständen führen. Steckerpaare müssen deshalb unter Berücksichtigung der Herstellerangaben elektrisch und mechanisch kompatibel sein. Die Verbinder sind so zu verlegen, dass diese nicht für Laien zugänglich sind und nicht mit Werkzeug zu öffnen sind.

7.5.4 Überstrom-Schutzeinrichtungen auf der Gleichspannungsseite

Auf der Gleichspannungsseite müssen Überstrom-Schutzeinrichtungen die zu erwartenden Ströme sicher abschalten. Bei der Abschaltung von Strömen entsteht je nach Stromhöhe und Last sowie bei Wechselstrom je nach im Schaltungsmoment anliegender Spannung ein Lichtbogen. Bei Wechselspannungen wird dieser im Nulldurchgang gelöscht. Diese Selbstlöschung gibt es bei Gleichströmen nicht, sodass nur die folgenden Überstromschutz-Einrichtungen auf der Gleichspannungsseite verwendet werden dürfen:

- gPV-Sicherungen nach der Norm DIN EN 60269-6 (**VDE 0636-6**) oder
- Lasttrennschalter nach DIN EN IEC 60947-3 (**VDE 0660-107**) oder
- Leistungsschalter nach DIN EN 60947-2 (**VDE 0660-101**) oder
- Leitungsschutzschalter nach DIN EN 60898-2 (**VDE 0641-12**).

Die Überstrom-Schutzeinrichtungen sind nach den folgenden Größen auszulegen:

- Bemessungsbetriebsspannung (U_e) ≥ $U_{OC,max}$ des PV-Generatorfelds, bei der niedrigsten Anwendungstemperatur. Die Anwendungstemperatur bei 1,2 · $U_{OC\ STC}$ entspricht -25 °C. Bei geringeren Umgebungstemperaturen ist die maximale Leerlaufspannung gemäß DIN VDE 0100-712 Anhang A anhand des Temperaturkoeffizienten der Leerlaufspannung der PV-Module zu berechnen.
- Bemessungsstrom I_n ist entsprechend den Anforderungen an den Schutz bei Überstrom auszuwählen. Hierzu sind die Sicherungseinsätze gemäß den Umgebungstemperaturen und die Temperaturwechselbelastungen zu berücksichtigen. Gemäß DIN VDE 0636-6 Anhang BB muss bei einer maximalen Bestrahlstärke von 1200 W/ m_2 der Bemessungsstrom der Schmelzsicherung mindestens 1,4 · I_{SC} betragen.
- Bemessungsschaltvermögen ≥ $I_{SC,max}$ des PV-Generatorfelds,
- Überstrom-Schutzeinrichtungen müssen bidirektional wirksam sein.

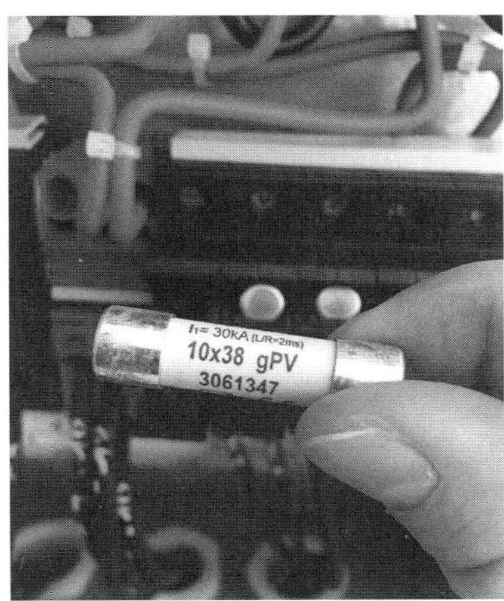

Bild 7.11 Schmelzsicherung eines PV-Strangs

Überstrom-Schutzeinrichtungen auf der Gleichspannungsseite stellen lediglich den Überlastschutz gemäß DIN VDE 0100-430 Abs. 433 sicher. Hierzu sind die großen und kleinen Prüfströme der Überstromschutzeinrichtungen bei der Koordination der Schutzeinrichtung in Verbindung mit der Strombelastbelastbarkeit des Kabels und des Betriebsstroms zu beachten. Der kleine Prüfstrom (I_{nf} bzw. I_1) einer Schmelzsicherung beschreibt dabei den Strom, bei dem die Sicherung nicht innerhalb einer vorgegeben Zeit auslösen darf. Die Zeit wird auch als „konventionelle Prüfdauer" bezeichnet. Der große Prüfstrom (I_r bzw. I_2) einer Schmelzsicherung beschreibt den Strom, bei dem die Sicherung innerhalb der konventionellen Prüfdauer auslösen muss. Der große und kleine Prüfstrom wird in der Regel als ein Vielfaches des Bemessungsstroms einer Überstrom-Schutzeinrichtung angegeben. Die konventionellen Zeiten und Ströme für Schmelzsicherungen der Klasse gPV sind in Tabelle 7.4 zusammengefasst.

Tabelle 7.4 Konventionelle Zeiten und Ströme für Schmelzsicherungen der Klasse gPV nach DIN EN 60269-6 (VDE 0636-6)

Bemessungsstrom	konventionelle Zeit	**konventioneller Strom Typ „gPV"**	
		I_{nf} (I_1)	I_r (I_2)
$I_n \leq 63$ A	1 h	$1{,}13 \cdot I_n$	$1{,}45 \cdot I_n$
63 A < $I_n \leq 160$ A	2 h		
160 A < $I_n \leq 400$ A	3 h		
$I_n > 400$ A	4 h		

7.6 Schutz gegen thermische Einflüsse und Brände

Kabel und Leitungen sind sowohl auf der DC-Seite als auch auf der AC-Seite entsprechend den zu erwartenden Betriebsbeanspruchungen zu dimensionieren. Von der PV-Anlage darf weder eine Brandgefahr ausgehen noch dürfen die Kabel und Leitungsanlagen eine zusätzliche Brandlast darstellen und Brände fortleiten.

Kabel und Leitungen dürfen nicht unzulässig thermisch beansprucht werden. Zudem stellen Betriebsmittel der PV-Anlage eine zusätzliche Brandgefahr dar durch:

- die von der Bestrahlung abhängigen Gleichströme auf der DC-Seite,
- nicht selbstlöschende Gleichstromlichtbögen bei Isolationsfehlern,
- unter Spannung stehende Gleichstromleitungen in und am Gebäude,
- Wärmeentwicklung der Wechselrichter.

Folgende Aspekte sind zu beachten:

- Wechselrichter und deren Verteilungen dürfen nicht in feuergefährdeten Betriebsstätten nach DIN VDE 0100-420 installiert werden.
- Jedes Betriebsmittel muss für einen Belastungsgrad $g = 1$ dimensioniert sein.
- Die Wechselrichter sind entsprechend den Montagevorschriften zu montieren.
- Die nationalen und örtlichen Anforderungen an den baulichen Brandschutz sind zu beachten.

7.6.1 Feuergefährdete Betriebsstätten

Photovoltaikanlagen werden i. d. R. nachträglich auf einem Gebäude installiert. Die Kabel und Leitungen sowie die Wechselrichter dieser Anlagen werden je nach Planung und Ausführung der Elektroinstallationsarbeiten außerhalb des Gebäudes oder im Gebäude installiert. Bei PV-Anlagen, die auf Industrie- oder Gewerbedächern installiert sind, handelt es sich beim PV-Anlagenbetreiber und dem Gebäudenutzer nicht immer um die gleichen Personen (juristische Person). In den meisten Fällen lassen die Gebäudeeigentümer auf ihren Dächern PV-Anlagen installieren. Eine Vermietung des Dachs an Investoren stellt ebenfalls eine beliebte Variante dar, während das Gewerbeobjekt an Firmen etc. zur Nutzung vermietet wird. Deshalb kann in den meisten Fällen davon ausgegangen werden, dass es sich beim Nutzer des Gebäudes nicht gleichzeitig um den Betreiber der PV-Anlage handelt.

Bei den Gebäudenutzern handelt es sich zum Teil um Werkstätten, Produktionsstätten oder Lager. Diese können je nach Einstufung des Betreibers als feuergefährdete Betriebsstätte deklariert sein. Merkmale für feuergefährdete Betriebsstätten sind nach DIN VDE 0100-420 Abs. 422.3 und Abs. 4.22.4 beispielsweise folgende:

- Feuergefahren durch Herstellung, Bearbeitung oder Lagerung von brennbarem Material einschließlich Vorhandensein von Staub, z. B. in Scheunen, Werkstätten für Holzbearbeitung, Papierfabriken,
- Einsatz von elektrischen Betriebsmitteln aus nicht flammenausbreitendem Material,
- Anordnung von elektrischen Betriebsmitteln so, dass eine deutliche Temperaturerhöhung oder ein Funken oder ein Lichtbogen in einem elektrischen Betriebsmittel nicht einen äußeren Brand verursachen kann,
- Räume oder Orte mit brennbaren Baustoffen.

Die gleichen Anforderungen gelten auch für Räume oder Orte mit sog. gleichzustellenden Risiken. Dazu gehören z. B. Museen, öffentliche Gebäude, wie Bahnhöfe und Flughäfen, und Rechenzentren.

Für die Errichtung, Änderung und Erweiterung elektrischer Anlagen innerhalb der feuergefährdeten Betriebsstätte gelten neben den allgemeinen normativen u. a. Anforderungen der DIN VDE 0100, insbesondere DIN VDE 0100-420 Abs. 422.3. Für die, in den meisten Fällen, nachträglich installierten PV-Anlagen findet für die Errichtung die Norm DIN VDE 0100-712 Anwendung. Das PV-Gleichstromhauptkabel (vgl. DIN VDE 0100-712 Abs. 712.3.10) ist zwischen den Verbindungen des PV-Generator-Anschlusskastens bis zu den gleichstromseitigen Klemmen des PV-Wechselrichters verlegt. Das PV-Gleichstromhauptkabel wird dabei entweder außerhalb des Gebäudes oder innerhalb des Gebäudes zu den PV-Wechselrichtern verlegt. Bei letzterem, also einer Verlegung des PV-Gleichstromhauptkabels innerhalb des Gebäudes, kann es zu einer Durchführung der AC- als auch der DC-Leitungen sowie einer Montage der Wechselrichter in feuergefährdeten Betriebsstätten kommen bzw. oft werden die Räumlichkeiten bei Nutzungsänderung als feuergefährdete Betriebsstätte deklariert. Hierbei kann es zu Widersprüchen der normativen Anforderungen, z. B. nach DIN VDE 0100-420 und DIN VDE 0100-712 kommen.

7.6.2 Feuergefährdete Betriebsstätten – Allgemeine Anforderungen

7.6.2.1 Kabel- und Leitungsverlegung

PV-Wechselstrom-Versorgungsleitungen und PV-Gleichstromleitungen, die feuergefährdete Betriebsstätten durchqueren, sind in nichtbrennbaren Materialien eingebettet zu verlegen oder müssen entsprechend der Prüfung unter Brandbedingungen bzw. Widerstand gegen Flammausbreitung die Anforderungen erfüllen.

- Die Kabel und Leitungen müssen mit der Herstellernorm DIN EN 60332 (DIN VDE 0482-332) übereinstimmen.
- Elektroinstallationsrohrsysteme müssen DIN EN 61386 (DIN VDE 0605) entsprechen.
- Elektroinstallationskanalsysteme und geschlossene Elektroinstallationskanalsysteme müssEN IEC 61084 entsprechen.
- Kabelwannensysteme und Kabelpritschensysteme sind nach DIN EN 61537 (DIN VDE 0639) auszuwählen.
- Stromschienensysteme müssen DIN EN 61534 (DIN VDE 0604) entsprechen.

Grundsätzlich sind Kabel und Leitungen in einem Zug durch feuergefährdete Betriebsstätten zu führen. Klemmen ohne feuerfeste Umhüllung innerhalb der feuergefährdeten Betriebsstätte sind unzulässig.

Die Betriebsmittel, die sich innerhalb der feuergefährdeten Betriebsstätte befinden, sind nach DIN VDE 0100-420 mit einem Überlast- und Kurzschlussschutz nach DIN VDE 0100-430 zu schützen. Der Überlast- und Kurzschlussschutz ist am Speisepunkt anzuordnen. Befindet sich der Speisepunkt außerhalb der feuergefährdeten Betriebsstätte, ist die Schutzeinrichtung auch außerhalb anzuordnen. Bei Speisepunkten, die sich innerhalb von feuergefährdeten Betriebsstätten befinden, ist die Schutzeinrichtung unmittelbar am Speisepunkt anzuordnen.

7.6.2.2 Fehlerschutz

Stromkreise, mit der Netzform TN oder TT, in feuergefährdeten Betriebsstätten, die elektrische Betriebsmittel in der feuergefährdeten Betriebsstätte versorgen oder diese durchqueren sowie elektrische Verbrauchsmittel nach DIN VDE 0100-420 Abs. 422.3.9 a) müssen bei Isolationsfehlern mit einer Fehlerstrom-Schutzeinrichtung (RCD) mit einem Bemessungsdifferenzstrom $I_{\Delta N} \leq 300$ mA versehen sein.

7.6.2.3 Schaltgeräte und Betriebsmittel

Werden elektrische Betriebsmittel innerhalb der feuergefährdeten Betriebsstätte errichtet, müssen in Anlehnung an die Anforderungen an Heizgeräte entsprechend DIN VDE 0100-420 Abs. 422.3.2 Maßnahmen ergriffen werden, damit unter normalen Betriebsbedingungen eine Temperatur von 90 °C am Gehäuse eines elektrischen Betriebsmittels, in diesem Falle des Wechselrichters, nicht überschritten wird. Die höchste zulässige Oberflächentemperatur des Betriebsmittels unter Fehlerbedingungen muss sich unterhalb 115 °C befinden. Die Produktnormen der Wechselrichter, z. B. DIN EN 62109-1 (VDE 0126-14-1) Sicherheit von Wechselrichtern zur Anwendung in photovoltaischen Energiesystemen – Teil 1: Allgemeine Anforderungen, sind zudem einzuhalten.

Sollten sich Stoffe wie Staub oder Fasern auf Umhüllungen von elektrischen Betriebsmitteln in feuergefährlichen Mengen ablagern können, müssen geeignete Maßnahmen getroffen werden, um zu verhindern, dass die Umhüllungen die oben genannten Temperaturen überschreiten.

Grundsätzlich sind Schaltgeräte für Schutz, Steuerung und Trennen außerhalb feuergefährdeter Betriebsstätten anzuordnen. Ist dies nicht möglich, sind diese nach DIN VDE 0100-420 mit einer geeigneten Umhüllung zu versehen. Darüber hinaus sind unter Berücksichtigung der Art und Menge der Staubablagerungen die folgenden Schutzarten herzustellen:

- mindestens IP4X,
- im Falle von Staubablagerungen: IP5X,
- im Falle von Ablagerungen leitfähigen Staubs: IP6X.

7.6.3 PV-Anlagen/Varianten in feuergefährdeten Betriebsstätten

Für die Varianten ist im Rahmen des Brandschutzes der Überlast- und Kurzschlussschutz, die Montage und Auswahl der Betriebsmittel, der Fehlerschutz und die Kabel- und Leitungsverlegung zu berücksichtigen.

7.6.3.1 Variante 1

Das PV-Gleichstromhauptkabel durchquert die feuergefährdete Betriebsstätte. Wechselrichter und PV-Versorgungskabel sind außerhalb der feuergefährdeten Betriebsstätte installiert.

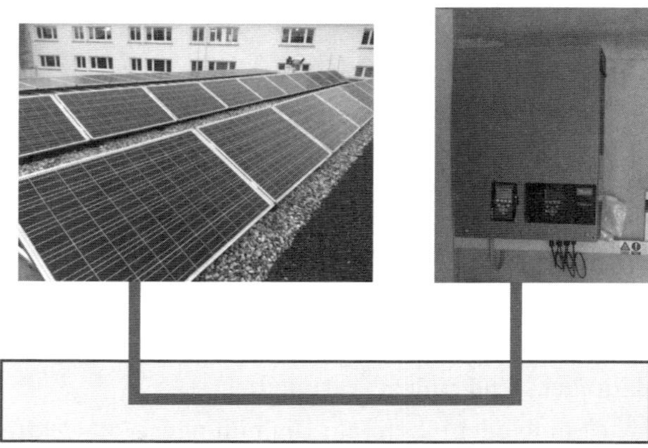

Bild 7.12 PV-Anlagen und feuergefährdete Betriebsstätten (Variante 1)
(*Zeichnung:* M. Fengel)

Durchquert das/die PV-Gleichstromhauptkabel/-leitung die feuergefährdete Betriebsstätte, liegt der Speisepunkt der Leitung bei den PV-Modulen. Diese speisen einen Gleichstrom in Anhängigkeit der Sonneneinstrahlung. Der Wechselrichter, der sich außerhalb der feuergefährdeten Betriebsstätte befindet, muss nach DIN VDE 0100-712 über eine Einrichtung zum Trennen der Gleichstromleistung verfügen. Die Trenneinrichtung ist i. d. R. im Wechselrichter integriert. Diese trennt die Gleichspannungsseite des Wechselrichters, wenn entweder die PV-Module aufgrund zu geringer Sonneneinstrahlung keinen Gleichstrom liefern oder wenn das Wechselspannungsnetz nicht an der AC-Seite des Wechselrichters anliegt.

PV-Gleichstromhauptkabel/-leitung müssen nicht grundsätzlich mit einem Überlast- und Kurzschlussschutz versehen werden. Als höchster anzunehmender Kurzschlussstrom unter Standardprüfbedingungen sind 125 % des Kurzschlussstroms unter STC (1 000 W/m^2, 25 °C, AM 1,5) anzusetzen. Liegt die Strombelastbarkeit I_z der PV-DC-Leitung unter Berücksichtigung von Verlegeart, Häufung, Leiterquerschnitt etc. oberhalb des 1,25-fachen Kurzschlussstroms unter Standardprüfbedingungen ($I_{SC,STC}$) ist kein Überlast- und Kurzschlussschutz der PV-Gleichstromleitungen gefordert. Reicht die Strombelastbarkeit I_z der PV-DC-Leitung für den Kurzschlussfall ($1{,}25 \cdot I_{SC,STC}$) nicht aus, ist normativ ein Überlast- und Kurzschlussschutz der PV-Gleichstromleitungen gefordert. (*Hinweis:* Als Gleichzeitigkeitsfaktor ist bei PV-Anlagen $g = 1$ anzusetzen.)

Durchquert das/die PV-Gleichstromhauptkabel/-leitung eine feuergefährdete Betriebsstätte, ist nach DIN VDE 0100-420 Abs. 422.3.10 in diesem Fall immer ein Schutz vor Überlast und Kurzschluss gefordert. Die Einrichtung zum Überlast- und

Kurzschlussschutz muss sich dabei außerhalb der feuergefährdeten Betriebsstätte befinden. Die Anforderung nach DIN VDE 0100-420 Abs. 422.3.10 an feuergefährdete Betriebsstätten ist in diesem Fall höher zu bewerten als die Ausnahme, auf einen Überlast- und Kurzschlussschutz der PV-Gleichstromhauptkabel/-leitung nach DIN VDE 0100-712 Abs. 712.433.1 und 712.433.2 zu verzichten.

Endstromkreise, mit der Netzform TN oder TT, in feuergefährdeten Betriebsstätten, die elektrische Betriebsmittel in der feuergefährdeten Betriebsstätte versorgen oder diese durchqueren sowie elektrische Verbrauchsmittel müssen nach DIN VDE 0100-420 Abs. 422.3.9 bei Isolationsfehlern mit einer Fehlerstrom-Schutzeinrichtung (RCD) mit einem Bemessungsdifferenzstrom $I_{\Delta N} \leq 300$ mA versehen sein. Klemmverbindungen sind nach DIN VDE 0100-420 Abs. 422.3.5 nicht zulässig.

Bei PV-Anlagen ist gleichspannungsseitig nach DIN VDE 0100-712 Abs. 712.312.2 eine Erdung eines der aktiven Leiter erlaubt, falls mindestens eine einfache Trennung zwischen Wechselspannungs- und Gleichspannungsseite besteht. Werden Wechselrichter mit einem konventionellen Transformator verwendet, ist die Erdung eines aktiven Leiters der Gleichspannungsseite somit zulässig. Demnach liegt die Netzform TN oder TT auf der Gleichspannungsseite vor. Daraus ergibt sich die Forderung nach DIN VDE 0100-420 Abs. 422.3.9 Isolationsfehler bis zu 300 mA zu erkennen und abzuschalten. Isolationsfehlerüberwachungseinrichtungen in Wechselrichtern stellen jedoch einen reinen Geräteschutz dar. Dadurch sind ein Schutz bzw. eine Detektion eines Isolationsfehlers der Anlage nicht gegeben. Die Anforderungen entsprechend der Variante 1 bei geerdeten PV-Generatoren kann demnach nicht erfüllt werden und sind somit nicht zulässig.

7.6.3.2 Variante 2

Der Wechselrichter ist in der feuergefährdeten Betriebsstätte installiert. Das PV-Gleichstromhauptkabel sowie das/die PV-Versorgungskabel/-leitung der Wechselspannungsseite sind in die feuergefährdete Betriebsstätte eingeführt und an den DC- bzw. AC-Klemmen des Wechselrichters angeschlossen.

Werden elektrische Betriebsmittel innerhalb der feuergefährdeten Betriebsstätte errichtet, müssen in Anlehnung an die Anforderungen an Heizgeräte entsprechend DIN VDE 0100-420 Abs. 422.3.2 Maßnahmen ergriffen werden, damit unter normalen Betriebsbedingungen eine Temperatur von 90 °C am Gehäuse eines elektrischen Betriebsmittels, in diesem Fall des Wechselrichters, nicht überschritten wird. Die höchste zulässige Oberflächentemperatur des Betriebsmittels unter Fehlerbedingungen muss sich unterhalb 115 °C befinden.

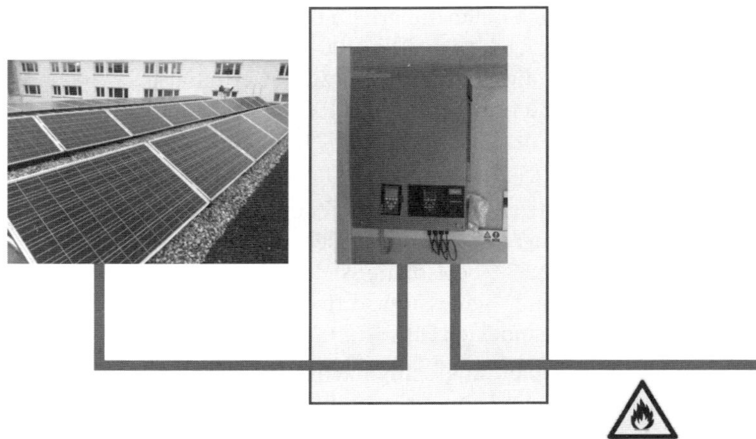

Bild 7.13 PV-Anlagen und feuergefährdete Betriebsstätten (Variante 2)
(*Zeichnung:* M. Fengel)

Sollten sich Stoffe wie Staub oder Fasern auf Umhüllungen von elektrischen Betriebsmitteln in feuergefährlichen Mengen ablagern können, müssen geeignete Maßnahmen getroffen werden, um zu verhindern, dass die Umhüllungen die oben genannten Temperaturen überschreiten.

Grundsätzlich sind Schaltgeräte für Schutz, Steuerung und Trennen außerhalb feuergefährdeter Betriebsstätten anzuordnen. Ist dies nicht möglich, sind diese nach DIN VDE 0100-420 Abs. 422.3.3 mit einer geeigneten Umhüllung zu versehen. Darüber hinaus sind unter Berücksichtigung der Art und Menge der Staubablagerungen die folgenden Schutzarten herzustellen:

- mindestens IP4X,
- im Fall von Staubablagerungen: IP5X,
- im Fall von Ablagerungen leitfähigen Staubs: IP6X.

Nach DIN VDE 0100-420 Abs. 422.1.1 müssen elektrische Betriebsmittel in feuergefährdeten Betriebsstätten auf solche beschränkt werden, die für die Anwendung in dieser Betriebsstätte notwendig sind. Wechselrichter für Photovoltaikanlagen sind Erzeugungsanlagen am Niederspannungsnetz und sind demnach nicht für den Betrieb einer feuergefährdeten Betriebsstätte notwendig. Eine Installation der Wechselrichter in feuergefährdeten Betriebsstätten ist somit nicht zulässig. Eine Demontage der Wechselrichter in feuergefährdeten Betriebsstätten kann nur durch geeignete bauliche Abtrennungen vermieden werden.

7.6.3.3 Variante 3

Das PV-Versorgungskabel durchquert die feuergefährdete Betriebsstätte. Wechselrichter und PV-Gleichstromhauptkabel sind außerhalb der feuergefährdeten Betriebsstätte installiert.

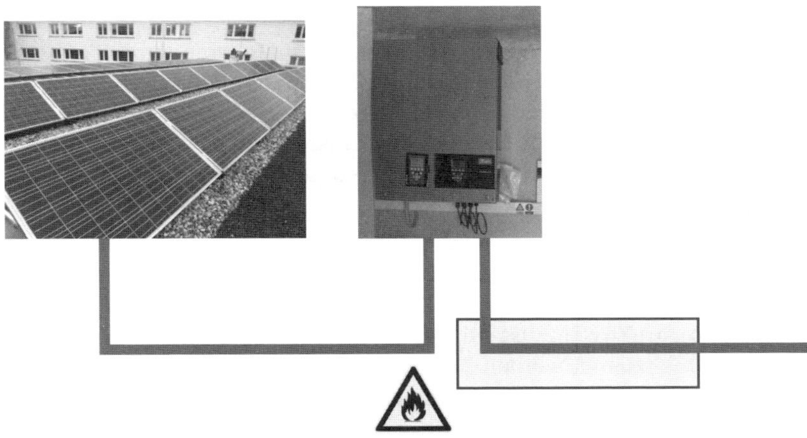

Bild 7.14 PV-Anlagen und feuergefährdete Betriebsstätten (Variante 3)
(*Zeichnung:* M. Fengel)

Durchquert die PV-Versorgungsleitung die feuergefährdete Betriebsstätte, liegt der Speisepunkt der Leitung beim Wechselspannungsnetz, da Wechselrichter aufgrund der Abhängigkeit vom Netz AC-seitig als fest angeschlossenes Betriebsmittel angesehen werden können. Bei netzabhängigen Anlagen (keine Inselnetze) schaltet der Wechselrichter AC-seitig nur die Trennstelle zu, wenn die Synchronisationsbedingungen am starren Netz erfüllt sind. Diese sind Spannung, Frequenz und Phasenfolge. Sind diese, z. B. durch einen ausgeschalteten Leitungsschutzschalter, nicht erfüllt, findet keine Zuschaltung statt. Der Speisepunkt des Wechselrichters stellt in diesem Fall die PV-Versorgungsleitung dar.

Durchquert die PV-Versorgungsleitung eine feuergefährdete Betriebsstätte, ist nach DIN VDE 0100-420 Abs. 422.3.10 ein Schutz vor Überlast und Kurzschluss gefordert. Die Einrichtung zum Überlast- und Kurzschlussschutz muss sich dabei außerhalb der feuergefährdeten Betriebsstätte befinden. Die Anforderung nach DIN VDE 0100-420 Abs. 422.3.10 an feuergefährdete Betriebsstätten deckt sich hier mit den allgemeinen Anforderungen der DIN VDE 0100. Entsprechend der Anforderung nach DIN VDE 0100-712 Abs. 712.413.1.1.1.1 muss das PV-Versorgungskabel auf der Versorgungsseite an eine Schutzeinrichtung zur automatischen Abschaltung der Stromkreise angeschlossen sein.

Auf der Wechselspannungsseite muss nach Abs. 712.413.1.1.1.1 das PV-Versorgungskabel/die PV-Versorgungsleitung auf der Versorgungsseite der Schutzeinrichtung für die automatische Abschaltung der Stromkreise, die Verbrauchsmittel versorgen, angeschlossen sein.

Endstromkreise, mit der Netzform TN oder TT, in feuergefährdeten Betriebsstätten, die elektrische Betriebsmittel in der feuergefährdeten Betriebsstätte versorgen oder diese durchqueren sowie elektrische Verbrauchsmittel müssen nach DIN VDE 0100-420 Abs. 422.3.9 bei Isolationsfehlern mit einer Fehlerstrom-Schutzeinrichtung (RCD) mit einem Bemessungsdifferenzstrom $I_{\Delta N} \leq 300$ mA versehen sein.

Fehlerstrom-Schutzeinrichtungen (RCD) sind nach DIN VDE 0100-712 712.413.1.1.1.2 AC-seitig bei PV-Anlagen nur gefordert, wenn der Wechselrichter nicht mindestens über eine einfache Trennung verfügt oder der Wechselrichter anderweitig konstruktiv so ausgeführt ist, dass auf eine Fehlerstrom-Schutzeinrichtung (RCD) verzichtet werden kann. Letzteres ist in den Angaben der Wechselrichterhersteller zu finden. Wird jedoch eine Fehlerstrom-Schutzeinrichtung (RCD) benötigt, müssen Gleichfehlerströme erfasst werden. Demnach ist ein RCD vom Typ B nach IEC 60755 erforderlich.

Sind PV-Versorgungsleitungen durch feuergefährdete Betriebsstätten durchgeführt, sind diese entsprechend den Anforderungen aus DIN VDE 0100-420 und DIN VDE 0100-712 gegen Überlast und Kurzschluss zu schützen. Als zusätzlicher Schutz ist in TN- und TT-Systemen, die i. d. R. PV-Versorgungen netzseitig darstellen, mit einer Fehlerstrom-Schutzeinrichtung (RCD) mit einem Bemessungsstrom von höchstens 300 mA abzusichern. Aufgrund der Anforderung nach DIN VDE 0100-712 ist dieser bei PV-Versorgungsleitungen außerhalb feuergefährdeter Betriebsstätten nicht grundsätzlich vorgeschrieben (siehe hierzu DIN VDE 0100-712 712.413.1.1.1.2). Aufgrund der Anforderung aus DIN VDE 0100-420 Abs. 422.3.9 zum Schutz vor Isolationsfehlern und der Anforderung einen allstromsensitiven RCD (Typ B) nach DIN VDE 0100-712 712.413.1.1.1.2 zu verwenden, muss somit die PV-Versorgungsleistung, die feuergefährdete Betriebsstätten durchquert, mit einem RCD vom Typ B mit einem Bemessungsfehlerstrom von höchstens 300 mA versehen werden. Die Betriebsmittel müssen außerhalb der feuergefährdeten Betriebsstätte angeordnet sein. Zudem muss der Überlast- und Kurzschlussschutz der PV-Versorgungsleitung gegeben sein.

Bei Wechselrichtern, die in Niederspannungsnetze einspeisen, (den sog. On-grid-Wechselrichtern) muss Kurzschlussschutz seitens der Einspeiseverteilung außerhalb der feuergefährdeten Betriebsstätte angeordnet sein.

Bei Wechselrichtern, die ein sog. Inselnetz erzeugen, (Off-grid-Wechselrichtern) stellt der Wechselrichter an seinen Wechselspannungsausgangsklemmen das Wechselstromnetz zur Verfügung. Daher ist bei Off-grid-Systemen der Kurzschlussschutz außerhalb der feuergefährdeten Betriebsstätte auf Seite des Wechselrichters anzuordnen.

7.7 Schutz gegen Brände, verursacht durch elektrische Betriebsmittel von PV-Anlagen

Werden Wechselrichter mit einfacher Trennung verwendet, sind Maßnahmen zur Isolationsfehlererkennung erforderlich. Über eine Isolationsüberwachungseinrichtung (IMD) müssen Isolationsfehler gegen Erde sicher erkannt werden. Hierfür sind geeignete Isolationsüberwachungsgeräte in Übereinstimmung mit der Gerätenorm DIN EN 61557-8 (VDE 0412-8) DC-seitig erforderlich. Die Isolationsüberwachungsgeräte können als separates Gerät installiert werden oder können im Wechselrichter integriert sein:

- Isolationsüberwachungsgeräte für photovoltaische Stromversorgungssysteme (PV-IMD) nach DIN EN 61557-8 (VDE 0413-8) Anhang C,
- im Wechselrichter integrierte Isolationsüberwachungseinrichtung (PV-IMF) nach DIN EN 61557-8 (VDE 0413-8) Anhang D.

Ist ein aktiver Leiter (+ Erdung, – Erdung, Mittelpunkterdung) des PV-Generators an einem Funktionspotentialausgleich angeschlossen, ist eine Einrichtung zum Trennen des Funktionspotentialausgleichsleiters zu installieren. Die automatische Trenneinrichtung muss im Fall eines Fehlerstroms gegen Erde diesen automatisch erkennen und unterbrechen.

Bei Funktionserdung eines aktiven Leiters auf der DC-Seite innerhalb eines Wechselrichters muss nach VDE 0100-712 712.421.101.2 eine Maßnahme vorgesehen werden, die im Fall eines Isolationsfehlers gegen Erde eine Unterbrechung des Fehlerstroms sicherstellt. Über die Isolationsfehlerstelle (aktiver Leiter gegen Erde) fließt ein Fehlerstrom über den Funktionspotentialausgleichsleiter. Durch Trennung des Funktionspotentialausgleichsleiters wird dieser unterbrochen, so dass an der Fehlerstelle der Stromfluss des Fehlerlichtbogens abreißt.

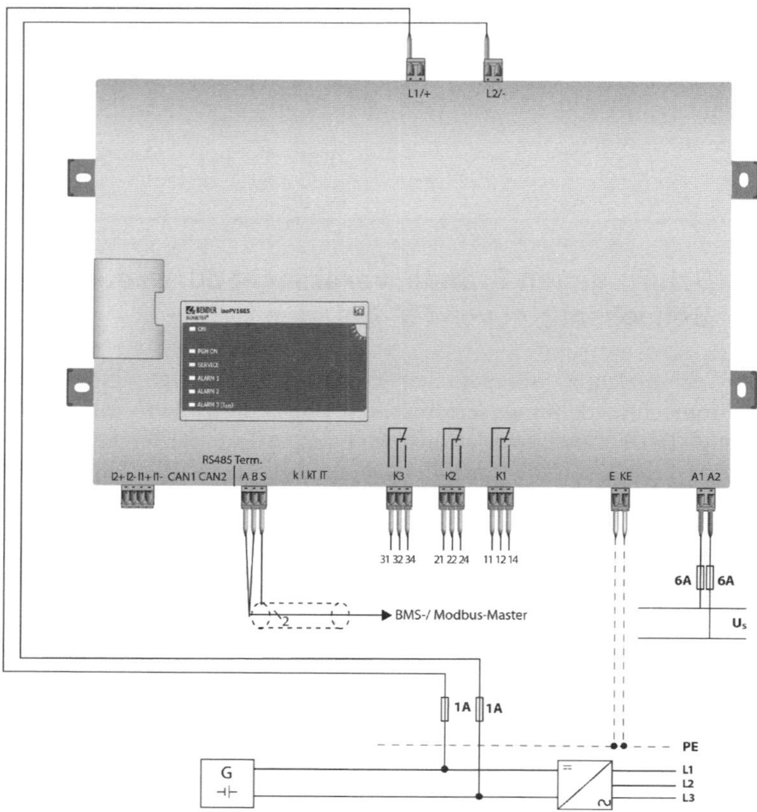

Bild 7.15 Schaltungsbeispiel einer Isolationsüberwachungseinrichtung auf der DC-Seite der Fa. Bender ISO PV1686
(*Quelle:* Bender)

Der Isolationswiderstand des PV-Strangs/PV-Generators variiert je nach nach Tageszeit und Wetter. Morgens ist der Isolationswiderstand aufgrund der Betauung niedrig, während bei trockenen Umgebungsbedingungen dieser am höchsten liegt. Der Isolationswiderstand eines PV-Moduls kann so zwischen 500 MΩ und 2 GΩ liegen. Mit Anzahl der PV-Module sinkt dieser Wert. Als Ansprechwert empfiehlt die Fa. Bender einen Ansprechwert R_{an} der Isolationsüberwachungseinrichtung von:

$$R_{an} = \frac{500\ \text{M}\Omega}{\text{Anzahl der Module}} \cdot 0{,}1$$

Ursache für Isolationsfehler

Tabelle 7.5 Übersicht über mögliche Fehlerstellen
(*Quelle:* VDI/VDE 2883-1 Instandhaltung von PV-Anlagen)

niedriger R_{iso}-Wert	mögliche Ursache	Bemerkung
konzentrierte Fehlerstellen	• mangelhafte Installation • verletzte Kabel • fehlerhafte Kabelverschraubungen	• „harter" Erdschluss (0 Ω)
Feuchtefehler	• Haarrisse in Isolierungen • längere Nässeeinwirkung	• Kapillar-Effekt → Leckstrompfad • einige 10 kΩ – verhindert bei trafolosen Wechselrichtern die Netzaufschaltung → 100 % Ertragsverlust • führt zu Korrosionen
scheinbare Isolationsfehler	• hohe Generatorkapazität	• A = 40 m², C ca. 1,2 pF bei Betauung • Prüfstrom 1 mA • Ladeströme bei Messung beachten (bis zu einigen Minuten Ladezeit)

7.8 Schutz vor Überstrom der DC-Seite

Auf der DC-Seite ist bei bis zu zwei parallel geschalteten PV-Strängen kein Schutz vor Überlast erforderlich. Die Dauerstrombelastbarkeit I_Z der DC-Leitungen darf an keiner Stelle überschritten werden.

Parallel geschaltete PV-Stränge oder einzelne PV-Module müssen über die gleichen elektrischen Eigenschaften verfügen. D. h., dass in der Praxis PV-Module vom gleichen Typ in einem Strang bzw. in einem PV-Generator zu verwenden sind.

Bei Wechselrichtern mit mehreren unabhängigen MPP-Trackern, die so konstruiert sind, dass ein Rückstrom zwischen den DC-Eingängen fließen kann, ist die Anzahl der parallel geschalteten Stränge N_S mit der Anzahl der am Wechselrichter angeschlossenen MPP-Eingänge gleichzusetzen.

Es gilt

$$I_{SC,\,max} \leq I_Z$$

mit

$$I_{SC,\,max} = K_I \cdot I_{SC,\,STC}$$

Der Korrekturfaktor K_I ist mit 1,25 anzusetzen. Dieser kann unter besonderen Umgebungsbedingungen, z. B. durch eine erhöhte Reflexion der Sonnenintensität, abweichen. Die Dauerstrombelastbarkeit I_Z der Leitungsabschnitte darf nicht überschritten werden. Der maximale Kurzschlussstrom ist über die Summe aus der Anzahl paralleler PV-Stränge zu berechnen

Bei mehr als zwei parallel geschalteten Strängen kann im Fehlerfall ein Rückstrom in den fehlerhaften PV-Strang fließen. Der Rückstrom setzt sich aus der Summe der nicht vom Fehler betroffenen Stränge zusammen.

Es ist sicherzustellen, dass im Fehlerfall der Rückstrom die PV-Module des fehlerhaften Strangs nicht unzulässig beansprucht. Der maximale vom Hersteller angegebene Strom $I_{MOD\_MAX\_OCPR}$ mit dem Sicherheitsfaktor 1,35 darf nicht unterhalb des maximalen Rückstroms liegen. Unter der Voraussetzung, dass die folgende Bedingung erfüllt ist, kann bei mehr als zwei parallel geschalteten PV-Strängen auf den Überstrom-Schutz verzichtet werden:

$$1{,}35 \cdot I_{MOD\_MAX\_OCPR} < (N_S - 1) \cdot I_{SC,\,max}$$

Bei mehr als zwei parallel geschalteten Strängen summieren sich im Fehlerfall die Ströme der nicht fehlerbehafteten Stränge zum Rückstrom. Dieser kann zu einer überhöhten thermischen Belastung der PV-Module führen. Hierfür sind nach DIN VDE 0100-712 712.432 Schutzeinrichtungen so auszuwählen und anzuordnen, dass die Leitung sowie die PV-Module nicht mit unzulässig hohen Strömen belastet werden. Der Schutz vor unzulässig hohen Rückströmen wird erreicht durch eine der folgenden Maßnahmen:

- eine allpolige Anordnung von Überstrom-Schutzeinrichtungen oder
- durch zusätzliche Sperrdioden an jedem Strang, wobei Sperrdioden den Schutz bei Überstrom nicht ersetzen.

Schutzeinrichtungen vor Überstrom sind so auszulegen, dass die Kabel und Leitungen sowie die PV-Module nicht mit unzulässig hohen Strömen beansprucht werden. Der Schutz vor Überstrom ist demnach entsprechend den Anforderungen nach DIN VDE 0100-430 433.1 (Nennstromregel) auszulegen.

7.8.1 Eine Schutzeinrichtung je Strang

Als Betriebsstrom des Stromkreises ist der 1,1-fache maximale Kurzschlussstrom, berechnet nach DIN VDE 0100-712 Anhang B, einzusetzen. Der vom PV-Modulhersteller angegebene höchstzulässige Strom $I_{MOD\_MAX\_OCPR}$ darf nicht überschritten werden und ist somit durch eine Überstrom-Schutzeinrichtung zu begrenzen.

Der Faktor 1,1 kann je nach Einstrahlungsbedingungen auch angepasst werden. Der Bemessungsstrom der Schutzeinrichtung darf zudem die zulässige Dauerstrombelastbarkeit I_Z nicht überschreiten.

Für die Koordinierung der Schutzeinrichtung muss folgende Bedingungen erfüllt sein:

$$1{,}1 \cdot I_{\text{SC, max, des Strangs}} \leq I_{\text{n}} \leq I_{\text{MOD\_MAX\_OCPR}}$$

Dabei muss zusätzlich gelten

$$I_{\text{n}} \leq I_{\text{Z}}$$

Zur Einhaltung des Überlastschutzes ist zudem gemäß DIN VDE 0100-430 Abs. 433 zur o. a. Nennstromregel die Auslöseregel zu beachten.

Für die Auslöseregel gilt:

$$I_2 \leq 1{,}45 \cdot I_Z$$

Da der große Prüfstrom bei Schmelzsicherungen der Klasse gPV beim 1,45-fachen des Bemessungsstroms liegt, gilt für I_2:

$$1{,}45 \cdot I_n \leq 1{,}45 \cdot I_Z$$

Damit ist bei Einhaltung der Nennstromregel die Auslöseregel grundsätzlich erfüllt.

Neben dem Schutz bei Überlast sollte zudem die Verfügbarkeit des PV-Generatorfelds betrachtet werden. Es empfiehlt sich deshalb, dass der Bemessungsstrom der Schmelzsicherungen mindestens um den Faktor 1,5 höher ist als der maximale Kurzschlussstrom des Strangs unter STC.

7.8.2 Mehrere parallele Stränge je Schutzeinrichtung

Die Schutzeinrichtung darf auch so angeordnet werden, dass diese mehrere PV-Stränge parallel vor Überstrom schützt. Bei Verschattungen oder Fehlern in einzelnen PV-Strängen wirkt der betroffene Strang als Verbraucher. Dadurch kommt es von den nicht betroffenen Strängen zu Rückströmen in den verschatteten oder vom Fehler betroffenen Strang. Der Rückstrom ergbit sich aus der Summe der nicht betroffenen Stränge. Demnach sind ab drei parallel geschalteten Strängen die Rückströme zu beachten.

Der Strom an der Fehlerstelle ist durch Ansprechen der Schutzeinrichtung auf ein für den betroffenen PV-Strang verträgliches Maß unterhalb von $I_{\text{MOD\_MAX\_OCPR}}$

zu senken. Es ist für die Koordination der Schutzeinrichtung bei mehreren gemeinsam über eine Überstrom-Schutzeinrichtung geschützten Strängen folgende Bedingung einzuhalten.

$$N_{\mathrm{P}} \cdot 1{,}1 \cdot I_{\mathrm{SC,\,max}} \leq I_{\mathrm{n}} \leq I_{\mathrm{MOD\_MAX\_OCPR}} - \left(N_{\mathrm{P}} - 1\right) \cdot I_{\mathrm{SC,\,max}}$$

7.8.3 Schutz bei Überlastströmen der PV-Strangleitung und des Teilgeneratorfeldkabels

Kabel und Leitungen sind auf der DC-Seite so zu dimensionieren, dass die Dauerstrombelastbarkeit mit einem Belastungsfaktor von 1 nicht überschritten wird. Der Schutz ist gegeben, wenn der maximale Kurzschlussstrom des Strangs die Dauerstrombelastbarkeit des PV-Strangkabels nicht überschreitet. Es gilt deshalb die oben angegebene Ungleichung

$$I_{\mathrm{SC,\,max}} \leq I_{\mathrm{Z}}$$

Für PV-Generatorfeldkabel mit mehr als zwei parallel geschalteten Strängen und wenn eine Überstrom-Schutzeinrichtung erforderlich ist, gilt

$$\left(N_{\mathrm{S}} - 1\right) \cdot I_{\mathrm{SC,\,max}} \leq I_{\mathrm{Z}}$$

Ansonsten darf der Bemessungsstrom der Schutzeinrichtung höchstens der Dauerstrombelastbarkeit I_{z} des PV-Strangkabels entsprechen.

7.8.4 Schutz des/der Teilgeneratorfeldkabels/-leitung

Für PV-Generatorfelder mit bis zu zwei parallel geschalteten PV-Strängen ist keine Überstrom-Schutzeinrichtung des Teilgeneratorkabels erforderlich. Selbstredend, dass die zulässige Dauerstrombelastbarkeit I_{Z} des PV-Teilgeneratorkabels nicht überschritten werden darf. Es gilt:

$$I_{\mathrm{SC,\,max}} = I_{\mathrm{SC,\,max,\,Strang\,1}} + I_{\mathrm{SC,\,max,\,Strang\,2}} \leq I_{\mathrm{Z}}$$

Werden Überstrom-Schutzeinrichtungen zum Überstromschutz von Teilgeneratoren verwendet, sind diese analog zur Nennstromregel zu dimensionieren. Es gilt:

$$1{,}1 \cdot I_{\mathrm{SC,\,max,\,des\,Teilgenerators}} \leq I_{\mathrm{n}} \leq I_{\mathrm{Z}}$$

7.8.5 Schutz vor Überstrom des PV-Versorgungskabels

Kabel und Leitungen auf der Wechselspannungsseite sind gemäß DIN VDE 0100-520 und DIN VDE 0298-4 zu dimensionieren. Bei Erzeugungsanlagen am Niederspannungsnetz fließt der Strom vom Wechselrichter ins Niederspannungsnetz. Das PV-Versorgungskabel wird demnach nicht vom Niederspannungsnetz, sondern vom Wechselrichter gespeist. Demnach sind Wechselrichter und Leitung aufeinander abzustimmen. Zur Koordinierung des Überlastschutzes des PV-Stromversorgungskreises ist nach DIN VDE 0100-712 Abs. 712.433.104 der 1,1-fache maximale Wechselstrom des Wechselrichters als Betriebsstrom anzusetzen.

$$1{,}1 \cdot I_{\text{AC, max}} \leq I_{\text{n}} \leq I_{\text{MOD\_MAX\_OCPR}}$$

7.8.6 Schutz vor Kurzschluss der Wechselrichter

Wechselrichter und PV-Stromversorgungskabel sind seitens des Kurzschlussschutzes wie elektrische Verbrauchsmittel anzusehen. Es ist ein Schutz bei Kurzschluss am PV-Stromversorgungskreis z. B. durch eine Überstrom-Schutzeinrichtung vorzusehen. Die Schutzeinrichtung ist nach DIN VDE 0100-430 auszuwählen.

Nach DIN VDE 0100-712 Abs. 712.434 sind zudem in PV-Generatorfeldern mit installierten PV-Generatorleitungen > 100 kWp automatische Einrichtungen zur Isolationsfehlersuche (IFLS) nach DIN EN 61557-9 (VDE 0413-9) empfohlen.

7.9 Erdungsanlagen

Die Montagegestelle sind auf dem Dach montiert und normalerweise nicht mit Teilen der inneren Gebäudekonstruktion verbunden, wodurch Potential von außen ins Gebäude, z. B. durch direkten Blitzeinschlag oder bei Isolationsfehlern, verschleppt werden könnte. Ein Potentialausgleich kann jedoch aufgrund von Herstellerangaben, als Maßnahme zur Begrenzung elektrostatischer Aufladung o. Ä. erforderlich sein und ist Teil der Schutzmaßnahme nach DIN VDE 0100-410 Abs. 411. Wird dies angewendet, sind die folgenden Anlagenteile miteinander zu verbinden und an der Erdungsklemme anzuschließen:

- Metallkonstruktionen der PV-Module und
- metallene Kabelkanäle.

Funktionspotentialausgleichsleiter stellen keine Schutzmaßnahme nach DIN VDE 0100-410 dar. Sie erfüllen eine reine Funktion – das Potential einer Anlage auf Erdpotential zu halten. Gleichspannungsseitig darf ein aktiver Leiter nur an einen Funktionspotentialausgleich angeschlossen werden, wenn Gleichspannungs- und Wechselspannungsseite durch einen Transformator galvanisch getrennt sind. Bei Wechselrichtern mit getakteten Energiewandlern (Schaltnetzteilen) darf gleichspannungsseitig kein Funktionspotentialausgleich errichtet werden. Zudem ist zu beachten, dass

- der Potentialausgleich an einen einzelnen Punkt auf der Gleichspannungsseite ausgeführt ist,
- der Potentialausgleich zwischen Trenneinrichtung und der Anschlussstelle auf der Gleichspannungsseite des Wechselrichters angeordnet sein muss,
- der Funktionspotentialausgleichsleiter einen Mindestquerschnitt von 4 mm^2 Kupfer aufweisen muss,
- der Funktionspotentialausgleichsleiter blank oder isoliert sein darf,
- eine grün/gelbe Leiterkennzeichnung unzulässig ist.

7.10 Trennen und Schalten

7.10.1 Trennen des Funktionspotentialausgleichsleiters

Bei nicht geerdeten PV-Generatorfeldern bzw. PV-Teilgeneratorfeldern kommt es, bedingt durch Potentialunterschiede zwischen Modulrahmen und den PV-Zellen aufgrund von Potentialunterschieden, zu Leistungsminderungen der PV-Module. Dieser Effekt wird als PID (potentialinduzierte Degradation) bezeichnet.

Bei von PID betroffenen PV-Modulen kommt es aufgrund der Potentialunterschiede zwischen Zellen und Modulrahmen zu einer Ansammlung von Ladungsträgern auf der Zelloberfläche. Dadurch ist das Potential der PV-Zellen an der Oberfläche gegenüber dem Potential der Modulrahmen geringer. Die Ansammlung der Ladungsträger wird durch hohe PV-Strangspannung bzw. die Systemspannung der PV-Generatoren / PV-Teilgeneratoren begünstigt. Im Jahr 2006 wurde der Effekt bekannt. Dieser Effekt trat zur damaligen Zeit auf, als zur Erhöhung der PV-Strangspannung mehr PV-Module zu PV-Strängen und zu PV-Teilgeneratoren mehr PV-Module in Reihe geschaltet wurden.

Die PV-Module verfügen infolgedessen im Laufe der Lebensdauer nicht mehr über die vom Hersteller ausgewiesenen Nennleistung, was zu Ertragsminderungen der gesamten PV-Stromversorgungssysteme führt. Dieser Effekt tritt besonders bei Dünnschichtmodulen auf, wodurch die degradierten PV-Module ca. 30 % der Anlagenleistung reduzieren. Durch Erdung eines aktiven Leiters (+) oder (–) oder des Mittelpunkts eines PV-Strangs wird der Effekt der PID reduziert. Kristallene PV-Module sind von diesem Effekt weniger betroffen.

In PV-Systemen kann der PID-Effekt durch Erdung eines aktiven Leiters des PV-Strangs reduziert werden. Die Erdung eines aktiven Leiters des PV-Strangs verhindert dazu die elektrostatische Aufladung zwischen Teilen der Montagekonstruktion und dem Rahmen.

Sofern die Erfordernis der Erdung eines Pols aufgrund PID besteht, ist ein Pol (+) oder (–) oder der Mittelpunkt des PV-Strangs über die Montagekonstruktion mit Erdpotential verbunden.

Da die Erdverbindung primär der Erhalt der Leistungsfähigkeit des PV-Generators dient, stellt die Erdung der aktiven Leiter keinen Schutzpotentialausgleich dar, sondern wird als Funktionspotentialausgleich bezeichnet.

Neben dem Effekt der PID können aufgrund der elektrostatischen Aufladung zwischen den PV-Modulen am Rahmen und der Montagekonstruktion Potentialunterschiede zwischen gleichzeitig berührbaren Teilen sowie fremden leitfähigen Teilen entstehen. Demzufolge hat die Erdung der Rahmen und der Montagekonstruktion sowie gegenüber fremden leitfähigen Teilen auch eine Schutzwirkung. Somit sind die leitfähigen Teile der Montagekonstruktion, der Rahmen und die fremden leitfähigen Teile gemäß DIN VDE 0100-540 Abs. 544.2.3 miteinander zu verbinden (zusätzlicher Schutzpotentialausgleich). Da die Leiterverbindungen frei und ohne mechanischen Schutz angeschlossen werden, sind die Verbindungen des zusätzlichen Schutzpotentialausgleichs gemäß DIN VDE 0100-540 Abs. 543.1.3 mit einem Leiterquerschnitt von mindestens 4 mm^2 (Kupfer) zu verbinden.

Zusammenfassend besteht der Zweck der Erdung eines aktiven Leiters im PV-Strang der Reduzierung bzw. Vermeidung von PID, während die Verbindung der Montagekonstruktionen, der PV-Modulrahmen und der fremden leitfähigen Teile dem Zweck der Vermeidung gefährlicher Berührungsspannung dienen.

Bei PV-Generatoren mit geerdetem Pol oder Mittelpunkterdung wird allerdings bei einem Isolationsfehler ein Fehlerstromkreis geschlossen. Kurzschlüsse und Erdschluss werden durch eine erd- und kurzschlusssichere Verlegung gemäß DIN VDE 0100-520 sichergestellt. Demnach fordert auch die DIN VDE 0100-712 in

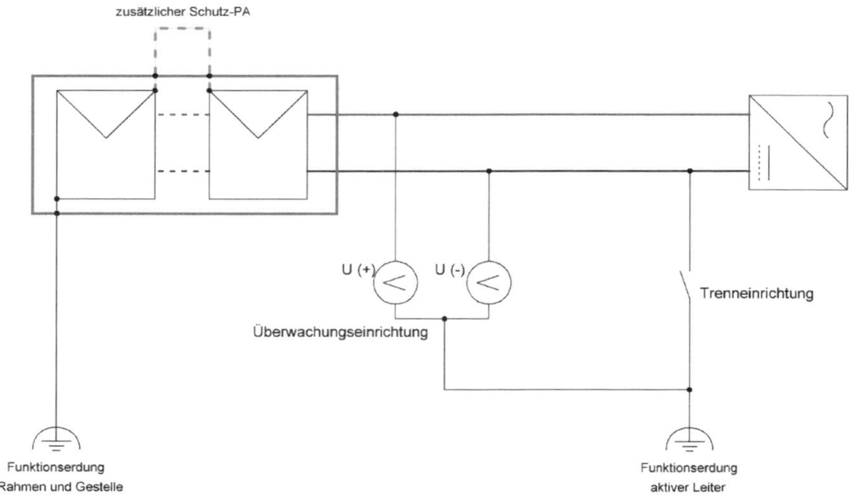

Bild 7.16 Aufbau einer Trenneinrichtung mit Isolationsüberwachungseinrichtung

Abs. 712.520 die Verlegung von einadrigen Kabeln mit nicht-metallischem Mantel oder die Verlegung einadriger Leitungen, die einzeln in isolierten Installationsrohren oder Kabelkanälen verlegt sind.

Der Schutz gegen elektrischen Schlag wird auf der Gleichspannungsseite mittels Schutz durch doppelte oder verstärkte Isolierung sichergestellt. Beide Schutzziele, sowohl der Schutz bei Überstrom als auch der Schutz gegen elektrischen Schlag, werden mit den herkömmlichen PV-Strangleitungen vom Typ H1Z2Z2-K sowie den Steckverbindern erfüllt, so dass weder eine automatische Abschaltung der PV-Stränge bei Körperschluss noch eine Abschaltung bei Erd- oder Kurzschluss erforderlich sind.

Der Fehlerstromkreis erstreckt sich über die Isolationsfehlerstelle zwischen PV-Strang bzw. PV-Teilgenerator über die Montagekonstruktion zur Strangerdung. Es liegt ein Erdschluss an. Die Höhe des Fehlerstroms entspricht etwa dem Kurzschlussstrom des PV-Strangs bzw. des PV-Teilgeneratorfehlers und steigt demnach direkt proportional zur Bestrahlstärke an. Aufgrund des begrenzten Kurzschlussstroms der PV-Stränge sind Überstrom-Schutzeinrichtungen zur Abschaltung von Erd- und Kurzschlüssen unwirksam. Außerdem sind sie bei PV-Strängen nicht direkt an der Einspeisestelle, also am PV-Strang angeordnet, sondern befinden sich am Ende des PV-Strangs im Generatoranschlusskasten oder direkt im PV-Wechselrichter. Strangsicherungen können aus diesen Gründen somit nicht den Schutz bei Überlast sicherstellen.

Bei PV-Generatoren mit geerdetem Pol oder Mittelpunkterdung fließt bei einem Isolationsfehler gegen Erde ein Fehlerstrom über die Erdung. Da PV-Module in ihrem Kurzschlussstrom begrenzt sind, wäre die Schutzmaßnahme: Schutz durch automatische Abschaltung in TN-Systemen oder TT-Systemen nach DIN VDE 0100-410 unwirksam und kann somit nicht angewendet werden. Damit ist die Abschaltung anderweitig sicherzustellen. Bei einer Trenneinrichtung im Funktionspotentialausgleichsleiter wird der Fehlerstrom unterbrochen. Die Trennung des Funktionspotentialausgleichsleiters des PV-Strangs wird über eine Isolationsüberwachungseinrichtung angesteuert. Die Isolationsüberwachungseinrichtung misst die Spannung der aktiven Leiter des PV-Strangs gegen Erdpotential. Bei nicht geerdeten PV-Strängen sind die Spannungen aufgrund der Isolation des Strangs gegenüber Erde und der hohen Impedanz der Messeinrichtungen im Idealfall ca. die Hälfte der Systemspannung. (Anmerkung: Bei einer Spannungsmessung an einer Schutzkontaktsteckdose mit einem Installationsmessgerät nach der DIN VDE 0413-Reihe wird zwischen den Außenleitern L/N in IT-Systemen eine Spannung von 230 V gemessen und für die Spannung zwischen einem Außenleiter zum Schutzleiter die Hälfte.) Die Spannungsmessung einer Isolationsüberwachungseinrichtung detektiert nach diesem Prinzip einen Isolationsfehler. Sofern in ungeerdeten Stromversorgungssystemen und auch ungeerdeten PV-Strängen keine Isolationsfehler anliegen, sind die von der Isolationsüberwachungseinrichtung gemessenen Spannungen etwa gleich und in der Höhe der halben Netzspannung. Bei einem Isolationsfehler wirkt der vom Isolationsfehler betroffene aktive Leiter auf Erdpotential. Die Isolationsüberwachungseinrichtung des betroffenen aktiven Leiters sinkt deshalb auf 0 V, während die Spannung des nicht fehlerbehafteten aktiven Leiters auf die Höhe der PV-Strangspannung ansteigt, worauf die Isolationsüberwachungseinrichtung den Isolationsfehler meldet.

Bei PV-Strängen mit Erdung eines aktiven Leiters liegt ein aktiver Leiter oder der Mittelpunkt des Strangs über dem Funktionspotentialausgleich auf Erdpotential, so dass beim ersten Fehler (Isolationsfehler) der Funktionspotentialausgleich getrennt wird.

Im Fall eines Isolationsfehlers zwischen dem nicht geerdeten aktiven Leiter des PV-Strangs und Erdpotential (Metallkonstruktion, Rahmen etc.) wird bei einem ersten Fehler der Fehlerstromkreis nicht geschlossen. Hier zeigt die im PV-Wechselrichter integrierte Isolationsüberwachungseinrichtung einen Isolationsfehler an und schaltet ab.

Auswahl der automatischen Trenneinrichtung

Die automatische Trenneinrichtung zum Trennen des Funktionspotentialausgleichsleiters ist nach DIN VDE 0100-712 Abs. 712.537.2.2.103 in Reihe mit dem Funktionspotentialausgleichsleiter anzuschließen und muss für die folgenden Betriebsbedingungen bemessen sein:

- den maximalen Kurzschlussstrom des PV-Generatorfelds $I_{SC\ MAX}$,
- die maximale Spannung des PV-Generatorfelds $U_{OC\ MAX}$,
- den maximalen Bemessungsstrom nach VDE 0100-712 Tabelle 712.537.

Die Trenneinrichtung ist nach dem maximalen Kurzschlussstrom $I_{sc,max}$ gemäß DIN VDE 0100-712 Anhang B auszulegen. Diesen muss die Trenneinrichtung sicher abschalten können. Sofern keine weiteren Faktoren wie Reflexionen o. Ä. die Bestrahlstärke durch indirekte Strahlungsanteile erhöhen, ist mindestens mit dem 1,25-fachen $I_{sc,STC}$ zu berechnen. Infolgedessen ist bei der Auswahl der Trenneinrichtung auch die Anzahl der parallel geschalteten PV-Stränge zu berücksichtigen.

Die Geräte zum Trennen müssen eine selbstständige Einschaltung verhindern. Der Bemessungsstrom der automatischen Trenneinrichtung ist nach der PV-Generatorfeld-Bemessungsleistung auszuwählen. Diese wird aus der Summe der im PV-Generatorfeld vorhandenen PV-Modulnennleistungen berechnet. Der Bemessungsstrom der automatischen Trenneinrichtung ist dann nach Tabelle 712.537 auszuwählen.

Tabelle 7.6 Bemessungsstrom der automatischen Trenneinrichtung im Funktionspotentialausgleichsleiter nach DIN VDE 0100-712 Tabelle 712.537

gesamte PV-Generatorfeld-Bemessungsleistung [kW]	maximaler Bemessungsstrom in der automatischen Trenneinrichtung [A]
<25	1
>25 bis 50	2
>50 bis 100	3
>100 bis 250	4
>250	5

Der maximale Bemessungsstrom der automatischen Trenneinrichtung ist in Abhängigkeit der Bemessungsleitung des PV-Generatorfelds auszuwählen. Auffällig ist, dass sich der maximale Bemessungsstrom sich zwischen 1 A und 5 A je nach PV-Generatorfeldleitung erstreckt. Darüber hinaus ist mit Betriebsströmen über einen Tag zwischen 0 A bis hin zum Kurzschlussstrom eines PV-Generatorfelds unter STC zu rechnen, wodurch sich zurecht dem Anwender die Frage nach der Sinnhaftigkeit der Tabelle stellt. Der Bemessungsstrom der Trenneinrichtung ist der Strom, der im normalen Betrieb ohne anliegenden Isolationsfehler zum Fließen kommt. Daher lassen sich die Bemessungsströme auf Ausgleichsvorgänge bedingt durch die kapazitiven Eigenschaften der PV-Generatoren zurückführen.

Die automatische Trenneinrichtung hat die Aufgabe geerdete PV-Stränge bzw. PV-Generatorfelder bei einem Isolationsfehler zu unterbrechen. Erdungen an PV-Strängen sind zur Reduzierung bzw. der Vermeidung potentialinduzierter Degradation (kurz PID) erforderlich. Dies ist insbesondere bei Dünnschichtmodulen der Fall. Bei Erdschlüssen wird jedoch ein Fehlerstromkreis geschlossen. Der Fehlerstrom kann aufgrund der geringen Höhe nicht durch eine Überstrom-Schutzeinrichtung sicher abgeschaltet werden, so dass der Fehlerstromkreis über die Trenneinrichtung zu unterbrechen ist. Die automatische Trenneinrichtung wird über die Isolationsüberwachungseinrichtung ausgelöst. Diese ist entweder im Wechselrichter integriert oder als separates Betriebsmittel im PV-Strang angeschlossen. Eine automatische Zuschaltung darf bei Auslösung nicht erfolgen.

7.10.2 Trennen

Trennen ist eine Funktion, die dazu bestimmt ist, aus Gründen der Sicherheit die Stromversorgung von allen Abschnitten oder von einem einzelnen Abschnitt der elektrischen Anlage zu unterbrechen, indem die elektrische Anlage oder deren Abschnitte von jeder elektrischen Stromquelle abgetrennt wird. Nach DIN VDE 0100-460 Abs. 462 muss jede elektrische Anlage Vorkehrungen aufweisen, die eine Trennung von jeder Stromversorgung ermöglicht. Es sind für jeden Stromkreis Einrichtungen vorzusehen, die eine Trennung aller aktiver Leiter ermöglicht. Einrichtungen zum Trennen dienen dem Zweck der Abschaltung der Energieversorgung zur mechanischen Instandhaltung und der Ausschaltung im Notfall, sofern die Gefahr eines elektrischen Schlags oder einer anderen elektrischen Gefährdung besteht.

Für Wartungs- und Instandsetzungsmaßnahmen sind Trenneinrichtungen erforderlich, die Wechselrichter sowohl gleichspannungsseitig als auch wechselspannungsseitig trennen. Hierfür sind geeignete Trenneinrichtungen vorzusehen an

- der Gleichspannungsseite und
- der Wechselspannungsseite

des Funktionspotentialausgleichsleiters.

Auf der Gleichspannungsseite des Wechselrichters ist ein Lasttrennschalter vorzusehen. Dieser ist im Wechselrichter integriert. Wechselrichter, die der Herstellernorm DIN EN 62109-1 (**VDE 0126-14-1**) entsprechen, verfügen über einen Leistungsschalter auf der Gleichspannungsseite. Der integrierte Lasttrennschalter trennt bei Netzausfall des PV-Wechselstrom-Versorgungskreises oder manueller Abschaltung des Wechselrichters die PV-Generatorfeldleitung, so dass die Eingangsklemmen des Wechselrichters sicher vom Leistungsumrichter getrennt sind.

7.11 Kabel- und Leitungssysteme

7.11.1 Verlegung

PV-Strangkabel sind ab der Stromquelle nicht zwingend mit einer Schutzeinrichtung zum Schutz vor Kurzschluss nach DIN VDE 0100-430 zu versehen. Nach DIN VDE 0100-520 521.11 sind demnach Kabel und Leitungen erd- und kurzschlusssicher zu verlegen. Auf Dächern wird dies erreicht durch:

- Verlegung einadriger Kabel mit einem nicht metallischen Mantel oder
- isolierten einadrigen Leitungen, die in einzeln isolierten Installationsrohren oder geschlossenen Kabelkanälen verlegt sind.

Die direkte Verlegung auf dem Dach ist sowohl aus Sicht der erd- und kurzschlusssicheren Verlegung als auch des Schutzes vor Wind, mechanischen Beanspruchungen und Nagetierfraß unzulässig.

Die Kabel und Leitungen der PV-Stränge, der PV-Teilgeneratoren und das PV-Generatorhauptkabel sind hinsichtlich der zulässigen Dauerstrombelastbarkeit I_z so zu dimensionieren, dass die Isolation nicht unzulässig durch Wärmeentwicklung beeinträchtigt ist. Zudem sind PV-Leitungen auf dem Dach erhöhten Umgebungsbeanspruchungen ausgesetzt, z. B.

- Sonneneinstrahlung (UV-Strahlung),
- Wind,
- Feuchte und Nässe oder
- Nagetierfraß.

Durch die Verlegung von Kabeln und Leitungen auf Dächern entstehen zusätzliche Risiken hinsichtlich des Brandschutzes. Grundsätzlich sind Gleichspannungsleitungen so zu verlegen, dass diese durch sich lösende Steckerverbindungen keine Brandquelle durch einen sich nicht selbst löschenden DC-Lichtbogen bilden. Zudem dürfen die DC-Leitungen Brände nicht fortleiten. Deshalb dürfen:

- DC-Leitungen nicht direkt auf dem Dach verlegt werden,
- Brandabschnitte nur in einem geschlossenen metallenen Kanal überquert werden und
- sind auf langen Dächern zwischen den PV-Teilgeneratorfelder ausreichend große Abstände zu lassen, um eine Brandfortleitung zu verhindern (sogenannte virtuelle Brandwände).

Bild 7.17 Unbeschützte DC-Leitungsführung über einen Brandabschnitt (*Foto:* M. Fengel)

Bild 7.18 Auf dem Dach aufliegende DC-Leitungen (*Foto:* M. Fengel)

7.11.2 Dimensionierung

Gleichstromseitig darf die zulässige Dauerstrombelastbarkeit nicht überschritten werden. Die Kabel sind hinsichtlich der Verlegeart, des Leiterquerschnitts und den zu erwartenden Beanspruchungen durch Temperaturen und UV-Strahlungen entsprechend zu dimensionieren. Reduktionsfaktoren durch Kabelhäufungen und erhöhte Umgebungstemperaturen sind zu beachten. Die Kabel und Leitungen auf der Gleichspannungsseite von PV-Anlagen müssen gemäß DIN EN 50618 (DIN VDE 0283-618) geeignet sein. Die Leiterquerschnitte sind entsprechend den Anforderungen an die Verlegearten nach DIN VDE 0298-4 zu dimensionieren. Der Belastungsfaktor sowohl für die Gleich- als auch die Wechselspannungsseite ist mit $g = 1$ zu bemessen.

Kabel und Leitungen für die Gleichstromseite sind z. B. nach DIN EN 50618 (**VDE 0283-618**) für Photovoltaiksysteme bis 1,5 kV (Leiter-Leiter/Leiter-Erde) zu verwenden.

Kabel und Leitungen, die mit dieser Norm übereinstimmen, sind für eine Gebrauchsdauer von 25 Jahren ausgelegt und vom Hersteller entsprechend den folgenden zu erwartenden Betriebsbeanspruchungen geprüft:

- Wetterbeständigkeit,
- Temperatur,
- UV-Strahlung,
- Ozonbeständigkeit,
- Flammausbreitung,

- Rauchentwicklung,
- Nachweis von Halogenen.

Die Leiterquerschnitte sind gleichspannungsseitig unter Berücksichtigung der Dauerstrombelastbarkeit mit einem Belastungsgrad von 1 und unter den Umgebungstemperaturen sowie unter Berücksichtigung der Häufung zu dimensionieren.

Unterhalb der PV-Module ist bei der Querschnittdimensionierung eine Umgebungstemperatur von mindestens 70 °C anzunehmen. Die Strombelastbarkeiten der DC-Leitungen nach DIN EN 50618 (DIN VDE 0283-618) Tabelle A.3 sind demnach unterhalb der PV-Module zwischen Dach und Modulinnenwänden mit einem Reduktionsfaktor für abweichende Umgebungstemperaturen nach Tabelle A.4 auf höchstens 0,92 der Strombelastbarkeit reduziert.

Tabelle 7.7 Strombelastbarkeit für DC-Leitungen nach DIN EN 50618 (DIN VDE 0283-618) Tabelle A.3

Nennquerschnitt mm^2	Strombelastbarkeit bei Verlegeart für Umgebungstemperaturen von 60 °C und einer höchstzulässigen Temperatur am Leiter von 120 °C		
	Einzelleitung frei in Luft A	Einzelleitung an Flächen A	zwei Leitungen berührend, an Flächen A
1,5	30	29	24
2,5	41	39	33
4	55	52	44
6	70	67	57
10	98	93	79
16	132	125	107
25	176	167	142
35	218	207	176
50	276	262	221
70	347	330	278

Tabelle 7.8 Reduktionsfaktoren für abweichende Umgebungstemperaturen nach DIN EN 50618 (DIN VDE 0283-618) Tabelle A.4

Umgebungstemperatur °C	Umrechnungsfaktor
bis 60	1,00
70	0,92
80	0,84
90	0,75

„alte“ PV-Leitungen vom Typ PV 1-F

Immer wieder stellt sich in der Praxis die Frage, ob die Verlegung von PV-Strangleitungen vom Typ PV 1-F noch zulässig ist. Hier treffen Produktnorm und Errichtungsnorm aufeinander.

Gemäß VDE-AR-E 2283-4 Tabelle H.1 dürfen Kabel vom Typ PV 1-F sowohl im Freien als auch im Innenraum bei freier und fester Verlegung eingesetzt werden. Die Verlegung in Elektroinstallationsrohren und -kanälen ist zulässig. Die Kabel mit der Aufschrift PV 1-F gemäß VDE-AR-E 2283-4 Tabelle H.1 erfüllen die Anforderungen an die Erd- und Schutzschlusssicherheit sowie die Anforderungen an den Schutz gegen elektrischen Schlag durch Schutz durch doppelte oder verstärkte Isolierung. Die Verbindung der Leitungen vom Typ PV 1-F in Mehrfachanordnungen, wie in einem geschlossenen Kabelkanal, ist gemäß VDE-AR-E 2283-4 Abs. 1 zulässig.

Ab November 2011 sind PV-Strangleitungen gemäß der europäischen Norm DIN EN 50618 (VDE 0283-618): Ausgabe 2015-11 herzustellen. PV-Strangleitungen in Übereinstimmung mit der neuen Norm haben die Kennzeichnung „H1Z2Z2“. DIN EN 50618 (VDE 0283-618) löste VDE-AR-E 2283-4 mit einer Übergangsfrist bis 27.10.2017 ab. PV-Strangleitungen mit der Aufschrift „PV 1-F“ durften bis Ende der Übergangsfrist vom 27.10.2017 in den Verkehr gebracht werden. Restbestände dürfen weiter verkauft werden, sofern die PV-Strangleitungen fachgerecht gelagert sind.

Die PV-Strangleitungen mit der Bezeichnung PV 1-F erfüllen im Vergleich zu den PV-Strangleitungen des Typs „H1Z2Z2“ dieselben Anforderungen hinsichtlich der äußeren Umgebungsbedingungen bei der Verlegung auf Dächern. Die PV-Strangleitungen mit der Aufschrift PV 1-F sind hinsichtlich der Verlegebedingungen und der äußeren Umgebungsbedingungen gleichwertig.

7.12 Blitz- und Überspannungsschutz von PV-Stromversorgungssystemen

PV-Stromversorgungssysteme auf Gebäudedächern beeinträchtigen die vorhandene Blitzschutzanlage. In der Praxis werden PV-Stromversorgungssysteme nachträglich auf und in bestehenden Gebäuden installiert. Nachträglich installierte elektrische Anlagen dürfen jedoch nicht die bestehende elektrische Anlage sowie den inneren und äußeren Blitzschutz beeinträchtigen. Die PV-Anlage ist deshalb auf den inneren und äußeren Blitz- und Überspannungsschutz abzustimmen. Für die Errichtung neuer PV-Anlagen in bestehenden elektrischen Anlagen und

Gebäuden ist deshalb der Schutz bei Überspannungen gemäß den Anforderungen nach DIN EN 62305-3 (**VDE 0185-305-3**) Beiblatt 5 mit zu berücksichtigen.

Das PV-Stromversorgungssystem kann aufgrund Blitzentladung durch Überspannungen aufgrund

- galvanischer Kopplung,
- magnetischer Kopplung oder
- elektrischer Feldkopplung

unzulässig beeinträchtigt und sogar zerstört werden.

Für Blitzschutzsysteme mit PV-Stromversorgungssystemen ist i. d. R. die Blitzschutzklasse 3 (III) erforderlich. In Einzelfällen, z. B. bei Gebäuden mit erhöhten Anforderungen an den Brandschutz, wie Gebäude mit Kulturgütern, Anforderungen an eine hohe Verfügbarkeit etc., können zusätzliche Maßnahmen oder eine abweichende Blitzschutzklasse nach DIN 62305-2 (**VDE 0185-305-2**) erforderlich sein. Die Entscheidung ist hier dem Einzelfall geschuldet.

Durch äußere Blitzschutzmaßnahmen sollen direkte Blitze in die Anlage (den PV-Generator) aufgefangen werden und in die Erdungsanlage abgeleitet werden. Ziel hierbei ist, dass die galvanisch eingekoppelten Ströme die leitfähigen Teile der Gebäudeinstallation nicht beeinträchtigen. Potentialunterschiede innerhalb und auf dem Gebäude werden durch innere Blitzschutzmaßnahmen reduziert. Ziel der inneren und äußeren Blitzschutzmaßnahmen ist die Verhinderung von Schäden bis hin zu Bränden im Leitungsnetz und am Gebäude. Innere und äußere Blitzschutzmaßnahmen sind aufeinander abzustimmen.

7.12.1 Äußerer Blitzschutz an PV-Anlagen

PV-Anlagen sind möglichst mit getrennten Fangeinrichtungen gegen direkte Blitzeinschläge zu schützen. Hier sind die erforderlichen Trennungsabstände einzuhalten. Die Trennungsabstände können nach

- dem Blitzkugelverfahren,
- dem Maschenverfahren oder
- dem Schutzwinkelverfahren

ermittelt werden. Das gängigste Verfahren stellt das Blitzkugelverfahren dar. Bei diesem Verfahren wird eine Kugel (Blitzkugel bei Blitzschutzklasse III/Radius = 45 m/Maschenweite 15 m × 15 m) mit einem Radius mit allen möglichen Positionen über die Fangstangen des Gebäudes gerollt. Die Fangstangen müssen bezüglich der Position und Länge so angeordnet sein, dass Teile der gebäudetechnischen Ausrüstung als auch des PV-Stromversorgungssystems nicht die Kugelhülle durchdringen. In diesem Fall sind die Fangstangen zu verlängern, anders zu positionieren oder zusätzliche Fangstangen einzuplanen. Die Trennungsabstände zur Vermeidung von gefährlichen Überschlägen und Funkenbildungen sind entsprechend der normativen Anforderungen nach DIN EN 62305-3 (VDE 0185-305-3) zu ermitteln.

Sind Trennungsabstände zwischen den Fangstangen und dem PV-Stromversorgungssystem nicht eingehalten, ist das PV-Stromversorgungssystem mit der äußeren Blitzschutzanlage zu verbinden. Die Verbindungsbauteile sind nach den normativen Festlegungen gemäß DIN EN 62561-1 bis DIN EN 62561-4 auszuführen.

7.12.2 Überspannungsschutz

Grundsätzlich ist entsprechend DIN EN 62305-1 (VDE 0185-305-1): Blitzschutz Teil 1: Allgemeine Grundsätze nach Absatz 6.1 die Notwendigkeit eines Blitzschutzes für ein geschütztes Objekt zu bewerten, um die Verluste der sog. gesellschaftlichen Werte, Verlust von Menschenleben, Verlust von Dienstleistungen und Verlust von Kulturgut zu verringern.

Zur Ermittlung der Notwendigkeit eines Blitzschutzes eines Objekts ist eine Schadensrisikobewertung gemäß DIN EN 62305-1 (VDE 0185-305-1) Abs. 6.1 zu erstellen. Diese obliegt dem Planer bzw. dem Gebäudebetreiber.

Durch die Errichtung üblicher PV-Stromversorgungssysteme auf und an Gebäuden wird das Risiko eines Blitzeinschlages i. d. R. nicht erhöht.

Es wird nach DIN EN 62305-3 Beiblatt 5 (VDE 0185-305-3 Beiblatt 5) Abs. 5.1 empfohlen, das PV-Stromversorgungssystem und das Blitzschutzsystem, wenn vorhanden, vor der jeweiligen Errichtung zu planen und aufeinander abzustimmen. Normativ sind daher keine äußeren Blitzschutzmaßnahmen auf Gebäuden mit Errichtung einer PV-Anlage gefordert.

Wird eine PV-Anlage auf einem Gebäude ohne äußeren Blitzschutz errichtet, ergeben sich keine normativen Anforderungen hinsichtlich des äußeren Blitzschutzes des Gebäudes, wenn die PV-Anlage keine besonders exponierten Anlagenteile besitzt und keine behördlichen Anforderungen oder Anforderungen von Versicherungen bestehen.

Es wird nach VDE 0185-305-3 Beiblatt 5 Bild 11 (Flussdiagramm zur Auswahl von Schutzmaßnahmen) eine Funktionserdung des metallenen PV-Montagegestells empfohlen.

Der innere Blitz- und Überspannungsschutz ist nach VDE 0185-305-3 Beiblatt 3 Tabelle 1 für die Einbausituation A (Einbau von SPDs einer baulichen Anlage ohne äußere Blitzschutzanlage) auszuwählen.

1. Die Unterkonstruktion der PV-Module ist entsprechend der normativen Empfehlung mit einem Leiterquerschnitt von 6 mm^2 (Kupfer) in den Potenzialausgleich (Funktionserdung) einzubeziehen.
2. Zwischen Zähler und Hauptsicherung sind Überspannungsableiter (SPD) des Typs 2 entsprechend der Produktnorm DIN EN 61643-11 (**VDE 0675-6-11**) einzubauen.
3. Zwischen den Anschlussstellen der Gleichspannungsseite des Wechselrichters und des PV-Generators sind Überspannungsableiter (SPD) des Typs 2 entsprechend der Produktnorm DIN EN 61643-11 (**VDE 0675-6-11**) unmittelbar nach Gebäudeeintritt der DC-Leitungen einzubauen.
4. Beträgt der Abstand zwischen dem SPD und dem zu schützenden Wechselrichter mehr als 10 m, z. B. wenn nach dem Eintritt der Leitung in die bauliche Anlage die Leitung vom Dachgeschoss in den Keller verlegt ist, dann sind zusätzliche Überspannungsschutzgeräte in der Nähe des zu schützenden Wechselrichters gefordert. Diese sind unmittelbar in der Nähe der Wechselrichter zu installieren.
5. Die Montage eine Photovoltaikanlage stellt eine Erweiterung der elektrischen Anlage dar. Somit sind die davon betroffenen Anlagenteile, auch bei „Bestandsanlagen“ an die derzeit gültigen Regeln der Technik anzupassen. Deshalb sind zudem nach VDE 0185-305-3 Beiblatt 5 zwischen den Anschlussstellen der Wechselspannungsseite des Wechselrichters und des Zählers Überspannungsableiter (SPD) des Typs 2 entsprechend der Produktnorm DIN EN 61643-11 (**VDE 0675-6-11**) einzubauen. Dazu sind u. a. die Anforderungen nach DIN VDE 0100-534 zu beachten.

Tabelle 7.9 Einbauvarianten nach DIN VDE 0185-305-3 Beiblatt 5

Situation Trennungsabstände und äußerer Blitzschutz		Potentialausgleich	SPD Einbauort I	SPD Einbauort II	SPD Einbauort II
A	kein äußerer Blitzschutz	6 mm^2	Typ 2	Typ 2	Typ 2
B	äußerer Blitzschutz mit Einhaltung der Trennungsabstände	6 mm^2	Typ 1	Typ 2	Typ 2
C	äußerer Blitzschutz ohne Einhaltung der Trennungsabstände	16 mm^2	Typ 1	Typ 1	Typ 1

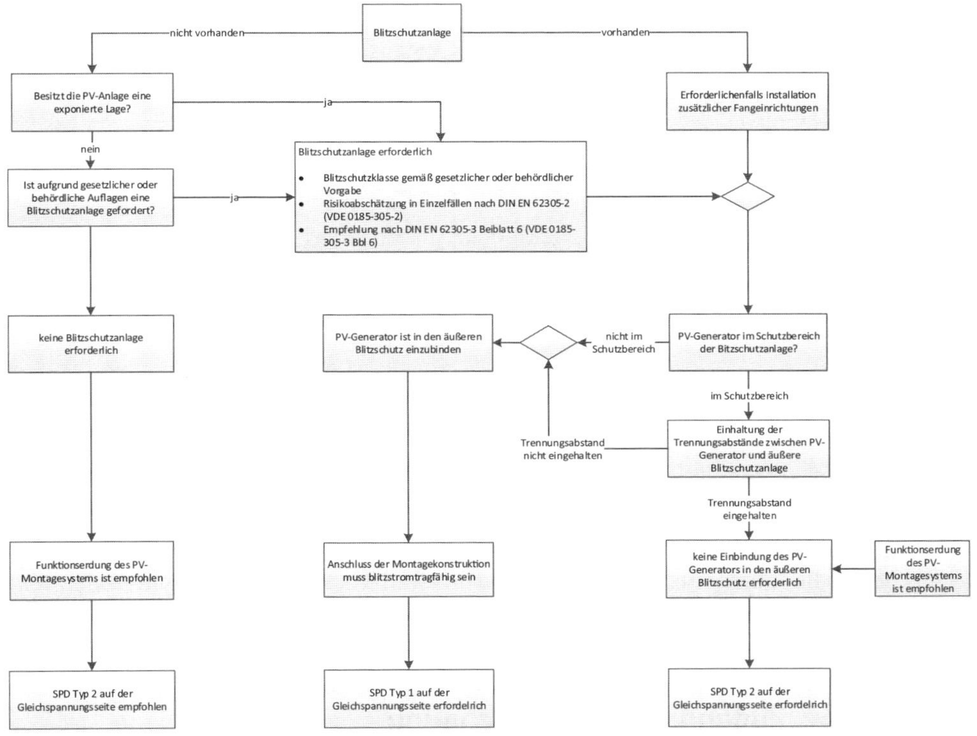

Bild 7.19 Entscheidungsbaum gemäß DIN EN 62305-3 Beiblatt 5 (VDE 0185-305-3 Beiblatt 5)

Werden PV-Stromversorgungssysteme auf Metalldächern installiert, sollten die PV-Module durch Fangeinrichtungen vor einem direkten Blitzeinschlag geschützt werden.

Bei Metalldächern und bei Metallfassaden kann der Trennungsabstand zur PV-Montagekonstruktion nicht eingehalten werden, sodass bei PV-Anlagen auf Metalldächern die Montagekonstruktion in den äußeren Blitzschutz einzubinden ist. Auf der Gleichspannungsseite sind demnach Überspannungsableiter (SPD) vom Typ 1 vorzusehen.

7.12.3 Einflüsse von Störspannungen

Induktive Einkopplungen können zu unzulässig hohen Überspannungen und elektromagnetischen Störungen führen. Besonders auf Dächern und in exponierten Lagen besteht hier ein erhöhtes Risiko. Die Höhe der DC-seitig induzierten Span-

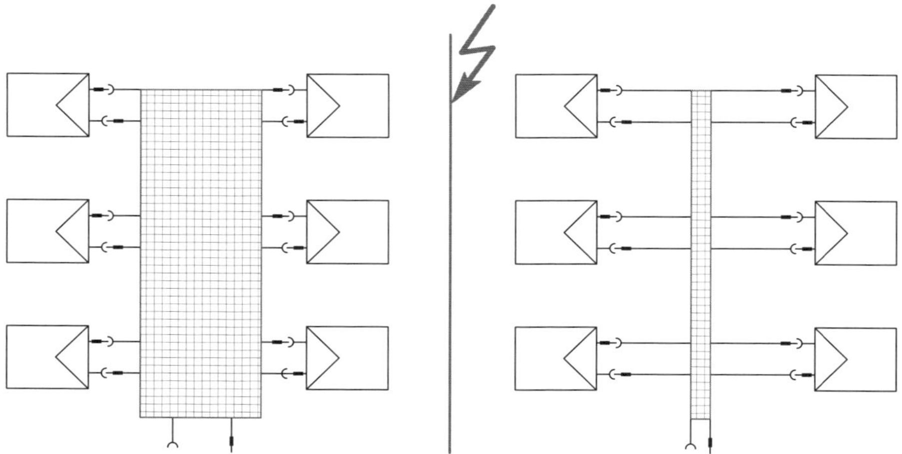

Bild 7.20 Reduzierung von Störspannungen nach DIN EN 62305-3 Beiblatt 5 (VDE 0185-305-3 Beiblatt 5)

nung hängt von der vom Feld durchquerten Fläche ab. Je größer die Fläche, desto höher die induzierte Spannung. Sind Hin- und Rückleitungen in getrennten PV-Kabeln/-Leitungen realisiert, wird empfohlen, diese stets eng parallel zu führen.

7.13 Zugang und Kennzeichnung

Klemmen, Verteiler und Schaltgeräte müssen zu Wartungs- und Instandhaltungszwecken zugänglich sein. Dies beinhaltet Wechselrichter, Niederspannungs-Schaltgerätekombinationen und Betätigungselemente wie Netztrenneinrichtungen etc.

Durch Gleichspannungsleitungen besteht erhöhte Lichtbogengefahr. Zudem sind PV-Generatoren oder Teile davon bis zu den Eingangsklemmen der Wechselrichter nicht abschaltbar. Eine ausreichende Kennzeichnung ist deshalb unerlässlich für:

- Wartungs- und Instandhaltungspersonal,
- Prüfer,
- Betriebspersonal der öffentlichen Stromversorgung und
- Personal von Not- und Hilfsdiensten, wie Feuerwehr.

Es muss in jedem Fall ein Hinweisschild, das über das Vorhandensein einer PV-Anlage auf dem Gebäude informiert, dauerhaft angebracht werden:

- am Speisepunkt der elektrischen Anlage,
- am Zählerplatz oder
- am Stromkreisverteiler, an den die Versorgung vom Wechselrichter angeschlossen ist.

Bild 7.21 Kennzeichnung einer PV-Anlage nach DIN VDE 0100-712

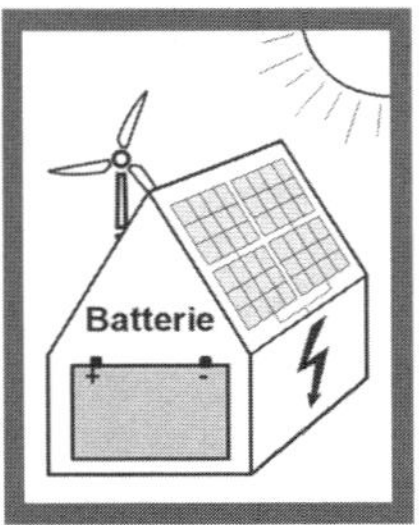

Bild 7.22 Kennzeichnung einer Erzeugungsanlage mit Speicher nach VDE-AR-E 2510-2

An jedem Zugangspunkt zu aktiven Teilen auf der Gleichspannungsseite sind Hinweise anzubringen, die vor aktiven unter Spannung stehenden Teilen warnen. Der Text: *„PV-Gleichspannung – Aktive Teile können nach dem Trennen unter Spannung stehen“* ist somit auf allen Klemmkästen und Anschlussstellen des Wechselrichters anzubringen. Am Wechselrichter ist darauf hinzuweisen, dass vor einer Wartungs- und Instandhaltungsmaßnahme der Wechselrichter auf der Gleichspannungsseite und der Wechselspannungsseite elektrisch getrennt werden muss.

Es sollte darauf geachtet werden, dass vorhandene Feuerwehrpläne nach DIN 14095 ergänzt werden.

7.14 Trenneinrichtung auf der DC Seite

Lasttrennschalter sind nach den derzeitigen Errichtungsbestimmungen nach VDE 0100-712 Abs. 712.536.2.2.5 auf der Gleichspannungsseite vorzusehen. Die Installation bzw. das Vorhandensein einer solchen Trenneinrichtung auf der DC-Seite ist bei der Inbetriebnahme-Prüfung nach VDE 0126-23-1 Abs. 7.2 h durch Besichtigen festzustellen.

DC-Trenneinrichtungen sind i. d. R. bei „neueren“ Wechselrichtern bereits integriert. Sind Wechselrichter mit einer solchen Trenneinrichtung (DC-seitig) ausgestattet, so ist normativ keine weitere DC-Trenneinrichtung vorzusehen.

Anders sieht es bzgl. des Brandschutzes im Gebäude aus. Hier kann u. a. die Anwendungsregel VDE-AR-E 2100-712 angewendet werden. Nach VDE-AR-E 2100-712 Abs. 7.2 sollten Einrichtungen zum Trennen des Strangs oder des PV-Generators am Strangende oder am Gebäudeeintritt vorhanden sein. Ersteres ist, wie bereits erwähnt, i. d. R. im Wechselrichter integriert. Eine zusätzliche Trenneinrichtung am Gebäudeeintritt, die durch ein externes Freigabesignal angesteuert wird, schaltet das PV-Generatorhauptkabel (DC) unmittelbar am Gebäudeeintritt frei, sodass bei abgeschaltetem Wechselrichter die Leitungsstrecke innerhalb des Gebäudes nicht unter Spannung steht. Die Einrichtung zum Trennen muss hierbei die Anforderungen an ein Schaltgerät nach DIN EN IEC 60947-3 (**VDE 0660-107**) oder nach DIN EN 60947-2 (**VDE 0660-101**) erfüllen.

In Sachen Brandbekämpfung in elektrischen Anlagen sind u. a. die normativen Anforderungen nach DIN VDE 0132 zu beachten. Nach DIN VDE 0132 Tabelle 1.1 können selbst bei festgestellter Spannungsfreiheit beim Trennen von DC-Leitungen und Steckerverbindern Lichtbögen entstehen. Eine PV-Anlage ist, insbesondere auf der DC-Seite, grundsätzlich als unter Spannung stehend zu betrachten.

PV-Generatoren (PV-Module) sind als Stromquellen in Abhängigkeit der Einstrahlung zu betrachten. Bei Löscharbeiten oder Mondlicht kann es deshalb zu einem Stromfluss kommen. I. d. R. ist diese Einstrahlung jedoch so gering, dass die Mindestleistung bzw. Einschaltschwelle der Wechselrichter nicht überschritten wird. Der PV-Generator und somit auch die PV-Generatorhauptleitung sind demnach auch nachts und bei Scheinwerferlicht, z. B. durch eine Laterne o. Ä., als unter Spannung stehend zu betrachten.

Normativ ist eine DC-Trenneinrichtung nach VDE 0100-712 Abs. 712.536.2.2.5 gefordert. Die Trenneinrichtungen sind i. d. R. im Wechselrichter integriert, wodurch nicht grundsätzlich eine externe DC-Trenneinrichtung notwendig ist. Jedoch kann sie aus Brandschutzgründen sinnvoll sein. Welche Maßnahmen sinnvoll sind, sollte der Betreiber im Rahmen einer Gefährdungsbeurteilung und Abstimmungen hinsichtlich weiterer Anforderungen an den Brandschutz ermitteln. Bei Off-grid-Netzen mit Batterien sind hier noch weitere Anforderungen an Batterieräume und Batterieanlagen zu beachten.

8 Prüfungen an Photovoltaikanlagen

Photovoltaikanlagen sind wie alle neu errichteten elektrischen Anlagen einer Erstprüfung durch den Errichter zu unterziehen. Nach DIN VDE 0100-100 134.2 sind, bevor elektrische Anlagen in Betrieb genommen werden und nach jeder bedeutenden Änderung, diese zu besichtigen und zu prüfen, um eine ordnungsgemäße Ausführung der Arbeit in Übereinstimmung mit der Normenreihe VDE 0100 festzustellen. Die Erstprüfung ist gemäß den Anforderungen nach DIN VDE 0100-600 durchzuführen. Nach DIN VDE 0100-600:2017-06 wird im Nationalen Anhang NC (informativ) auf eine Auswahl von ergänzenden Prüfungen für bestimmte Anwendungsfälle hingewiesen. Demnach sind Photovoltaik-(PV)-Systeme (DC-Seite) nach den Anforderungen gemäß DIN VDE 0100-712 (**VDE 0100-712**) und den zusätzlichen Anforderungen für Systemdokumentation, Inbetriebnahme, Prüfungen und Besichtigen in DIN EN 62446-1 (**VDE 0126-23-1**) zu prüfen.

Netzgekoppelte Photovoltaikanlagen sind somit als Teil der elektrischen Anlage bei Erst- und Wiederholungsprüfungen mit zu berücksichtigen. Die Prüfung der Gleichspannungsseite ist zusätzlich durchzuführen. Die Prüfanforderungen nach DIN EN 62446-1 (**VDE 0126-23-1**) enthalten neben den Anforderungen an die Systemdokumentation eine Vielzahl an weiteren Prüfungen. Diese Prüfungen beinhalten z. B. eine Messung der Strom-Spannungs-Kennlinie, eine thermografische Untersuchung der PV-Generatoren oder eine Analyse der ertragsmindernden Verschattungsquellen.

Erstprüfungen im Sinne der VDE 0100-600 beinhalten als Fokus den Schutz gegen elektrischen Schlag und die Übereinstimmung mit den normativen Anforderungen nach DIN VDE 0100-410. Neben den Anforderungen nach DIN VDE 0100-600 umfassen die normativ vorgeschriebenen Mindestvorgaben an eine Erstprüfung von PV-Anlagen, bestehend aus Besichtigen, Erproben und Messen nach DIN EN 62446-1 (**VDE 0126-23-1**), folgende Teilprüfungen:

1. Prüfung der Gleichstromseite (DIN VDE 0126-23-1),
2. Prüfung der Wechselstromseite (VDE 0100-600) und
3. Prüfung der Anforderungen an die Systemdokumentation (DIN VDE 0126-23-1).

Zudem sind die Anforderungen bzgl. der Notwendigkeit und Auswahl der Betriebsmittel des inneren und äußeren Blitzschutzes sowie das Vorhandensein der

Dokumentation entsprechend den Anforderungen nach VDE 0185-305-3 Beiblatt 5 und VDE 0100-537 zu prüfen. Ferner sind die Anforderungen des örtlichen Verteilnetzbetreibers, wie die Vollständigkeit der Protokolle nach VDE-AR-N 4100 und VDE-AR-N 4105, zu überprüfen. Weitere Prüf- und Messvorgaben können, wenn erforderlich, auch durch Berufsgenossenschaften oder Sachversicherer vorgegeben werden.

8.1 Prüfvorschrift der Kategorie 1 – alle Systeme

Prüfungen an elektrischen Anlagen unterteilen sich grundsätzlich in Besichtigen, Erproben und Messen. Im Einzelnen sind nach VDE 0126-23-1 die folgenden Messungen bei Erst- und wiederkehrenden Prüfungen durchzuführen:

- Messen der Isolationswiderstände der Wechselspannungsseite,
- Messen der Schleifenwiderstände zum Nachweis des Schutzes durch automatische Abschaltung im Fehlerfall,
- Durchgängigkeit der Schutzleiter und PA-Leiter,
- Messen der Leerlaufspannung des PV-Generators und dessen Polarität zum Nachweis der korrekten Verschaltung der PV-Module,
- Messen der PV-Generatorkurzschlussströme, alternativ der PV-Generatorbetriebsströme, zum Nachweis der korrekten Verschaltung der PV-Module,
- Funktionsprüfung der Wechselrichter,
- Messen der Isolationswiderstände des PV-Generators/PV-Teilgenerators.

8.2 Prüfung der Gleichstromseite

Prüfungen an elektrischen Anlagen unterteilen sich grundsätzlich in Besichtigen, Erproben und Messen. Im Einzelnen sind nach DIN VDE 0126-23-1 die folgenden Messungen bei Erst- und wiederkehrenden Prüfungen durchzuführen:

- Messen der Leerlaufspannung des PV-Generators und dessen Polarität zum Nachweis der korrekten Verschaltung der PV-Module,
- Messen der PV-Generatorkurzschlussströme, alternativ der PV-Generatorbetriebsströme, zum Nachweis der korrekten Verschaltung der PV-Module,

- Funktionsprüfung der Wechselrichter,
- Messen der Isolationswiderstände des PV-Generators/PV-Teilgenerators.

Sicherheitshinweis: Auf der Gleichspannungsseite sind spannungsführende Teile vorhanden, die vor der Prüfung nicht freigeschaltet werden können. Die Anschlussstellen des PV-Generators sowie die gesamte Gleichspannungsseite stehen deshalb auch bei abgeschalteten Wechselrichtern unter Spannung! Der PV-Generator treibt abhängig von der Sonneneinstrahlung einen Gleichstrom. Das Trennen der Steckverbindungen des PV-Generators/Teilgenerators darf nur im stromlosen Zustand erfolgen, da hier die Gefahr eines Lichtbogens hoch ist. Stecker dürfen deshalb nie bei hoher Sonneneinstrahlung getrennt werden. Die Messgeräte müssen die Anforderungen der Normenreihe DIN EN 61557 **(VDE 0413)** erfüllen. Betriebsmessabweichungen sind bei der Beurteilung des Messergebnisses zu berücksichtigen. Wenn eine Kurzschluss-Einrichtung für die Prüfung eingesetzt wird, sollten die PV-Generator-Kabel sicher in der Kurzschlussvorrichtung angeschlossen werden, bevor der Kurzschlussschalter betätigt wird. Die Kurzschluss-Einrichtung muss in der Lage sein, den Kurzschlussstrom zu führen und sicher zu trennen.

Messen der Leerlaufspannung des PV-Generators und dessen Polarität zum Nachweis der korrekten Verschaltung der PV-Module

Es sind die Leerlaufspannungen der PV-Stränge zu messen. Die Messung dient dem Nachweis der korrekten Verschaltung der PV-Stränge. Die gemessenen Leerlaufspannungen sind untereinander zu vergleichen. Höhere Abweichungen deuten auf fehlerhafte Betriebsmittel im Strang oder auf falsche Strangverkabelungen hin. Die Polaritäts- und Spannungsprüfung sollte als erstes durchgeführt werden, da bei fehlerhafter Verkabelung bei Isolationsmessungen die Bypass-Dioden der PV-Module beschädigt werden können.

Messen des PV-Generatorstroms

Die Kurzschlussströme sind mit einer geeigneten Stromzange zu messen. Die Messung dient zur Überprüfung der korrekten Verschaltung der einzelnen PV-Stränge. Der Kurzschlussstrom ist proportional zur Bestrahlstärke. Die Bestrahlstärke ist idealerweise parallel dazu zu messen und in die Bewertung die Kurzschlussströme einzubeziehen. Die Prüfung:

- muss bei stabilen Bestrahlstärkebedingungen erfolgen und
- die Abweichung der Strangströme muss nahezu identisch sein, die Abweichung muss unterhalb 5 % liegen.

Bei instabilen Bestrahlstärkebedingungen ist die Messung zu einem späteren Zeitpunkt zu wiederholen bzw. nachzuholen oder:

- Es werden mehrere Strommessgeräte gleichzeitig verwendet, wobei ein Strangstrom als Bezug für die Bewertung hinzuzuziehen ist, oder
- es wird zum Strangstrom zusätzlich die Bestrahlstärke gemessen und unter Berücksichtigung der Betriebsmessabweichungen hochgerechnet oder
- es ist eine I/U-Kennlinienmessung durchzuführen.

Die Messungen der Strangströme dienen der Bewertung der korrekten Verschaltung der PV-Module, zur Erkennung von Verschattungen, defekten oder falsch eingebauten Bypass-Dioden und defekten Strangdioden usw. Bei der I/U-Kennlinienmessung ohne Erfassen der Bestrahlstärke ist eine qualitative Bewertung anhand des Kennlinienverlaufs möglich.

Funktionsprüfung der Schaltgeräte und Wechselrichter

Schaltgeräte sind auf die ordnungsgemäße Funktion gemäß den zu erwartenden Wirkungen zu erproben. Die Funktionsprüfung ist wie folgt durchzuführen:

- Die Schalter und Trenneinrichtungen sind zu betätigen.
- Bei Abschaltung der PV-Wechselstrom-Versorgungsleitung muss der Wechselrichter den Einspeisebetrieb unterbrechen und eine entsprechende Statusmeldung (Display, Anzeige) anzeigen.
- Der Hauptschalter am Wechselrichter muss den Einspeisebetrieb unterbrechen und den Wechselrichter abschalten.
- Die Netztrenneinrichtungen (Feuerwehrschalter, wenn vorhanden) sind zu erproben.

Bei Erproben sind die Herstellerangaben der Betriebsmittelhersteller zu beachten.

Messen des Isolationswiderstands an PV-Generatoren/PV-Teilgeneratoren

Die Messung des Isolationswiderstands muss bei neu errichteten Anlagen bei Inbetriebnahme vollumfänglich durchgeführt werden. Bei wiederkehrenden Prüfungen kann der Prüfer unter bestimmten Bedingungen den Umfang der Messungen auf Stichproben reduzieren, wenn dadurch eine Beurteilung des gesamten PV-Generators möglich ist. Prüf- und Messvorgaben können auch durch Berufsgenossenschaften oder Sachversicherer vorgegeben werden.

Die Messung des Isolationswiderstands von PV-Generatoren erfolgt zwischen den Polen gegen Erde. Es ist sicherzustellen, dass der Messpunkt, Erde, niederohmig mit Erdpotential verbunden ist. Bei geerdeten Modulrahmen kann die Messung an jedem geeigneten Erdanschluss oder dem Rahmen des PV-Generators erfolgen. Sind die Modulrahmen nicht geerdet, darf die Messung zwischen Generatorkabeln und Erde durchgeführt werden oder zwischen den PV-Generator-Kabeln und Rahmen. Bei PV-Generatoren, die keine berührbaren leitenden Teile besitzen (z. B. PV-Dachplatten), ist die Prüfung zwischen den PV-Generator-Kabeln und der Gebäudeerde durchzuführen.

Häufig kommen auch sogenannte Leistungsoptimierer zum Einsatz. Diese sind nichts anderes als ein zusätzlicher MPP-Tracker (DC-DC-Wandler), die in Reihe zwischen PV-Teilgenerator und den Gleichspannungseingängen der Wechselrichter in der PV-Versorgungsleitung geschaltet sind. Die Messungen sind hier an den Anschlussstellen des PV-Generators am Leistungsoptimierer und im Leitungsabschnitt zum Wechselrichter (DC-Eingänge) durchzuführen. Es sind folgende Messverfahren zulässig:

- Bei Prüfverfahren 1 werden die Stecker des Modulstrangs, PV-Teilgenerators o. Ä. abgezogen. Die Messung erfolgt jeweils zwischen dem +Pol/–Pol gegen Erde.
- Bei Prüfverfahren 2 sind mit einer geeigneten Kurzschluss-Einrichtung die Pole (+Pol/–Pol) des PV-Generators kurzgeschlossen. Die Messung erfolgt zwischen den kurzgeschlossenen Polen (+Pol/–Pol) gegen Erde.

Die Prüfgleichspannung ist entsprechend der Systemspannung einzustellen. Die Systemspannung wird berechnet aus der Summe aller in Reihe geschalteten Leerlaufspannungen unter STC multipliziert mit einem Faktor von 1,25.

Im Gegensatz zur Prüfung der Wechselspannungsseite gelten die Grenzwerte für Isolationswiderstände von PV-Generatoren nach DIN VDE 0126-23-1 (Tabelle 20) sowohl für Erst- als auch Wiederholungsprüfungen von PV-Generatoren bis zu 10 kW Nennleistung.

8.3 Prüfung der Anforderungen an die Systemdokumentation

Die Systemdokumentation stellt den Mindestumfang nach DIN VDE 0126-23-1 Abs. 4 an die Dokumentation dar. PV-Stromversorgungssysteme haben aufgrund der Bauweise, der Dachmontage und der Leitungsführung der DC-Leitungen etc. sehr viele Schnittstellen zu den allgemeinen elektrischen Anlagen, dem Blitz- und Überspannungsschutz, dem baulichen Brandschutz, der Gebäudestatik und anderen gebäudetechnischen Anlagen.

Die Systemdokumentation muss mindestens folgende Informationen beinhalten:

- *Grundlegende Systemangaben:* Projektidentifikation, Bemessungsleistung des Systems, Hersteller, Modell und Anzahl der Module und Wechselrichter, Installationsdatum, Datum der Inbetriebnahme, Name des Kunden, Anschrift des Herstellungsorts,
- *Angaben über Systementwickler und Systeminstallateure:* Diese sind allen Beteiligten zur Verfügung zu stellen, die für die Entwicklung des Systems verantwortlich sind, z. B. Unternehmer, Ansprechpartner, Kontaktdaten,
- *Stromlaufplan/Systemspezifikation:* Kommentare müssen im Stromlaufplan vorhanden sein. Falls dies aus Platzgründen nicht möglich ist, kann auch auf eine tabellarische Aufstellung zurückgegriffen werden,
- *PV-Generator:* Modultyp(en), Gesamtzahl der Module, Anzahl der Stränge, Anzahl der Module je Strang, Angabe der Stränge zum Anschluss am Wechselrichter,
- *Angaben zum PV-Strang:* Kabelquerschnitt/Typ, Festlegung der ÜSE im Strang (sofern eingebaut)/Typ, Spannungs- und Strom-Bemessungswerte, Typ der Sperrdioden (sofern eingebaut),
- *elektrische Einzelheiten des PV-Generators:* Festlegung zum Hauptkabel des PV-Generators/Querschnitt und Typ, Lage der Anschlussdosen oder GAK (sofern anwendbar), Typ, Lage und Bemessung (*I*/*U*) von Gleichspannungsisolatoren, ÜSE des PV-Generators (sofern anwendbar),
- *Erdung und Überspannungsschutz:* Einzelheiten zu allen Funktionserder- und PA-Leitern (Querschnitte und Anschlusspunkte/PV-Generatorrahmen), alle Verbindungen zur bestehenden Blitzschutzanlage (LPS), installierte Überspannungs-Schutzeinrichtungen (DC-seitig),
- *Wechselstromseite:* Lage/Typ/Bemessungswert von Wechselspannungsisolatoren, Überspannungs-Schutzeinrichtungen (SPD), Überstrom-Schutzeinrichtungen und Fehlerstrom-Schutzeinrichtungen,

- *Datenblätter, Dokumentation und Betriebsanleitungen:* Moduldatenblätter gemäß Anforderungen nach IEC 61730-1, Datenblätter und Betriebsanleitungen der Wechselrichter, Netztrenneinrichtungen und Freischaltstellen, Dokumentation über die Montagekonstruktion. Bei Sonderanfertigungen sind weitere Dokumente, wie Berechnungen zur Statik, erforderlich,
- *Betriebs- und Wartungsangaben:* Verfahren zum Nachweis des korrekten Betriebs, Checkliste mit Handlungsschritten bei Anlagenausfällen, Not-Abschaltung/Trennverfahren, Empfehlung zur Wartung und Reinigung (soweit verfügbar), mögliche zukünftige Gebäudearbeiten, die das Verhalten der PVA beeinflussen könnten, Gewährleistungsangaben zu Wechselrichtern und Modulen, Angaben zur zutreffenden Ausführungsqualität oder über Garantie der Wasserdichtheit,
- *Prüfergebnisse und Inbetriebnahmeprüfung:* Ergebnis der Prüfung nach DIN VDE 0126-23-1 Abs. 5, Messprotokoll nach DIN VDE 0126-23-1 über die Gleichspannungsseite, Messprotokoll nach DIN VDE 0100-600 über die Wechselspannungsseite.

Tabelle 8.1 Grenzwerte für Isolationsmessung bei PV-Generatoren bis zu 10 kWp

Systemspannung	$U_{Prüf}$	R_{iso}
< 120 V	250 V DC	0,5 MΩ
> 120 V bis 500 V	500 V DC	1,0 MΩ
> 500 V bis 1 000 V	1 000 V DC	1,0 MΩ
> 1 000 V	1 500 V DC	1,0 MΩ

Liegt die PV-Generatornennleistung über 10 kW, können diese zusammengemessen werden und die Messergebnisse verwendet werden, wenn die Grenzwerte nach DIN VDE 0126-23-1 Tabelle 2 (hier Tabelle 20) unter Berücksichtigung der Betriebsmessabweichungen nicht überschritten sind. Andernfalls sind die parallel geschalteten Stränge entweder komplett aufzutrennen und einzeln zu messen oder gruppenweise aufzutrennen, sodass die Nennleistung der gruppierten PV-Stränge nicht über 10 kWp liegt.

Die Messergebnisse sind auf Plausibilität zu prüfen. Signifikante Abweichungen der Messwerte bei ähnlichen oder gar gleich aufgebauten PV-Generatoren sollten hinterfragt werden und zusätzliche Prüfungen durchgeführt werden.

Es ist vorzugsweise das Prüfverfahren 2 zu verwenden, da dieses Verfahren mit kurzgeschlossenem PV-Generator weniger fehlerbehaftet ist. Zudem besteht ein geringeres Risiko, dass die Messgeräte aufgrund von Fremdspannungsbeaufschlagung durch die PV-Generatorspannung beschädigt oder beeinträchtigt wird, sowie eine geringere Gefahr, dass die Module durch die Messspannung beschädigt werden.

Wenn Kurzschluss-Einrichtungen für die Isolationsmessung nach Verfahren 2 eingesetzt werden, sind Gleichstrom-Lichtbögen zu verhindern. Die hierfür verwendete Kurzschluss-Einrichtung muss den Kurzschlussstrom führen und sicher trennen können. Das PV-Generator-Kabel ist vor Betätigung der Kurzschlussvorrichtung anzuschließen.

Prüfung der Wechselstromseite (DIN VDE 0100-600)

Prüfungen an elektrischen Anlagen unterteilen sich grundsätzlich in Besichtigen, Erproben und Messen. Im Einzelnen sind nach DIN VDE 0126-23-1 die folgenden Messungen bei Erst- und wiederkehrenden Prüfungen durchzuführen:

- Messen der Isolationswiderstände der Wechselspannungsseite,
- Messen der Schleifenwiderstände zum Nachweis des Schutzes durch automatische Abschaltung im Fehlerfall,
- Durchgängigkeit der Schutzleiter und PA-Leiter.

Messen der Isolationswiderstände der Wechselspannungsseite (Prüfkategorie 1)

Die Messung des Isolationswiderstands muss bei neu errichteten Anlagen bei Inbetriebnahme vollumfänglich durchgeführt werden. Bei wiederkehrenden Prüfungen kann der Prüfer unter bestimmten Bedingungen den Umfang der Messungen auf Stichproben reduzieren, wenn dadurch eine Beurteilung des gesamten PV-Generators möglich ist.

Auf der Gleichspannungsseite sind spannungsführende Teile vorhanden, die vor der Prüfung nicht freigeschaltet werden können. Die Anschlussstellen des PV-Generators sowie die gesamte Gleichspannungsseite stehen deshalb auch bei abgeschalteten Wechselrichtern unter Spannung.

Der Isolationswiderstand der PV-Wechselstrom-Versorgungskreise ist bei neu errichteten Anlagen entsprechend DIN VDE 0100-600 durchzuführen. Der Isolationswiderstand bei der Erstprüfung ist zwischen

- den aktiven Leitern und
- den aktiven Leitern und den mit der Erdungsanlage verbundenen Schutzleitern

zu messen. Der Neutralleiter ist für diese Messung in einem TN-S-System zuvor zu trennen. Der Wechselrichter stellt dabei ein fest angeschlossenes Betriebsmittel mit einer Bemessungsspannung von 400 V/230 V dar. Die Messgleichspannung ist entsprechend DIN VDE 0100-600 Tabelle 6.1 einzustellen. Für den genannten Spannungsbereich darf bei neu errichteten Anlagen der Isolationswiderstand der genannten Messpunkte nicht unterhalb von 1 MΩ liegen. Häufig sind im Wechselrichter Überspannungs-Schutzeinrichtungen (SPD) integriert oder im PV-Wechselstrom-Versorgungskreis angeschlossen.

Im Idealfall wird der Isolationswiderstand vor Anschluss des Wechselrichters und der Überspannungs-Schutzeinrichtungen gemessen. Hier empfiehlt es sich

- wenn der SPD im Wechselrichter integriert ist, diesen entweder abzuklemmen oder
- die Messung vor Anschluss des Wechselrichters am PV-Wechselstrom-Versorgungskreis vorzunehmen.

Alternativ kann, sollten die genannten Optionen nicht möglich sein, die Messspannung auf 250 V herabgesetzt werden unter der Voraussetzung, dass der Isolationswiderstand mindestens 1 MΩ beträgt. Für wiederkehrende Prüfungen gelten die Grenzwerte in Abhängigkeit des Montageorts der Wechselrichter nach DIN VDE 0105-100. Wechselrichter sind in jedem Fall fest angeschlossene Betriebsmittel. Hierzu gelten im Betrieb die folgenden Grenzwerte:

- 300 Ω je Volt Nennspannung für in Räumen errichtete Wechselrichter und
- 150 Ω je Volt Nennspannung für im Freien errichtete Wechselrichter.

Messen der Schleifenwiderstände (Prüfkategorie 1)

PV-Wechselstrom-Versorgungskreise sind i. d. R. als TN-S-System ausgeführt. Der Schutz durch automatische Abschaltung im Fehlerfall ist in Übereinstimmung mit den Anforderungen nach DIN VDE 0100-410 nachzuweisen. Der Nachweis ist wie folgt zu erbringen:

1. Möglichkeit:

- Messung der Fehlerschleifenimpedanz oder
- Durchgängigkeit der Schutzleiter mit Berechnung der Fehlerschleifenimpedanz;

2. Möglichkeit:

- Prüfung der Kenndaten des Stromkreises durch Besichtigen:
- Überstrom-Schutzeinrichtungen durch Besichtigen der Kenndaten,
- Fehlerstrom-Schutzeinrichtungen durch Besichtigen und Messen. Die Wirksamkeit ist nachgewiesen, wenn die Abschaltung innerhalb der vorgeschriebenen Abschaltzeiten nach DIN VDE 0100-410 Tabelle 41.1 beim Bemessungs-Fehlerstrom erfolgt. Ergänzend ist die Durchgängigkeit der Schutzleiter zu messen.

Durchgängigkeit der Schutzleiter und PA-Leiter

Zur Messung der Durchgängigkeit der Schutzleiter ist ein Messgerät nach der DIN EN IEC 61557-4 (**VDE 0413-4**):2022-12 anzuwenden. Der Prüfstrom zum Nachweis der Schutzmaßnahme darf nach DIN VDE 0413 Abs. 4.2 im minimalen Messbereich einen Wert von 0,2 A nicht unterschreiten. Die Betriebsmessunsicherheit liegt bei einer Messung bei 30 % und ist bei der Bewertung zu berücksichtigen. Zu prüfen sind:

- der Anschluss an der Haupterdungsklemme,
- die Durchgängigkeit des Array-Rahmens,
- Durchgängigkeit der Montagekonstruktion,
- Anschlussklemmen in Niederspannungs-Schaltgerätekombinationen und Schutzleiteranschlussstellen.

Die spezifischen Leiterwiderstände nach DIN VDE 0100-600 Tabelle A.1 sind bei der Beurteilung der Prüfergebnisse zu beachten.

8.4 Erhalt des ordnungsgemäßen Zustands

Der Zweck der Prüfungen nach DIN VDE 0105-100 Abs. 5.3.3.1 besteht in dem Nachweis, dass eine elektrische Anlage den Sicherheitsvorschriften und den Errichtungsnormen entspricht. Nach dem Vorwort der DIN VDE 0105-100 ist zudem die Betriebssicherheitsverordnung (BG Blatt Nr. 70 vom 27. September 2002) zu beachten. Bei Photovoltaik-Anlagen handelt es sich demnach um ortsfeste elektrische Anlagen.

DIN VDE 0105-100 Abs. 5.3.3.1 besagt, dass mit der Prüfung der Anlage der Zustand und die Übereinstimmung nach deren Errichtungsnormen überprüft werden soll. Demnach findet DIN VDE 0100-712: Errichten von Niederspannungsanlagen – Solar-Photovoltaik-Systeme und VDE 0126-23: Netzgekoppelte Photovoltaiksysteme – Mindestanforderungen an Systemdokumentation, Inbetriebnahmeprüfung und wiederkehrende Prüfung als Bewertungskriterium Anwendung. Als weitere Errichtungsnorm gelten zudem die entsprechenden Teile der DIN VDE 0100. Demnach sind mindestens folgende Bewertungskriterien zu beachten:

- DGUV Vorschrift 3 (früher BGV A3): Elektrische Anlagen und Betriebsmittel,
- VDE 0100-600: Errichten von Niederspannungsanlagen – Prüfungen,
- VDE 0105-100: Betrieb elektrischer Anlagen,

- VDE 0126-23-1: Netzgekoppelte Photovoltaiksysteme – Mindestanforderungen an Systemdokumentation, Inbetriebnahmeprüfung und wiederkehrende Prüfung,
- VDE 0100-712: Errichten von Niederspannungsanlagen – Solar-Photovoltaik-Systeme,
- DIN EN 62305-3 Beiblatt 5 (**VDE 0183-305-3 Bbl. 5**): Blitzschutz – Teil 3: Beiblatt 5: Blitz- und Überspannungsschutz für PV-Stromversorgungssysteme.

9 Ertrags- und Leistungskennzahlen von PV-Stromversorgungssystemen

Die Sicherheit der Anlage wird anhand der Prüfungen nach DIN VDE 0100-600 bzw. DIN VDE 0105-100 und DIN VDE 0126-23-1 der Kategorien 1 und 2 durchgeführt. Ergänzend können zusätzliche Prüfungen zur Fehlersuche und bei abweichenden Funktionsmerkmalen wie geringen Erträgen durchgeführt werden.

Zusätzliche Prüfungen

- Messen der Spannung gegen Erde zur Bewertung von Systemen, die eine hohe Impedanz der Erdung aufweisen (wenn eine Wiederstandserdung der Pole vom Hersteller gefordert wird),
- Prüfung von Sperrdioden hinsichtlich richtiger Polung und Messung der Durchlassspannung (U_{BD} muss i. d. R. zwischen 0,5 V und 1,65 V liegen),
- Isolationswiderstandsmessung im Nasszustand zur Suche von Kondenswasserbildung in den Anschlusskästen, Modulen etc. und fehlerhaften Leitungsisolierungen. Bewertung der Schattenverhältnisse bei Ertragsminderungen, plötzlich temporär einbrechender Leistung, auffällig temporär abweichenden PV-Strangspannungen und -strömen oder aufgrund Auffälligkeiten der I/U-Kennlinienmessung durch Aufzeichnung der Schattenverhältnisse.

Lokalisierung von Isolationsfehlern mit der Spannungswaage

Werden Isolationsfehler in Form niedriger Isolationswiderstände gemessen, sollten diese schnellstmöglich lokalisiert und behoben werden. Bei ausreichend kleinen Isolationswiderständen unterhalb 1 MΩ kann bei einem konzentrierten Isolationsfehler, also einem Isolationsfehler an einer Stelle mit Hilfe der Spannungswaage dessen Position im Modulstrang lokalisiert werden. Dazu ist an den +Pol und den –Pol jeweils ein Spannungsmessgerät anzuschließen. Die Spannungen müssen gegen Erdpotential bzw. das Potential gemessen werden, gegen das der Isolationsfehler ansteht.

Bei bekannter Anzahl der in Reihe geschalteten PV-Module und bekannter Leerlaufspannung eines Moduls wird der Ort der Isolationsfehlerstelle nach der Spannungsteilregel berechnet. Von dem Pol mit der angezeigten Spannung des

Messgeräts U_1 und einer gemessenen Spannung U_2 ergibt sich der Fehlerort an der folgenden Stelle des Modulstrangs:

Modul mit dem Fehlerort ausgehend von U_1:

$$\frac{U_1}{|U_1| + |U_2|} = \frac{n_{\text{Fehlerstelle}}}{n_{\text{PV-Module im Strang}}}$$

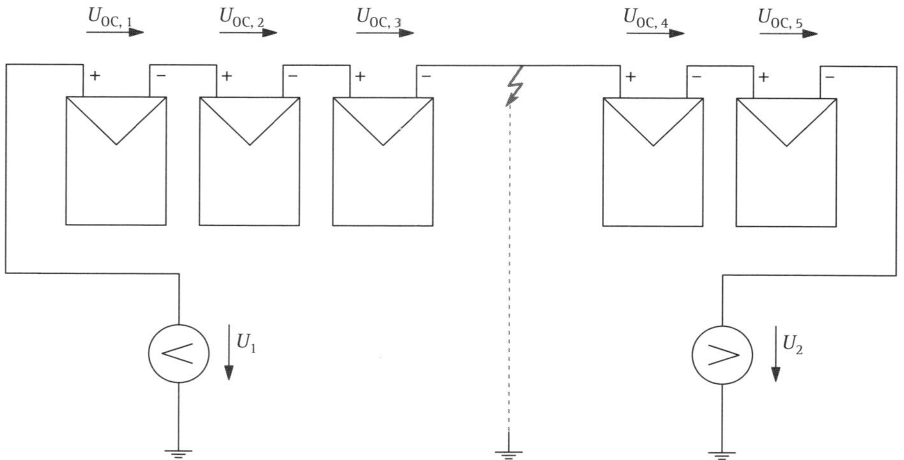

Bild 9.1 Lokalisierung von Isolationsfehlern mit der Spannungswaage (*Zeichnung:* M. Fengel)

9.1 Ertragskenngrößen von PV-Stromversorgungssystemen ohne Speicher

Die Erträge von Erzeugungsanlagen und Speichern stellen die Basis des wirtschaftlichen Betriebs dar. Neben den Erträgen stellen Wirkungsgrade und Anlagenleistungsverhältnis die wichtigsten Kenngrößen dar. Die Erträge sowie die Anlagenleistungsverhältnisse sind in regelmäßigen Zeitabständen zu bewerten. Die Zeitabstände sowie die Auflösung der Kenngrößen ist in Anhängigkeit des Betrachtungszeitraums und der Ausführung sowie der Qualität der Daten des Datenloggings festzulegen. Zudem sollte für die Bewertung des wirtschaftlichen Betriebs idealerweise die Bestrahlung resp. Bestrahlstärke in Modulebene über eine Referenzzelle (Einstrahlungssensor) vorliegen.

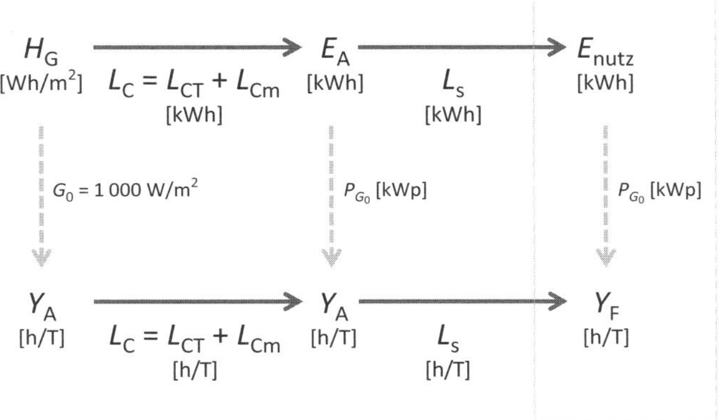

Bild 9.2 Energieumwandlungskette eines netzgekoppelten PV-Stromversorgungssystems (*Zeichnung:* M. Fengel)

Photovoltaikanlagen wandeln die Bestrahlung H_i in den PV-Modulen in die elektrische Ausgangsenergie der PV-Modulgruppe (Gleichstrom) E_A um. Die elektrische Ausgangsenergie der PV-Modulgruppen wird über die Gleichstromleitungen an den Wechselrichtern angeschlossen.

Die DC-Spannung wird über den MPP-Tracker auf dem MPP eingestellt und über eine DC-AC-Wandlung in eine Pulsweitenmodulation in eine Wechselspannung umgewandelt. Netzgekoppelte Wechselrichter können keine Spannungsversorgung bzw. ein Wechselstromnetz zur Verfügung stellen. Sie benötigen eine Synchronisationseinrichtung, die die Ansteuerung der Leitungsungshalbleiter des DC/AC-Wandlers mit der Netzspannung synchronisiert. Sind die Synchronisationsbedingungen (gleiche Spannung, gleiche Frequenz und gleiche Phasenlage) zur Einspeisung am Stromversorgungsnetz gegeben, wird über die Wechselrichter die Ausgangsenergie des PV-Systems (Wechselstrom) E_{OUT} [kWh] ins elektrische Energieversorgungsnetz oder in das Inselnetz mit Speicher eingespeist. Bei der Bestrahlung und den Energieerträgen handelt es sich um absolute Größen mit unterschiedlichen Einheiten. Damit hier das Leistungsverhältnis des Gesamtsystems quantifiziert werden kann, sind Bestrahlung sowie Energieerträge zu normieren. Für die Bestrahlung ist der Normierungsfaktor G_0 und für die Energieerträge der Normierungsfaktor P_0 zu verwenden.

Der Referenzertrag stellt die normierte Bestrahlung im Betrachtungszeitraum dar. Der Referenzertrag Y_r kann durch Division der Gesamtbestrahlung der gleichen Ebene durch die Bestrahlungsstärke des Moduls in der Referenzebene der Modulgruppe berechnet werden:

$$Y_r = \frac{H_i}{G_{i,\,ref}}$$

Dabei ist die Bestrahlungsstärke in der Referenzebene der Modulgruppe $G_{i,ref}$ ($kW \cdot m^{-2}$) die Bestrahlungsstärke, bei der P_0 ermittelt wird. Dies ist 1 000 W/m².

Der Energieertrag der PV-Modulgruppe Y_A ist die Energieausbeute (Gleichstrom) der Modulgruppe je Bemessungsleistung (Gleichstrom) in kWp der installierten PV-Modulgruppe:

$$Y_A = \frac{E_A}{P_0}$$

Der endgültige Ertrag des PV-Systems Y_f ist die Netto-Energieausbeute des gesamten PV-Systems (Wechselstrom) je Bemessungsleistung (Gleichstrom) in kWp der installierten PV-Modulgruppe:

$$Y_f = \frac{E_{OUT}}{P_0}$$

Die Differenzen zwischen Referenzertrag und Energieertrag der PV-Modulgruppe Y_A stellen die Einfangverluste der Modulgruppen L_C resp. des PV-Generators dar. Die Höhe der Einfangverluste der Modulgruppen sind durch die Modultemperaturen, Modulverschmutzungen, Kabel- und Leitungsverluste bedingt.

$$L_C = Y_r - Y_A$$

Die Einfangverluste der Modulgruppen setzen sich aus den temperaturbedingten Generatorverlusten und den temperaturunabhängigen Generatorverlusten zusammen. Die temperaturbedingten Generatorverluste der PV-Modulgruppe entstehen aufgrund der Temperaturabhängigkeit der PV-Zellen. Die Verluste werden durch die im Datenblatt der PV-Module angegebenen Temperaturkoeffizienten der Leistungen und der tatsächlichen Modultemperatur berechnet.

$$L_{CT} = 1 + c_T \cdot \left(T_M - 25\,°C\right)$$

Die nicht temperaturbedingten Generatorverluste entstehen durch ohmsche Verluste in den PV-Modulen oder der DC-Leitungsanlage.

Die Differenz zwischen dem endgültigen Ertrag des PV-Systems Y_f und dem Energieertrag der PV-Modulgruppe Y_A stellt die Systemperipherie-Verluste dar.

Diese sind größtenteils durch die Energieumwandlungsverluste der Wechselrichter, aber auch der Kabel- und Leitungsverluste bedingt.

$$L_{BOS} = Y_A - Y_f$$

9.2 Wirkungsgrade

Der Wirkungsgrad des Systems bzw. der PV-Module wird auf Grundlage der Nenngrößen der Systemkomponenten berechnet. Die Berechnung dient dem Vergleich zum tatsächlichen Wirkungsgrad. Der tatsächliche Wirkungsgrad wird auf Grundlage der Ertragsgrößen berechnet werden. Differenzen zwischen den tatsächlich erreichten Wirkungsgraden der Systemkomponenten und den theoretisch berechneten Wirkungsgraden können durch Mängel an den Komponenten, einer nicht optimalen Verkabelung, Ausfall von Komponenten sowie signifikante Abweichungen durch z. B. Schwachlastverhalten o. Ä. entstehen.

Der Nenn-Wirkungsgrad der Modulgruppe bzw. des PV-Generators ist gegeben durch das Verhältnis der Nennleistung P_0 der Modulgruppe zu der auf die PV-Modulflächen eingestrahlten Bestrahlstärke $G_{i,ref} = G_0$ von 1 000 W/m^2:

$$\eta_{A,0} = \frac{P_0}{G_{i,ref} \cdot A_a}$$

Der mittlere tatsächliche Wirkungsgrad der Modulgruppe wird wie folgt berechnet:

$$\eta_A = \frac{E_A}{H_i \cdot A_a}$$

Der tatsächliche Wirkungsgrad der Modulgruppe ist mit dem Nenn-Wirkungsgrad der Modulgruppe zu vergleichen. Der mittlere Wirkungsgrad der Systemperipherie wird wie folgt berechnet:

$$\eta_{BOS} = \frac{E_{OUT}}{E_A}$$

Der mittlere tatsächliche Wirkungsgrad des Systems wird wie folgt berechnet:

$$\eta_f = \frac{E_{OUT}}{H_i \cdot A_a}$$

9.3 Leistungs- und Ertragsverhältnisse

Das Leistungsverhältnis PR, auch Performance Ratio genannt, beschreibt den gesamten Nutzungsgrad des PV-Systems. Es wird berechnet aus dem Verhältnis von endgültigem Ertrag des Systems Y_f und seinem Referenzertrag Y_r.

$$PR = \frac{Y_f}{Y_r}$$

PI stellt das Verhältnis von spezifischem Ertrag Y_f und dem zu erwartenden Ertrag dar.

$$PI = \frac{Y_f}{\text{erwarteter Ertrag}}$$

9.4 Beurteilung der Erträge

Zur Beurteilung der Erträge ist eine Erfassung der Ertragsdaten über ein Datenlogging erforderlich. Idealerweise erfolgt die Überwachung einer PV-Anlage mit gleichzeitiger Messung der Bestrahlung. Eine Beurteilung der Anlagenerträge ist allerdings auch ohne Messung der Solarstrahlung möglich. Grundsätzlich hängen Erträge, Wirkungsgrade sowie Leistungs- und Ertragsverhältnisse von der Qualität der Messdaten und somit auch der Messdatenerfassung ab. Die Messwerte sind auf Plausibilität zu prüfen.

In dem folgenden Bild sind die Ertragskenngrößen, Wirkungsgrade sowie Leistungs- und Ertragsverhältnisse mit den Referenzen gegenübergestellt.

Die Beurteilung der Erträge hängt neben der Qualität der Messwerte auch von der Ausstattung des Datenloggingsystems ab. Anlagen mit Datenlogger sind heutzutage Standard. Je nach Ausführung wird die Bestrahlung über einen Einstrahlungssensor erfasst. Sind Datenlogging und/oder die Erfassung der Bestrahlung nicht vorhanden, kann die Anlage nicht vollständig bzw. nur grob bewertet werden. Je nach Ausführung des Datenloggings sind folgende Varianten möglich:

- ohne Datenlogging,
- Datenlogging ohne Messung der Bestrahlung,
- Datenlogging mit Messung der Bestrahlung.

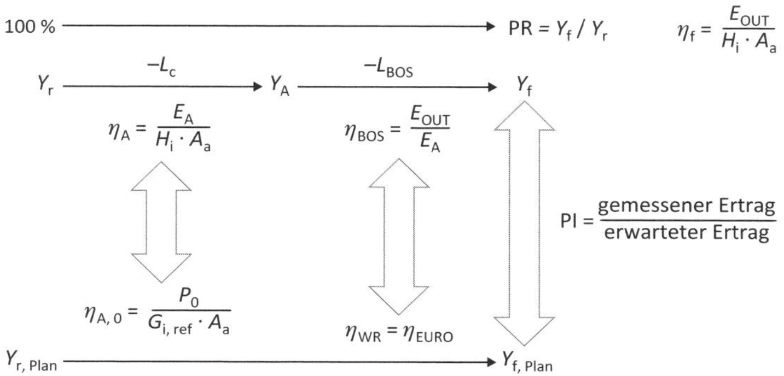

Bild 9.3 Gegenüberstellung von berechneten und erzielten Ertrags- und Leistungsgrößen (*Zeichnung:* M. Fengel)

Tabelle 9.1 Typische Verluste der Betriebsmittel (*Quelle:* DGS)

	Verluste	Y_R	Y_A	Y_F	PR
Verschattungen	0...5 %	●		×	×
Modulverschmutzungen	1...3 %	×			×
Reflexion	3...5 %				
spektrale Abweichungen (AM 1,5, wetterbedingt)	1...2 %				
Mismatching und Leistungstoleranzen (Hersteller)	0,5...2,5 %		×	×	×
geringerer Modulwirkungsgrad wegen Abweichungen von STC	4...9 %	×	×	×	×
DC-Leitungsverluste	0,5...1,5 %		●		●
MPP-Anpassungsfehler	0,5...3 %		●	●	
Umwandlungsverluste des Wechselrichters	1...7,5 %			●	●
AC-Leitungsverluste	0,2...1,5 %			○	○
Transformatorverluste				○	○

×: erkennbar
●: Indiz
○: schwaches Indiz

Bewertung ohne Datenlogging

Die Bewertung ohne Datenlogging kann mit Hilfe des PI-Werts quantifiziert werden. Der tatsächlich erreichte Ertrag kann hier aus den Abrechnungen, dem Ablesen der Zähler oder einem Datenloggingsystem entnommen werden. Der zu erwartende Ertrag kann aus einen Ertragsgutachten, einer Berechnung mittels einer Ertragssoftware oder aus Vergleichsanlagen verwendet werden. Der Vergleich mit Ertragsgutachten oder einer Berechnung mittels einer Ertragssoftware ist bei dieser Methode ungenau, da die realen Bestrahlungsbedingungen nicht erfasst werden. Deshalb sind bei dieser Methode vorzugsweise Daten aus nahe gelegenen Vergleichsanlagen mit gleicher bzw. ähnlicher Modulausrichtung als Referenz geeignet. Idealerweise dient als Referenz ein Mittelwert aus vielen naheliegenden PV-Anlagen, um Fehler bezüglich der Datenerfassung oder Funktion der Vergleichsanlagen zu minimieren.

Datenlogging ohne Messung der Bestrahlung

Die Bewertung mit Datenlogging, aber ohne Messung der Bestrahlung kann neben der Methode zur Bewertung ohne Datenlogging zusätzlich anhand von Vergleichen von tatsächlich erreichten Wirkungsgraden und theoretisch berechneten Wirkungsgraden beurteilt werden. Die Funktion der PV-Modulgruppen wird hier über den Vergleich des Nenn-Wirkungsgrads der Modulgruppen und dem gemessenen Wirkungsgrad der Modulgruppen bewertet werden. Hierzu ist aufgrund der fehlenden Bestrahlungsdaten eine Kennlinienmessung vor Ort erforderlich. Die korrekte Funktion und die Effizienz der Wechselrichter kann mittels des tatsächlich erreichten Wirkungsgrads der Systempheripherie und des Nennwirkungsgrads der Wechselrichter beurteilt werden. Als Nennwirkungsgrad des Wechselrichters ist hier der sog. Euro-Wirkungsgrad in Deutschland hinzuziehen.

Datenlogging mit Messung der Bestrahlung

Bei der Bewertung mit Datenlogging und Messung der Bestrahlung können ergänzend zu den Methoden „Bewertung ohne Datenlogging“ und „Datenlogging ohne Messung der Bestrahlung“ das Leistungsverhältnis PR und der erreichte mittlere tatsächliche Wirkungsgrad der Modulgruppe sowie der mittlere tatsächliche Wirkungsgrad des Systems bewertet werden.

Begriffe

Tabelle 9.2 Begriffe nach DIN EN 61724-1 (VDE 0126-25-1) Abs. 3 und Tabelle 12.

Bestrahlungsstärke und Bestrahlung		
Bestrahlungsstärke	einfallender Strahlungsenergiefluss je Flächeneinheit	G [W·m^{-2}]
Bestrahlungsstärke der gleichen Ebene	direkte Bestrahlungsstärke zuzüglich der diffusen Bestrahlungsstärke, die auf eine geneigte Fläche parallel zur Ebene der Module in der PV-Modulgruppe einfällt	G_i oder P_{0A} [W·m^{-2}]
globale horizontale Bestrahlungsstärke	direkte Bestrahlungsstärke zuzüglich der diffusen Bestrahlungsstärke, die auf eine horizontale Fläche einfällt	G_{HI} [W·m^{-2}]
Bestrahlstärke unter STC	einfallender Strahlungsenergiefluss von 1 000 W/m^2 je Flächeneinheit	G_0 [W·m^{-2}] 1 000 W/m^2
Bestrahlung	über ein festgelegtes Zeitintervall integrierte Bestrahlungsstärke	H [kWh·m^{-2}]
Bestrahlung der gleichen Ebene		H_i [kWh·m^{-2}]
Elektrische Energie und Bemessungsleistung		
Ausgangsenergie der PV-Modulgruppe (Gleichstrom)		E_A [kWh]
Energieertrag des PV-Systems (Wechselstrom)		E_{OUT} [kWh]
Bemessungsleistung der Modulgruppe (Gleichstrom)		P_0 [kW]
Bemessungsleistung der Modulgruppe (Wechselstrom)		$P_{0,AC}$ [kW]
Erträge und Ertragsverluste		
Energieertrag der PV-Modulgruppe		Y_A [kWh·kW^{-1}] bzw. [h]
endgültiger Systemertrag		Y_f [kWh·kW^{-1}] bzw. [h]
Referenzertrag		Y_r [kWh·kW^{-1}] bzw. [h]
Einfangverluste der Modulgruppe		L_C [kWh·kW^{-1}] bzw. [h]
Systemperipherie-Verluste		L_{BOS} [kWh·kW^{-1}] bzw. [h]
Wirkungsgrade		
Wirkungsgrad der Modulgruppe		η_A [1]
Wirkungsgrad des Systems		η_f [1]
Wirkungsgrad der Systemperipherie		η_{BOS} [1]

9.5 PV-Modulgruppe

Die Prüfvorschrift 2 kann ergänzend zu Stichproben oder vollumfänglich zu den Mindestvorgaben der Prüfkategorie 1 angewendet werden. Die Prüfvorschrift umfasst:

- Aufnahme der *I*/*U*-Kennlinien,
- Untersuchung des PV-Arrays mit Infrarotkamera.

9.5.1 *U*/*I*-Kennlinie

Die *U*/*I*-Kennlinie eines PV-Generators kann alternativ zur geforderten Messung der Leerlaufspannungen und Kurzschlussströme resp. Betriebsströme durchgeführt werden. Darüber hinaus gibt die *U*/*I*-Kennlinie Aufschluss über das Betriebsverhalten des PV-Generators, die Generatorleistung, die korrekte Verschaltung, Leckströme, erhöhte Serienwiderstände, Verschattungen etc. Ob die Kennlinie aus der *U*/*I*-Kennlinienmessung qualitativ oder auch quantitativ zur Leistungsbestimmung verwendet werden können, hängt in erster Linie vom Einstrahlungssensor und der zum Zeitpunkt der Messung vorliegenden Bestrahlstärke ab. Die *U*/*I*-Kennlinie kann mit und ohne Erfassung der Bestrahlungsstärke durchgeführt werden. Gründe für Messungen, die mit einem geeigneten Kennlinienmessgerät durchzuführen sind, können sein:

- Messung der *U*/*I*-Kennlinie zur Bestimmung der Nennleistung unter STC,
- Messung der *U*/*I*-Kennlinie zur qualitativen Bewertung zur Fehleranalyse, z. B. Erkennung defekter Bypass-Dioden,
- Bewertung möglicher ertragsmindernder Ursachen, wie Verschattungen, erhöhte Serienwiderstände, reduzierte Parallelwiderstände o. Ä.

Die *U*/*I*-Kennlinie eines PV-Moduls, eines PV-Arrays oder eines PV-Generators zeigt die nichtlineare Charakteristik der PV-Stromquelle. Charakteristische Punkte sind der Leerlaufpunkt (U_{oc}), der Kurzschlusspunkt (I_{sc}) und der Arbeitspunkt, sog. MPP (maximum power point) (U_{MPP}/I_{MPP}/Leistung bei U_{MPP}). Diese Punkte variieren in Abhängigkeit der Modultemperatur und der in Modulebene eingestrahlten Bestrahlungsstärke.

Zudem werden bei der Messung der *U*/*I*-Kennlinie die Leistungskennlinie des PV-Moduls, PV-Arrays oder PV-Strangs sowie der Füllfaktor ermittelt. Dieser wird auf den PV-Moduldatenblättern angegeben und wird unter STC wie folgt berechnet:

$$FF\ [\%] = \frac{U_{\text{MPP, STC}} \cdot I_{\text{MPP, STC}}}{U_{\text{OC, STC}} \cdot I_{\text{SC, STC}}}$$

Tatsächlicher Füllfaktor:

$$FF^*\ [\%] = \frac{U_{\text{MPP}} \cdot I_{\text{MPP}}}{U_{\text{OC}} \cdot I_{\text{SC}}}$$

Dabei ist der Kurzschlusspunkt der Kennlinie direkt proportional zur in die Modulebene eingestrahlten Bestrahlungsstärke. Die Leerlaufspannung der Kennlinie steigt mit fallender Modultemperatur. Als Proportionalitätskonstanten sind auf den Moduldatenblättern die Temperaturkoeffizienten des Kurzschlussstroms und der Leerlaufspannung angegeben.

$$I_{\text{SC}}\,(G) = I_{\text{SC, STC}} \cdot \frac{G}{G_0}$$

$I_{\text{SC, STC}}$ Nennkurzschlussstrom bei STC (1 000 W/m^2)
I_{SC} der zur in Modulebene eingestrahlten Bestrahlstärke direkt proportionale Kurzschlussstrom
G in Modulebene eingestrahlte tatsächliche Bestrahlstärke
G_0 Bestrahlung von 1 000 W/m^2 unter STC

Die Nennleistung von PV-Modulen wird vom PV-Modulhersteller unter den sog. STC (Standard Test Conditions) angegeben. Diese sind die Normprüfbedingungen im Testlabor (Bestrahlungsstärke: 1 000 W/m^2, Zellentemperatur: 25 °C), die zur Ermittlung der geforderten Datenblattangaben notwendig sind.

Aus den Kennlinien von PV-Modulen, PV-Arrays und PV-Generatoren können im Rahmen der Wartung und Instandhaltung aufgrund der Kenngrößen der Kennlinie sowie dessen Verlauf Ursachen für Minderleistungen analysiert werden und so Ursachen für Ertragsminderungen, Hotspots oder fehlerbehaftete Komponenten ermittelt werden.

Zudem kann bei Messung der Kennlinie eines PV-Strangs, PV-Arrays oder eines PV-Generators auf die Messung der Leerlaufstrangspannungen sowie der Kurzschlussströme, alternativ Betriebsströme verzichtet werden, da die Kenngrößen bereits durch die Messung der Kennlinie mit einem geeigneten Kennlinienmessgerät aufgezeichnet werden.

Durchführung der Kennlinienmessung

Bei einer Messung der *U*/*I*-Kennlinie liegen wetterbedingt keine Normbedingungen vor. Das Kennlinienmessgerät misst automatisch die Kennlinie des PV-Strangs. Dabei variiert es die ohmsche Last zwischen Kurzschluss und Leerlauf und misst dabei die am PV-Strang anliegende Spannung und den fließenden Strom des PV-Strangs. Dabei werden über eine Referenzzelle die Bestrahlungsstärke und die Modultemperatur in der Referenzzelle gemessen.

Das Messgerät berechnet aus der (nicht unter STC) gemessenen Kennlinie anhand der Bestrahlungsstärke und der gemessenen Temperatur der Referenzzelle die Kennwerte sowie die Kennlinie unter STC aus und muss für eine Messung nach DIN EN 62446-1 (VDE 0126-23-1) geeignet sein. Der Bestrahlungssensor muss entsprechend den normativen Anforderungen kalibriert sein. Die Temperatur ist mit einem Temperatursensor PT1000 zu messen. Bei der Auswahl des Bestrahlungsmessgeräts ist darauf zu achten, dass dieses über dieselbe Zellentechnologie verfügt wie der zu prüfende PV-Strang.

Für eine verwertbare Messung und eine quantitative Ermittlung der Nennleistung ist eine Bestrahlungsstärke von mindestens 400 W/m^2 notwendig. Andernfalls kann die Messung lediglich zur qualitativen Beurteilung anhand des Kennlinienverlaufs verwendet werden.

Grundsätzlich sind bei der Durchführung von Messungen an elektrischen Anlagen die derzeit gültigen sicherheitstechnischen Bestimmungen einzuhalten, z. B. gemäß DIN VDE 0105-100: Betrieb elektrischer Anlagen und DGUV Vorschrift 1: Grundsätze der Prävention. Zudem sind u. a. die Herstellerangaben des Messgeräteherstellers zu beachten. Die Messung der Kennlinien ist in folgenden Schritten durchzuführen:

1. Das PV-System bzw. der Teil des PV-Systems sind vor dem Ziehen der DC-Stecker abzuschalten, sodass diese stromlos vom Wechselrichter getrennt sind, um Gleichspannungslichtbögen zu vermeiden. Der zu prüfende Strang ist in die Anschlussstellen des Messgeräts einzuführen.
2. Im Prüfgerät sind die Parameter des zu prüfenden PV-Strangs einzugeben, z. B. Anzahl der Module und Temperaturkoeffizienten der Leerlaufspannung etc.
3. Das zum Messgerät gehörende Bestrahlungsmessgerät ist parallel zur Ausrichtung, z. B. an der Oberkante eines PV-Moduls anzubringen. Dabei ist darauf zu achten, dass Verschattungen aufgrund des Bestrahlungssensors, des Messequipments oder durch Personen vermieden werden.
4. Wird ein separater Zellentemperaturfühler verwendet, ist dieser mittig an der Rückseite eines Moduls anzubringen.

5. Vor Beginn der Messung sollte die Bestrahlungsstärke mehr als 400 W/m^2, idealerweise 700 W/m^2 betragen, damit eine quantitative Aussage über die Leistung des PV-Strangs möglich ist.

9.5.2 Interpretation der Ergebnisse

Die Messergebnisse und der Verlauf der Kennlinie sind auf Plausibilität zu prüfen. Dazu sind der Kurzschlusspunkt, der Leerlaufpunkt sowie der MPP hinsichtlich der Spannungs- und Stromwerte mit den Angaben aus dem PV-Moduldatenblatt und dem Aufbau des Strangs unter Berücksichtigung der gemessenen Bestrahlungsstärke und Modultemperatur zu vergleichen. Bei Messungen mit Bestrahlungsstärken über 400 W/m^2 berechnet das Messgerät die Nennleistung des PV-Modulstrangs unter STC. Dieser ist unter Berücksichtigung der vom Messgerätehersteller angegebenen Toleranzen mit den Angaben aus dem PV-Moduldatenblatt des Modulherstellers zu vergleichen. Die I/U-Kennlinie eines PV-Moduls/PV-Strangs wird durch unterschiedliche Faktoren beeinflusst, durch:

1. äußere Faktoren, wie Verschattung, durch
   - weit entfernte Objekte, wie Bäume, Gebäude, Oberleitungen,
   - nah gelegene Objekte, wie Fangstangen der Blitzschutzanlage, Sekuranten, gebäudetechnische Anlagen (Lüftungsanlagen),
   - zu geringen Abstand zu benachbarten PV-Modulreihen,
2. das PV-Modul, den PV-Strang selbst, durch
   - Verschmutzungen, wie Randverschmutzungen, gleichmäßige Verschmutzungen, Vogelkot etc.),
   - defekte oder falsch gepolte Bypass-Dioden,
   - Zellenfehler, Degradation,
   - Minderleistung der Module,
3. die DC-Verkabelung, etwa
   - falsche Verschaltung der PV-Stränge,
   - fehlerhafte oder korrodierte Klemm- und Verbindungsstellen.

Aus der Tangente der Kennlinie im Kurzschlusspunkt kann auf den Parallelwiderstand R_p des PV-Strangs geschlossen werden. Eine abfallende Kennlinie im Kurzschlusspunkt deutet somit auf einen zu niedrigen Parallelwiderstand des PV-Strangs hin. Dies könnte auf Isolationsfehler, Modulkurzschlüsse etc. hindeuten.

Tabelle 9.3 Mögliche erkennbare Fehlerursachen aus der Kennlinienmessung (*Quelle:* DIN EN 62446-1 (VDE 0126-23-1))

	Abweichung	1	2	3	4	5	6
Arraybedingte Ursachen	teilweise Abschattung von PV-Modul, PV-Array (z. B. durch Fangstange)	×					
	Streifenschatten (Module im Hochformat)		×				
	teilweise Verschmutzung oder anderweitig bedeckt (Schnee usw.)	×					
	erhebliche und gleichmäßige Abschattung der gesamten Zellen			×			
	Schrägschatten						×
	gleichmäßige Verschmutzung		×				
	Schmutzstreifen (Module im Hochformat)		×				
	kegelförmige Verschmutzung						×
	PV-Zelle/-Modul beschädigt	×					
	Bypass-Diode kurzgeschlossen oder leitende Verbindung	×		×			
	Minderleistung der PV-Zellen/PV-Module		×				
	PID (potentialinduzierte Degradation)			×			
	falsche Anzahl der PV-Module im PV-Strang			×			
	Rundung des Kiens der *I*/*U*-Kennlinie kann auf einen Alterungsprozess hindeuten. Der waagrechte und senkrechte Anstieg ist dabei zu überprüfen.				×		
	Verkabelung fehlerhaft oder unterdimensioniert, erhöhte Übergangswiderstände durch unsachgemäße Pressverbindungen					×	
	erhöhter PV-Modulreihenwiderstand					×	
	Nebenschlusspfade in PV-Zellen durch punktuelle Fehler innerhalb der Zelle						×
	Abweichung des Kurzschlussstroms des Moduls						×
Einstellungsbedingte Ursachen	fehlerhafte Eingabe der PV-Moduldaten		×	×			
	fehlerhafte Anzahl der PV-Moduldaten		×	×			
messbedingte Ursachen	Kalibrierung des Bestrahlungssensors		×				
	Bestrahlungssensor ist nicht in der gleichen Ebene wie die PV-Modulfläche montiert		×				
	sich ändernde Bestrahlungsstärken während der Kennlinienmessung		×				
	erhöhte gemessene Bestrahlstärke durch Albedo-Wirkung durch reflektierende umliegende Objekte		×				
	zu geringe Bestrahlstärke (400 W/m^2)		×				
	Abweichung der gemessenen Zelltemperatur vom Messwert			×			

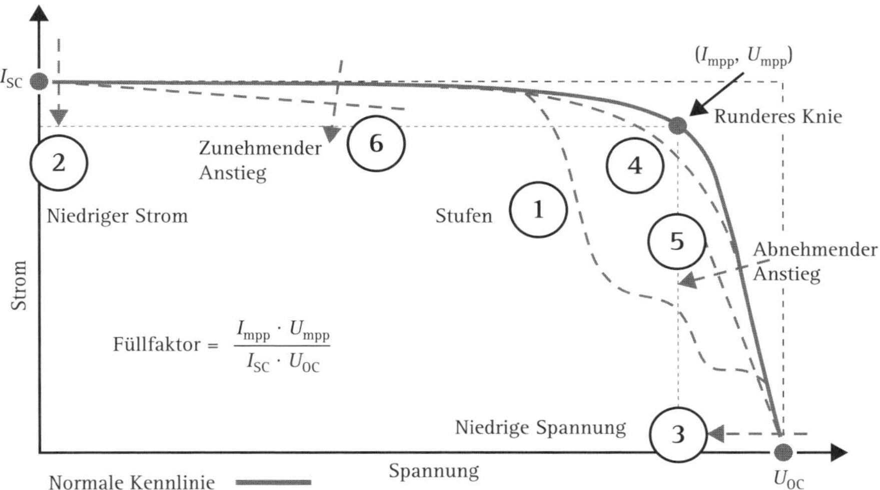

Bild 9.4 *I*/*U*-Kennlinie
(*Quelle:* DIN EN 62446-1 (VDE 0126-23-1))

Aus der Tangente im Leerlaufpunkt kann auf den Serienwiderstand des PV-Strangs inklusive dessen DC-Kabel geschlossen werden. Je flacher die Tangente im Leerlaufpunkt abfällt, desto höher ist der Serienwiderstand R_s des PV-Strangs. Dies könnte auf eine fehlerhafte Verkabelung, schlechte elektrische Verbindungen etc. hindeuten.

9.6 Vermeidung von Schlagschatten an PV-Generatoren

Neben der Einhaltung des Trennungsabstands sind zusätzlich, zur Vermeidung der Generatorverluste durch Schlagschatten von Fangstangen, gemäß DIN EN 62305-3 (VDE 0185-305-3) Bbl. 5 Anhang A die Fangstangen so aufzustellen, dass diese keinen signifikanten Einfluss auf die Verschattungsverhältnisse der PV-Module nehmen. Der Mindestabstand der Fangstange zum PV-Modul wird berechnet durch das Verhältnis von Entfernungen von Fangstange zum PV-Modul zum Durchmesser der Fangstange im Verhältnis zur Entfernung zur Sonne im Verhältnis zum Durchmesser der Sonne am Äquator. Aus den Beziehungen

$$\frac{a_f}{d_f} = \frac{a_s + a_f}{d_s}$$

f Durchmesser/Abstand der Fangstange zum PV-Module
s Durchmesser/Abstand Fangstange zur Sonne

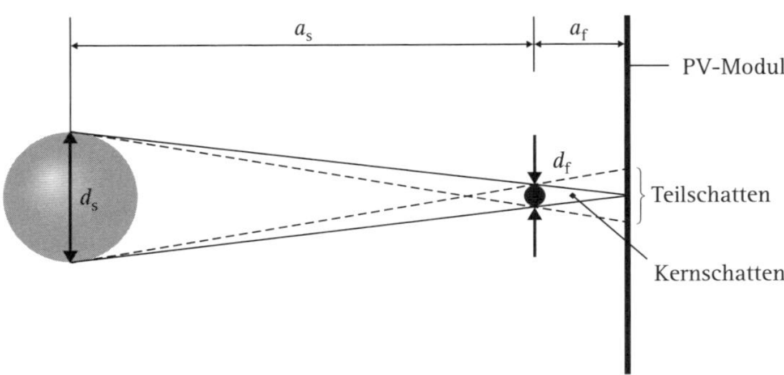

Bild 9.5 Schlagschatten und Kernschatten in Abhängigkeit der Verschattungsquelle (*Quelle:* DIN EN 62305-3 (VDE 0185-305-3) Bbl. 5)

Bei vernachlässigbarem Abstand der Fangstange zum PV-Modul im Verhältnis zum Abstand zur Sonne ergibt sich folgende Faustformel für den Abstand der Fangstange zum PV-Modul zur Vermeidung von Kernschatten.

$a_f\,[\mathrm{m}] = 108\ d_f\,[\mathrm{m}]$

Aus den typischen Durchmessern der Fangeinrichtungen ergeben sich die nach Tabelle A.1 erforderlichen Abstände zwischen Fangstange und PV-Modul.

Tabelle 9.4 Tpische Durchmesser von Fangstangen und erforderliche Abstände zur Vermeidung von Schlagschatten nach DIN EN 62305-3 (VDE 0185-305-3) Bbl. 5

Durchmesser der Fangstange m	Abstand der Fangstange zum PV-Modul m
0,008	0,86
0,010	1,08
0,016	1,73

10 Zusätzliche Maßnahmen zur Brandbekämpfung an Photovoltaikanlagen

Eine sichere Menschenrettung und die sichere Durchführung von Brandbekämpfungsmaßnahmen sind ein wesentlicher Bestandteil von privaten Wohngebäuden, kommunalen Gebäuden und Sonderbauten. Mit dem Boom der Photovoltaikanlageninstallation wurde für Kommunen und Gewerbebetriebe die Dachvermietung zur Installation und Betrieb von PV-Anlagen attraktiv. Jedoch beeinträchtigen PV-Anlagen wie kaum andere technische Anlagen den sicheren Betrieb. Diese Beeinträchtigungen erstrecken sich vom Blitzschutzsystem bis hin zur Gefahrenmeldeanlage und haben auch Auswirkungen auf das Brandschutzkonzept. Die durch das Gebäude geführten PV-DC-Leitungen bergen insbesondere bei Feuerlösch- und Rettungsmaßnahmen im Brandfall eine erhöhte Gefährdung durch elektrischen Schlag sowie Verbrennungsgefahr durch Gleichstromlichtbögen für Einsatzkräfte.

PV-Stromversorgungssysteme stehen bei abgeschalteten PV-Wechselrichtern und Ausfall des Niederspannungsnetzes seitens des PV-Generatorfelds unter Spannung. Die vom PV-Generatorfeld erzeugte Gleichspannung treibt bei Isolationsfehlern zwischen den Polen einen Kurzschlussstrom. Bei Trennung der Pole im Schaltgerät oder an der Isolationsfehlerstelle entsteht ein Gleichstromlichtbogen, dessen Stromfluss proportional zur in die PV-Modulebene eingestrahlten Bestrahlungsstärke ist. Im Vergleich zum Wechselstromlichtbogen hat dieser keinen Spannungs- und Stromnulldurchgang. Dadurch löscht dieser sich nicht selbst. Daher kann es bei Berührung der aktiven Leiter zu gefährlichen Körperdurchströmungen durch Gleichströme und zu Verbrennungen durch Lichtbögen kommen. Die DC-Leitungsverlegung an und in Gebäuden birgt somit für Einsatz- und Rettungskräfte erhebliche Risiken. Hierfür enthält die Anwendungsregel VDE-AR-E 2100-712 ergänzende Anforderungen für die Errichtung von Photovoltaik-Stromversorgungssystemen und zur Brandbekämpfung nach VDE 0132 an und auf Gebäuden und verbindet technische und organisatorische Maßnahmen hinsichtlich der

- Information durch Kennzeichnungen,
- baulichen Maßnahmen,
- technischen Installationsmaßnahmen sowie
- organisatorischen Maßnahmen.

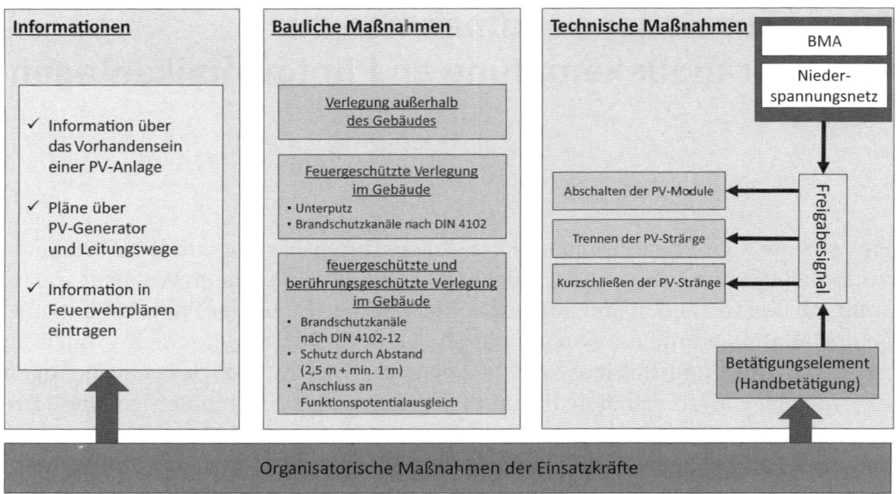

Bild 10.1 Auswahl der Maßnahmen im DC-Bereich in und an Gebäuden (*Zeichnung:* M. Fengel)

10.1 Information durch Kennzeichnungen

Im ersten Schritt ist die PV-Anlage kenntlich zu machen. Im Brand- und Evakuierungsfall müssen orts- und anlagenunkundige Rettungskräfte auf einen Blick eine vorhanden PV-Anlage erkennen können. Hierzu sind Hinweisschilder am Gebäude, der Brandmeldezentrale und der Niederspannungshauptverteilung anzubringen. Idealerweise sind Informationen über den Ort der Verteilung und der Stromkreisbezeichnung des PV-Wechselstrom-Versorgungskeis gleich mit vorhanden. Ergänzend sind im Rahmen des Brandschutzkonzepts nach VDE-AR-E 2100-712 Abs. 5 Übersichtspläne anzufertigen. Diese müssen in geeigneter Weise Auskunft über Art und Lage der PV-Anlagenkomponenten geben. Hierfür sollte der Übersichtsplan folgende Angaben enthalten:

- die Leitungswege der spannungsführenden PV-DC-Leitungsabschnitte auf und im Gebäude,
- die Lage und Länge der gegen Feuer geschützten Leitungsabschnitte,
- die Lage und Anordnung des PV-Generators,
- die Position aller DC-Freischalteinrichtungen mit den zugehörigen Trenn- und Bedienstellen.

Zudem wird empfohlen, diese Angaben in die Feuerwehrpläne nach DIN 14095 in der BMZ zu hinterlegen. Vorhandene Pläne sollten dazu in bestehenden Gebäuden aktualisiert werden und bei Bedarf das Brandschutzkonzept überarbeitet werden.

10.2 Bauliche und organisatorische Installationsmaßnahmen

Bauliche und organisatorische Maßnahmen haben das Ziel, Brandlasten zu reduzieren und eine Brandfortleitung zu verhindern sowie Rettungs- und Löscharbeiten zu ermöglichen. Hierzu zählt u. a. der Schutz für Einsatzkräfte vor den Auswirkungen des elektrischen Gleichstroms sicherzustellen.

Grundsätzlich sind die Anforderungen der im Bundesland zutreffenden Landesbauordnung sowie das Brandschutzkonzept zu beachten. Hierzu sind in der Leitungsanlagenrichtlinie die erforderlichen Maßnahmen konkretisiert. Demnach sind in notwendigen Fluren und notwendigen Treppenhäusern die Anforderungen gemäß der Leitungsanlagenrichtlinie anzuwenden. Leitungsanlagen ohne Feuerwiderstandsfähigkeit dürfen demnach nur installiert werden, wenn diese dem Betriebszweck des Flurs dienen. Allerdings gibt es nach VDE-AR-E 2100-712 diese Unterscheidung nicht.

Bauliche Maßnahmen zur Risikoreduzierung der Brandfortleitung und dem Schutz gegen elektrischen Schlag für Einsatzkräfte sind im Sinne der Anwendungsregel die Verlegung der PV-DC-Leitungsanlage durch eine oder eine Kombination aus den folgenden Möglichkeiten sicherzustellen:

- feuergeschützte Verlegung im Gebäude oder
- Verlegung des DC-Bereichs außerhalb des Gebäudes oder
- gegen Berührung geschützte und feuerwiderstandsfähige Verlegung im Gebäude.

10.3 Feuergeschützte Verlegung im Gebäude

Sicherheitsstromversorgungseinrichtungen und Alarmierungsanlagen dienen im Gegensatz zu PV-DC-Leitungen dem Betriebszweck in notwendigen Fluren und Treppenhäusern. Somit ist eine Verlegung dort unzulässig. Ist die Anwendung des Abschnitts der Anwendungsregel VDE-AR-E 2100-712 nicht vertraglich vereinbart, gelten hier die Anforderungen an notwendige Flure und Treppenräume.

Greifen für die jeweiligen Flure und Leitungswege keine gültigen Anforderungen seitens der Landesbauordnungen, sind nach VDE-AR-E 2100-712 die PV-DC-Leitungen mindestens feuerhemmend (F30) geschützt zu verlegen. Dies ist erfüllt, wenn innerhalb des Gebäudes entweder die einzelnen Leitungen unter Putz nach DIN VDE 0100-520 oder in geeigneten Brandschutzkanälen oder -schächten nach DIN EN 1366-5 oder den Normen der Reihe DIN 4102 verlegt sind.

10.4 Gegen Berührung geschützte und feuerwiderstandsfähige Verlegung von PV-DC-Leitungen im Gebäude

Ergänzend zur reinen feuergeschützten Verlegung empfiehlt VDE-AR-E 2100-712 Maßnahmen zur Verlegung der DC-Leitungen im Gebäude in Bereichen mit Kabeltragesystemen nach DIN 4102-12, die so angeordnet sind, dass sie von Personen ohne Hilfsmittel nicht berührt werden können. Neben der Reduzierung von Brandlasten und der Verhinderung von Brandfortleitungen durch die PV-DC-Leitungen ergänzt diese Maßnahme die Brandschutzaspekte um den Aspekt Schutz gegen elektrischen Schlag von Einsatzkräften. Durch den Brand wird die Isolation der PV-DC-Leitungen beschädigt. Dadurch ist die Schutzmaßnahme Schutz durch doppelte oder verstärkte Isolierung nicht sichergestellt. Für den Brandfall ist deshalb das Kabeltragesystem mit dem Funktionspotentialausgleich der PV-Anlage dauerhaft zu verbinden. Sind Löscharbeiten an den PV-DC-Leitungen im Gebäude erforderlich, dürfen Einsatzkräfte nicht mit gefährlichen Spannungen in Kontakt kommen. Demnach ist ein ausreichender Schutz durch Abstand organisatorisch sicherzustellen. Die Schutzmaßnahme Schutz durch Abstand durch Anordnung aktiver Teile außerhalb des Handbereichs ist nach DIN VDE 0100-410 Anhang B nur bei Anlagen vorzusehen, die ausschließlich von Elektrofachkräften oder elektrotechnisch unterwiesenen Personen betrieben und überwacht werden. Die Anordnung der PV-DC-Leitungen außerhalb des Handbereichs stellt im Brandfall eine reine Basisschutzvorkehrung zum sicheren Löschen sowie dem unbeabsichtigten Berühren aktiver Teile dar. Zudem sind die erforderlichen Sicherheitsabstände bei Löscharbeiten zu beachten. Nach DIN VDE 0132 Abs. 5.2.4 und Tabelle 7 müssen diese bei Annährung an unter Spannung stehende Teile in Niederspannungsanlagen bei Löscharbeiten mit tragbaren oder fahrbaren Pulverfeuerlöschern nach DIN EN 615 mindestens 1 m betragen. Nach VDE-AR-E 2100-712 Abs. 6.4 gelten aktive Teile der PV-DC-Leitungen als nicht berührbar, wenn diese somit mindestens 1 m über dem Handbereich von 2,5 m zur Standfläche hinaus angeordnet sind und ohne Hilfsmittel wie Leitern und Tritte nicht erreichbar sind.

10.5 Verlegung außerhalb des Gebäudes

Die Verlegung der PV-DC-Leitungen außerhalb des Gebäudes verhindert, dass gefährliche DC-Spannungen im Gebäude berührt werden können und so die Einsatzkräfte im Gebäude gegen Gleichstromlichtbögen und gefährlichen Berührungsspannungen geschützt sind. Durch die Installation der Wechselrichter auf dem Dach wird innerhalb des Gebäudes die Gefahrenquellen Gleichstrom mit seinen Auswirkungen von den für die Einsatzkräfte zur Menschenrettung und Brandbekämpfung benutzten Bereichen getrennt.

Nach wechselspannungsseitigem Abschalten der PV-Wechselstrom-Versorgungskreise trennt die in den netzgekoppelten Wechselrichtern integrierte Schaltstelle die Wechselspannungsanschlussklemmen. Diese können erst bei netzseitiger Spannungswiederkehr automatisch zuschalten, wenn die Synchronisationsbedingungen für den Parallelbetrieb mit dem Niederspannungsnetz – gleiche Spannung, gleiche Frequenz und gleiche Phasenlage – erfüllt sind. Mit einer Abschaltung des PV-Wechselstrom-Versorgungskreises in der Hauptverteilung ist eine Einspeisung seitens der Wechselrichter damit sichergestellt. Damit sind ausschließlich abschaltbare Wechselspannungsleitungen der allgemeinen elektrischen Anlage im Gebäude zu erwarten.

Bild 10.2 Montage der Wechselrichter auf dem Dach. Es sind keine PV-DC-Leitungen ins Gebäude geführt. (*Foto:* M. Fengel)

Bild 10.3 Montage der Wechselrichter auf dem Dach. Es sind keine PV-DC-Leitungen ins Gebäude geführt. (*Foto:* M. Fengel)

10.6 Technische Installationsmaßnahmen

Ergänzend empfiehlt die VDE-AR-E 2100-712 technische Installationsmaßnahmen durch Schalten, Trennen oder Kurzschließen im DC-Bereich der PV-Anlage. Im Brandfall können so die ins Gebäude geführten DC-Leitungen abgeschaltet werden. Mit Einrichtungen zum Kurzschließen können Lichtbögen gelöscht werden.

Der Stromfluss der PV-Stränge ist proportional zur in die PV-Modulebene eingestrahlten Bestrahlungsstärke *G*. Bei ansteigenden Bestrahlungsstärken steigt somit der an der Isolationsfehlerstelle fließende Strom. Der an der Isolationsfehlerstelle zum Fließen kommende Strom ist proportional zur Bestrahlungsstärke. Damit können PV-Module im Vergleich zu anderen Erzeugungseinrichtungen in ihrer Energiequelle nicht abgeschaltet werden, wodurch einmal gezündete Lichtbögen nicht abreißen. Nebenbei erwähnt ist das Risiko eines Brands durch PV-DC-Leitungen vormittags am höchsten.

10.7 Gemeinsame Voraussetzungen zum Schalten, Trennen und Kurzschließen

Die Einrichtungen zum Trennen, Schalten und Kurzschließen sind für eine Dauerstrombelastbarkeit von mindestens dem 1,25-fachen Kurzschlussstrom des PV-Strangs bzw. des PV-Arrays auszulegen. Bei Trennen oder Kurzschließen einzelner PV-Module oder -Stränge kann es zu Rückströmen durch parallel geschaltete Stränge kommen. Um Schäden am PV-Generator zu verhindern sind Strangdioden und/oder Strangsicherungen an jedem Strang einzusetzen.

Die Abschalteinrichtung darf weder bei internen Fehlern oder bei Ausfall der Versorgungsspannung, Drahtbruch oder Kurzschluss versagen noch einen kritischen Zustand hervorrufen (Fail-safe-Prinzip). Falls technisch keine automatische Fehlererkennung der Einrichtung realisiert ist, sind diese Ersatzmaßnahmen organisatorisch durch tägliche Überwachung durchzuführen. Die Einrichtungen zum Schalten, Trennen und Kurzschließen der DC-Seite eines PV-Stromversorgungssystems wird je nach Brandschutzkonzept und weiteren gesetzlichen Anforderungen durch manuelle Betätigung der Freischaltstellen oder durch Wirkung sicherheitstechnischer Anlagen wie der Brandmeldeanlage angesteuert. Auch hier muss im Brandfall die PV-Anlage einen definierten sicheren Zustand annehmen (Fail-safe-Prinzip). Damit die Einrichtungen zum Trennen, Schalten oder Kurzschließen nicht ansprechen, muss ein externes Freigabesignal am Wechselrichter, z. B. durch die BMA, anstehen. Die Freigabe darf nur erteilt werden, wenn die Netzspannung wechselspannungsseitig am Wechselrichter ansteht und andere Schalt- und Überwachungseinrichtungen oder manuelle Betätigungselemente diesen sperrt. Nach Wegfall des Freigabesignals muss die Einrichtung innerhalb von 15 Sekunden eine Trennung bzw. einen Kurzschluss des PV-Strangs bewirken. Die Widereinschaltung darf bei netzgekoppelten PV-Stromversorgungssystemen automatisch erfolgen. Bei PV-Anlagen im Inselbetrieb oder im temporären Netzersatzbetrieb ist ein Wiedereinschalten ohne Wechselspannungsnetz steuerungstechnisch zu verhindern. Das Freigabesignal muss deshalb bei solchen Anlagen unterbrochen werden.

10.7.1 Trennen und Abschalten eines Strangs oder eines PV-Moduls

Durch Trennen oder Abschalten ganzer Stränge oder einzelner Module erfolgt die Abschaltung/Trennung der Gleichspannungsseite bereits auf dem Dach, sodass die in das Gebäude geführten PV-DC-Leitungen spannungsfrei sind. Die **Einrichtung zum Trennen eines Strangs** muss in der Lage sein, Gleichströme sicher abzuschalten und eine definierte Freischaltung zwischen PV-Generator und dem im Gebäude verlegten Leitungsabschnitt am Gebäudeeintritt sicherzustellen. Die Schaltgeräte müssen mit den Herstellernormen DIN EN IEC 60947-3 (**VDE 0660-107**) oder DIN EN 60947-2 (**VDE 0660-101**) übereinstimmen.

Die **Einrichtung zum Abschalten eines PV-Moduls** muss im Vergleich zur Einrichtung zum Trennen eines Strangs keine Trennfunktion herstellen. Halbleiterschalter sind somit zulässig. Voraussetzung ist, dass die Anforderungen hinsichtlich der Ausfallmechanismen (Fail-safe-Prinzip) sichergestellt sind. Die Abschalteinrichtungen sind am Modulausgang, der Modulanschlussdose oder am Ausgang externer Anschlussdosen zu installieren. Sie müssen mit der Herstellernorm DIN EN IEC 61215 (**VDE 0126-31**) übereinstimmen.

Bild 10.4 Anordnung der Betätigungselemente im Notfall in einer Schuler und DC-Trenneinrichtung mit Unterspannungsauslöser zur Abschaltung des PV-Strangs vor Gebäudeeintritt (*Foto:* M. Fengel)

10.7.2 Einrichtungen zum Kurzschließen des Strangs oder des PV-Generators

Neu ist seit der Ausgabe Dezember 2018 der VDE-AR-E 2100-712 die Möglichkeit des kontrollierten Kurzschließens eines Strangs oder des PV-Generators zur Löschung paralleler Lichtbögen. Durch das kontrollierte kurzzeitige Kurzschließen des Strangs innerhalb von höchstens 15 Sekunden bricht die am Lichtbogen anliegende Spannung ein. Der Lichtbogen erlischt. Die **Einrichtung zum kontrollierten Kurzschließen des PV-Strangs** muss den Kurzschlussstrom führen und sicher trennen können. Kurzschlussströme bedeuten zudem erhöhte Beanspruchungen der PV-Module und der Wechselrichter. Da hier das kontrollierte Kurzschließen eines Strangs bisher noch kein gängiges Verfahren darstellt, sind deshalb die Auswirkungen auf PV-Module und Wechselrichter mit den Herstellern zu klären. Die Einrichtungen zum Kurzschließen müssen der Vornorm DIN VDE V 0642-100 entsprechen.

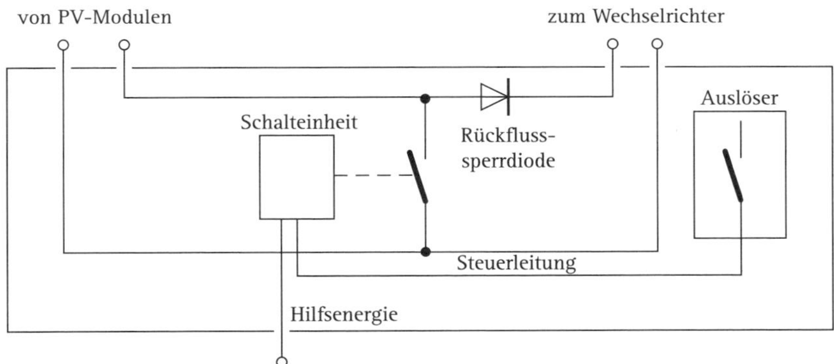

Bild 10.5 Prinzipieller Aufbau einer PV-Kurzschlusseinrichtung nach VDE V 0642-100

10.8 Zusammenfassung

Die neue Ausgabe der VDE-AR-E 2100-712 vom Dezember 2018 beinhaltet ergänzende Empfehlungen für die Planung und Errichtungen des DC-Bereichs von PV-Stromversorgungssystemen in und an Gebäuden. Sie ist privatrechtlich zu vereinen. Ziel der Anwendungsregel ist, ergänzend zu den Anforderungen nach DIN VDE 0132, das von den PV-Generatoren ausgehende Risiko infolge Gefährdungen durch Gleichstromlichtbögen und des Berührens aktiver spannungsführender Teile zu reduzieren.

Die Maßnahmen umfassen die Kennzeichnungen von Anlagen und der PV-DC-Leitungsführung, bauliche Maßnahmen, technische Installationsmaßnahmen und organisatorische Maßnahmen. Diese sind ergänzend zu den zutreffenden Verordnungen und Richtlinien anzuwenden und dienen als Hilfestellung zur Erstellung von Brandschutzkonzepten.

- Die Anlage ist in geeigneter Form zu kennzeichnen, so dass durch Hinweisschilder, Übersichtspläne und durch Aktualisierung der Feuerwehrpläne Einsatzkräfte die möglichen Gefahrensituationen schnell erfassen können.
- PV-DC-Leitungen im Gebäude sind feuergeschützt zu verlegen. Ergänzend hierzu wird eine gegen Berührung geschützte Leitungsverlegung mit geeigneten Kabelverlegesystemen empfohlen.
- Idealerweise ist jedoch durch Anordnung der Wechselrichter die Verlegung von PV-DC-Leitungen im Gebäude zu vermeiden.
- Technisch kann eine Spannungsverschleppung ins Gebäude durch Trennen bzw. Abschalten von Strängen oder einzelner Module verhindert werden.
- Rückströme durch parallel geschaltete Stränge sind durch Strangsicherungen oder Strangdioden zu verhindern.
- Durch eine Kurzschlusseinrichtung können durch definiertes Kurzschließen des Strangs Lichtbögen gelöscht werden.
- Die Einrichtungen sind durch externe Freigabesignale, z. B. durch eine BMA oder Handbetätigungselemente, anzusteuern.
- Die Betriebsmittel sowie die Steuerung muss im Fehlerfall die Anlage in einen sicheren Zustand bringen.
- Nach Wegfall des Freigabesignals muss die Einrichtung innerhalb von 15 Sekunden eine Trennung des PV-Strangs bewirken.
- Die Widereinschaltung darf ausschließlich bei netzgekoppelten PV-Stromversorgungssystemen automatisch erfolgen.

11 Einspeisung in Endstromkreise

Mini-PV-Anlagen oder sog. Balkon-PV-Anlagen sind im Zuge der Energiewende für den kleinen Mann entwickelt worden, der nicht die Möglichkeit hat, ein komplettes Hausdach mit einem PV-Stromversorgungssystem zu versehen. Die Mini-PV-Anlagen bestehen aus einem PV-Modul mit integriertem Wechselrichter. Über eine Anschlussleitung mit Schukostecker werden die Anlagen einfach in Betrieb genommen. Die Einspeisung erfolgt über den bestehenden Stromkreis. Hierfür wird ganz einfach die vorhandene Schukosteckdose auf dem Balkon verwendet. Dadurch soll jeder Laie in die Lage versetzt werden, so eine Anlage zu erwerben und einfach in Betrieb zu nehmen. Allerdings wurden diese Anlagen, die über einen Schukostecker die elektrische Energie in einen Endstromkreis einspeisen, in Deutschland verboten. Mini-PV-Anlagen sind steckerfertige Erzeugungsanlagen, bestehend aus einem PV-Modul mit integriertem Wechselrichter, die über eine flexible Leitung in einen Endstromkreis einspeisen. Diese Erzeugungsanlagen verfügen über geringe Anschlussleistungen. Hier gelten die Anforderungen nach

- DIN VDE 0100-712 Errichten von Niederspannungsanlagen – Teil 7-712: Anforderungen für Betriebsstätten, Räume und Anlagen besonderer Art – Photovoltaik-(PV)-Stromversorgungssysteme
- VDE-AR-N 4105 Erzeugungsanlagen am Niederspannungsnetz – Technische Mindestanforderungen für Anschluss und Parallelbetrieb von Erzeugungsanlagen am Niederspannungsnetz
- DIN VDE 0100-551 Beiblatt 1 Errichten von Niederspannungsanlagen – Teil 5-55: Auswahl und Errichtung elektrischer Betriebsmittel – Andere Betriebsmittel – Abschnitt 551: Niederspannungsstromerzeugungseinrichtungen; Beiblatt 1: Ausführungen von Notstromeinspeisungen mit mobilen Stromerzeugungseinrichtungen

11.1 Beschaffenheit elektrischer Anschlussnutzeranlagen im Bestand

Bestehende elektrische Anschlussnutzeranlagen sind zum Errichtungszeitpunkt nach den derzeit gültigen Regeln der Technik zu errichten. In Wohngebäuden dienen diese dem alleinigen Zweck der Stromversorgung, also Stromentnahme von Haushalten über Stecker oder fest angeschlossene Verbrauchsmittel. Elektrische Anlagen, die zum Zeitpunkt der Errichtung nach den gültigen VDE-Bestimmungen errichtet wurden, gelten nach § 49 EnWG als sicher.

Bei Anschluss von sogenannten Plug-in-PV-Anlagen erfolgt eine zusätzliche Einspeisung in den Endstromkreis. Der Endstromkreis wird über die PV-Anlage parallel zum Stromnetz zusätzlich gespeist. Demnach wird dieser nicht mehr ausschließlich zur Stromentnahme verwendet, woraus sich eine Nutzungsänderung ableiten lässt. Aus der Nutzungsänderung ergibt sich gemäß § 49 (1) EnWG die Notwendigkeit, die Anlage an die derzeit anerkannten Regeln der Technik der Normenreihe DIN VDE 0100 anzupassen.

Elektrische Anlagen und Betriebsmittel wie PV-Balkonanlagen fallen in den Anwendungsbereich der Sicherheitsgrundnorm DIN EN 61140 (**VDE 0140-1**). Die Norm beinhaltet gemeinsame Anforderungen an den Schutz gegen elektrischen Schlag für Anlagen und Betriebsmittel. Daraus leiten sich die Schutzmaßnahmen gegen elektrischen Schlag an elektrischen Anlagen nach DIN VDE 0100-410 ab.

Die Sicherheitsgrundnorm ist zudem im Amtsblatt der Europäischen Union zur Niederspannungsrichtlinie 2014/35/EU gelistet und gilt demnach als harmonisierte Norm für die Beschaffenheit elektrischer Betriebsmittel. Somit hat jeder Hersteller, der im europäischen Wirtschaftsraum elektrische Betriebsmittel in den Verkehr bringt, seine Betriebsmittel u. a. entsprechend dieser Sicherheitsgrundnorm zu konstruieren, damit der Schutz gegen elektrischen Schlag gegeben ist. Darunter fallen auch die sogenannten Balkon-PV-Anlagen.

Die Anforderungen an Planung und Ausführung elektrischer Anlagen in Wohngebäuden werden durch Auslegung und Planung u. a. entsprechend der Normenreihe VDE 0100 erreicht. Hierzu sind insbesondere hinsichtlich des Schutzes gegen elektrischen Schlag sowie des Schutzes gegen Brände die folgenden Aspekte zu berücksichtigen:

- Schutz gegen elektrischen Schlag nach DIN VDE 0100-410,
- Schutz vor Überströmen und thermischen Auswirkungen nach DIN VDE 0100-520, DIN VDE 0298-4 und DIN VDE 0100-430 der Kabel- und Leitungsanlagen,
- Schutz bei Fehlerströmen,
- Schutz bei Überspannungen,
- Schutz bei Unterbrechung der Stromversorgung.

11.2 Gefahren bei bestehenden Anschlussnutzeranlagen

11.2.1 Schutz gegen elektrischen Schlag

Maßnahmen zum Schutz gegen elektrischen Schlag beinhalten Schutzvorkehrungen an den Basisschutz und an den Fehlerschutz. Beide Schutzvorkehrungen sind immer zusammen anzuwenden. Der Basisschutz stellt hierbei eine Vorkehrung dar, damit unter normalen Bedingungen eine Berührung von gefährlichen aktiven Teilen verhindert wird. Der Fehlerschutz, auch Schutz bei indirektem Berühren genannt, stellt eine vom Basisschutz unabhängige Maßnahme dar, die einen Schutz gegen elektrischen Schlag unter den Bedingungen eines Einzelfehlers, z. B. bei Versagen des Basisschutzes, gewährleistet. Beide Schutzvorkehrungen dürfen nur in Kombination angewendet werden durch:

- eine Schutzvorkehrung bestehend aus Basisisolierung und zusätzlicher Isolierung bzw. einer verstärkten Isolierung oder
- die Schutzmaßnahme Schutz durch automatische Abschaltung der Stromversorgung bestehend aus einer Basisschutzvorkehrung und einer Fehlerschutzvorkehrung.

Ersteres findet in elektrischen Anlagen jedoch selten Anwendung, sodass hier der Schutz durch automatische Abschaltung im Fehlerfall nach DIN VDE 0100-410 anzuwenden ist. Dieser gilt selbstverständlich auch beim Betrieb von elektrischen Anlagen und in Verbindung mit Balkon-PV-Anlagen. Die PV-Anlage ist mit der bestehenden elektrischen Anlage aufeinander abzustimmen. Ursprünglich war die Idee der Balkon-PV-Anlagen, dass diese durch Laien einfach nachzurüsten und in Betrieb zu nehmen sind. Durch den Schukostecker sollten aufwendige Änderungen der ortsfesten elektrischen Anlagen umgangen werden.

11.2.2 Schukostecker und Steckdose

Die Stifte der Schukostecker dienen als Kontakt der aktiven Leiter bei Stromentnahme aus einer Schukosteckdose. Elektrische Betriebsmittel mit Stecker sind nach DIN EN 61140 (VDE 0140-1) Abs. 7 entsprechend einer Schutzklasse zu klassifizieren. Diese Klassifikation der Schutzklasse kann auch nach Anschluss an die elektrische Anlage erreicht werden. Hierzu sind jedoch durch den Betriebsmittelhersteller die notwendigen Angaben erforderlich.

Im ausgesteckten Zustand führen i. d. R. die Steckerstifte keine berührungsgefährlichen Spannungen, da die PV-Anlage ausschließlich bei vorhandener Netzspannung den Einspeisebetrieb aufnimmt. Schukostecker an Plug-in-PV-Anlagen verfügen jedoch im ausgesteckten Zustand nicht über eine Basisisolierung. Die Nennspannung liegt an den Steckerstiften bei 230 V (AC). Aufgrund der Spannung von 230 V (AC) und der fehlenden Basisisolierung der Steckerkontakte, können Plug-in-PV-Anlagen mit Schukostecker weder der Schutzklasse 0 noch der Schutzklasse 3 zugeordnet werden.

Im eingesteckten Zustand der Plug-in-PV-Anlage sind die Anforderungen an die Schutzklasse 2 durch die doppelte bzw. verstärkte Isolierung des Schukostecker und der Schukosteckdose nach DIN EN 61140 (**VDE 0140-1**) Abs. 7.4 erfüllt.

Schukosteckdosen werden entsprechend ihrer bestimmungsgemäßen Verwendung in elektrischen Anlagen verwendet, wenn diese ausschließlich zur Versorgung ortsveränderlicher Verbrauchsmittel verwendet werden. Zudem wird die vorhandene Schukosteckdose sowie die bestehende elektrische Anlage nicht entsprechend dem Errichtungszwecke als reine Verbraucheranlage verwendet.

Seitens der ortsfesten elektrischen Anlage sind nach DIN VDE 0100-550 Abs. 4.6 Steckdosen und Stecker in einem Leitungszug so anzubringen, dass die Steckerstifte in ausgestecktem Zustand nicht unter Spannung stehen. Damit werden Schukostecker und Schukosteckdose entgegen der bestimmungsgemäßen Verwendung unzulässig betrieben.

11.2.3 Die elektrische Anschlussnutzeranlage

Endstromkreise sind nach DIN VDE 0100-410 411.3.2.1 mit einer Schutzeinrichtung zu versehen, die im Fall eines Fehlers (Körperschluss) die Stromversorgung zu dem Außenleiter eines Stromkreises oder Betriebsmittels in der geforderten Abschaltzeit (TN-Systeme mit 230 V (AC): 0,4 Sekunden) automatisch unterbricht. Diese Schutzmaßnahme darf in TN-Systemen nach VDE 0100-410 411.4.5 mit einer Überstrom-Schutzeinrichtung oder einer Fehlerstrom-Schutzeinrichtung (RCD) realisiert werden. In der Regel werden hierfür bei Bestandsgebäuden, die vor 2007 errichtet wurden, Leitungsschutzschalter eingesetzt.

Die Schutzmaßnahme Schutz durch automatische Abschaltung der Stromversorgung im Fehlerfalle ist nur wirksam, wenn die Abschaltung innerhalb der vorgegebenen Zeit nach VDE 0100-410 Tabelle 41.1 erfolgt. Der magnetische Schnellauslöser des Leitungsschutzschalters benötigt hierfür abhängig von der Charakteristik (i. d. R. B16) einen ausreichend hohen Kurzschlussstrom (B16: 5 × 16 A = 80 A) zur sicheren Erkennung und Abschaltung des Stromkreises. Für Endstromkreise in Wohngebäuden wurden i. d. R. Leitungsschutzschalter vom Typ B16 und einen Leitungsquerschnitt der im Putz oder unter Putz verlegten

Leitungen vom Typ NYM mit einem Nennquerschnitt von 3 × 1,5 mm^2 (Kupfer) verwendet. Hieraus ergibt sich ein erforderlicher Auslösestrom (5 × 16 A (Charakteristik B = 5)) von mindestens 80 A. Dieser muss im Fehlerfall fließen, damit der Leitungsschutzschalter innerhalb der geforderten Abschaltzeit von 0,4 Sekunden den Stromkreis bei Körperschluss oder Kurzschluss abschaltet.

Schukosteckdosen auf Balkonen, so hat es die Erfahrung gezeigt, sind i. d. R. auf derselben Schutzeinrichtung wie das angrenzende Zimmer der Wohneinheit angeschlossen. Somit besteht der Stromkreis aus mehreren Steckdosen sowie der Raumbeleuchtung.

Ein Kurzschluss bei einer reinen Entnahme durch Verbrauchsmittel, wie Fernseher, Heizlüfter, Beleuchtung etc., treibt die Netzspannung den für die Abschaltung erforderlichen Fehlerstrom, der bei einer ausreichend niedrigen Impedanz der Fehlerschleife einen ausreichend hohen Strom treibt, der wiederum zur Abschaltung innerhalb der geforderten 0,4 Sekunden (in TN-Systemen mit 230 V Nennspannung) führt. Der Fehlerstrom muss quasi ausreichend hoch sein, damit die Überstrom-Schutzeinrichtung diesen rechtzeitig als Überstrom erkennt und so eine automatische Abschaltung bewirkt.

Endstromkreise in neu errichteten elektrischen Anlagen weisen normalerweise sehr niedrige Fehlerschleifenimpedanzen im Rahmen der Erstprüfung nach DIN VDE 0100-600 auf. In bestehenden elektrischen Anlagen kann sich im Laufe der Zeit dieser Wert deutlich verschlechtern, sodass abzgl. der Betriebsmessabweichung des Messgeräts dieser nahe unterhalb des Grenzwerts von 2,8 Ω (230 V/5 × 16 A) liegt. Hier kann im Worst-case der Leitungsschutzschalter verspätet abschalten.

11.2.4 Schutz vor Überströmen und thermischen Auswirkungen

Elektrische Anlagen und Betriebsmittel können durch zu hohe Ströme (Überstrom) beeinträchtigt werden. Der Begriff Überstrom beinhaltet Überlast- und Kurzschlussstrom.

Überlastströme entstehen betriebsbedingt durch häufige und länger andauernde Überlastung ohne einen Isolationsfehler. Kurzschluss entsteht durch unbeabsichtigte Isolationsfehler aufgrund fehlerhafter Betriebsmittel o. Ä. Dies kann zu einer länger andauernden Erwärmung der Leitung führen. Die Folge ist eine beschleunigte Alterung des Isolationsmaterials. Es wird dadurch spröde und die Isolationseingenschaften sind damit beeinträchtigt. Es bilden sich Risse in der Isolation, diese führen wiederum durch Verschmutzung zu Kriechstrecken. Die Folge sind Fehlerströme und Lichtbögen, die zum Brand führen können.

Zur Vermeidung von thermischen und mechanischen Auswirkungen auf die Isolierung, Verbindungen, Anschlüsse etc. sind gemäß VDE 0100-430 430.3 Schutzeinrichtungen vorzusehen. Überströme sind durch geeignete Schutzvorkehrungen in den Außenleitern des Stromkreises zu unterbrechen.

Für den Schutz vor betriebsmäßiger Überlast darf der Bemessungsstrom der Schutzeinrichtung die zulässige Dauerstrombelastbarkeit des Kabels nach DIN VDE 0298-4 nicht überschreiten. Die Dauerstrombelastbarkeit ergibt sich u. a. aus der Verlegeart, der Häufung, der Temperaturen und dem Gleichzeitigkeitsfaktor etc. Der Gleichzeitigkeitsfaktor bei Stromerzeugungsanlagen, wie PV-Anlagen, ist bei der Leitungsdimensionierung mit $g = 1$ anzusetzen, während dieser bei Steckdosenstromkreisen zwischen 0,1 und 0,2 liegt.

Damit die Leitung nicht unzulässig hoch überlastet wird, muss u. a. nach VDE 0100-430 433.1 (1) die Nennstromregel eingehalten werden. Diese besagt, dass der Bemessungsstrom der Schutzeinrichtung die zulässige Dauerstrombelastbarkeit der Leitung nicht überschreiten darf.

Auf der Lastseite dürfen auch beim Parallelbetrieb der Stromerzeugungseinrichtung (PV-Anlage) die Dauerstrombelastbarkeit der Kabel und Leitungen nicht überschritten werden. Im Vergleich zum reinen Verbraucherstromkreis kommt durch die Stromerzeugungseinrichtung eine zusätzliche Stromquelle hinzu, die nach der Schutzeinrichtung des Endstromkreises zu einer Überlastung des Stromkreises führen kann, ohne dass diese den Überstrom erkennt und den Stromkreis abschaltet.

11.3 Anforderungen nach DIN VDE V 0100-551-1

Im Mai 2018 ist der Normenentwurf DIN VDE V 0100-551-1 erschienen. Diese Vornorm ergänzt die derzeit gültige Norm VDE 0100-551, die bisher den Parallelbetrieb von Stromversorgungseinrichtungen mit anderen Stromquellen, die an einem öffentlichen Stromversorgungsnetz angeschlossen sind, in Deutschland ausschließt. Eine Vornorm ist allerdings keine anerkannte Regel der Technik und ist demnach privatrechtlich zu vereinbaren. Demnach dürfen Stromerzeugungseinrichtungen, darunter die sogenannten Mini-PV-Anlagen (auch Balkon-PV-Anlagen) genannt, betrieben werden. Diese dürfen entweder an der Versorgungsseite oder an der Lastseite angeschlossen werden.

Stromerzeugungseinrichtungen für den Parallelbetrieb mit anderen Stromquellen, die an einem öffentlichen Stromversorgungsnetz angeschlossen sind, sind sowohl beim Anschluss auf der Versorgungsseite als auch beim Anschluss auf der Lastseite eines Versorgungsnetzes fest anzuschließen. Alternativ kann auch eine dafür vorgesehene Energiesteckvorrichtung, z. B. nach DIN VDE V 0628-1

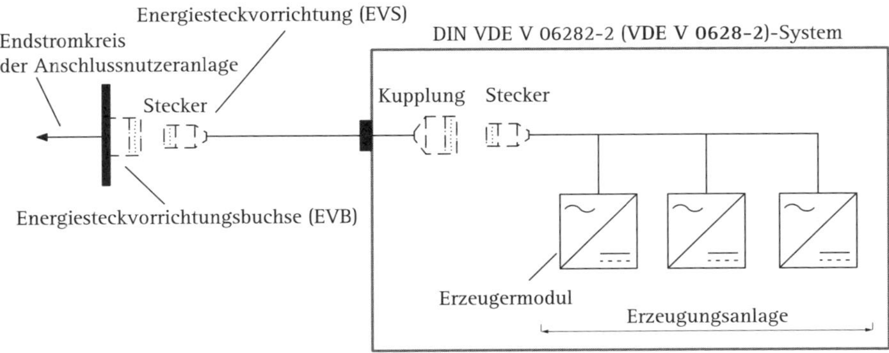

Bild 11.1 Anschluss an EB über EVS nach DIN VDE V 0628-1

verwendet werden. Hierfür sind die Energiesteckdosen sowie der Stromkreis im Verteiler entsprechend zu kennzeichnen.

Lastseitig ist die Einspeisung der Stromerzeugungseinrichtung über einen Schukostecker in einen Endstromkreis unzulässig. Leitungen und Betriebsmittel sind ausreichend gegen Überstrom, Kurzschluss und damit vor zu hohen Erwärmungen zu schützen. Die Überstrom-Schutzeinrichtung sowie die Strombelastbarkeit der Kabel und Leitungen des Endstromkreises sind mit der angeschlossenen Stromerzeugungseinrichtung so auszulegen, dass die Anforderungen an den Schutz bei Überstrom nach DIN VDE 0100-430 erfüllt sind.

Bei Endstromkreisen, an denen ausschließlich Verbrauchsmittel betrieben werden, ist die Dauerstrombelastung durch den Bemessungsstrom der Überstrom-Schutzeinrichtung begrenzt. In Endstromkreisen mit zusätzlicher Stromerzeugungseinheit und einem gleichzeitig angeschlossenen Verbrauchsmittel wird der Leitungsabschnitt des Verbrauchers im Stromkreis zusätzlich von der Stromerzeugungseinheit gespeist. Die Strombelastung der Leitung kann in Summe die Dauerstrombelastbarkeit der Leitung überschreiten. Deshalb darf die Summe aus dem Bemessungsstrom der Schutzeinrichtung und dem Bemessungsausgangsstrangstrom der Stromerzeugungseinrichtung die Dauerstrombelastbarkeit I_Z der Leitung nicht überschreiten. Bei Erweiterung bzw. Änderung eines bestehenden Endstromkreises um eine Balkon-PV-Anlage ist deshalb zu prüfen, ob durch die zusätzliche betriebsmäßige Strombelastung des Bemessungsausgangsstrom I_g der Stromerzeugungseinheit die Dauerstrombelastbarkeit I_Z der Leiter im Stromkreis der bestehenden Anlage nach DIN VDE 0100-520 und DIN VDE 0298-4 überschritten wird. Klassische Abhilfemaßnahme wäre hier die Leitung durch eine Leitung mit dem nächst höheren Leiternennquerschnitt zu ersetzen. Allerdings stellt diese Änderung in bestehenden elektrischen Anlagen die aufwändigste Lösung dar. Damit wäre eine Erweiterung der bestehenden elektrischen Anlage um einen separaten Einspeisestromkreis die optimalere Lösung. Die am leichtesten zu realisierende Lösung zur Ertüchtigung stellt häufig die Erneuerung der Schutzeinrichtung mit einem kleineren Bemessungsstrom dar. Damit ist eine Überlastung der Leiter bei intakter Schutzeinrichtung zwar ausgeschlossen, jedoch schränkt der geringere Bemessungsstrom der Schutzeinrichtung durch frühzeitige Überlastauslösung ein. Dadurch ist bei Benutzung von Verbrauchsmittel mit hohen Nennleistungen, wie Staubsauger, Heizlüfter etc., mit einer frühzeitigen und ungewollten Abschaltung des Stromkreises zu rechnen. Die Vornorm DIN V VDE 0100-551-1 Abschnitt 551.7.2 i) führt als Anmerkung an, dass das Schutzziel an den Schutz vor thermischer Belastung auch durch eine sichere Kommunikation zwischen Stromerzeugungseinrichtung und netzseitiger Schutzeinrichtung sichergestellt werden kann. Allerdings wird die Ausführung der sicheren Kommunikation von Stromerzeugungseinheit und Schutzeinrichtung nicht konkretisiert. Letzten Endes würde die Lösung so aussehen, dass die Schutzeinrichtung des Endstromkreises den aktuellen Einspeisestrom der Stromerzeugungseinrichtung übersendet bekommt und diesen zur Überlasterkennung hinzurechnet. Dies würde sicher auch durch den steigenden Anteil an Kommunikationstechnik, Stichwort „Smart home“ usw., eine smarte Lösung darstellen. Die Frage nach den Kosten und nach geeigneten Herstellern bleibt jedoch offen und stellt somit für den Elektriker sicherlich momentan noch keine adäquate Abhilfe dar. Zukünftig sollen die Anwendungsregel VDE-AR-E 2100-550 sowie die DIN EN 61140 (**VDE 0140-1**) zusätzlich Hinweise zu den einzuhaltenden Schutzzielen enthalten.

Der Endstromkreis muss neben dem Schutz bei Überstrom und Kurzschluss mit einer Fehlerstrom-Schutzeinrichtung (RCD) als Schutz bei indirektem Berühren geschützt sein. Die Anforderungen an den Schutz durch automatische Abschaltung der Stromversorgung sowie an den zusätzlichen Schutz nach DIN VDE 0100-410 Abschnitt 411 und 415 müssen hierbei erfüllt sein. Der zusätzliche Schutz für Endstromkreise, auch im Freien, ist erreicht, wenn der Bemessungsfehlerstrom der Fehlerstrom-Schutzeinrichtung (RCD) nicht mehr als 30 mA beträgt. Der Fehlerschutz ist aufgrund des Bemessungsfehlerstroms von höchstens 30 mA nach DIN VDE 0100-530 531.3.6 ebenfalls erfüllt, wenn die Fehlerstrom-Schutzeinrichtung so angeordnet ist, dass eine Auslösung nicht zur Abschaltung aller Endstromkreise des Verteilerstromkreises führen kann und an der Einspeisestelle des Endstromkreises angeordnet ist. Eine Nachrüstung in bestehenden elektrischen Verteilungen, z. B. durch eine in der Energiesteckdose integrierte Fehlerstrom-Schutzeinrichtung, so wie man es von Schukosteckdosen her kennt, ist somit unzulässig.

Grundsätzlich sind elektrische Betriebsmittel, insbesondere Schutzeinrichtungen, so auszuwählen und zu installieren, dass diese für die vorliegenden Beanspruchungen geeignet sind und dadurch nicht unwirksam werden. Mini-PV-Anlagen verfügen i. d. R. über Wechselrichter ohne einfache Trennung. Der Wechselrichter ist demnach ein getakteter Energiewandler. Die Umwandlung des Gleichstroms in Wechselstrom verursacht Oberwellen. Gleiches entsteht bei einer Vielzahl elektronischer Verbrauchsmittel im Stromkreis, wie PC, Ladegeräte usw. Dadurch besteht im Fehlerfall der Fehlerstrom aus einem Wechselstrom- und einem Gleichstromanteil. Grundsätzlich sind Fehlerstrom-Schutzeinrichtungen vom Typ A ausreichend. Allerdings führt der Gleichstromanteil bei Fehlerstrom-Schutzeinrichtungen vom Typ A zu einer Sättigung des Eisenkerns. Ab Gleichfehlerströmen größer als 6 mA werden Feherstrom-Schutzeinrichtungen vom Typ A unwirksam. In diesem Fall sind nach VDE 0100-530 513.3.6 Fehlerstrom-Schutzeinrichtungen (RCD) vom Typ B oder B+ zu verwenden und es muss sichergestellt sein, dass das Betriebsmittel, in diesem Fall die Stromerzeugungseinrichtung, dauerhaft über die gesamte Nutzungsdauer nur mit dieser Steckdose verwendet wird. Alternativ kann das Betriebsmittel fest angeschlossen werden. Beide Anforderungen sind in der derzeitigen Vornorm DIN VDE V 0100-551-1 durch die Verwendung einer speziellen Energiesteckvorrichtung oder durch den festen Anschluss der Stromerzeugungseinrichtung erfüllt.

Die errichtende Fachfirma hat deshalb zu prüfen, ob der Gleichfehlerstromanteil der Stromerzeugungseinrichtung sowie die zu erwartenden Gleichfehlerströme der im selben Stromkreis angeschlossenen Verbrauchsmittel 6 mA Gleichfehlerstromanteil überschreiten. In diesem Fall ist eine wesentlich teurere Fehlerstrom-Schutzeinrichtung vom Typ B zu verwenden oder die Stromerzeugungseinrichtung fest anzuschließen. Selbstredend, dass die Anforderungen an die höchst zulässigen Abschaltzeiten nach DIN VDE 0100-410 Abschnitt 411 Tabelle 41.1 sowie die Abschaltbedingungen in TN-Systemen erfüllt sein müssen.

Auf der Lastseite angeschlossene Stromerzeugungseinrichtungen dürfen nach DIN VDE V 0100-551-1 511.7.2 nicht hinter der Schutzeinrichtung des Endstromkreises mit Erde verbunden werden. Es müssen alle aktiven Leiter, einschließlich dem Neutralleiter, unterbrochen werden. Ist eine Einhaltung der Abschaltzeit nicht möglich, ist ersatzweise sicherzustellen, dass die Ausgangsspannung demäß DIN VDE 0100-410 Anhang D innerhalb der erforderlichen Abschaltzeit einen Wert von 50 V nicht überschreitet und innerhalb von 5 Sekunden die Stromerzeugungseinrichtung abschaltet.Allerdings sind bei der Verwendung von Leitungsschutzschaltern mit integrierter Fehlerstrom-Schutzeinrichtung, die sowieso die aktiven Leiter unterbricht, diese Überlegungen für den Praktiker hinfällig.

Anmeldeverfahren

Bei steckerfertigen oder fest angeschlossenen Erzeugungsanlagen zur Einspeisung in Endstromkreise mit einer Bemessungsanschlussscheinleistung von höchstens 600 VA ist ein Zweirichtungszähler (vgl. VDE-AR-N 4105 5.5.3) auf dem zentralen Zählerplatz der Anschlussnutzeranlage vorzusehen. Sind diese Anforderungen sowie die Anforderungen nach VDE V 0100-551-1 erfüllt, hat der Anlagenerrichter das Inbetriebsetzungsprotokoll nach VDE-AR-N 4105 auszufüllen und die korrekte Installation zu bestätigen.

11.4 Zusammenfassung

Der Betrieb von sogenannten Plug-in-PV-Anlagen, die über einen Schukostecker in bestehende ortsfeste elektrische Anlagen einspeisen, birgt für den Laien ein hohes Risiko. Die Verwendung von Schukosteckern als Einspeisestecker erfüllen nicht die Anforderungen an den Schutz gegen elektrischen Schlag:

- Die Steckerstifte verfügen weder über einen Basisschutz noch liegt die Nennspannung unterhalb von 50 V (AC). Demnach können sie entgegen der Sicherheitsgrundnorm DIN EN 61140 (**VDE 0140-1**) keiner Schutzklasse zugeordnet werden.
- Die vom Hersteller der Plug-in-PV-Anlage mit Stecker vorgesehene bestimmungsgemäße Verwendung widerspricht den Grundsätzen des Schutzes gegen elektrischen Schlag sowie dem ursprünglichen Errichtungszweck der ortsfesten elektrischen Anlage und darf demnach nicht in den Verkehr gebracht werden.
- Der Schutz vor Überstrom ist in bestehenden elektrischen Anlagen eingeschränkt bis hin zur Unwirksamkeit. Dies führt betriebsmäßig zu unzulässig hohen Erwärmungen der Kabel und Leitungen sowie der Klemmstellen im Stromkreis und kann letzten Endes zum Brand führen.

Hinzu kommt, dass der Laie die Beschaffenheit der ortsfesten elektrischen Anlage zum bestimmungsgemäßen Betrieb nicht einschätzen kann und somit eine erhöhte Gefährdung für sich, für andere und für Sachgüter besteht. Die Einspeisung in Endstromkreise über Schukostecker und Schukosteckdosen in elektrischen Anlagen ist deshalb zu Recht in Deutschland verboten.

Plug-in-PV-Anlagen sind in den ersten Generationen mit Schukosteckern in den Verkehr gebracht worden. Diese Ausführung mit Schukostecker ist mittlerweile aus Sicht der elektrischen Sicherheit zu Recht verboten. An den Stiften der Stecker ist seitens der Produktsicherheit fraglich, ob bei ausgestecktem Stecker nicht berührungsgefährliche Spannungen ohne vorhandene Basisisolierung anliegen.

Die Steckerstifte verfügen über keinen Basisschutz und können aufgrund der Nennspannung von 230 V (AC) weder der Schutzklasse 2 noch der Schutzklasse 3 nach DIN EN 61140 (**VDE 0140-1**) zugeordnet werden. Außerdem sind Schukosteckdosen ausschließlich für die Stromentnahme vorgesehen.

Der Überlastschutz ist bei gleichzeitiger Einspeisung der Plug-in-PV-Anlage und Stromentnahme von Verbrauchern aufgrund des durch die PV-Anlage einspeisenden Stroms unzulässig eingeschränkt.

Kabel, Leitungen, Steckdosen etc. zwischen den Klemmen am Entnahmepunkt des Verbrauchers werden innerhalb des Stromkreises bis hin zum Verbrauchsmittel so gleichzeitig aus dem öffentlichen Netz und der Plug-in-PV-Anlage gespeist. Die Summe der Ströme kann betriebsmäßig die maximal zulässige Strombelastbarkeit der Kabel und Leitungsanlage überschreiten, sodass der Leitungsabschnitt betriebsmäßig überlastet werden kann. Dies führt u. a. zur schnelleren Alterung der Leitungsisolierung und zu erhöhten Verlustleistungen an den Kontaktstellen. Dies wiederum führt zu unzulässigen hohen Erwärmungen an den Kabeln und Betriebsmitteln und stellt demnach eine Brandgefahr dar.

Die Ausführung der Balkon-PV-Anlage mit Energiesteckvorrichtung oder festem Anschluss sind ausschließlich von qualifiziertem Personal durchzuführen. Die Stromversorgungseinrichtung stellt durch den Einspeisebetrieb der ursprünglich zur Stromentnahme errichteten elektrischen Anlage eine Nutzungsänderung dar. Der sogenannte Bestandsschutz wird durch die Nutzungsänderung aufgehoben. Demnach ist die elektrische Anlage an die derzeit gültigen Regeln der Technik anzupassen.

Hierfür sind neben den allgemeinen normativen Anforderungen der Reihe DIN VDE 0100 speziell die Anforderungen der Normen DIN VDE 0100-551 und DIN VDE V 0100-551-1 zu beachten:

- Festanschluss oder eine dafür vorgesehene Energiesteckvorrichtung nach DIN VDE V 0628-1;
- der Bemessungsstrom der Schutzeinrichtung des Stromkreises I_n und der Bemessungsstrom der Stromerzeugungseinrichtung I_g dürfen in Summe nicht die zulässige Dauerstrombelastbarkeit I_z der Leitung überschreiten. Hierfür bestehen folgende Möglichkeiten:
  - Auslegung der Kabel und Leitungen auf $I_z \geq I_n + I_b$,
  - Austausch der Schutzeinrichtung gegen eine Schutzeinrichtung mit geringerem Bemessungsstrom,
  - sichere Kommunikation zwischen Stromerzeugungseinrichtung und netzseitiger Schutzeinrichtung;

- es darf maximal eine Stromerzeugungseinheit an einem Endstromkreis betrieben werden;
- eine Fehlerstrom-Schutzeinrichtung, die alle aktiven Leiter unterbricht, muss in Übereinstimmung mit DIN VDE 0100-410 Abschnitt 411 und 415 vorgesehen werden. Hierbei ist der Gleichfehlerstromanteil zu beachten und ggf.
  - bei Energiesteckvorrichtungen ein RCD vom Typ B zu verwenden oder
  - die Stromversorgungseinheit fest anzuschließen;
- aktive Leiter des Endstromkreises und der Stromerzeugungseinrichtung dürfen nicht hinter der Schutzeinrichtung mit Erde verbunden werden.

Fraglich ist bei dem ganzen Aufwand der Nutzen solcher Balkon-PV-Anlagen. PV-Generatoren bei PV-Stromversorgungssystemen werden idealerweise mit einem Anstellwinkel zwischen 25° und 35° aufgestellt und nach Süden ausgerichtet. Hier kann in Mitteleuropa ein spezifischer Jahresenergieertrag zwischen 800 kWh/kWp und 1 000 kWh/kWp (kW installierter PV-Generatorleitung) erreicht werden. Bei vertikal ausgerichteten Fassadenanlagen, wie auch Balkon-PV-Anlagen, die am Geländer befestigt sind, liegt der Jahresendenergieertrag deutlich darunter. Hier können zwischen 450 kWh/kWp und 700 kWh/kWp erreicht werden.

11.5 Quellen zum Kapitel „Photovoltaik-(PV)-Stromversorgungssysteme"

DIN VDE 0100-100 (**VDE 0100-100**):2009-06 Errichten von Niederspannungsanlagen – Teil 1: Allgemeine Grundsätze, Bestimmungen allgemeiner Merkmale, Begriffe

DIN VDE 0100-410 (**VDE 0100-410**):2018-10 Errichten von Niederspannungsanlagen – Teil 4-41: Schutzmaßnahmen – Schutz gegen elektrischen Schlag

DIN VDE 0100-420 (**VDE 0100-420**):2022-06 Errichten von Niederspannungsanlagen – Teil 4-42: Schutzmaßnahmen – Schutz gegen thermische Auswirkungen

DIN VDE 0100-430 (**VDE 0100-430**):2010-10 Errichten von Niederspannungsanlagen – Teil 4-43: Schutzmaßnahmen – Schutz bei Überstrom

DIN VDE 0100-520 (**VDE 0100-520**):2023-06 Errichten von Niederspannungsanlagen – Teil 5-52: Auswahl und Errichtung elektrischer Betriebsmittel – Kabel- und Leitungsanlagen Juni 2013

DIN VDE 0100-530 (**VDE 0100-530**):2018-06 Errichten von Niederspannungsanlagen – Teil 530: Auswahl und Errichtung elektrischer Betriebsmittel – Schalt- und Steuergeräte

DIN VDE 0100-534 (**VDE 0100-534**):2016-10 Errichten von Niederspannungsanlagen – Teil 5-53: Auswahl und Errichtung elektrischer Betriebsmittel – Trennen, Schalten und Steuern – Abschnitt 534: Überspannungs-Schutzeinrichtungen (SPDs)

DIN VDE 0100-550 (**VDE 0100-550**):1988-04 Errichten von Starkstromanlagen mit Nennspannungen bis 1 000 V – Auswahl und Errichtung elektrischer Betriebsmittel – Steckvorrichtungen, Schalter und Installationsgeräte (zurückgezogen)

DIN VDE 0100-551 (**VDE 0100-551**):2017-02 Errichten von Niederspannungsanlagen – Teil 5-55: Auswahl und Errichtung elektrischer Betriebsmittel – Andere Betriebsmittel – Abschnitt 551: Niederspannungsstromerzeugungseinrichtungen

DIN VDE V 0100-551-1 (**VDE V 0100-551-1**):2018-05 Errichten von Niederspannungsanlagen –Teil 5-55: Auswahl und Errichtung elektrischer Betriebsmittel – Andere Betriebsmittel – Abschnitt 551: Niederspannungsstromerzeugungseinrichtungen – Anschluss von Stromerzeugungseinrichtungen für den Parallelbetrieb mit anderen Stromquellen einschließlich einem öffentlichen Stromverteilungsnetz

DIN VDE 0100-600 (**VDE 0100-600**):2017-06 Errichten von Niederspannungsanlagen – Teil 6: Prüfungen

DIN VDE 0100-712 (**VDE 0100-712**):2016-10 Errichten von Niederspannungsanlagen – Teil 7-712: Anforderungen für Betriebsstätten, Räume und Anlagen besonderer Art – Photovoltaik-(PV)-Stromversorgungssysteme

DIN VDE 0105-100 (**VDE 0105-100**):2015-10 Betrieb von elektrischen Anlagen – Teil 100: Allgemeine Festlegungen

DIN VDE 0105-100/A1 (**VDE 0105-100/A1**):2017-06 Betrieb von elektrischen Anlagen – Teil 100: Allgemeine Festlegungen; Änderung A1: Wiederkehrende Prüfungen; Deutsche Übernahme von Abschnitt 6.5 des HD 60364-6:2016

DIN VDE V 0126-1-1 (**VDE V 0126-1-1**):2013-08 Selbsttätige Schaltstelle zwischen einer netzparallelen Eigenerzeugungsanlage und dem öffentlichen Niederspannungsnetz (zurückgezogen)

DIN EN 60904-2 (**VDE 0126-4-2**):2015-11 Photovoltaische Einrichtungen – Teil 2: Anforderungen an Referenz-Solarelemente

DIN EN IEC 60904-3 (**VDE 0126-4-3**):2020-01 Photovoltaische Einrichtungen – Teil 3: Messgrundsätze für terrestrische photovoltaische (PV) Einrichtungen mit Angaben über die spektrale Strahlungsverteilung

DIN EN IEC 60891 (**VDE 0126-6**):2022-10 Photovoltaische Einrichtungen – Verfahren zur Umrechnung von gemessenen Strom-Spannungs-Kennlinien auf andere Temperaturen und Bestrahlungsstärken

DIN EN 50524 (**VDE 0126-13**):2022-12 Datenblatt- und Typschildangaben von Photovoltaik-Wechselrichtern

DIN EN 62109-1 (**VDE 0126-14-1**):2011-04 Sicherheit von Wechselrichtern zur Anwendung in photovoltaischen Energiesystemen – Teil 1: Allgemeine Anforderungen

DIN EN 50461 (**VDE 0126-17-1**):2007-03 Solarzellen – Datenblattangaben und Angaben zum Produkt für kristalline Silicium-Solarzellen

DIN EN 62446-1 (**VDE 0126-23-1**):2019-04 Photovoltaik-(PV)-Systeme – Anforderungen an Prüfung, Dokumentation und Instandhaltung – Teil 1: Netzgekoppelte Systeme – Dokumentation, Inbetriebnahmeprüfung und Prüfanforderungen

DIN EN 61724-1 (**VDE 0126-25-1**):2022-11 Betriebsverhalten von Photovoltaik-Systemen – Teil 1: Überwachung

DIN EN 61853-1 (**VDE 0126-34-1**):2011-12 Prüfung des Leistungsverhaltens von photovotaischen (PV-)Modulen und Energiebemessung – Teil 1: Leistungsmessung in Bezug auf Bestrahlungsstärke und Temperatur sowie Leistungsbemessung

DIN EN 62852 (**VDE 0126-300**):2021-07 Steckverbinder für Gleichspannungs-anwendungen in Photovoltaik-Systemen – Sicherheitsanforderungen und Prüfungen

DIN VDE 0132 (**VDE 0132**):2018-07 Brandbekämpfung und technische Hilfeleistung im Bereich elektrischer Anlagen

DIN EN 61140 (**VDE 0140-1**):2016-11 Schutz gegen elektrischen Schlag – Gemeinsame Anforderungen für Anlagen und Betriebsmittel

DIN EN 62305-1 (**VDE 0185-305-1**):2011-10 Blitzschutz – Teil 1: Allgemeine Grundsätze

DIN EN 62305-3 (**VDE 0185-305-3**):2011-10 Blitzschutz – Teil 3: Schutz von baulichen Anlagen und Personen

DIN EN 62305-3 (**VDE 0185-305-3**) Beiblatt 5:2014-02 Blitzschutz – Teil 3: Schutz von baulichen Anlagen und Personen; Beiblatt 5: Blitz- und Überspannungsschutz für PV-Stromversorgungssysteme

DIN EN 50618 (**VDE 0283-618**):2015-11 Kabel und Leitungen – Leitungen für Photovoltaik Systeme

DIN VDE 0298-4 (**VDE 0298-4**):2023-06 Verwendung von Kabeln und isolierten Leitungen für Starkstromanlagen – Teil 4: Empfohlene Werte für die Strombelastbarkeit von Kabeln und Leitungen für feste Verlegung in und an Gebäuden und von flexiblen Leitungen

DIN EN IEC 61557-4 (**VDE 0413-4**):2022-12 Elektrische Sicherheit in Niederspannungsnetzen bis AC 1 000 V und DC 1 500 V – Geräte zum Prüfen, Messen oder Überwachen von Schutzmaßnahmen – Teil 4: Widerstand von Erdungsleitern, Schutzleitern und Potentialausgleichsleitern

DIN EN 61557-8 (**VDE 0413-8**):2015-12 Elektrische Sicherheit in Niederspannungsnetzen bis AC 1 000 V und DC 1 500 V – Geräte zum Prüfen, Messen oder Überwachen von Schutzmaßnahmen – Teil 8: Isolationsüberwachungsgeräte für IT-Systeme

DIN EN 61557-9 (**VDE 0413-9**):2015-10 Elektrische Sicherheit in Niederspannungsnetzen bis AC 1 000 V und DC 1 500 V – Geräte zum Prüfen, Messen oder Überwachen von Schutzmaßnahmen – Teil 9: Einrichtungen zur Isolationsfehlersuche in IT-Systemen

DIN EN 61643-11 (VDE **0675-6-11**):2019-03 Überspannungsschutzgeräte für Niederspannung – Teil 11: Überspannungsschutzgeräte für den Einsatz in Niederspannungsanlagen – Anforderungen und Prüfungen

DIN EN IEC 60947-3 (VDE **0660-107**):2017-02 Niederspannungsschaltgeräte – Teil 3: Lastschalter, Trennschalter, Lasttrennschalter und Schalter – Sicherungs-Einheiten

DIN EN 60947-2 (VDE **0660-101**):2020-11 Niederspannungsschaltgeräte – Teil 2: Leistungsschalter

DIN EN 62423 (VDE **0664-40**):2022-03 Fehlerstrom-/Differenzstrom-Schutzschalter Typ F und Typ B mit und ohne eingebautem Überstromschutz für Hausinstallationen und für ähnliche Anwendungen

DIN EN IEC 61439-1 (VDE **0660-600-1**):2021-10 Niederspannungs-Schaltgeräte-kombinationen – Teil 1: Allgemeine Festlegungen

DIN EN 60269-6 (VDE **0636-6**):2011-11 Niederspannungssicherungen – Teil 6: Zusätzliche Anforderungen an Sicherungseinsätze für den Schutz von solaren photovoltaischen Energieerzeugungssystemen

DIN EN 60898-2 (VDE **0641-12**):2022-06 Elektrisches Installationsmaterial – Leitungsschutzschalter für Hausinstallationen und ähnliche Zwecke – Teil 2: Leitungsschutzschalter für Wechsel- und Gleichstrom (AC und DC)

DIN VDE V 0628-1 (VDE **V 0628-1**):2018-02 Energiesteckvorrichtungen – Teil 1: Einspeisung in separate Stromkreise

DIN EN 1366-5:2021-05 Feuerwiderstandsprüfungen für Installationen – Teil 5: Installationskanäle und -schächte

DIN 4102-12:1998-11 Brandverhalten von Baustoffen und Bauteilen – Teil 12: Funktionserhalt von elektrischen Kabelanlagen – Anforderungen und Prüfungen

DIN EN 61646 (VDE **0126-32**):2009-03 Terrestrische Dünnschicht-Photovoltaik-(PV)-Module – Bauarteignung und Bauartzulassung (zurückgezogen) (ersetzt durch DIN EN IEC 61215-1-2 (VDE **0126-31-1-2**):2022-02 und DIN EN IEC 61215-1-3 (VDE **0126-31-1-3**):2022-02 und DIN EN IEC 61215-1-4 (VDE **0126-31-1-4**): 2022-02 und DIN EN 61215-2 (VDE **0126-31-2**):2022-02)

VDE-AR-E 2100-550:2019-02 Errichten von Niederspannungsanlagen –Teil 550: Auswahl und Errichtung elektrischer Betriebsmittel – Schalter und Steckdosen

VDE-AR-E 2100-712:2018-12 Maßnahmen für den DC-Bereich einer Photovoltaikanlage zum Einhalten der elektrischen Sicherheit im Falle einer Brandbekämpfung oder einer technischen Hilfeleistung

VDE-AR-N 4100:2019-04 Technische Regeln für den Anschluss von Kundenanlagen an das Niederspannungsnetz und deren Betrieb (TAR Niederspannung)

VDE-AR-N 4105:2018-11 Erzeugungsanlagen am Niederspannungsnetz – Technische Mindestanforderungen für Anschluss und Parallelbetrieb von Erzeugungsanlagen am Niederspannungsnetz

EnWG – Gesetz über die Elektrizitäts- und Gasversorgung (Energiewirtschaftsgesetz – EnWG), Stand: Zuletzt geändert durch Art. 6 G v. 21.7.2014 I 1066

VDE-Faktenpapier: Warnung vor Erzeugungsanlagen mit Steckern

DKE Verlautbarung: Gefahren durch Einspeisung in Endstromkreise – Hinweise des DKE Normungsgremiums UK 221.1 „Schutz gegen elektrischen Schlag" Einspeisung elektrischer Energie in Endstromkreise von Kundenanlagen durch steckerfertige Erzeugungsanlagen, 23.04.2013

Hinweise des DKE Normengremiums UK 221.1 „Schutz gegen elektrischen Schlag" Einspeisung elektrischer Energie in Endstromkreise von Kundenanlagen durch steckerfertige Erzeugungsanlagen

Heinrich Häberlin: Photovoltaik – Strom aus Sonnenlicht für Verbundnetz und Inselanlagen, VDE Verlag, 2. Auflage 2010

VDI 2883-1:2020-01 Instandhaltung von PV-Anlagen

12 Energiespeichersysteme am Niederspannungsnetz

Ein Speicher bzw. ein elektrisches Energiespeichersystem ist eine Einheit oder netzintegrierte Installation mit festgelegten elektrischen Grenzen, dessen Zweck darin besteht, elektrische Energie aus einer Kundenanlage oder Anschlussnutzeranlage in einem elektrochemischen Speicher (Definition gemäß DIN EN IEC 62933-2-1 (VDE 0520-933-2-1) Klassifikation von Speichern) zu speichern und wieder einzuspeisen.

Der Speicher/das Energiespeichersystem besteht aus:

- einer Batterieeinheit (Energiespeicher),
- einem Teilsystem für Leistungsumrichter,
- den zugehörigen Sicherheitseinrichtungen und
- dem Netzanschlusspunkt (POC).

Die **Batterieeinheit** besteht aus einem Batteriemanagementsystem (BMS) und einer Anordnung miteinander verschalteter elektrochemischer Speicher, die an einem oder mehreren Umrichtern geladen und entladen werden.

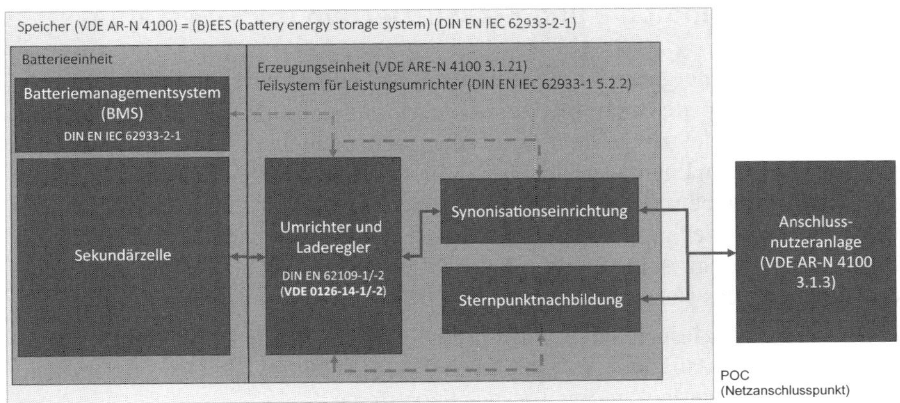

Bild 12.1 Komponenten eines Speichers
(*Zeichnung:* M. Fengel)

Das **Batteriemanagementsystem (BMS)** (Definition aus VDE-AR-N 2510-50 3.1.1) (*engl.:* battery management system) ist eine elektronische Schaltung, welche Überladung, Tiefentladung, hohe Temperaturen usw. verhindert, die zu gefährlichen Situationen führen können. Ein BMS kann hardwaretechnisch oder durch eine Kombination von Hard- und Software aufgebaut sein. Der **elektrochemische Speicher** (DIN EN IEC 62933-2-1 (VDE 0520-933-2-1)) besteht aus einem oder mehreren miteinander elektrisch verschalteten elektrochemischen Speichern. Diese bestehen beispielsweise aus

- Sekundärzelle/Batterie (Blei, NiCd, NiMh, Li, NaS),
- Flussbatterien (Redox-Flow/Hybrid-Flow).

Die **Erzeugungseinheit** (Definition aus VDE-AR-N 4100 3.1.21) ist die Einheit zur Erzeugung (Umwandlung) elektrischer Energie. Sie wandelt die Energie zwischen Gleichspannungsseite und dem Netzanschlusspunkt (Wechselspannungsseite) um. Die Erzeugungseinheit besteht u. a. aus:

- dem Umrichter,
- dem Laderegler,
- der Synchronisationseinrichtung,
- der Sternpunktnachbildung (falls zutreffend).

12.1 Elektrische Energiespeichersysteme – Begriffe, Terminologie und Klassifizierung (EES-Systeme)

Das elektrische Energiespeichersystem (EES-System) ist eine an das Niederspannungsnetz gekoppelte Gesamtheit an Betriebsmitteln, die als eine Einheit am Netzanschlusspunkt elektrische Energie aus dem Netz oder einer Erzeugungsanlage in einem elektrischen Energiespeicher (EES) für einen bestimmten Zeitraum speichern und wieder abgeben. Dabei ist für die Bezeichnung elektrischer Energiespeicher (EES) die Form der gespeicherten Energie irrelevant. Ausschlaggebend für die Bezeichnung „elektrischer Energiespeicher“ ist ausschließlich die Energieform an den Klemmen des Netzanschlusspunkts (POC) beim Laden und Entladen.

Elektrische Energiespeichersysteme (EES-Systeme) werden abhängig von der Speicherform klassifiziert. Es gibt mechanische, elektrochemische, chemische, elektrische und thermische Energiespeichersysteme.

Nicht elektrische Speicher			Elektrische Speicher	
Mechanisch	**Thermisch**	**Chemisch**	**Elektrochemisch**	**Elektrisch**
• Pumpspeicher • Druckluftspeicher • Schwungradspeicher	• Flüssiggas • Druckluftspeicher	• Elektrolyse • Brennstoffzellen • Synthetisches Erdgas	• Sekundärbatterien – Blei – NiCd – NiMH – Li – NaS • Flussbatterien – Redox-Flow – Hybrid-Flow	• Doppelschicht-kondensator • Supraleitende Magnetspule

Bild 12.2 Klassifikation von Speichern nach DIN EN IEC 62933-2-1 (VDE 0520-933-2-1)

EES-Systeme werden in drei **Anwendungsklassen** unterteilt.

EES-Systeme der **Klasse A** sind ausschließlich für Kurzzeitanwendungen vorgesehen. Hierbei wird das EES-System mit einer geforderten Leistung über einen Betriebszyklus mit einer kurzen Dauer innerhalb von weniger als einer Stunde beansprucht. Systeme der Klasse A werden deshalb zur Erhaltung der Netzstabilität, wie Frequenzregelung, Schwankungsreduzierung und zur Spannungsregelung eingesetzt. Bei der Frequenzregelung unterstützt das EES-System (Klasse A) durch Einspeisung von Wirkleistung bei Unterfrequenz und Ladung des Speichers bei Überfrequenz. Bei der Spannungsregelung greift das System zur Bereitstellung und Entnahme von Wirkleistung zusätzlich im sogenannten Phasenschieberbetrieb mithilfe von Blindleistungsentnahme und -bereitstellung ein.

EES-Systeme der **Klasse B** werden bei Langzeitanwendungen, bei der die geforderte Leistung über einen Betriebszyklus von mehr als einer Stunde erforderlich ist, eingesetzt. Sie werden im Spitzenlastbetrieb zur Umverteilung von Spitzenlasten verwendet. Bei Spitzenbedarf erfolgt eine Abgabe der gespeicherten Energie; dies reduziert durch lokale Speicherung und Einspeisung den Betriebswirkungsgrad der Anschlussnutzeranlage und dadurch die Übertragungsverluste.

EES-Systeme der **Klasse C** sind Stromversorgungsquellen mit Speicher, um elektrische Netze im Notfall mit Wechselstrom zu versorgen. Sie sind auf keine äußere Stromquelle zur Hilfsspannungsversorgung angewiesen und werden als Pufferspeicher eingesetzt. Die Funktion des EES-Systems besteht in der Einspeisung von Wechselstrom in elektrische Netze oder installierte Mikronetze, damit entscheidende Systeme in Übereinstimmung mit den Systemspezifikationen über eine festgelegte Dauer betrieben werden können. Damit können ESS-Systeme das Risiko von großen Netzausfällen vermindern.

12.2 Architektur von EES-Systemen (Steuerungssysteme)

Die Systemarchitektur eines elektrischen Energiespeichersystems (EES-System) umfasst das Steuerungsteilsystem, das Hilfsteilsystem und das primäre Teilsystem. Das primäre Teilsystem besteht aus einem Akkumulationsteilsystem und einem Teilsystem für Leistungsumrichter und den Verbindungsanschluss.

Das **Steuerungsteilsystem** besteht aus einer Kommunikationsschnittstelle, dem Managementsystem sowie dem Kommunikationsteilsystem und dem Schutzteilsystem. Das Steuerungsteilsystem (EESS-Teilsystem) dient der Überwachung und Steuerung des EESS. Es enthält alle Geräte und Funktionen für die Erfassung, Verarbeitung, Übertragung und Anzeige der erforderlichen Prozessinformationen.

Das Kommunikationsteilsystem, bestehend aus einer Anordnung aus Hardware, Software und Übertragungsmedien, ermöglicht die Übertragung von Meldungen von einer EESS-Komponente (oder EESS-Teilsystem) zu einer anderen. Es beinhaltet zudem eine externe Schnittstelle. Das Teilsystem für Netz-Management stellt die für den sicheren, effektiven und effizienten Betrieb erforderlichen Funktionen bereit. Das **Schutzteilsystem** umfasst eine oder mehrere Schutzeinrichtungen, Messwandler, Messumformer, Auslöseschaltungen, Stromkreise zur Hilfsstromversorgung. Schalter und Sicherungen sind nicht Bestandteil des Schutzteilsystems. Es dient ausschließlich dem Schutz des EES-Systems. Das **Hilfsteilsystem** stellt die elektrische Energieversorgung für das primäre Teilsystem und das Steuerungssystem bereit. Die Versorgung der Hilfsenergie erfolgt je nach Art der Ausführung entweder intern über das primäre Teilsystem oder über eine externe Spannungsversorgung.

Die Ausführung richtet sich u. a. nach der Anwendungsklasse (Klasse A, B, C).

Speicher der Klasse C stellen ein Inselnetz bereit. Daher verfügen Speicher der Klasse C normalerweise über keine Hilfsspannungsversorgung. Andernfalls müsste diese von einer vom Netz unabhängigen Quelle stammen.

Speicher der Klassen A und B hingegen dienen dem Zweck der Netzstützung und der Abdeckung von Spitzenlasten im Netzparallelbetrieb. Eine netzspannungsunabhängige Eigenversorgung ist daher nicht zwingend erforderlich. Das Akkumulationsteilsystem, auch Teilsystem-Speicher genannt, besteht mindestens aus einem EES, in dem Energie in einer bestimmten Form gespeichert wird. Es wird vom Teilsystem für Leistungsumrichter geladen und entladen.

Das Teilsystem für Leistungsumrichter wandelt die im Akkumulationsteilsystem gespeicherte Energie mit den für den Netzanschlusspunkt erforderlichen Eigenschaften zur Einspeisung im Netzparallelbetrieb und/oder Inselbetrieb um.

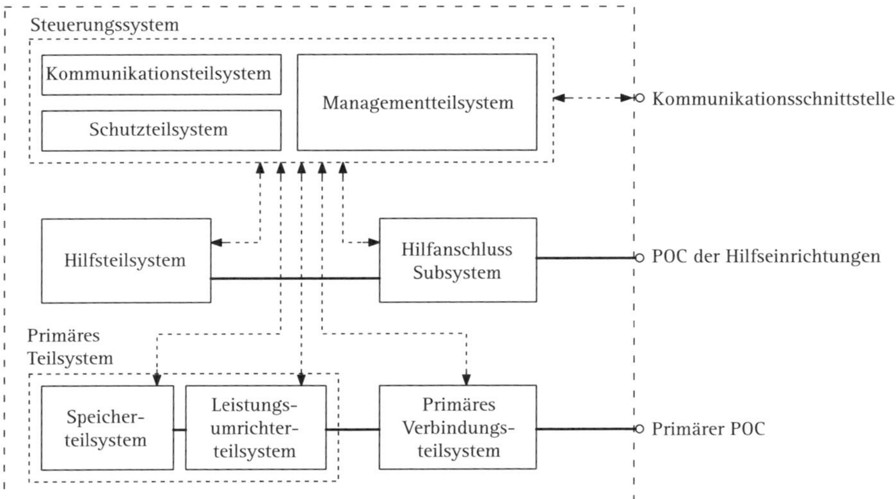

Bild 12.3 EES-System mit Hilfsspannungsversorgung nach DIN EN IEC 62933-2-1 (VDE 0520-933-2-1)

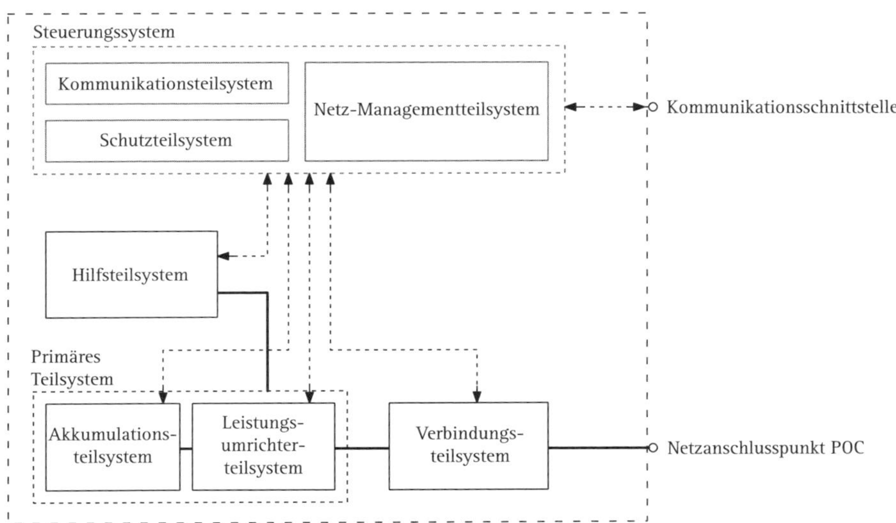

Bild 12.4 EES-System ohne Hilfsspannungsversorgung nach DIN EN IEC 62933-2-1 (VDE 0520-933-2-1)

12.2.1 Standardprüf- und Bezugsumgebungsbedingungen

EES-Systeme weisen je nach Umgebungstemperatur, Höhenlage, Luftfeuchte etc. unterschiedliche Betriebsverhalten auf. Die Angabe der Einheitsparameter erfolgt deshalb bei einheitlichen Bedingungen:

- Umgebungstemperatur: 25 °C,
- Höhenlage: ≤ 1 000 m,
- Luftfeuchte: ≤ 95 % ohne Kondensation.

Das EES-System ist nach DIN EN IEC 62933-2-1 (**VDE 0520-933-2-1**) entsprechend den üblichen Umgebungsbedingungen auszulegen. Die vom Hersteller angegebenen Einheitsparameter gelten unter den üblichen Umgebungsbedingungen. Abweichende Bedingungen sind zwischen Anwender und Systemanbieter zu vereinbaren. Es wird zwischen Innenrauminstallation und Freiluftinstallation unterschieden. In beiden Fällen darf die Umgebungstemperatur höchstens 40 °C betragen. Der Tagesmittelwert (24 h) darf höchstens 35 °C betragen. Bei Freiluftinstallation liegt die höchst zulässige Bestrahlstärke bei 1 000 W/m. Bei der Außenrauminstallation ist zudem der Niederschlag in Form von Tau, Kondensation, Nebel, Regen, Schnee oder Eis zu beachten. Hierfür sind die Niederschlagskennwerte für die Isolierung nach IEC 600060-1, IEC 60071-1 und andere Merkmale nach IEC 60721-2-2 zu beachten.

12.2.2 Einheitsparameter

EES-Systeme sind anhand der Grundparameter definiert. Die Grundparameter sind nach DIN EN IEC 62933-2-1 (**VDE 0520-933-2-1**) Abs. 5.1.2 unter folgenden festgelegten Bezugsumgebungsbedingungen anzugeben:

- Eingangs- und Ausgangsbemessungsleistung (W, var, VA);
- Spannungsbereich (V) und Frequenzbereich (Hz);
- Nennwert der Energiekapazität (Wh);
- Leistungsaufnahme der Hilfseinrichtungen (W);
- Systemwirkungsgrad (%);
- erwartete Lebensdauer (Jahre, Betriebszyklen);
- Ansprechverhalten des Systems (Anschwingzeit (s) und Anstiegsgeschwindigkeit (W/s));
- Selbstentladung des EESS (Wh/h).

Die **Eingangs- und Ausgangsbemessungsleistung (W, var, VA)** ist die Schein- und Wirkleistung, die ein EES-System für eine definierte Zeit an den Netzanschlussklemmen unter den vom Hersteller angegebenen Umgebungsbedingungen aufnehmen und abgeben kann. Neben der Leistungsangabe sind grundsätzlich die damit verbunden Lade- und Entladezeiten anzugeben. EES-Systeme können an den Netzanschlussklemmen im Phasenschieberbetrieb betrieben werden. D. h., EES-Systeme sind in der Lage, sowohl Wirkleistung als auch Blindleistung aufzunehmen und abzugeben.

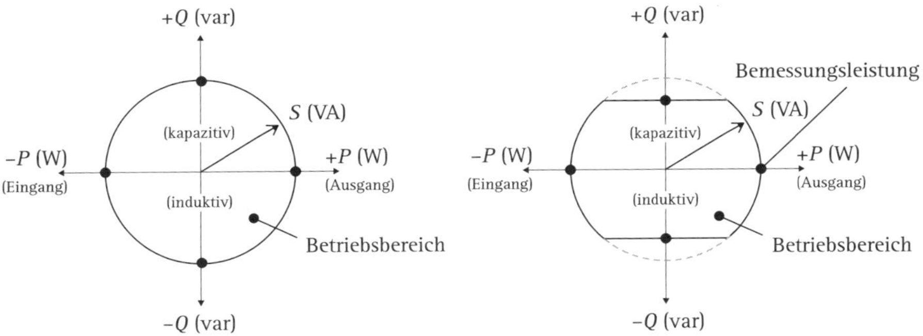

Bild 12.5 Vorzeichenvereinbarung für die Wirkleistung und die Blindleistung nach DIN EN IEC 62933-1 (**VDE 0520-933-1**)

Die **Bemessungswirk- bzw. Bemessungsblindleistung** eines EES-Systems ist der Maximal-Leistungswert, der am POC für eine festgelegte Dauer konstant bis zur Untergrenze des Ladezustands eingespeist bzw. abgegeben werden kann. Das EES-System nach DIN EN IEC 62933-1 (**VDE 0520-933-1**) und IEC TR 61850-90-7 ist als Erzeugerzählpfeilsystem darzustellen.

- Ladevorgänge haben in der Zählpfeilkonvention ein negatives Vorzeichen. Sowohl die Wirk- als auch die Blindleistungsaufnahme als auch die Ströme im Ladevorgang sind mit einem negativen Vorzeichen versehen.
- Im Einspeisebetrieb ist die Wirk- und Blindleistungsabgabe sowie der Strom (Entladung/Einspeisung) mit einem positiven Vorzeichen versehen.

Es dürfen zudem bei bestimmten Anwendungen weitere spezifische Eingangs- und Ausgangsleistungsparameter wie die kurzzeitige (weniger als 5 min) Eingangs- und Ausgangsleistung angegeben werden.

Der **Nennwert der Energiekapazität (Wh)** ist das Produkt aus Ausgangsbemessungsleistung und Abgabedauer, die das System am Netzanschlusspunkt unter den üblichen oder vom Hersteller angegebenen Umgebungsbedingungen abgeben muss.

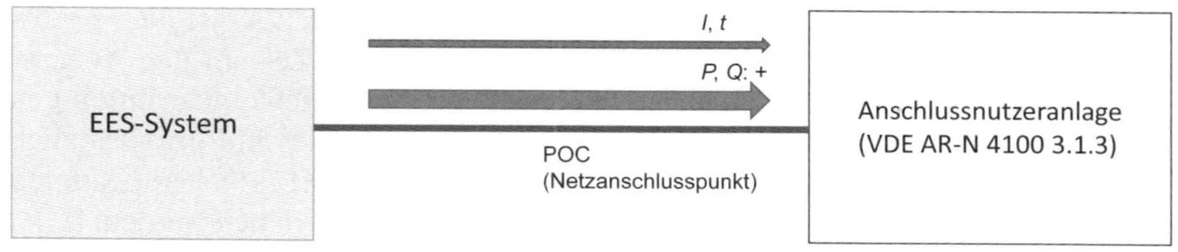

Bild 12.6 Zählpfeilkonvention zwischen EES-System und Anschlussnutzeranlage nach DIN EN IEC 62933-1 (VDE 0520-933-1)
(*Zeichnung:* M. Fengel)

Die Angabe erfolgt abzüglich der Energieverluste, der Umrichterverluste und des Energiebedarfs des Hilfssystems.

Die **Leistungsaufnahme der Hilfseinrichtung (W)** ist bei EES-Systemen mit extern gespeisten Hilfsteilsystemen unter den festgelegten Standardprüfbedingungen zu messen. Bei EES-Systemen ohne externe Hilfsspannungsversorgung sind die Werte zu schätzen. Die Leistungsaufnahme der Hilfseinrichtung ist für folgende Fälle zu messen, respektive zu schätzen:

- Wirkleistung 0 W und Blindleistung 0 var,
- Bemessungswirkleistung am Ausgang und am Eingang,
- Bemessungsblindleistung am Ausgang und am Eingang, falls das System einen Bemessungswert der Blindleistung aufweist.

Ist das EES-System angeschaltet, erfolgt eine **Selbstentladung des EESS (Wh/h)** der elektrochemischen Speicher. Die Standardmessdauer eines EES-Systems beträgt eine Stunde, ein Tag oder eine Woche. Die während des Prüfzeitraums benötigte Leistungsaufnahme des Hilfsteilsystems ist anzunehmen und bei der Auslegung zu berücksichtigen.

Der **Systemwirkungsgrad (%)** ist das Verhältnis der Gesamtausgangsenergie zur Gesamteingangsenergie eines Ladungs-/Entladungszyklus bei Eingangs- und Ausgangsbemessungsleistung. Im Rahmen der Bewertung des Systemwirkungsgrads sollte der Zyklus vom geringsten Energiestand bis hin zum höchsten verfügbaren Energiestand geladen und entladen werden. Der Systemwirkungsgrad hängt ab von:

- der Energiekapazität,
- der Bemessungswirkungsleistung am Eingang und Ausgang,
- der Leistungsaufnahme des Hilfsstromkreises und
- den festgelegten Standardprüfbedingungen (Umgebungsbedingungen).

Bei der Berechnung des Systemwirkungsgrads ist zwischen Systemen ohne Hilfsenergieanschluss und mit Hilfsenergieanschluss zu unterscheiden. Bei *EES-Systemen ohne externen Hilfsenergieanschluss* erfolgt die Stromversorgung des Hilfsteilsystems intern über das primäre Teilsystem. Bei *EES-Systemen mit externer Hilfsenergieversorgung* wirkt sich die am Anschlusspunkt während des Lade- und Entladezyklus benötigte elektrische Energie des Hilfsstromkreises indirekt auf die Leistungsbilanz aus. Die benötigte Energie am Hilfsstromkreis beim Laden ist zur Gesamteingangsenergie zu addieren und die beim Entladen von der Gesamtausgangsenergie abzuziehen.

Für EES-Systeme ohne externe Hilfsenergieversorgung gilt:

$$\eta_{\mathrm{rt}} = \frac{E_0}{E_\mathrm{I}}$$

Für EES-Systeme mit externer Hilfsenergieversorgung gilt:

$$\eta_{\mathrm{rt}} = \frac{E_0 - E_{\mathrm{aux\_0}}}{E_\mathrm{I} + E_{\mathrm{aux\_I}}}$$

mit

E_0 am primären POC gemessene Gesamtausgangsenergie unter Berücksichtigung der Energieverluste, einschließlich der Umrichterverluste und der für das Hilfsteilsystem benötigten Energie

E_I die am primären POC gemessene Gesamtenergie

$E_{\mathrm{aux\_0}}$ der am Hilfs-POC während des Abgabebetriebs gemessene Energieverbrauch des Hilfsteilsystems

$E_{\mathrm{aux\_I}}$ der am Hilfs-POC während des Aufnahmebetriebs gemessene Energieverbrauch des Hilfsteilsystems

Lebensdauer (Jahre, Betriebszyklen)

Die erwartete Lebensdauer definiert den Zeitpunkt, bei dem das EES-System aufgrund von Alterung oder der Anzahl der Lade- und Entladezyklen die Spezifikationen (Energiekapazität, Bemessungseingangs-/Bemessungsausgangsleistung etc.) nicht mehr erfüllt. Dies ist der Fall, wenn

- die Energiekapazität des EES-Systems bei der Bemessungsleistung unter den angegebenen Nennwert sinkt,
- sich die Lade- und Entladezeiten bei Eingangs- und Ausgangsbemessungsleistung erhöhen,
- sich das Ansprechverhalten des Systems verschlechtert.

Um die Systeme dennoch – vorausgesetzt sie können sicher betrieben werden – über die erwartete Lebensdauer weiterhin effizient zu betreiben, sollte die Energiekapazitätsminderung bereits in der Planungsphase berücksichtigt werden.

13 Stationäre Batterieanlagen (DC-Seite)

Bei stationären Speichern am Niederspannungsnetz sind die stationären Batterien ortsfest mit dem Umrichter zu einem System verbunden. Während des Ladebetriebs ist der Wechselrichter bzw. der Laderegler des Wechselrichters die speisende Stromquelle, während die Batterien die Last darstellen. Der DC-Kreis besteht aus der Batterie und der DC-Seite des Wechselrichters. Beim Ladevorgang werden die Batterien durch die vom Wechselrichter gleichspannungsseitig anliegende Gleichspannung mit dem Ladestrom geladen. Der Wechselrichter ist die speisende Stromquelle und die Batterien die Verbraucher. Beim Einspeisebetrieb werden die Batterien entladen. Somit dreht sich die Energieflussrichtung. Das System wird durch die Batterie gespeist, während der Wechselrichter DC-seitig die Last darstellt. Bei Planung eines bidirektionalen Speichers am Niederspannungsnetz sind beide Betriebszustände zu beachten.

Stationäre Batterieanlagen bis zu einer Nenngleichspannung von 1 500 V fallen in den Anwendungsbereich von DIN VDE 0510-485-2. In Batterieanlagen sind grundsätzlich Maßnahmen zum Schutz vor elektrischem Strom, austretenden Gasen und Elektrolyt zu treffen.

Die Schutzmaßnahmen gegen elektrischen Schlag von Personen basieren darauf, Körperdurchströmungen durch gefährliche Berührungsspannungen für Personen zu verhindern oder in der Höhe und Dauer auf ein ungefährliches Maß zu begrenzen.

Sekundärzellen (wiederaufladbare Zellen) bestehen aus einer Anordnung, bestehend aus Elektroden und Elektrolyt. Sie bilden in Reihe geschaltet eine Grundeinheit einer Sekundär-Batterie. Sekundär-Batterien gibt es in drei Ausführungen:

- Die **geschlossenen Zellen** bestehen aus einer Sekundärzelle mit Deckel, der mit einer Öffnung versehen ist. Durch die Öffnung können beim Laden gasförmige Produkte entweichen.
- Die **verschlossenen Zellen** sind unter normalen Bedingungen verschlossen. Sie sind so aufgebaut, dass ab einem vordefinierten inneren Druck Gas entweichen kann. Der Elektrolyt kann i. d. R. nachgefüllt werden.
- **Gasdichte Zellen** sind innerhalb der vom Hersteller festgelegten Grenzen so verschlossen, dass weder Gase noch Flüssigkeiten austreten können. Sie dürfen nicht nachfüllbar sein und müssen über ihre gesamte Lebensdauer im ursprünglichen gasdichten Zustand arbeiten.

13.1 Schutz gegen direktes Berühren

Maßnahmen zum Schutz gegen elektrischen Schlag beinhalten Schutzvorkehrungen an den Basisschutz und an den Fehlerschutz. Beide Schutzvorkehrungen sind zusammen in Kombination anzuwenden und müssen unabhängig voneinander sein. Der Basisschutz, auch Schutz bei direktem Berühren genannt, besteht aus einer Schutzvorkehrung gegen das Berühren aktiver Teile unter normalen Betriebsbedingungen. Der Fehlerschutz ist eine vom Basisschutz unabhängige Maßnahme, die einen Schutz gegen elektrischen Schlag unter den Bedingungen eines Einzelfehlers bei Versagen des Basisschutzes, sicherstellt.

Bei Batterieanlagen bestehen insbesondere Gefährdungen durch Gleichspannungen an den Batteriepolen und an den Anschlussstellen.

Diese aktiven Teile dürfen im fehlerfreien Betrieb für unbefugte Personen (darunter elektrotechnische Laien) nicht zugänglich sein. Hierfür sind folgende Schutzvorkehrungen zulässig:

- Schutz durch Isolierung aktiver Teile,
- Schutz durch Abdeckung oder Umhüllung,
- Schutz durch Hindernisse,
- Schutz durch Abstand.

Der Schutz durch Abdeckung und Umhüllung ist bei Abdeckung der aktiven Teile der Batteriepole ab einer Schutzart von mindestens IP2X oder IPXXB gegeben.

Der Schutz durch Hindernisse oder Abstand setzt eine Unterbringung in elektrischen Betriebsstätten voraus. Sie dürfen ausschließlich von elektrisch unterwiesenen Personen betreten werden. Deshalb sind diese Maßnahmen im privaten Anwendungsbereich nicht anwendbar.

Batterien mit Nenngleichspannungen zwischen den Polen > 60 V (DC) und bis 120 V (DC) und gegen Erde sind in elektrischen Betriebsstätten unterzubringen. Der Schutz durch Hindernisse oder Abstand ist dadurch gegeben, dass die Türen von Batterieräumen und Schränken entsprechend gekennzeichnet sind. Batterien mit Nenngleichspannungen zwischen den Polen > 120 V (DC) und gegen Erde sind zudem in abgeschlossenen elektrischen Betriebsstätten unterzubringen.

Tabelle 13.1 Mögliche Anzahl der in Reihe geschalteten Zellen unter Einhaltung der Spannungsgrenzen

	Nenn-spannung	Starklade-spannung	Anzahl der in Reihe geschalteten Zellen		
			< 60 V	> 60 V, < 120 V	> 120 V
Bleioxid-Blei-Zelle (Blei-Säure)	2,0 V	2,7 V	< 30 < 22	≥ 30 ≥ 22	≥ 60 ≥ 44
Nickeloxid-Cadmium-Zelle Nickeloxid-Metallhydrid-Zelle	1,2 V	1,6 V	< 50 < 37	≥ 50 ≥ 37	≥ 100 ≥ 74

Starkladung: beschleunigte Ladung bei höheren Strom- und Spannungswerten als den Normalwerten (für eine bestimmte Bauart) während einer kurzen Zeitdauer
Nennspannung: geeigneter annähernder Wert der Spannung zur Bezeichnung oder zum Identifizieren einer Zelle, einer Batterie oder eines elektrochemischen Systems

13.2 Schutz bei indirektem Berühren (Fehlerschutz)

In Batterieanlagen ist ein Schutz bei indirektem Berühren für den Fehlerschutz anzuwenden. Es sind gleichspannungsseitig folgende Schutzmaßnahmen zulässig:

- Schutz durch automatische Abschaltung,
- Schutz durch doppelte oder verstärkte Isolierung (Schutzklasse 2),
- Schutz durch elektrische Trennung,
- Schutz durch nichtleitende Räume (nur bei besonderen Anwendungen),
- Schutz durch erdfreien örtlichen Potentialausgleich (nur bei besonderen Anwendungen).

Die Schutzeinrichtungen sind entsprechend den Betriebsbedingungen sowie der Art des Stromversorgungssystems auszuwählen. Zulässige Schutzeinrichtungen sind:

- Sicherungen,
- Überstrom-Schutzeinrichtungen,
- Fehlerstrom- und Differenzialschutzeinrichtungen (RCDs), geeignet für Gleichstrom,
- Isolationsüberwachungseinrichtungen bei IT-Systemen,
- Fehlerspannungs-Schutzeinrichtungen.

13.3 Schutz durch automatische Abschaltung

Die Schutzmaßnahme **Schutz durch automatische Abschaltung der Stromversorgung** ist die gängigste in TN- und TT-Systemen angewendete Schutzmaßnahme zum Schutz gegen elektrischen Schlag. Diese Schutzmaßnahme besteht aus einer Basisschutzvorkehrung zum Schutz gegen direktes Berühren aktiver Teile und einer Fehlerschutzvorkehrung zum Schutz bei indirektem Berühren. Bei Körperschluss bewirkt der Fehlerstrom eine automatische Abschaltung der Überstrom-Schutzeinrichtung. Die Wirksamkeit der Schutzmaßnahme hängt von einer ausreichend niederohmigen Fehlerschleife ab. Dies setzt eine niederohmige Verbindung mit dem Schutzleiter voraus. Batteriegestelle und Batterieschränke sind am Schutzleiter anzuschließen.

Leiter mit Schutzfunktion und Schutzleiter dürfen nicht durch ein Schaltgerät getrennt werden können.

Bei Anwendung der Schutzmaßnahme sind die Batteriegestelle und Batterieschränke am Schutzleiter anzuschließen. Gleichzeitig berührbare Teile müssen sich außerhalb der Reichweite befinden. Schutzleiterverbindungen dürfen nicht getrennt werden.

Die Wirksamkeit der Schutzmaßnahme durch automatische Abschaltung im Fehlerfall ist im TN-System gleichstromseitig gegeben, wenn im Fehlerfall die geforderten Abschaltzeiten von 5 Sekunden für fest angeschlossene Betriebsmittel nicht überschritten werden.

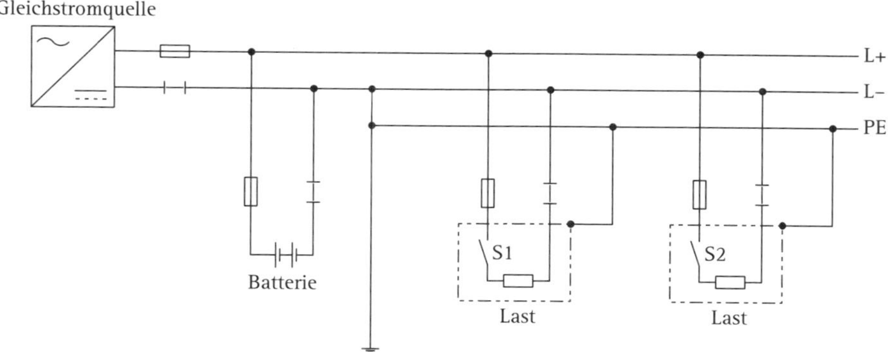

Bild 13.1 TN-S-System mit getrenntem Schutzleiter (PE) im gesamten System (nach DIN EN IEC 62485-2 (**VDE 0510-485-2**))

Im **TN-System** ist ein Batteriepol mit Erdpotential zu verbinden. Der Anschluss kann über den Schutzleiter, den PEN-Leiter oder über die Erdungsfunktion und den Schutzleiter (EPE) erfolgen. Ggf. kann sich aus Gründen der Potentialgleichheit die Notwendigkeit weiterer Erdungsanschlüsse ergeben. Im TN-C-System muss der Mindestquerschnitt des PEN-Leiters oder PE-Leiters 10 mm^2 Kupfer betragen. Die Anforderungen nach DIN VDE 0100-540 sind zu beachten.

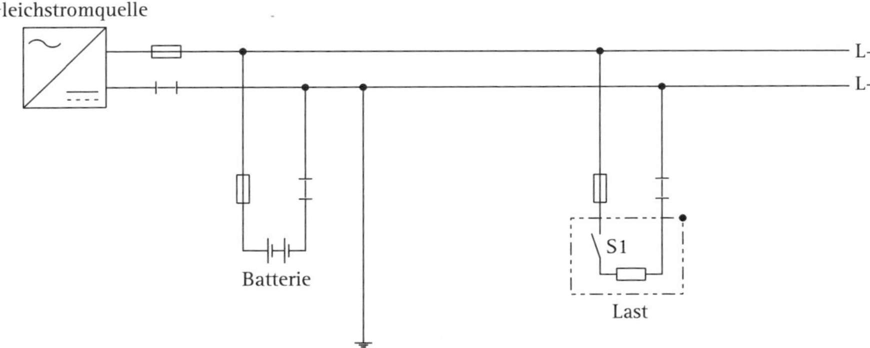

Bild 13.2 TN-C-System mit Funktionserdung kombiniert mit einem Außenleiter (nach DIN EN IEC 62485-2 (**VDE 0510-485-2**))

Im **TT-System** ist gleichspannungsseitig ein aktiver Leiter (L+ oder L–) mit Erde zu verbinden. Berührbare leitfähige Teile, die über dieselbe Schutzeinrichtung geschützt sind, sind zusammen durch den Schutzleiter zu einer gemeinsamen Erdungselektrode miteinander zu verbinden. Gleichzeitig berührbare leitfähige Teile sind an derselben Erdungselektrode anzuschließen.

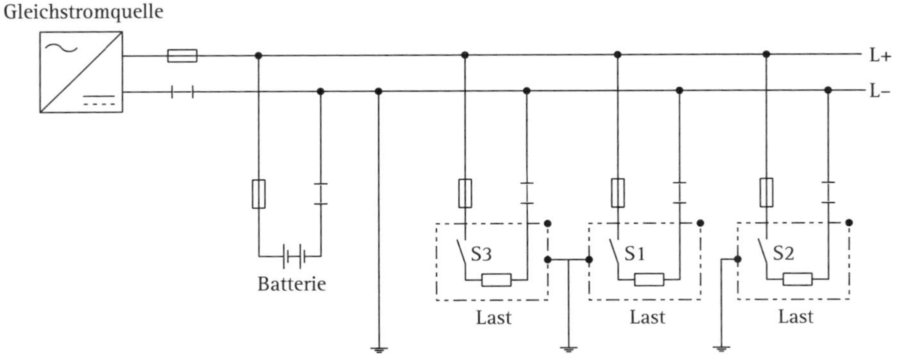

Gleichstromquelle
L+
L–
Batterie
S3
S1
S2
Last
Last
Last

Bild 13.3 TT-System nach DIN EN IEC 62485-2 (**VDE 0510-485-2**)

Im **IT-System** sind die aktiven Leiter L+ und L– gegenüber Erde isoliert. Die aktiven Leiter sind gegen Erde mit einer ausreichend hohen Impedanz zu isolieren. Die gegenüber Erde ausreichend hohe Impedanz kann auch über ein Isolationsüberwachungsgerät überwacht werden.

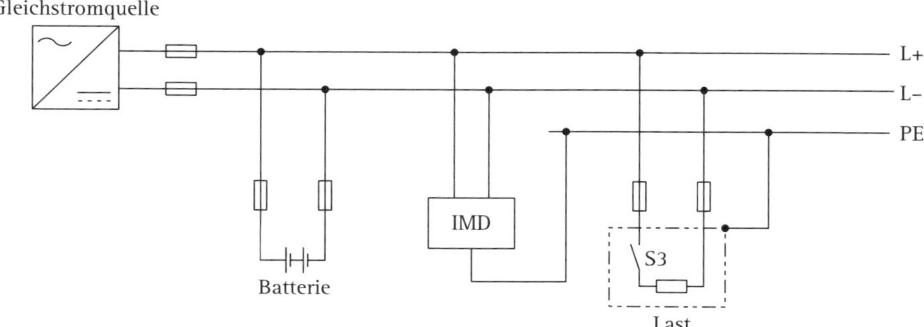

Bild 13.4 IT-System nach DIN EN IEC 62485-2 (**VDE 0510-485-2**)

Ist ein Isolationsüberwachungsgerät vorhanden, ist beim ersten Fehler von einem aktiven Teil zu einem berührbaren leitfähigen Teil oder zur Erde keine Abschaltung erforderlich. Das Isolationsüberwachungsgerät muss eine Meldung des Fehlers absetzen. Dies kann in Form eines hörbaren und/oder eines sichtbaren Signals erfolgen. Für den zweiten Fehler ist eine automatische Abschaltung durch eine Überstrom-, eine Fehlerstrom- oder eine Fehlerspannungs-Schutzeinrichtung erforderlich.

13.4 Schutz durch doppelte oder verstärkte Isolierung (Schutzklasse 2)

Bei Anwendung der Schutzmaßnahme Schutz durch doppelte oder verstärkte Isolierung sind die Anforderungen nach DIN VDE 0100-410 anzuwenden. Der Fehlerschutz besteht aus einer verstärkten Isolierung zwischen aktiven berührbaren Teilen. Gestelle sind isoliert aufzubauen. Kriech- und Luftstrecken müssen entsprechend DIN EN 60664-1 (**VDE 0101-1**) mit einer Hochspannungsprüfung mit einer Spannung von 4 000 V geprüft sein. Gleichzeitig berührbare Teile wie Kabelkanäle sind innerhalb der elektrischen Betriebsstätte außerhalb der Reichweite von 2,5 m nach DIN VDE 0100-410 anzuordnen.

13.5 Schutz durch elektrische Trennung

Für die Anwendung eines Schutzes durch elektrische Trennung siehe DIN VDE 0100-410. Als Stromversorgungsquelle muss eine getrennte Stromversorgung verwendet werden. Die Batterie ist eine gleichwertige Stromversorgung. Der Umrichter muss die Prüfanforderungen für die Schutzisolierung erfüllen.

Schutz durch Kleinspannung

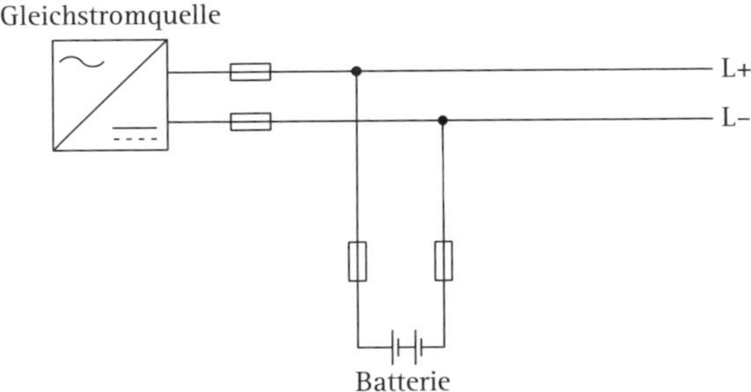

Bild 13.5 SELV nach DIN EN IEC 62485-2 (VDE 0510-485-2)

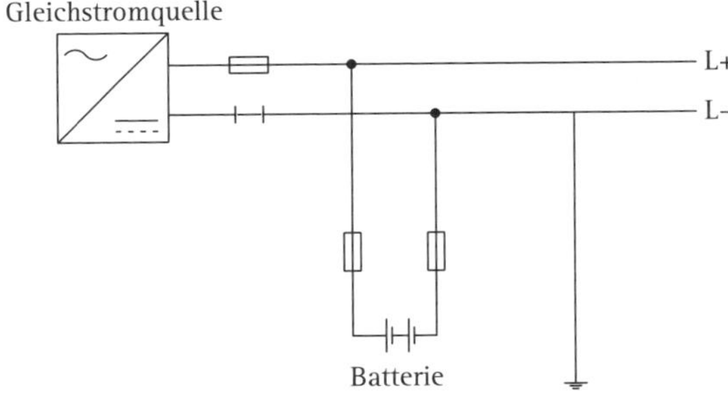

Bild 13.6 FELV nach DIN EN IEC 62485-2 (VDE 0510-485-2)

Die Stromquelle

In stationären Batterieanlagen ist der Umrichter die Schnittstelle zwischen der Batterieeinheit und der Anschlussnutzeranlage.

Batterien sind elektrochemische Stromquellen. Beim Entladevorgang ist die Batterie unabhängig von anderen Stromquellen. Der **Umrichter** muss gegenüber dem Niederspannungsnetz eine sichere Trennung aufweisen. Der Umrichter darf im DC-Kreis sowohl unter üblichen Bedingungen als auch unter Einzelfehlerbedingungen die höchstzulässige Spannung von 120 V DC (oberschwingungsfrei) nicht überschreiten.

Bei Nennspannungen bis einschließlich 60 V DC darf bei SELV- und PELV-Stromkreisen auf die Schutzvorkehrung gegen direktes Berühren verzichtet werden.

Bei Nennspannungen ab 60 V DC ist ein Schutz gegen direktes Berühren aktiver Teile mittels Abdeckung, Isolierung oder Schutz durch Hindernisse oder Abstand zulässig. Hierbei ist zu beachten:

- Abdeckungen und Gehäuse müssen mindestens der Schutzart IP2X oder IPXXB entsprechen oder
- Isolierungen müssen einer Prüfspannung von mindestens 500 V für eine Minute entsprechend IEC 60364-4-1 standhalten oder
- die Batterien sind bei Anwendung des Schutzes durch Hindernisse oder Abstand in separaten Batterieanlagen oder Batterieräumen untergebracht.

14 Anforderungen an den Aufstellort von Speichern

Elektrische Speichersysteme sind Teil der Erzeugungseinheiten. Hinsichtlich des Aufstellorts sind folgende Schutzziele zu beachten:

- Schutz vor äußeren Beeinträchtigungen durch Feuer, Wasser, Feuchtigkeit, Vibrationen und Erschütterungen, Ungeziefer und Nagetieren, Verschmutzungen und Ablagerungen,
- keine von der Batterie ausgehende Gefahren durch zu hohe Spannungen, Elektrolyte und Gase sowie Korrosion, keine kritischen Zustände wie die Bildung einer explosionsgefährlichen Atmosphäre und Zündquellen,
- der Schutz vor Zutritt von unbefugten Personen muss sichergestellt sein,
- der Schutz vor externen Umwelteinflüssen durch Sonneneinstrahlung, Temperaturen, Luftfeuchte etc. muss gegeben sein.

Die Anforderungen an die Unterbringung sowie die Festlegung weiterer Maßnahmen werden von den Herstellern vorgegeben. Für die Errichtung der Anlage sind die Anforderungen an die Errichtung aus den Normen sowie die gesetzlichen Vorgaben und privatrechtlichen Obliegenheiten zu beachten. Grundsätzlich sind Batterien geschützt in Räumen innerhalb von Gebäuden oder Behältern unterzubringen. Behälter, Schränke oder Batteriefächer von Geräten (sog. Kombischränke) für Speichersysteme können innerhalb und außerhalb von Gebäuden aufgestellt werden. Ebenso können Wechselrichter über Vorkehrungen zur Aufnahme von stationären Batterien verfügen. Diese sind ebenso als Behälter zu betrachten.

14.1 Auswahl und Installation elektrischer Betriebsmittel im Batterieraum

Grundsätzlich sind Kabel und Leitungen sowie Betriebsmittel so auszuwählen, dass sie für die jeweils zutreffenden Beanspruchungen geeignet sind. Gleichzeitig dürfen diese weder andere Anlagenteile beeinträchtigen noch darf es in Kombination zu Gefährdungen kommen.

In elektrischen Betriebsmitteln, wie Schaltern, Ventilatoren, Steckdosen und Leuchten, treten betriebsmäßig **Funken durch Schalt- oder Kommutierungsvorgänge** auf. Bei Ausgasen der Batterien kann es durch Zusammentreffen der explosionsfähigen Atmosphäre und der betriebsmäßigen Funken in den Betriebsmitteln zur Entzündung und schließlich zur Explosion kommen. Dieser Zustand ist durch geeignete Auswahl und Anordnung zu verhindern. Die Betriebsmittel, in denen betriebsmäßig Funken entstehen, sind mindestens 500 mm von den Zellöffnungen entfernt anzuordnen. Andernfalls ist nach DIN EN 50272-2 (**VDE 0510-485-2**) Anhang B der Sicherheitsabstand zu berechnen oder gemäß den Anforderungen nach DIN EN 60079-10 zu verfahren.

Die **Raumtemperatur** soll möglichst zwischen +5 °C und +35 °C liegen. Andernfalls sind geeignete Maßnahmen zur Einhaltung der Raumtemperatur erforderlich. Es sind Heizungen zu verwenden, die eine Oberflächentemperatur von 300 °C nicht überschreiten. Diese sind so anzuordnen, dass die Batterien nicht ungleich erwärmt werden. **Raumheizungen** mit offener Feuerung und Geräte mit glühenden Oberflächen sind unzulässig.

Leuchten sind gangmittig anzubringen. Sie müssen mindesten die Schutzart IP1X ausweisen. Die Beleuchtungsstärke sollte in Gangmitte auf Höhe von 0,5 m mindestens 300 lux betragen. Mögliche alterungsbedingte Faktoren sind zu berücksichtigen. Im Batterieraum dürfen ausschließlich **netzbetriebene Handleuchten** mit Schutzglas der Schutzart IP54 und der Schutzklasse 2 ohne Schalter verwendet werden.

14.2 Allgemeine Anforderungen zur Aufstellung von Batterien

Batterien werden je nach Anwendungsfall und Art der Gebäudenutzung innerhalb von Gebäuden oder außerhalb von Gebäuden installiert. Für die Aufstellung sind die jeweiligen Landesbauordnungen zu beachten. Hier sind die Anforderungen an zentrale Batterieanlagen für bauordnungsrechtlich vorgeschriebene sicherheitstechnische Anlagen und Einrichtungen gemäß EltBauRL-M-V (Richtlinie über den Bau von elektrischen Betriebsräumen für elektrische Anlagen) Abschnitt 7 zu beachten:

- Raumabschließende Bauteile, ausgenommen Außenwände, sind entsprechend der erforderlichen Feuerwiderstandsfähigkeit auszuführen.
- Leitungsdurchführungen und Öffnungen sind entsprechend den Brandschutzanforderungen des Raums zu verschließen.

- Die Feuerwiderstandsdauer der Türen muss der der raumabschließenden Bauteile entsprechen.

14.3 Fenster, Türen und Fluchtwege in Batterieräumen

- Batterien sind für Laien unzugänglich zu machen. Ist die Batterie nicht in einem abschließbaren oder nur mit Werkzeug zu öffnendem Schrank oder Behälter untergebracht, muss die Batterie in einem verschließbaren Raum untergebracht sein. In diesem Fall muss eine verschließbare selbstschließende Anti-Panik-Tür verwendet werden. Alternativ dazu kann diese von innen mit einem Notfallhebel leicht geöffnet werden.
- **Fenster von Batterieräumen** sind von außen z. B. mit einem engmaschigen Geflecht zu versehen oder mit Drahtglas verglaste Fenster gegenüber öffentlichen Flächen unzugänglich zu machen.
- **Wände** sollten möglichst glatt sein, um Staubablagerungen zu vermeiden.
- Die Türen müssen mit der Bezeichnung „Batterieraum" beschildert sein. Es sollten folgende Warnhinweise, Hilfsvorkehrungen im Notfall und Unterlagen im Raum vorhanden sein:
- Im Fall einer **Evakuierung** muss zu jeder Zeit ein unverstellter Fluchtweg von mindestens 600 mm Breite vorhanden sein. Mögliche Reduzierungen der Gangbreiten durch Werkzeug, Messgeräte o. Ä. im Rahmen von Wartungs- und Instandsetzungsarbeiten sind bei der Planung zu beachten.
- Bei Inspektionen, Instandhaltungen und Austausch von Zellen ist ein Fluchtweg von mindestens 600 mm freizuhalten. Hierfür müssen die Türen über eine ausreichende Breite verfügen, in Fluchtrichtung aufschlagen und mit einem Panikschloss ausgestattet sein, so dass diese von innen ohne Schlüssel geöffnet werden können.

14.4 Ausführung und Beschaffenheit von Batterieräumen

Besteht die Gefahr, dass Elektrolyte oder andere Chemikalien aus einer Batterie austreten können, muss entweder der Fußboden gegen Elektrolyte undurchlässig und chemisch resistent sein. Alternativ können die Batterien in einer Auffangwanne aufgestellt werden. Die Auffangwanne muss gegen austretende Flüssigkeiten resistent sein und über ein ausreichend hohes Auffangvolumen verfügen.

Dehnungsfugen an Böden, Wänden und Decken sind mit elektrolytbeständigen, dauerelastischen Stoffen nach DIN 18540 zu verschließen. Der Fußboden muss auf das Gewicht der Batterie bzw. des Schranks oder Behälters ausgelegt sein. Hierbei ist gegebenenfalls für zukünftige Erweiterungen ein Reservezuschlag zu berücksichtigen.

Ab einer Batteriegröße von 1 500 Ah ist mit auslaufenden Flüssigkeiten über die Türschwelle hinweg zu rechnen. Deshalb sind Maßnahmen vorzusehen, die im Schadensfall einen Übertritt des Elektrolyten auf andere Räume, z. B. mit Türschwellen, verhindern (AGI-Arbeitsblatt J31-1 5.3.2).

Beschaffenheit der Fußböden in Batterieräumen

Durch Ausgasen der Batterien können explosionsgefährliche Atmosphären innerhalb des Raums entstehen. Entsteht eine explosionsgefährliche Atmosphäre, sind Zündquellen durch elektrostatische Aufladungen und Bildung eines Funkens durch elektrostatische Aufladungen im Batterieraum zu vermeiden. Im Bereich, in dem sich Personen aufhalten, ist der Fußboden elektrostatisch ableitfähig auszuführen. Hierfür ist ein elektrostatisch ableitfähiger Bereich von 1,25 m um die Batterie herum vorzusehen. Der Ableitwiderstand R des Bodens in einem Radius von 1,25 m um die Batterien muss zu einem geerdeten Punkt nach IEC 61340-1 unterhalb 10 MΩ liegen. Im Widerspruch dazu darf dieser jedoch aus Gründen des Schutzes von Personen nicht zu gering sein:

- bei Batteriespannungen ≤ 500 V: 50 kΩ bis 10 MΩ,
- bei Batteriespannungen > 500 V: 100 kΩ bis 10 MΩ.

In der Praxis haben sich hierfür glatt abgezogene Betonböden oder Zementstriche mit einer ableitfähigen Beschichtung, Hochdruck-Asphaltplatten AGI A60 und keramische Fliesen und Platten gemäß DIN EN 121 und DIN EN 176 bewährt.

Zur Ableitung elektrostatischer Aufladungen werden elektrisch gut leitende Bänder oder Litzen in die Bettfugen des Plattenbelags oder in die Beschichtungsschicht eingelegt. Die Anzahl und Lage der Bänder und der Anschlüsse richtet sich nach der

- Ableitfähigkeit der zu verwendenden Werkstoffe,
- Bauwerksgeometrie und Flächengröße, sowie
- den Herstellerangaben.

Es sollten aus Sicherheitsgründen mindestens zwei Anschlüsse je Einzelfläche vorhanden sein. Die Ausführung der Arbeiten sollte entsprechend per Fotografie etc. während der Bauphase dokumentiert werden.

14.5 Zusätzliche Anforderungen an Schränke oder Behälter innerhalb oder außerhalb von Gebäuden

Batterieschränke, die mit Batterien, Wechselrichtern, Schaltgeräten, Klemmen und Schutzeinrichtungen zu einer Funktionseinheit komplettiert sind, fallen u. a. in den Anwendungsbereich der Niederspannungsrichtlinie 2014/35/EU und der EMV-Richtlinie 2014/30/EU. Diese finden auf Grundlage des Produktsicherheitsgesetzes (ProdSG) und des Gesetzes zu elektromagnetischer Verträglichkeit (EMVG) Anwendung. Wer einen Batterieschrank mit den entsprechenden Komponenten vervollständigt, ist somit nicht nur Errichter der Anlage, sondern Hersteller im Sinne der Niederspannungsrichtlinie 2014/35/EU. Demnach dürfen nach Art. 3 elektrische Betriebsmittel nur dann auf den Unionsmarkt bereitgestellt werden, wenn sie – entsprechend dem in der Union geltenden Stand der Sicherheitstechnik – so hergestellt sind, dass die in Anhang 1 gelisteten Schutzziele bei ordnungsgemäßer Installation, Wartung und bestimmungsgemäßer Verwendung hinsichtlich Gesundheit und Sicherheit von Menschen, Haus- und Nutztieren sowie von Sachgütern sichergestellt sind. Ebenso dürfen die Batterieschränke, Steuerschränke und Betriebsmittel aus Sicht der elektromagnetischen Verträglichkeit andere technische Einrichtungen weder stören noch dürfen diese selbst als Störsenke durch andere Störquellen in ihren Funktionen beeinträchtigt werden.

Bild 14.1 Heimspeichersystem SENEC Home V3 (*Quelle:* SENEC GmbH)

Bild 14.2 Heimspeichersystem SENEC Home V3 (*Quelle:* SENEC GmbH)

Nach Artikel 3 der Niederspannungsrichtlinie 2014/35/EU sind Betriebsmittel, die in den Anwendungsbereich fallen, gemäß den Sicherheitszielen nach Anhang 1 zu konstruieren. Diese sind vor allem der Schutz gegen elektrischen Schlag sowie der Schutz gegen thermische Auswirkungen. Der Hersteller hat die bestimmungsgemäße Verwendung festzulegen und eine vorhersehbare Fehlanwendung für die ordnungsgemäße Installation, Wartung und den Betrieb im Rahmen seiner Risikobeurteilung zu berücksichtigen.

Der Hersteller hat ein Konformitätsbewertungsverfahren nach 2014/35/EU durchzuführen, eine Konformitätserklärung sowie die erforderlichen Dokumente zu erstellen und eine CE-Kennzeichnung anzubringen. Hersteller ist auch, wer ein Betriebsmittel oder eine Niederspannungs-Schaltgerätekombination (Steuerschrank) unter eigenem Namen oder eigener Handelsmarke vermarktet oder, wie in diesem Fall, zu einer Niederspannungs-Schaltgerätekombination komplettiert. Damit ist der Elektroinstallateur des Steuerschranks auch Hersteller.

Niederspannungs-Schaltgerätekombinationen sind nach den im Amtsblatt der EU gelisteten harmonisierten Normen, insbesondere nach (DIN) EN 61439-1:2012-06 Niederspannungs-Schaltgerätekombinationen – Teil 1: Allgemeine Festlegungen zu konstruieren. Die Niederspannungs-Schaltgerätekombination wird zudem ausschließlich zum Schalten und zur Steuerung von Lasten verwendet, die nicht für Laien zugänglich sind. Somit handelt es sich bei den Steuerschränken um Energie-Schaltgerätekombinationen. Demnach sind zusätzlich die Anforderungen nach DIN EN 61439-2 zu beachten.

Da es sich bei den Batterieschränken nicht um Serienprodukte handelt, hat der Hersteller nach Absatz 11 einen Nachweis über die Stückprüfung für die Steuerschränke zu erstellen. Ein Stücknachweis für die eingebauten Schalt- und Steuergeräte sowie weitere Betriebsmittel sind unter der Voraussetzung, dass diese entsprechend den zutreffenden harmonisierten Normen in Verkehr gebracht wurden und vom Schaltschrankbauer entsprechend den zu erwartenden Beanspruchungen ausgewählt und verwendet werden, nicht notwendig. Der Stücknachweis ist demnach ausschließlich für die nach DIN EN 61439-1 Abs. 11.1 gelisteten Anforderungen für die gesamte Niederspannungs-Schaltgerätekombination nach den Absätzen 11.2 bis 11.8 über

- die Schutzart von Gehäusen,
- die Luft- und Kriechstrecken,
- den Schutz gegen elektrischen Schlag und Durchgängigkeit der Schutzleiter,
- den Einbau von Betriebsmitteln,
- innere elektrische Stromkreise und Verbindungen,

- die Anschlüsse für von außen eingeführte Leiter,
- die mechanischen Funktionen

und das Verhalten wie Isolationseigenschaften sowie Verdrahtung, Betriebsverhalten und Funktion zu erbringen und die Dokumentation zu übergeben. Darüber hinaus bestehen bei Batterieschränken erhöhte Gefährdungen durch austretende Elektrolyte und explosionsgefährliche Atmosphären bei Überladen.

Bei der Unterbringung einer Batterie in einem Schrank oder Behälter, welcher nicht vom Hersteller des Energiespeichersystems geliefert wird, müssen neben den Vorgaben vom Hersteller folgende Anforderungen erfüllt sein:

- Der Hersteller hat zu prüfen, ob zum Schutz vor der Bildung explosiver Gaskonzentrationen besondere Maßnahmen hinsichtlich der Beschaffenheit des Schranks und des Raums erforderlich sind.
- Es sind durch den Einbau von Zwischenwänden und konstruktive Maßnahmen Einteilungen zur Reduzierung des explosionsgefährlichen Volumens durchzuführen. Die damit verbundene Erwärmung innerhalb des Schranks ist zu berücksichtigen.
- Der Schrank oder der Behälter muss auf das Gewicht der Batterie ausgelegt sein, muss gegen Kippen gesichert sein und darf höchstens 2 200 mm hoch, 800 mm tief und 600 mm breit sein (AGI-Arbeitsblatt J31-1). Das Innere des Schranks oder Behälters muss widerstandsfähig gegen Elektrolyte und chemisch resistent sein, entsprechend der genutzten Batterietechnologie.
- Die Zellen/Blöcke sowie die Pole sind in einem ausreichenden Abstand zueinander und zum Gehäuse anzuordnen:
  - Abstand zwischen Blöcken: ≥ 5 mm,
  - Abstand Pol zu Gehäuseelementen: ≥ 40 mm,
  - Abstand zwischen Zellenoberkante und der darüber befindlichen Konstruktion: ≥ 40 mm
    und bei herausziehbaren Fächern: ≥ 20 mm,
  - Abstand Polkappe zur geschlossenen Tür: ≥ 30 mm.
- Bei geschlossenen Batterien sind die Abstände zudem so zu bemessen, dass der Elektrolytstand kontrolliert werden kann und ein einfacher Tausch der Zellen möglich ist. Alternativ kann dies durch herausziehbare Batteriefächer konstruktiv realisiert werden.
- Der Schrank oder Behälter müssen verschließbar sein und den direkten Zugang zu gefährlichen Teilen verhindern.

- Es sind Maßnahmen zum Schutz gegen gefährliche Körperströme und Vorkehrungen gegen Explosionsgefahr nach Herstellerangaben zu treffen.
- Der Schrank oder Behälter müssen so konstruiert sein, dass der Zugang für Wartungsarbeiten unter Verwendung der normalen Werkzeuge leicht möglich ist.
- Batterien müssen in sauberer und trockener Umgebung aufgestellt werden, um die Bildung von Kriechstrecken in Folge Verschmutzung oder Korrosion zu verhindern. Der Mindestisolationswiderstand zwischen dem Batteriestromkreis und anderen lokalen leitfähigen Teilen muss größer als 100 Ω/V (Nennspannung der Batterie) sein.
- Vor Durchführung jeglicher Prüfungen muss nachgewiesen werden, dass keine gefährliche Spannung zwischen der Batterie und dem zugehörigen Gestell oder dem Gehäuse anliegt. Die Batterie muss vom äußeren Stromkreis getrennt werden, bevor eine Prüfung des Widerstands Isolierung zu Erde durchgeführt wird.

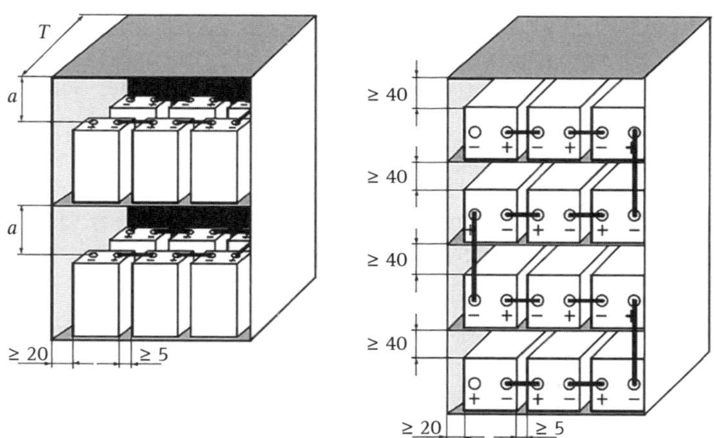

Bild 14.3 Einbau von verschlossenen Batterien in Schränken
(*Quelle:* AGI-Arbeitsblatt J31-1)

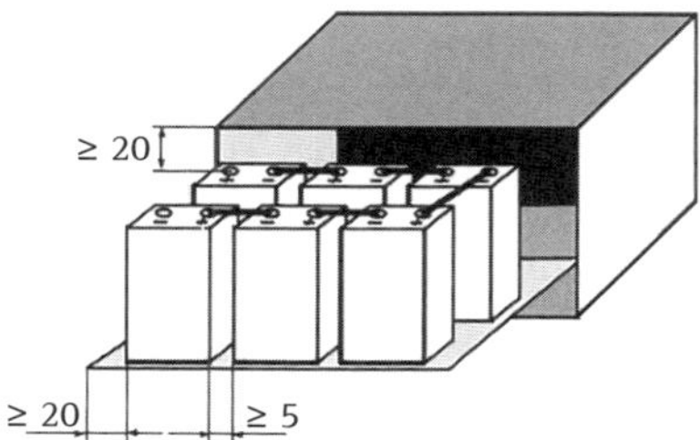

Bild 14.4 Einbau von verschlossenen Batterien in Fächern
(*Quelle:* AGI-Arbeitsblatt J31-1)

14.5.1 Kennzeichnungen und Ausstattungen von Räumen oder Schränken bzw. Behältern mit Batterien

Batterieräume mit Batteriespannung ab 60 V sind mit einem Warnschild „Warnung vor gefährlicher elektrischer Spannung“ zu kennzeichnen. Die Kennzeichnung ist Teil der Schutzmaßnahmen Schutz durch Hindernisse und Abstand. Batterieräume mit Batteriespannungen über 120 V (DC) sind als abgeschlossene elektrische Betriebsstätten auszuführen

Zutrittsberechtigte Personen sind vor den von Batterien ausgehenden Gefahren zu warnen. Es ist vor ätzenden Flüssigkeiten und explosiven Gasen zu warnen. Bei verschlossenen und gasdichten Batterien sind Schutzbrille und Schutzhandschuhe zu tragen.

Auf Türen von Batterieräumen sind die erforderlichen Kennzeichnungen nach DGUV Vorschrift 8 anzubringen. Die Kennzeichnung ist Teil der Schutzmaßnahme Schutz durch Hindernisse oder Abstand.

Warnschild „Warnung vor gefährlicher elektrischer Spannung“ (DIN 4844-2 D-W 008) bei DC-Spannungen > 60 V

Warnschild „Warnung vor Gefahren durch Batterien“ (DIN 4844-2 D-W 020) zum Hinweis auf ätzende Elektrolyte, explosive Gase, gefährliche Spannungen und Ströme

Explosions- und Brandgefahr, Kurzschlüsse vermeiden.
Elektrostatische Auf- bzw. Entladungen/Funken sind zu vermeiden.

Elektrolyt ist stark ätzend!
Optionale Zusatzinformation bei VRLA-Batterien:
Im normalen Betrieb ist die Berührung mit dem Elektrolyten ausgeschlossen.
Bei Zerstörung der Gehäuse ist der freiwerdende gebundene Elektrolyt genauso ätzend wie flüssiger Elektrolyt.

Verbotsschild „Feuer, offenes Licht und Rauchen verboten“ (DIN 4844-2 D-P 002)

Gebotsschild „Schutzbrille und Schutzkleidung tragen“ (DIN 4844-2 D-M 001)

Gebotsschild „Schutzhandschuhe tragen“ (DIN 4844 D-M006)

Hinweisschild: Gebrauchsanweisung beachten und sichtbar in der Nähe der Batterie anbringen. Arbeiten an Batterien nur nach Unterweisung durch Fachpersonal

Grünes Hinweisschild: Säurespritzer im Auge oder auf der Haut mit viel klarem Wasser aus bzw. abspülen. Danach unverzüglich einen Arzt aufsuchen!
Mit Säure verunreinigte Kleidung mit viel Wasser auswaschen.

Säurespritzer im Auge oder auf der Haut mit viel klarem Wasser aus- bzw. abspülen. Danach unverzüglich einen Arzt aufsuchen! Mit Säure verunreinigte Kleidung mit viel Wasser auswaschen.

Optionale Zusatzinformation bei Blockbatterien:
Kinder von Batterien fernhalten

14.5.2 Kennzeichnungen von Speichern

Einsatzkräfte müssen im Brandfall auf einem Blick Gefährdungen erkennen können. Wie beim obligatorischen Hinweisschild, welches über das Vorhandensein einer PV-Anlage am Gebäude informiert, sind an Gebäuden mit Speichern Hinweisschilder an den Zugangspunkten für Rettungskräfte und/oder in den Elektroverteilungen anzubringen. Dieses Hinweisschild kann in Kombination oder ohne Erzeugungsanlage angebracht werden. In jedem Fall sind die Maßnahmen im Brandschutzkonzept zu berücksichtigen.

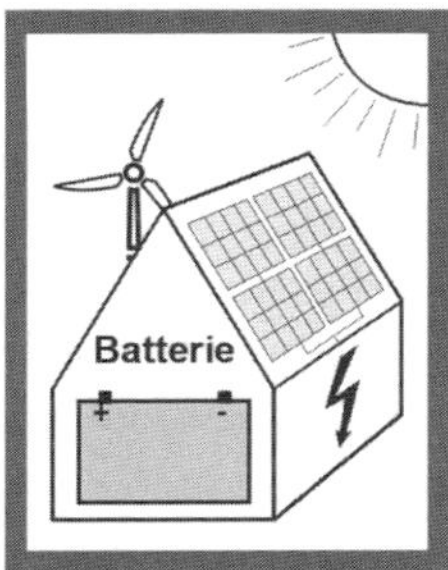

Bild 14.5 Kennzeichnung einer Erzeugungsanlage mit Speicher am Haus nach VDE-AR-E 2510-2

14.6 Arbeitsschutz in Batterieräumen

Bei Arbeiten im Batterieraum und an Batterien können Elektrolyte austreten. Diese können starke Verätzungen von Haut und Augen verursachen. Im Batterieraum ist deshalb in greifbarer Nähe der Batterien ein Wasseranschluss oder ein Wasservorrat vorzusehen, um sich von Elektrolyten zu reinigen. Neben den Unfallverhütungsvorschriften sind die Herstellervorgaben der Batterien zu beachten. Die Informationen sind aus den Batteriedatenblättern zu entnehmen. Vor Beginn der Arbeiten hat sich das Wartungs- und Instandhaltungspersonal z. B. im Rahmen einer LMRA (last minute risk analyse) mit den Gegebenheiten vertraut zu machen.

Es ist bei Arbeiten im Batterieraum und an den Batterien in greifbarer Nähe eine Handaugendusche (Augenspritzer) vorzuhalten. Zudem ist in der Nähe ein Wasseranschluss oder ein ausreichender Wasservorrat vorzusehen. Gelangt Elektrolyt in die Augen, sind diese mindestens 15 min zu spülen. Es ist in jedem Fall umgehend ein Arzt hinzuzuziehen.

Gelangt bei Arbeiten Elektrolyt auf die Haut, sind die betroffenen Stellen sofort mit Wasser oder neutralisierenden, wässrigen Lösungen auszuwaschen. Bei anhaltender Hautreizung ist ein Arzt hinzuzuziehen.

Der Batterieraum ist hinsichtlich des Arbeitsschutzes mit geeigneten Vorkehrungen auszustatten und das Personal durch Informationen in die Lage zu versetzen, diese sicher anzuwenden.

- Es ist eine Hinweistafel „Erste-Hilfe im Notfall“ mit eingetragenen Kontaktdaten von Ersthelfer, Ort und dem nächsten gelegenen Krankenhaus anzubringen.
- Es ist ein(e) Augenspritzer/Augendusche im Raum vorzuhalten, den das Personal in greifbarer Nähe zum Arbeitsort mitführen kann.

- Es ist ein Wasseranschluss oder ein ausreichender Wasservorrat in der Nähe vorzusehen.
- Es ist eine Hinweistafel zum Umgang mit Augenduschen/Augenspritzern anzubringen.
- Die zusammen mit den Batterien ausgelieferten Gebrauchsanleitungen bzw. Batteriedatenblätter sind im Raum vorzuhalten und müssen dem Personal zugänglich sein. Es müssen folgende Angaben enthalten sein:
  a) Name des Herstellers oder Lieferanten,
  b) Typbezeichnung des Herstellers oder des Lieferanten,
  c) Nennspannung der Batterie,
  d) Nennkapazität oder Bemessungskapazität der Batterie mit Angabe der Entladezeit,
  e) Name des Errichters,
  f) Datum der Inbetriebnahme,
  g) Hinweise auf Sicherheitsempfehlungen, Bedienung und Wartung,
  h) Informationen zur Entsorgung und Wiederaufarbeitung.

Werkzeuge und Kleidung

Bei Arbeiten in Batterieräumen können durch elektrostatische Ausgleichsvorgänge zwischen aufgeladener Kleidung bei Berührung leitender Teile Funken entstehen. Liegt die Wasserstoff-Sauerstoff-Konzentration innerhalb der unteren und oberen Explosionsgrenze, können diese Funken das Gemisch zünden. Es kommt zur Explosion.

Bei Arbeiten kann der erforderliche Sicherheitsabstand zu den Batterien nicht eingehalten werden. Der Armbereich beträgt 1,25 m. Der einzuhaltende Abstand ist anzugeben.

- Beim Arbeiten in Batterieräumen ist darauf zu achten, dass keine Kleidungsstücke getragen werden, die sich elektrostatisch aufladen.
- Es sollte elektrostatisch ableitfähiges Schuhwerk getragen werden.
- Für Reinigungszwecke dürfen ausschließlich mit Wasser befeuchtete Reinigungstücher verwendet werden. Reinigungsmittel können zu elektrostatischer Aufladung führen und sind demnach unzulässig.
- Das verwendete Werkzeug und die Hilfsmittel müssen gegen Korrosion widerstandsfähig sein oder dagegen geschützt werden.
- Werkzeuge für Wartungen, wie Trichter, Hydrometer, Thermometer, die mit Elektrolyten in Berührung kommen, sind eindeutig den Blei- oder NiCd-Batterien zuzuordnen und dürfen nicht anderweitig verwendet werden.

15 Lüftung von Batterieräumen

Bei Ladung und Erhaltungsladung tritt Wasserstoff und Sauerstoff aus den Batterien aus. Es entsteht ein explosionsfähiges Luft-Gas-Gemisch (Knallgas). Trifft das explosionsfähige Luft-Gas-Gemisch auf eine Zündquelle, kommt es zur Explosion. Mögliche Zündquellen sind:

- Funken durch Werkzeug,
- Funken ausgehend von elektrischen Betriebsmitteln durch Kommutierungsvorgänge bei Motoren, Schaltvorgängen an Relais o. Ä.,
- Zündung durch heiße Oberflächen.

Die Ausbreitung eines explosiven Gases hängt von der Freisetzungsrate des Gases und von den Belüftungsmerkmalen in der Nähe der Quelle der Gasfreisetzung ab. Die Entstehung solcher explosionsfähigen Atmosphären ist als primäre Maßnahme durch den Sicherheitsabstand d zu verhindern. Dieser kann sichergestellt werden durch

- eine ausreichende Belüftung oder/und
- durch Trennwände zwischen den Batterien.

Batterieräume müssen deshalb ausreichend belüftet sein. Gegen Ende der Ladung und bei Überladung erzeugt eine Batterie durch die elektrolytische Zersetzung von Wasser ein Wasserstoff-Sauerstoff-Gasgemisch. Die Überladung von Batterien ist deshalb durch einen Überladeschutz zu verhindern.

Wasserstoff ist ca. 14-mal leichter als Luft. Der Zündbereich von Wasserstoff ist bei einer Konzentration zwischen 4 %vol und 77 %vol relativ hoch. Ab einer Wasserstoffkonzentration von 4 %vol kann somit das Luft-Gas-Gemisch gezündet werden.

Tabelle 15.1 Dichteverhältnisse

Gas	Dichte
Wasserstoff	0,089 9 kg/m³ (0 °C)
Luft	1,204 1 kg/m³ (20 °C)

Damit sich kein Wasserstoff unter der Decke im Raum oder im oberen Abschnitt eines Schranks oder Behälters ansammelt, sind die Abluftöffnungen an guten geeigneten Stellen anzuordnen. Da Wasserstoff leichter als Luft ist und sich demnach im oberen Bereich ansammelt, sollten die Zuluftöffnungen im unteren Bereich angeordnet werden.

Als primäre Explosionsschutzmaßnahme sind Wasserstoffkonzentrationen von 4 %vol sowie die Ansammlung im Raum oder im Schrank bzw. Behälter durch natürliche oder technische Belüftung (Zwangsbelüftung) zu vermeiden.

15.1 Luftdurchflussmenge

Durch einen ausreichend hohen Luftstrom ist die Wasserstoffkonzentration unter der Explosionsgrenze (UEG) von 4 %vol zu halten. Die hierfür erforderliche Luftdurchflussmenge der Belüftung ist mit folgender Gleichung zu berechnen:

$$Q = v \cdot q \cdot s \cdot n \cdot I_{\text{Gas}} \cdot C_{\text{rt}} \cdot 10^{-3} \left[\frac{\text{m}^3}{\text{h}}\right]$$

Q Luftstrom der Belüftung in [m³/h]

v erforderliche Verdünnung von Wasserstoff: $v = \frac{100\,\% - 4\,\%}{4\,\%} = 24$

q $0{,}42 \cdot 10^{-3}$ m³/Ah erzeugter Wasserstoff bei 0 °C; für Berechnungen bei 25 °C muss der Wert q für 0 °C mit dem Faktor 1,095 multipliziert werden

s ein allgemeiner Sicherheitsfaktor ($s = 5$)

n Anzahl der Zellen

I_{Gas} der Strom, der die Gasentwicklung verursacht, bezogen auf die Bemessungskapazität [mA/Ah]

$$I_{\text{Gas}} \left[\frac{\text{mA}}{\text{Ah}}\right] = I_{\text{float/boost}} \cdot f_{\text{g}} \cdot f_{\text{s}}$$

I_{float} Erhaltungsladestrom im vollgeladenen Zustand mit einer festgelegten Erhaltungsladespannung bei 20 °C

I_{boost} Starkladestrom im vollgeladenen Zustand mit einer festgelegten Erhaltungsladespannung bei 20 °C

f_{g} Gasemissionsfaktor: der Anteil des Stroms, der im vollgeladenen Zustand die Wasserstoffbildung verursacht

f_{s} Sicherheitsfaktor: Berücksichtigung von fehlerhaften Zellen in einem Batteriestrang und von gealterten Batterien

Damit der Raum ausreichend über die Zuluft durchströmt wird, ist die Zuluftöffnung gegenüber der Abluftöffnung im unteren Bereich anzuordnen. Befinden sich Zuluft- und Abluftöffnungen an derselben Wand, ist zur Sicherstellung eines ausreichenden Luftwechsels ein Trennabstand von mindestens 2 m einzuhalten. Der Abluftkanal muss in einer ausreichenden Höhe ins Freie (Fortluft) führen. Die Luftströmung darf nicht durch Gegenstände wie Klimaanlagen oder Schornsteine etc. beeinträchtigt werden.

Bei natürlicher Belüftung wird eine Luftgeschwindigkeit von 0,1 m/s angenommen. Die Fläche von Zuluft- und Abluftöffnung muss mindestens die folgende freie Fläche aufweisen:

$$A\,[\mathrm{cm}^2] \geq 28 \cdot Q \left[\frac{\mathrm{m}^3}{\mathrm{h}}\right]$$

A freier Öffnungsquerschnitt der Zuluft- und Abluftöffnung [cm^2]
Q Volumenstrom der Frischluft [m^3/h]

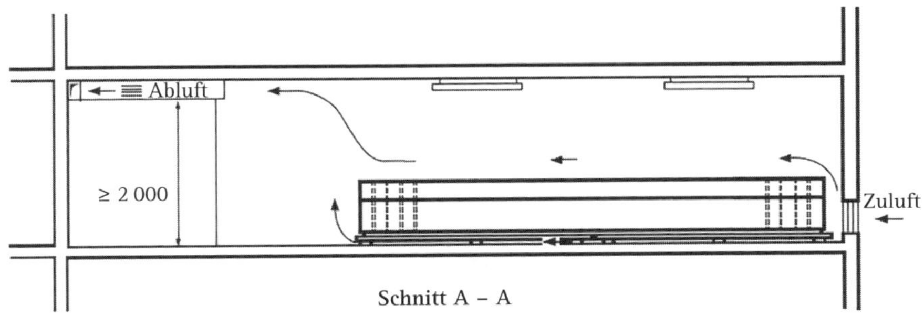

Batterieraum – Beispiel (Maße in mm)

Bild 15.1 Batterieraum mit natürlicher Belüftung
(*Quelle:* AGI-Arbeitsblatt J31-1)

Kann durch eine natürliche Belüftung kein angemessener Luftstrom erreicht werden, ist eine Zwangsbelüftung erforderlich. Eine **Zwangsbelüftung** sowie die damit verbundenen Steuerungen sind damit Teil der Sicherheitsfunktion zum primären Explosionsschutz (Vermeidung einer explosionsgefährlichen Atmosphäre). Die Funktionen sind zu überwachen.

- Das Ladegerät ist mit dem Belüftungssystem funktionell zu koppeln. Ein Ausfall des Belüftungssystems muss eine Abschaltung des Ladegeräts bewirken oder
- es ist ein Alarm in Form eines akustischen Signals abzusetzen.

- Der Lüfter und der Motor des Abluftkanals sind so auszuwählen und anzuordnen, dass keine Funken und heißen Oberflächen im Luftstrom sind.

Eine natürliche Belüftung in Batterieräumen ist aus Gründen der geringeren Fehleranfälligkeit deshalb vorzuziehen.

Unter Umständen kann bei Fehlfunktionen des Ladegeräts, bei Überladung unter Fehlerbedingungen mehr Gas freigesetzt werden. Dieser Umstand ist bei der Auslegung der Belüftung zu berücksichtigen.

15.2 Berechnung des erforderlichen Sicherheitsabstands

In der unmittelbaren Nähe der Quelle der Freisetzung einer Zelle oder Batterie ist die Verdünnung explosiver Gase nicht immer sichergestellt. Deshalb muss ein Sicherheitsabstand *d* eingehalten werden, der sich durch die Luft erstreckt und innerhalb dessen Flammen, Funken, Lichtbögen oder glühende Geräte (mit einer höchst zulässigen Oberflächentemperatur von 300 °C) untersagt sind. Die Ausbreitung eines explosiven Gases hängt von der Freisetzungsrate des Gases sowie von den Belüftungsmerkmalen in der Nähe der Quelle der Gasfreisetzung ab.

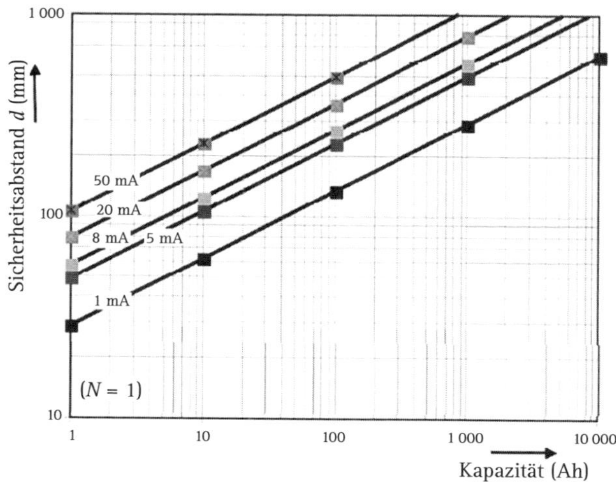

Bild 15.2 Sicherheitsabstand *d* in Abhängigkeit der Bemessungskapazität für verschiedene Ladeströme nach DIN EN IEC 62485-2 (VDE 0510-485-2)

Der Sicherheitsabstand wird unter der Annahme einer halbkugelförmigen Ausbreitung um die Freisetzungsquelle berechnet.

$$d = 28{,}8 \cdot \sqrt[3]{I_{\mathrm{Gas}}} \cdot \sqrt[3]{C_{\mathrm{N}}}$$

I_{Gas} Strom in mA/Ah, der die Ladegase erzeugt
C_{N} Nennkapazität in Ah
d erforderlicher Sicherheitsabstand in mm

Tabelle 15.2 Parameter für verschiedene Batterietypen

Parameter	Bleibatterien, geschlossene Zellen Sb < 3 % [a]	Bleibatterien, VRLA-Zellen	NiCd-Batterien, geschlossene Zellen [b]
Gasfreisetzungsfaktor f_g	1	0,2	1
Sicherheitsfaktor der Gasfreisetzung f_s (inkl. 10 % fehlerhafte Zellen und Alterung)	5	5	5
Erhaltungsladespannung $U_{\mathrm{Erhaltung}}$ [c] V/Zelle	2,23	2,27	1,40
typischer Erhaltungsladestrom $I_{\mathrm{Erhaltung}}$ mA/Ah	1	1	1
Strom (Erhaltung) I_{Gas} mA/Ah (unter Erhaltungsladebedingungen, für die Berechnung des Luftstroms relevant)	5	1	5
Starkladespannung $U_{\mathrm{Erhaltung}}$ [c] V/Zelle	2,40	2,40	1,55
typischer Starkladestrom $I_{\mathrm{Erhaltung}}$ mA/Ah	4	8	10
Strom (Starkladung) I_{Gas} mA/Ah (unter Starkladebedingungen, für die Berechnung des Luftstroms relevant)	20	8	50

[a] Ist der Antimongehalt (Sb) höher als 3 %, muss der in den Berechnungen verwendete Stromwert verdoppelt werden.
[b] Bei NiCd- und NiMH-Zellen vom Typ Rekombination ist der Hersteller zu kontaktieren.
[c] Erhaltungs- und Starkladespannung können in Abhängigkeit der spezifischen Dichte des Elektrolyts in Bleibatterien variieren.

16 Risikobeurteilung und funktionale Sicherheit

Grundsätzlich dürfen vom Speicher und den elektrischen Anlagen keine Risiken ausgehen, die zu Gefährdungen für Menschen, Tieren und Sachgütern führen können. Hier muss der Hersteller eine Risikobeurteilung zum Speicher/EES-System unter Berücksichtigung der unterschiedlichen Gefährdungen durchführen. Gleiches ist im Rahmen der Planung der Integration von Speichern, die vor Ort als Teil der elektrischen Anlage integriert werden sollen, empfohlen. Hier kann der Errichter ebenfalls zum Hersteller werden.

16.1 Risikobeurteilung

Die Risikobeurteilung beinhaltet folgende Punkte:

- Spezifikationen und Festlegung der Grenzen,
- Risikoanalyse,
- Risikobewertung,
- Risikominderung.

16.1.1 Spezifikationen und Festlegung der Grenzen

Im ersten Schritt sind Spezifikationen und die Grenzen der Anlage festzulegen. Hierfür sind die Benutzerspezifikationen, die Spezifikationen des Speichers (Schaltungsunterlagen, Konstruktionszeichnungen, Zellen, erforderliche Hilfsenergiequellen, Installationsort etc.) zusammenzufassen. In Bezug auf Vorschriften, Normen und weitere anzuwendende Dokumente sind die anzuwendenden Vorschriften, die relevanten Normen, die relevanten technischen Spezifikationen sowie die relevanten Sicherheitsdatenblätter erforderlich.

Grundsätzlich beziehen sich die Verwendungsgrenzen auf die bestimmungsgemäße Verwendung und eine vernünftigerweise vorhersehbare Fehlanwendung. Es sind u. a. für den Betrieb erforderliche Eingriffsmöglichkeiten durch die Benutzer, die möglichen Gefährdungssituationen beim Bedienen, Warten und Instandhalten, zu berücksichtigen. Bei der Festlegung des Benutzerkreises ist der Zugang zum Speicher, den elektrischen Betriebsmittel, aktiver Teile etc. unter dem vorauszusetzenden Wissensstand zu berücksichtigen. Die zentrale Fragestellung ist, ob sich die Personen bzw. der Personenkreis der spezifischen Gefährdungen bewusst ist. Beim Benutzerkreis ist zu unterscheiden zwischen:

- Bedienpersonal,
- Instandhaltungspersonal,
- Verwendung durch Laien,
- Elektrofachkräften.

Im **Laienbereich**, wie es beispielsweise bei Heimspeichersystemen der Fall ist, verfügt der Anwenderkreis nur über sehr geringe Kenntnisse hinsichtlich der auf den Speicher bezogenen Gefährdungen. Hier ist davon auszugehen, dass sich zudem Kinder im Bereich des Heimspeichers aufhalten. Bei Speichern in **Arbeitsstätten** wie in Gewerbebetrieben und kommunalen Arbeitgebern hat der Arbeitgeber im Rahmen einer Gefährdungsbeurteilung die Handhabung und den Zugang entsprechend festzulegen und im Rahmen der Unterweisung die Mitarbeiter entsprechend den Gefährdungen und Verhaltensregeln zu unterrichten. Selbstverständlich sind besondere Personengruppen, z. B. der Zugang in Behindertenwerkstätten, zu betrachten. Betriebseigenem und externem **Instandhaltungspersonal** sind aufgrund der Ausbildung und der beruflichen Tätigkeit die spezifischen Gefährdungen sehr genau bewusst.

Die **räumlichen Grenzen** sind unter Berücksichtigung des Bewegungsraums, des Platzbedarfs von Personen im Batterieraum oder am Schrank oder Container, der Schnittstelle zum Netzanschlusspunkt sowie der für die Bedienung erforderlichen Tätigkeiten festzulegen.

16.1.2 Risikoanalyse und -bewertung

Bei der **Risikoanalyse** sind die Gefährdungen aus den festgelegten Grenzen des Speichers/EES-Systems für alle Lebensphasen (Produktion, Lagerung, Transport, Installation, Betrieb, Instandhaltung, Demontage, Recycling) in allen EES-Systemebenen zu identifizieren.

Nach der Risikoanalyse sind die vom Speicher ausgehenden Risiken zu bewerten. Bei der **Risikobewertung** ist die Schwere und Wahrscheinlichkeit eines Risikos unter dem vorgegebenen Schutzziel zu beurteilen. Ergibt die Risikobewertung, dass das Risiko über dem tolerierbaren Restrisiko liegt, ist das Schutzziel nicht erreicht. In diesem Fall ist das Risiko durch geeignete Maßnahmen zu mindern.

16.2 Verfahren zur Risikominderung

Ein Risiko setzt sich aus der Kombination von Schadenausmaß der betrachteten Gefährdung und Eintrittswahrscheinlichkeit des Schadeneintritts zusammen. Bei der Risikominderung ist das 3-Stufen-Verfahren anzuwenden. Die Integration der Sicherheit und die Maßnahmen zur Risikoreduzierung beruhen auf einem dreistufigen Verfahren zur Reduzierung des Restrisikos, ausgehend von den elektrischen Betriebsmitteln, auf ein vertretbares Restrisiko:

- Schritt 1: Inhärente sichere Konstruktion
- Schritt 2: Technische Schutzmaßnahmen
- Schritt 3: Benutzerinformationen

Welche Maßnahmen zum Erreichen der Sicherheitsziele entsprechend der dreistufigen Vorgehensweise zur Risikoreduzierung durchgeführt werden können, beinhalten die zutreffenden harmonisierten Normen und Vorschriften.

Bei mechanischen Schutzvorkehrungen ist eine Bewertung, ob die Schutzziele erreicht werden, relativ einfach. Verfügt eine Schutzabdeckung über eine ausreichende mechanische Festigkeit und ist fest vor der mechanischen Gefahrenstelle angebracht, ist die Risikominderung ausreichend.

16.3 Funktionale Sicherheit

Sicherheitsfunktionen von **Batteriemanagementsystemen** werden durch eine Hardware oder eine Kombination aus Hard- und Software realisiert. In beiden Fällen übernimmt das Batteriemanagementsystem Sicherheitsfunktionen zur Risikoreduzierung zur Beherrschung kritischer Zustände. Die Risiken werden durch elektrische, elektronische oder elektronisch programmierbare Schaltungen, den sog. Sicherheitsfunktionen, erkannt. Hier ist eine Aussage, ob die Schutzvorkehrung das Risiko hinreichend mindert, aufgrund der Komplexität schwerer. Eine **Sicherheitsfunktion** zeichnet sich dadurch aus, dass ein kritischer Zustand im EES-System/-Speicher automatisch erkannt wird und durch eine Abschaltung oder Regelung bestimmter Stell- und Regelgrößen dieser beseitigt wird. Eine Sicherheitsfunktion besteht aus

- Sensor,
- Logik und
- Aktorik.

Die Zuverlässigkeit der Sicherheitsfunktion bestehend aus Sensor, Logik und Aktor muss den Anforderungen der funktionalen Sicherheit genügen. Das Quantifizierungsmaß der erforderlichen Risikoreduzierung durch eine Sicherheitsfunktion ist der **Sicherheitsintegritätslevel (SIL)**. Anders ausgedrückt stellt der SIL eine Einstufung der mittleren Wahrscheinlichkeit oder der mittleren Häufigkeit eines gefahrbringenden Ausfalls der Sicherheitsfunktion dar.

Die mittlere Wahrscheinlichkeit eines gefahrbringenden Ausfalls bei Anforderung der Sicherheitsfunktion (PFD_{avg} – probability failure on demand) und die mittlere Häufigkeit eines gefahrbringenden Ausfalls der Sicherheitsfunktion (PFH_{avg} – probability failure per hour) unterscheiden sich in der Einheit. Welche der beiden Einheiten verwendet wird, hängt von dem Anspruch der SIF ab:

- Erfolgt die Anforderung der SIF einmal pro Jahr oder seltener, ist die mittlere Wahrscheinlichkeit eines gefahrbringenden Ausfalls bei Anforderung der Sicherheitsfunktion (PFD_{avg}) heranzuziehen.
- Erfolgt die Anforderung der SIF mindestens einmal pro Jahr oder öfter, ist die mittlere Häufigkeit eines gefahrbringenden Ausfalls bei Anforderung der Sicherheitsfunktion (PFH_{avg}) heranzuziehen. Hier ist der PL (Performance Level) als Maß für die Risikoreduzierung festgelegt.

Tabelle 16.1 Gegenüberstellung PFD und PFH

SIL	PFD_{avg}	PFH [h^{-1}]
4	$\geq 10^{-5}$ bis $< 10^{-4}$	$\geq 10^{-9}$ bis $< 10^{-8}$
3	$\geq 10^{-4}$ bis $< 10^{-3}$	$\geq 10^{-8}$ bis $< 10^{-7}$
2	$\geq 10^{-3}$ bis $< 10^{-2}$	$\geq 10^{-7}$ bis $< 10^{-6}$
1	$\geq 10^{-2}$ bis $< 10^{-1}$	$\geq 10^{-6}$ bis $< 10^{-5}$
		$\geq 10^{-4}$ bis $< 10^{-4}$

Tabelle 16.2 Gegenüberstellung PFD und SIL

PL	PFH [h^{-1}]	SIL
e	$\geq 10^{-8}$ bis $< 10^{-7}$	3
d	$\geq 10^{-7}$ bis $< 10^{-6}$	2
c	$\geq 10^{-6}$ bis $< 3 \cdot 10^{-6}$	1
b	$\geq 3 \cdot 10^{-6}$ bis $< 10^{-5}$	1
a	$\geq 10^{-5}$ bis $< 10^{-4}$	keine Entsprechung

Die Zuverlässigkeit der zur Risikominderung implementierten Maßnahmen ist entsprechend dem Anwendungsbereich der folgenden Normen umzusetzen:

Tabelle 16.3 Normen für bestimmte Anwendungen der funktionalen Sicherheit

Norm	Geräte	SIS	E/E/PE	Pneumatik Hydraulik	Bemerkung
EN 61508	×	×*	×		**Herstellernorm:** Erfüllung einer Sicherheitsfunktion unter Einhaltung der Herstelleranlagen
EN 61511*		×	×		**Planung, Errichtung und Nutzung**
ISO 26262-2					
ISO 13849-1/-2		×	×	×	Anwendung bei Maschinen, wenn die Sicherheitsfunktion nicht ausschließlich durch E/E/PE-Komponenten realisiert wird.
EN 62061 (VDE 0113-50)		×	×		

* die Produktnormen sind zu beachten

Sicherheitsfunktionen sind so zu gestalten, dass systematische Fehler und stochastische Fehler auf ein tolerierbares Maß reduziert werden.

Systematische Ausfälle sind Ausfälle der Sicherheitsfunktion, die auf Planungs-, Projektierungs- und Programmierungsfehler zurückzuführen sind. Ursächlich für solche Ausfälle ist i. d. R. eine mangelhafte oder eine nachträglich durchgeführte Risikobetrachtung im Rahmen des Produktentwicklungsprozesses. Zwischen Herstellern, Planern und Betreibern können zudem nicht durchdachte Sicherheitsbetrachtungen im Vorfeld zu systematisch bedingten Ausfällen aufgrund falscher Auslegung und/oder Aufstellung der Betriebsmittel führen.

Der Ausfall einzelner Komponenten darf zu keinen kritischen Zuständen oder Ausfällen der Sicherheitsfunktionen führen. Im Kontext der funktionalen Sicherheit wird dies durch die **HFT (Hardware Fehler Toleranz)** beschrieben.

17 Anschluss von Speichern am Niederspannungsnetz

Stationäre Energiespeichersysteme sind so auszuwählen, zu errichten und zu prüfen, dass sie den Anforderungen der relevanten Teile der Normenreihe DIN VDE 0100 entsprechen. Speicher sind wie Photovoltaikanlagen als Erzeugungsanlagen einzustufen. Sie gelten damit als „Anlagen besonderer Art" und sind damit als Anlage der DIN VDE 0100-700-Gruppe zu betrachten.

Für den Netzanschluss und Betrieb mit dem öffentlichen Netz sind die folgenden Anforderungen der Netzbetreiber zu beachten:

- Technische Anschlussbedingungen (TAB),
- VDE-AR-N 4100,
- VDE-AR-N 4105,
- FNN-Hinweis „Anschluss und Betrieb von Speichern am Niederspannungsnetz".

17.1 Anforderungen an den Anschluss am Niederspannungsnetz

Der Verteilnetzbetreiber hat den Netzanschluss leistungsgerecht auszulegen. Bei der Auslegung und Bereitstellung der Anschlussleistungen hat der Verteilnetzbetreiber neben der gleichzeitig benötigten Leistung, die Art der Nutzung und die möglichen Netzrückwirkungen zu beurteilen. Bei Erweiterung, Neuerrichtung und Änderungen elektrischer Anlagen um einen Speicher sind die Anforderungen nach VDE-AR-N 4100 und VDE-AR-N 4105 zu beachten.

Speicher mit einer Bemessungsleitung ≥ 3,6 kVA sind beim Netzbetreiber anzumelden. Übersteigt die Summen-Bemessungsleistung je Kundenanlage 12 kVA, ist zusätzlich eine Zustimmung des Netzbetreibers erforderlich. Hierfür ist das Datenblatt für „Speicher" B2 nach VDE-AR-N 4100 vom Anschlussnehmer oder seinem Beauftragten auszufüllen.

Speicher am Niederspannungsnetz sind im Lademodus als Verbrauchsmittel und im Modus „Energielieferung" als Erzeugungsanlage zu betrachten. Der Parallelbetrieb mit dem öffentlichen Niederspannungsnetz ist zum Zweck der Synchronisation auf eine maximale Dauer von ≤ 100 ms begrenzt (vgl. VDE-AR-N 4100 Abs. 10.5).

Speichersysteme dürfen nicht aus dem öffentlichen Netz geladen werden. Falls eine Speicherladung aus dem Niederspannungsnetz erfolgt, muss technisch sichergestellt werden, dass der Speicher nicht ins Niederspannungsnetz einspeist. Die Ladung zur Speichererhaltung ist davon ausgenommen.

Die eingespeiste und vergütete gespeicherte Energie muss getrennt nach Primärenergieträger gemessen werden. Eine Vermischung von gespeicherter elektrischer Energie im Speicher darf aus abrechnungstechnischen Gründen nicht mit der erzeugten Energie der Erzeugungsanlage vermischt werden. Ebenso ist eine galvanische Kopplung zwischen unterschiedlichen Anschlussnutzeranlagen grundsätzlich ausgeschlossen.

Der Nachweis über die Einhaltung der Anforderungen an die *Mess- und Betriebskonzepte* ist vom Anschlussnutzer zu erbringen. Der Nachweis kann in Form einer Hersteller- und Errichterbescheinigung erfolgen. Das Datenblatt nach VDE-AR-N 4100 B.2 ist hierfür vom Anschlussnehmer dem Netzbetreiber zur Verfügung zu stellen. Das Lastmanagement erfolgt gemäß den Vorgaben des Netzbetreibers.

Im Betriebsmodus „Energielieferung" ist der Speicher als Erzeugungsanlage am Niederspannungsnetz zu betrachten. Während des Ladevorgangs des Speichers oberhalb 5 % der Nennleistung am Anschlusspunkt ist ein Verschiebungsfaktor $\cos\varphi = 0{,}95_{\text{induktiv}}$ bis 1 erforderlich.

Eine *Wirkleistungssteuerung* ist am Netzanschlusspunkt durch eine feste Einstellung der Systemkomponenten auf einen Wirkleistungswert oder durch eine messwertbasierte Steuerung der Komponenten (Sensor) zu realisieren. Fehlende Sensorwerte müssen zu einem festen Einstellwert der Systemkomponenten führen.

Die Vorgaben für die Steuerung nach VDE-AR-N 4105 5.7.4.2 sind zu beachten (Netzsicherheitsmanagement). Es sind die Anforderungen nach VDE-AR-N 4105 5.7.4.3 bei Über- und Unterfrequenz einzuhalten. Dies erfolgt durch regelbare Verbrauchslasten mit Speicher und elektronische Regelung in Bezugsrichtungen. Im Frequenzbereich 49,8 Hz bis 48,8 Hz ist die maximale Wirkleistungs-Einspeisung permanent auf der Frequenzkennlinie nach VDE-AR-N 4105, Bild 13 zu halten.

Im Betriebsmodus „Energielieferung" gelten die Anforderungen an den Netzanschluss nach VDE-AR-N 4105 Abschnitt 5. Der NA-Schutz ist nach VDE-AR-N 4105 Abschnitt 6 auszuführen.

17.2 Energieflussrichtungssensor (EnFluRi-Sensor)

Der Energieflussrichtungssensor ist eine technische Einrichtung zur Ermittlung der Energieflussrichtung mit kommunikativer Kopplung zum Speicher. Der Energieflussrichtungssensor überwacht den Strom und die Stromrichtung nach dem Zähler (Zweirichtungszähler). Er erhöht durch Zuschalten und Abschalten des Speichers bei Energieüberschuss durch die Erzeugungsanlage oder Strombedarf den Eigenverbrauch der Kundenanlage. Seit Anwendungsbeginn der VDE-AR-N 4100 April 2019 sind Energieflussrichtungssensoren bei Speichern verbindlich gefordert. Der Energieflussrichtungssensor kann sowohl im Speicher integriert sein, als separate Einheit im Stromversorgungspfad installiert sein oder in einem Gerät mit mehreren Funktionen, wie NA-Schutz, $P_{\mathrm{AV,E}}$-Überwachung oder Unsymmetrieschutz, integriert sein. Der Einbau ist entsprechend den Herstellervorgaben sowie den vom Netzbetreiber vorgegebenen Anschlussschemata nach VDE-AR-N 4105 Anhang B: B.11 anzuschließen.

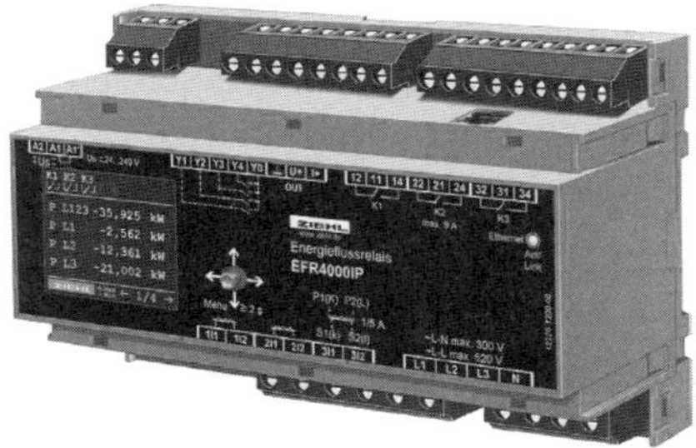

Bild 17.1 Energieflussrichtungssensor Ziehl Typ EFR3000
(*Quelle:* ZIEHL industrie-elektronik GmbH + Co KG)

Der Nachweis der Erfüllung der technischen Anforderungen nach VDE-AR-N 4100 10.5.10 (Speicher) erfolgt über

- die Herstellererklärung des EnFluRi-Sensors und
- den Funktionsnachweis des Herstellers.
- Die Anwendung des PV-Speicherpasses wird empfohlen.
- Der Funktionstest ist durch den Errichter im Inbetriebsetzungsprotokoll für Erzeugungsanlage und Speicher nach VDE-AR-N 4105 E.8 zu bestätigen.

17.3 Symmetrieanforderungen und Spannungsqualität

Ungleichmäßige Scheinleistungen zwischen Außenleitern bzw. Außenleiter und Neutralleiter beeinträchtigen die Netzstabilität. Durch übermäßige Belastung eines Außenleiters im Drehstromsystem kann es zur Abschaltung der Überstrom-Schutzeinrichtung des Außenleiters kommen. Die Außenleiterströme der übrigen Außenleiter addieren sich im Neutralleiter geometrisch. Speicher sind ab einer Bemessungsleistung von 4,6 kVA nach VDE-AR-N 4100 dreiphasig am Niederspannungsnetz anzuschließen. Einphasige Ladeeinrichtungen mit einer Bemessungsleistung von je höchstens 4,6 kVA sind auf maximal drei je Außenleiter, somit auf 13,8 kVA begrenzt. Sind Schieflasten über 4,6 kVA nicht zu vermeiden, sind Symmetrieeinrichtungen an der Übergabestelle zu installieren. Diese müssen dann auf Basis des 1-Minuten-Leitungswerts innerhalb von 100 ms Schieflasten auf den Grenzwert von 4,6 kVA begrenzen. Bei Speichern mit einer Bemessungsleistung über 4,6 kV ist grundsätzlich an der Übergabestelle eine Symmetrieeinrichtung erforderlich.

Die Symmetrieanforderungen an Speicher sind über eine kommunikative Kopplung zwischen Erzeugungsanlage und Speicher sowie einer Begrenzung der Erzeugungsanlage und des Speichers oder durch eine Symmetrieeinrichtung am Netzanschlusspunkt zu realisieren.

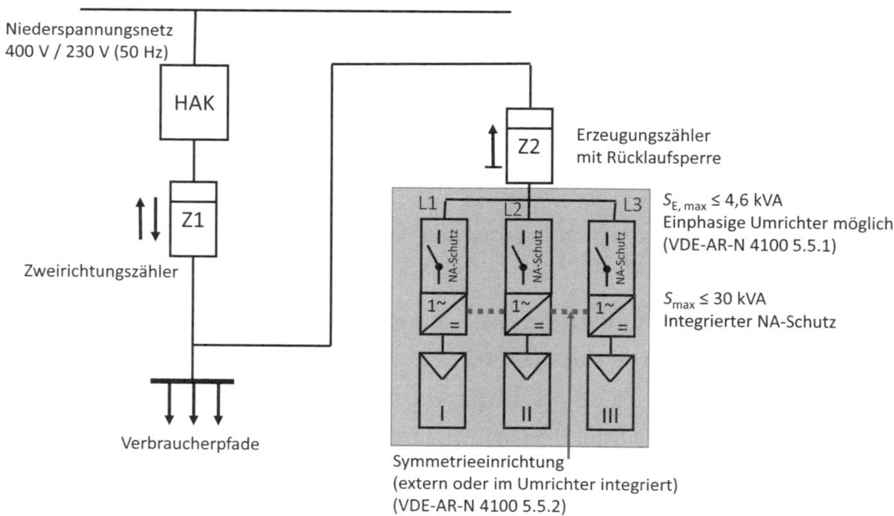

Bild 17.2 Erzeugungsanlage mit Symmetrieeinrichtung der einphasigen Umrichter und integriertem NA-Schutz nach VDE-AR-N 4105 B.3

Beachte: Anschlussschema nach VDE-AR-N 4105:

- B.3 Erzeugungsanlage mit Symmetrieeinrichtung der einphasigen Umrichter und integriertem NA-Schutz,
- B.9 PV-Anlage $S_{E\ max}$ = 6 kVA mit Speicher $P_{E\ max}$ = 3 kW und Symmetrieeinrichtung.

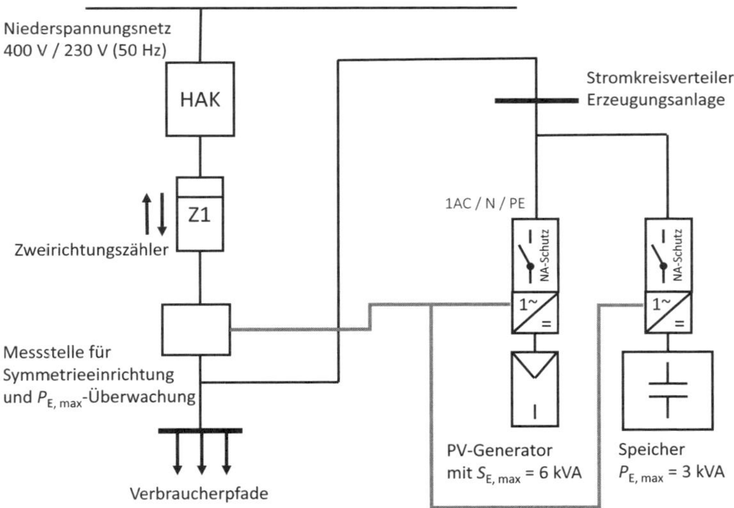

Bild 17.3 PV-Anlage $S_{E\ max}$ = 6 kVA mit Speicher $P_{E\ max}$ = 3 kW und Symmetrieeinrichtung nach VDE-AR-N 4100 B.9

17.4 Umschaltung auf Inselbetrieb

Die Netzumschaltung kann automatisch, ferngesteuert oder manuell erfolgen. Ein Netzschalter besteht aus einem oder mehreren Schaltgeräten, die für das Trennen von Lastkreisen von einem Versorgungsnetz vorgesehen sind. Der Netzschalter trennt die Anschlussnutzeranlage mit Speicher vom öffentlichen Stromversorgungsnetz. Er ist unmittelbar nach der Messeinrichtung angeordnet. Vorgelagerte Netzschalter müssen den Anforderungen nach DIN EN 60947-6-1 (VDE 0660-114) entsprechen und in einem schutzisolierten Gehäuse untergebracht sein. Es gelten zudem folgende Anforderungen:

- DIN VDE 0100-551 Errichten von Niederspannungsanlagen – Teil 5-55: Auswahl und Errichtung elektrischer Betriebsmittel – Andere Betriebsmittel – Abschnitt 551: Niederspannungsstromerzeugungseinrichtungen
- VDE-AR-N 4105 Erzeugungsanlagen am Niederspannungsnetz – Technische Mindestanforderungen für Anschluss und Parallelbetrieb von Erzeugungsanlagen am Niederspannungsnetz

17.5 Betriebsarten von Speichern

Beim Schalten von Verbrauchern mit hoher Leistungsaufnahme können aufgrund Lastwechsel temporäre Spannungs- und Frequenzabweichungen entstehen. Spannungseinbrüche entstehen bei erhöhtem Blindleistungsbedarf, während Frequenzeinbrüche einen erhöhten Wirkleistungsbedarf bedeuten. Im Netzparallelbetrieb fängt als Wirk- und Blindleistungsquelle und Verbraucher das Verteilnetz Überschüsse und Mängel in der Leitungsbilanz von Erzeugungsanlagen und Verbrauchern ab. Im Inselbetrieb ist dies nicht der Fall. Das inselnetzbildende System ist dann stabil, wenn zwischen Erzeugungsanlage und Verbrauchern eine ausgeglichene Leistungsbilanz besteht. Der Strom, den der Umrichter in die Anlage im Inselbetrieb einspeist, muss im selben Moment verbraucht oder gespeichert werden. Deshalb ist das Leistungsvermögen entsprechend den Betriebseigenschaften so zu dimensionieren, dass nach dem Einschalten oder Abschalten jeder vorgesehenen Last die Spannung und Frequenz innerhalb des vorgesehenen Toleranzbands bleibt. Hierfür sind Anlagenteile bei Bedarf automatisch abzuschalten.

- Ist die Leistung des Wechselrichters zu gering bemessen, kann ein Zuschalten von Verbrauchern mit hohen Leistungen zur Überlastung der Erzeugungsanlage führen. Hierzu sind ggf. die Verbraucher mit Leistungsreduzierungen, sofern diese im Inselbetrieb betrieben werden, vorzusehen.
- Eine Kopplung mehrer inkompatibler Erzeugungsanlagen (EZA) ist zu vermeiden. Die Kompatibilität ist anhand der Herstellerangaben zu prüfen.
- Durch eine leichte Überfrequenz im Inselsystem von 50,2 Hz erfolgt keine automatische Zuschaltung der PV-Anlage bei Leistungsüberschuss.
- Ein plötzlicher Leistungsabwurf durch Ausschalten von Verbrauchern mit hohen Leistungen bewirkt einen kurzzeitigen Anstieg der Spannung an den Klemmen der Erzeugungsanlage, wodurch Verbraucher beschädigt werden können.

18 Schutz gegen elektrischen Schlag und Überstrom im Inselbetrieb

18.1 Schutzvorkehrungen

Die Schutzmaßnahmen zum Schutz gegen elektrischen Schlag sind im Netzparallelbetrieb und im Inselbetrieb sicherzustellen. Zulässige Schutzvorkehrungen zur Sicherstellung der Schutzmaßnahme Schutz durch automatische Abschaltung im Fehlerfall im TN-System sind:

- Überstrom-Schutzeinrichtungen oder
- Fehlerstrom-Schutzeinrichtungen.

Grundsätzlich müssen fest angeschlossene Betriebsmittel gemäß DIN VDE 0100-410 nicht mit Fehlerstrom-Schutzeinrichtungen (RCD) als zusätzliche Schutzvorkehrung gemäß DIN VDE 0100-415 geschützt werden. Speicher am Niederspannungsnetz, die in eine Anschlussnutzeranlage einspeisen und inselnetzfähig sind, sind als solche zu betrachten. Demnach handelt es sich bei Fehlerstrom-Schutzeinrichtungen ausschließlich um Vorkehrungen, die die Schutzmaßnahme: Schutz durch automatische Abschaltung im Fehlerfall sicherstellen. Damit sind ausschließlich die Abschaltzeiten zu betrachten.

Der vom Inselnetz bereitgestellte Kurzschlussstrom dient zur Auslösung der Schutzeinrichtungen. Im Inselbetrieb ist der Speicher das speisende System. D. h., der Speicher hat den für die automatische Abschaltung im Fehlerfall erforderlichen Kurzschlussstrom zu liefern. Im Inselbetrieb hängt der vom Umrichter zur Verfügung gestellte Kurzschlussstrom an den Anschlussklemmen vom Wechselrichter und dem Ladezustand der Batterien ab. Im Fehlerfall müssen die Batterien über eine ausreichend hohe Ladung verfügen, damit der Umrichter den für die automatische Abschaltung erforderlichen Abschaltstrom liefern kann. Hierfür ist ein Tiefentladeschutz vorzusehen, der im Fall einer Tiefentladung der Batterien den Umrichter abschaltet.

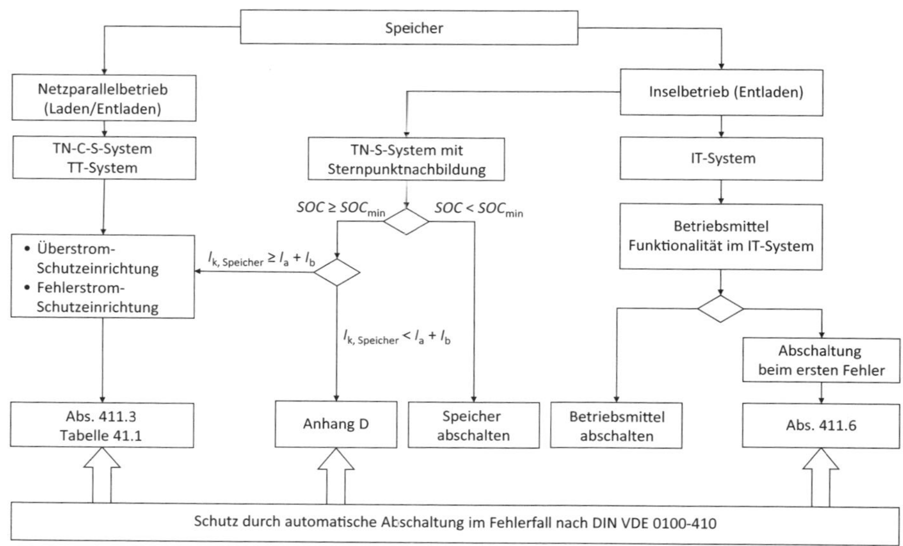

Bild 18.1 Entscheidungshilfe: Schutzmaßnahmen im Netzparallel- und Inselbetrieb (*Zeichnung:* M. Fengel)

18.2 Anforderungen an die Auswahl und Selektivität

Bei der Auswahl und Anordnung von Fehlerstrom-Schutzeinrichtungen sind folgende Aspekte zu beachten:

- Wirksamkeit aufgrund der Betriebsbeanspruchungen,
- Herstellervorgaben,
- Selektivität der Schutzeinrichtungen,
- Wirksamkeit der Schutzeinrichtungen im Netzparallel- und Inselbetrieb.

Im Allgemeinen sind Fehlerstrom-Schutzeinrichtungen (RCDs) vom Typ A ausreichend. Übersteigt der DC-Anteil der Schutzleiterströme 6 mA, reichen RCDs vom Typ A nicht mehr aus und es sind Fehlerstrom-Schutzeinrichtungen (RCDs) vom Typ B oder B+ in Übereinstimmung mit VDE 0664-400/-404 zu verwenden. Gleiches gilt, wenn der Speicherhersteller die Verwendung von allstromsensitiven RCDs (Typ B) in der Betriebsanleitung vorschreibt. Allerdings dürfen einer allstromsensitiven Fehlerstrom-Schutzeinrichtung (RCD Typ B) keine Fehlerstrom-

Schutzeinichtungen des Typs A vorgeschaltet sein, da diese sonst durch den Gleichstromanteil unwirksam wird. (vgl. DIN VDE 0100-530 Bild A.2).

Die Selektivität bei Fehlerströmen ist unter folgenden Bedingungen gegeben:

- Der vorgeschaltete RCD ist selektiv (Typ S) oder verfügt über eine Zeitverzögerung mit entsprechender Einstellung und
- das Verhältnis der Nennfehlerströme zwischen vorgeschalteten RCD zum nachgeschalteten RCD beträgt mindestens 3 : 1.

18.3 Netzparallelbetrieb

Der Speicher ist bei Netzparallelbetrieb seitens des Fehlerschutzes als Verbrauchsmittel zu betrachten. Bei einem Fehler im Speicher schaltet die Fehlerstrom-Schutzeinrichtung (RCD) den Speicher ab. Im Netzparallelbetrieb wird die Fehlerstelle und der Kurzschlussstrom vom Niederspannungsnetz über das Hauptstromversorgungssystem gespeist.

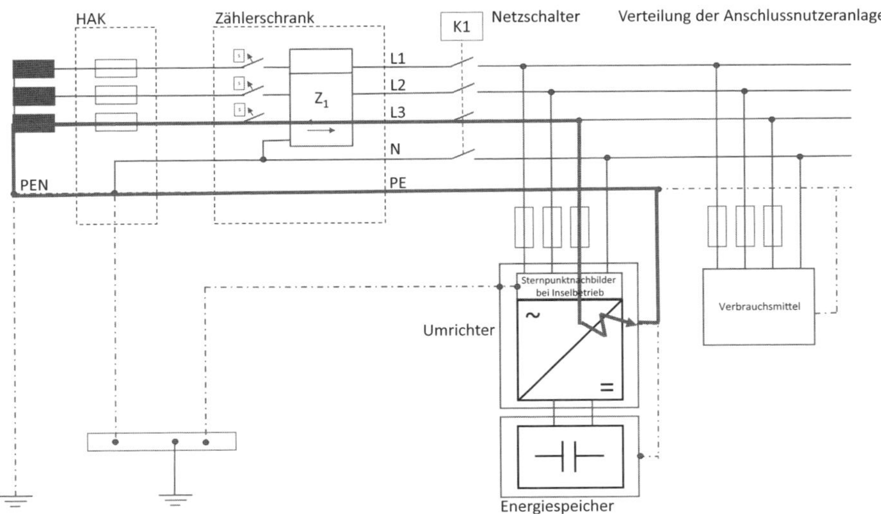

Bild 18.2 Fehlerschleifenimpedanz eines Speichers bei Netzparallelbetrieb (*Zeichnung:* M. Fengel)

18.4 Koordinierung der Schutzeinrichtungen

Im Netzparallelbetrieb ist die Kurzschlussstrombetrachtung entsprechend DIN VDE 0100-410 und DIN VDE 0100-520 zu betrachten. Der Fehlerschutz (Schutz durch automatische Abschaltung im Fehlerfall) ist wie bei Verbrauchern zu betrachten.

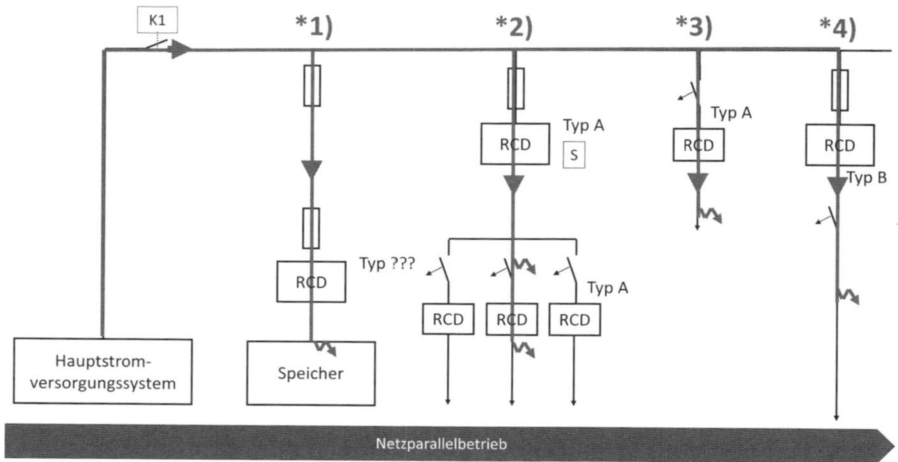

Bild 18.3 Speicher bei Netzparallelbetrieb mit mehreren Fehlerstrom-Schutzeinrichtungen (*Zeichnung:* M. Fengel)

Die Pfade (Speicher, Verbraucherpfade *2, *3, *4) liegen zum Einspeisepunkt des Hauptstromversorgungssystems parallel. Von Verbrauchern und vom Speicher mögliche Gleichfehlerströme beeinträchtigen die Wirksamkeit der Fehlerstrom-Schutzeinrichtungen der übrigen Pfade nicht.

Tabelle 18.1 Betrachtung der Schutzeinrichtungen im Inselbetrieb

<table>
<tr><th colspan="2">Anschlussnutzeranlage</th><th colspan="2">Netzparallelbetrieb</th></tr>
<tr><td>0</td><td>Hauptstromversorgungssystem</td><td colspan="2">Stromquelle</td></tr>
<tr><td rowspan="2">1</td><td rowspan="2">Speicher (Netzparallelbetrieb)</td><td>Typ A</td><td>wirksam</td></tr>
<tr><td>Typ B</td><td>wirksam</td></tr>
<tr><td rowspan="2">2</td><td rowspan="2">Anschlussnutzeranlage mit vorgeschalteten RCD</td><td rowspan="2">Typ A [S] ≫ Typ A</td><td>wirksam</td></tr>
<tr><td>wirksam</td></tr>
<tr><td>3</td><td rowspan="2">Stromkreis mit RCD</td><td>Typ A</td><td>wirksam</td></tr>
<tr><td>4</td><td>Typ B</td><td>wirksam</td></tr>
</table>

18.5 Inselbetrieb mit TN-System

18.5.1 Schutz durch automatische Abschaltung im Inselbetrieb

Im Inselbetrieb stellt ausschließlich das inselnetzbildende System (der Wechselrichter/Umrichter) die Stromversorgung speisende Stromquelle dar. Der vom inselnetzbildenden System bereitgestellte Kurzschlussstrom muss zur Auslösung der Schutzgeräte führen.

Der Wechselrichter ist ein getakteter Energiewandler mit Leistungshalbleitern, d. h. im Vergleich zum Netzparallelbetrieb ist der von den inselnetzbildenden Systemen bereitgestellte Kurzschlussstrom begrenzt.

Dadurch ist der Wechselrichter hinsichtlich seiner Kurzschlussleistung im Vergleich zum Niederspannungsnetz begrenzt. Dadurch kann im Fehlerfall kein ausreichend hoher Kurzschlussstrom zum Fließen kommen, der eine automatische Abschaltung der Überstrom-Schutzeinichtung innerhalb der vorgegeben Abschaltzeiten bewirkt. Die Schutzmaßnahme wäre damit unwirksam.

Dadurch ist die Schutzmaßnahme *Schutz durch automatische Abschaltung* unwirksam. Alternativ sind Fehlerstrom-Schutzeinrichtungen als Schutzvorkehrung zulässig.

Ersatzweise sind die Anforderungen nach DIN VDE 0100-410 Anhang D zu beachten. Ziel der Ersatzmaßnahmen ist, die im Fehlerfall an der Fehlerstelle anliegende Spannung innerhalb der vorgegebenen Abschaltzeiten auf unter AC 50 V oder DC 120 V zu begrenzen und innerhalb von 5 Sekunden die Stromversorgung abzuschalten.

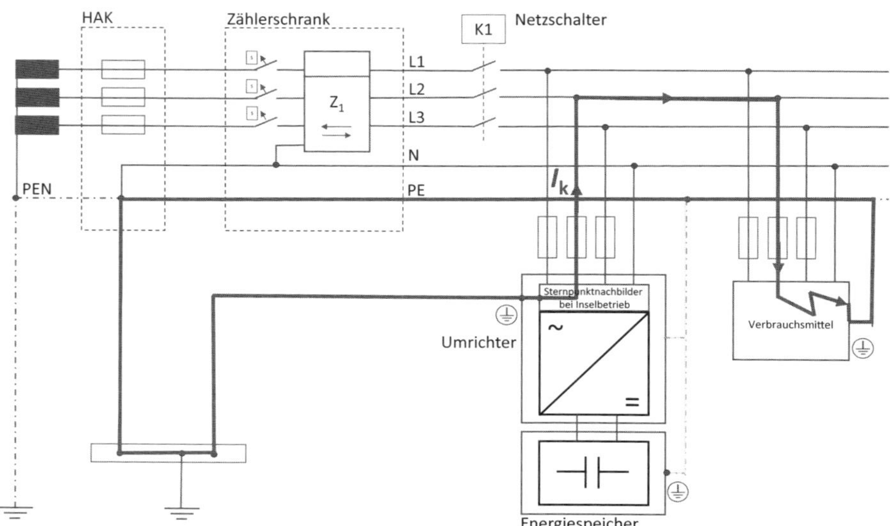

Bild 18.4 Fehlerschleife eines Speichers im Inselbetrieb einer Anschlussnutzeranlage im TN-S-System mit Sternpunktnachbildung
(*Zeichnung:* M. Fengel)

18.5.2 Sternpunktnachbildung

In TN-C-System erfüllt der PEN-Leiter sowohl die Funktion als Neutralleiter als auch als Schutzleiter. Der PEN-Leiter führt somit betriebsmäßig Strom und hat gleichzeitig eine Schutzfunktion. PEN-Leiter dürfen deshalb nicht geschaltet werden.

Im Inselbetrieb ist die Verwendung des PEN-Leiters vom Netzbetreiber für Schutzzwecke nicht zulässig. Zur Sicherstellung der Wirksamkeit der Schutzmaßnahme Schutz durch automatische Abschaltung ist im Inselbetrieb ein Sternpunkt über eine temporäre Verbindung des Neutralleiters des inselnetzbildenden Systems mit dem Schutzleiter während der allpoligen Trennung vom Netz zu erstellen. Die Sternpunktnachbildung muss für den Kurzschlussstrom des inselnetzbildenden Systems ausgelegt sein.

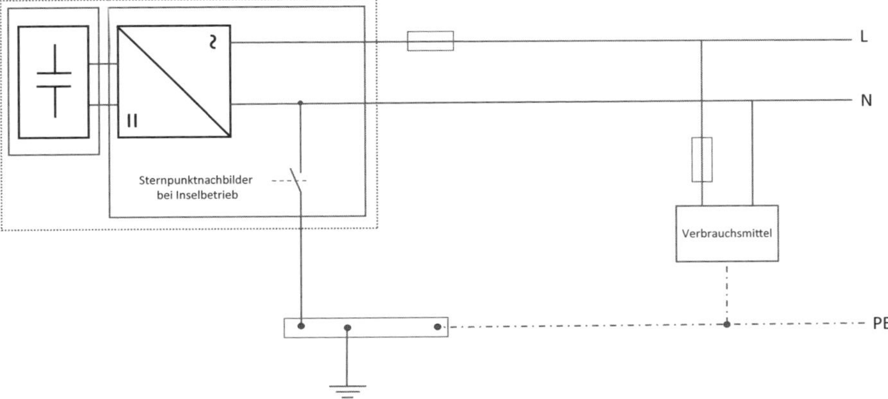

Bild 18.5 Speicher im TN-System als Inselbetrieb mit Sternpunktnachbildung (*Zeichnung:* M. Fengel)

Der PEN-Leiter des Sternpunktbildners bei Inselbetrieb ist separat mit der Haupterdungsschiene zu verbinden. Der PEN-Leiter muss die Anforderungen nach DIN VDE 0100-540 erfüllen.

- Die Anforderungen hinsichtlich der Abschaltzeiten der Schutzmaßnahme automatische Abschaltung im Fehlerfalle nach DIN VDE 0100-410 müssen erfüllt sein. Das speisende System muss innerhalb von 5 Sekunden bei einem Fehler mit vernachlässigbarer Impedanz die Stromversorgung abschalten.
- Der PEN-Leiter sowie die Sternpunktnachbildung muss den zu erwartenden Fehlerstrom führen können und den mechanischen und thermischen Beanspruchungen standhalten und eine ausreichend feste und niederohmige Durchgängigkeit an Klemmverbindungen aufweisen. Deshalb darf der PEN-Leiter ausschließlich fest installiert sein und muss einen Leiterquerschnitt von mindestens 10 mm^2 (Kupfer) oder 16 mm^2 (Aluminium) aufweisen. Er ist entsprechend den Anforderungen nach DIN VDE 0100-540 Abs. 543 auszuwählen.
- Es muss eine allpolige Trennung zum Netz erhalten bleiben.
- Der PEN-Leiter muss vom öffentlichen Netz unabhängig sein.

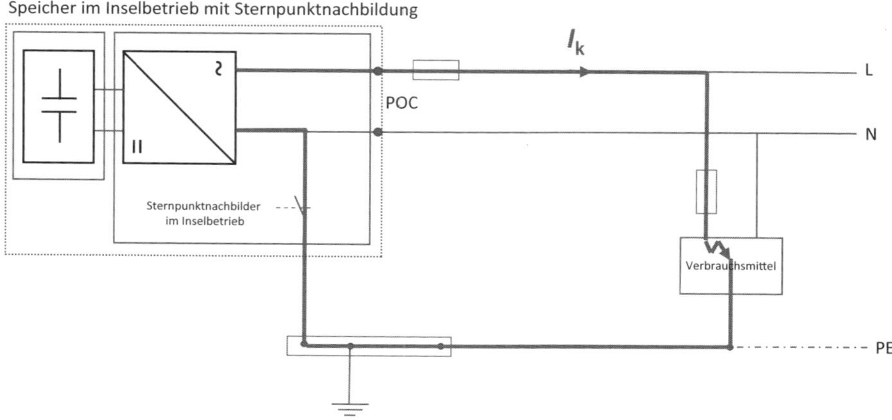

Bild 18.6 Speicher im TN-System als Inselbetrieb mit Sternpunktnachbildung mit Fehlerschleife (*Zeichnung:* M. Fengel)

Öffnet die Sternpunktnachbildung im Inselbetrieb, ist der Schutz durch automatische Abschaltung im Fehlerfall im TN-System unwirksam. Dieser Zustand ist in jedem Fall zu verhindern. Deshalb ist sicherzustellen, dass bei Versagen der Sternpunktnachbildung das inselnetzbildende System abschaltet.

Der Sternpunkt des inselnetzbildenden Systems darf ausschließlich im jeweiligen Speichersystem durchgeführt werden. Hierzu hat der Hersteller mit einer geeigneten internen und ausfallsicheren Steuerung das Speichersystem so zu konstruieren, dass bei einem Fehler das System einen sicheren definierten Zustand einnimmt. Dazu ist vom Hersteller sicherzustellen, dass

- der vom inselnetzbildenden System bereitgestellte Kurzschlussstrom zur Auslösung vorhandener Schutzgeräte (RCD, LS-Schalter) führt,
- nach automatischer oder manueller Wiederzuschaltung und weiterhin bestehendem Isolationsfehler die Spannung automatisch auf 50 V AC bzw. 120 V DC begrenzt wird,
- der Sternpunkt den zu erwartenden Kurzschlussstrom führen kann,
- der Sternpunkt im Netzparallelbetrieb nicht aktiv ist,
- die Umschaltdauer der Sternpunktnachbildung von Netzparallel- in Inselbetrieb sowie zurück in den Netzparallelbetrieb höchstens 100 ms beträgt.
- Der PEN-Leiter darf nicht für Schutzzwecke verwendet werden.

Bei netzgekoppelten Wechselrichtern (z. B. von netzgekoppelten Photovoltaikanlagen) kann der Wechselrichter erst den Einspeisebetrieb aufnehmen, wenn die Synchronisationsbedingungen mit dem Niederspannungsnetz (gleiche Spannungshöhe, gleiche Frequenz und gleiche Phasenfolge) erfüllt sind. Bei netzgekoppelter Einspeisung ist zudem die dahinter geschaltete Erzeugungseinrichtung (PV-Generator) die für die Einspeisung maßgebende Führungsgröße. Die Anzahl der Erzeuger und Verbraucher im Niederspannungsnetz ist ausreichend groß, so dass dieses als Energiespeicher mit unendlicher Kapazität angesehen werden kann. Spannung und Frequenz sind innerhalb der vorgegebenen Toleranzbereiche zu halten.

Im Inselbetrieb erzeugen die Wechselrichter der Erzeugungsanlage die Spannungen und Frequenzen für die Versorgung der Verbraucheranlage. Die Anlage ist vom Verteilnetz abgetrennt, wodurch kein Netz als „unendlicher Zwischenspeicher" überschüssiger Energie zur Verfügung steht. Der Wechselrichter der Erzeugungsanlage kann deshalb nur so viel in die Verbraucheranlage einspeisen, wie gerade von den Betriebsmitteln benötigt wird. Damit bestimmen die Verbraucher im Inselbetrieb die vom Wechselrichter eingespeiste Energie.

In jedem Betriebszustand (Netzparallelbetrieb und Netzersatzbetrieb) muss der Schutz gegen elektrischen Schlag nach DIN VDE 0100-410 und der Schutz bei Überstrom nach DIN VDE 0100-430 sichergestellt sein. Im Netzparallelbetrieb ist der Speicher als Verbraucher zu sehen. Spannung, Frequenz und Phasenlage sowie die zum Schutz bei automatischer Abschaltung im Fehlerfall erforderlichen Ströme werden vom Niederspannungsnetz bereitgestellt. Im Inselbetrieb erfolgt dies über den Wechselrichter des Speichers.

Im **Inselbetrieb** sind alle aktiven Leiter der elektrischen Anlage vom Versorgungsnetz getrennt. Das inselnetzbildende System (der Wechselrichter) muss im Fehlerfall in der Lage sein, den erforderlichen Kurzschlussstrom zu liefern und so eine automatische Abschaltung der Schutzeinrichtung (Überstrom-Schutzeinrichtung oder Fehlerstrom-Schutzeinrichtung) innerhalb der Abschaltzeiten nach DIN VDE 0100-410 Tabelle 41.1 herbeizuführen. Für die Verbindung des inselnetzbildenden Systems mit dem Schutzpotentialausgleich wird eine temporäre Verbindung eines aktiven Leiters, dem Neutralleiter, des Stromversorgungssystems, während der allpoligen Trennung vom Netz hergestellt. Die Sternpunktnachbildung ist somit Teil der Fehlerschleife im Inselbetrieb.

Die Schutzleiter der Verbrauchsgeräte sind über den PEN-Leiter am HAK über den Schutzpotentialausgleich mit Erde verbunden. Diese Verbindung darf grundsätzlich nicht geschaltet werden. Im Inselbetrieb mit Sternpunktnachbildung erfolgt entgegen der Anforderungen nach DIN VDE 0100-540 eine temporäre Verbindung des Sternpunkts des Umrichters zur Haupterdungsschiene. Die Sternpunktverbindung ist deshalb vom Speicher zu überwachen. Öffnet die Verbindung, muss der Speicher die Stromversorung abschalten.

Sowohl die Messung der Fehlerschleifenimpedanz als auch die der Durchgängigkeit der Schutzleiter ist im Inselbetrieb durch den parallel liegenden PEN-Leiter des Versorgungsnetzes verfälscht. Im fehlerfreien Betrieb fließt über den künstlich erzeugten Sternpunkt kein Strom. Dieser kann im Schaltgerät z. B. durch

- Übergangswiderstände durch Besichtigungen oder
- reduzierte Kontaktkräfte durch Verschleiß der Mechanik

die Fehlerschleifenimpedanz unzulässig erhöhen. Die Wirksamkeit der Sternpunktnachbildung und somit der Schutz durch automatische Abschaltung im Fehlerfall werden dadurch nicht sicher nachgewiesen.

Ein weiterer Punkt ist, dass der Speicher am Netzanschlusspunkt (POC) in der Lage sein muss, den für die automatische Abschaltung **erforderlichen Kurzschlussstrom** an der Fehlerstelle einzuspeisen. Eine Tiefentladung der Batterien ist deshalb durch einen Tiefentladeschutz zu vermeiden. Erreicht das Speichersystem den Grenzwert des SOC, kann der Speicher am Netzanschlusspunkt, die für die automatische Abschaltung erforderliche Kurzschlussenergie und damit den erforderlichen Kurzschlussstrom nicht mehr einspeisen. Die Schutzmaßnahme wird unwirksam. Der Speicher ist deshalb bei Erreichen der SOC-Grenze abzuschalten.

Während der allpoligen Trennung vom Netz stellt im Inselbetrieb die **Sternpunktnachbildung** die Verbindung vom Sternpunkt des Umrichters und dem Schutzpotentialausgleich her. Die Sternpunktnachbildung ist somit bei Nachweis der Wirksamkeit der Schutzmaßnahme im Inselbetrieb zu berücksichtigen.

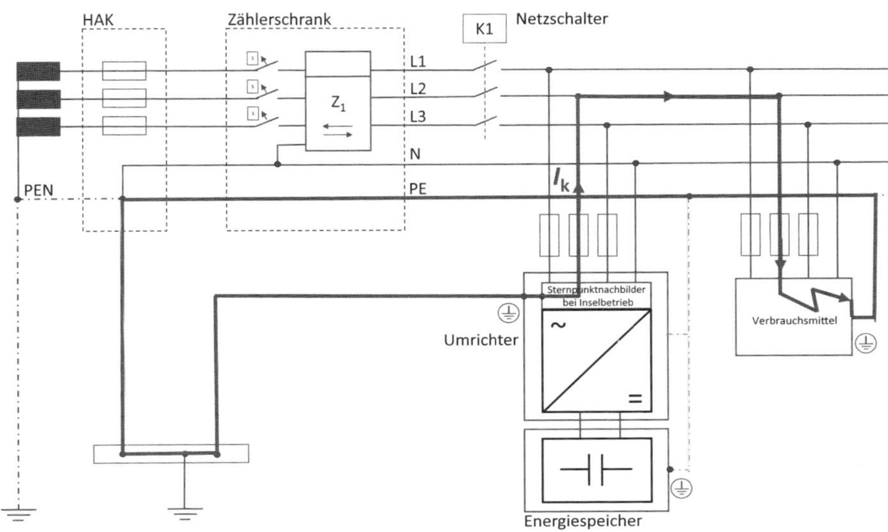

Bild 18.7 Fehlerschleife eines Speichers im Inselbetrieb (*Zeichnung:* M. Fengel)

18.5.3 Fehlerschutzvorkehrung mit mehreren Verbrauchern

Der Speicher ist in der Lage, den vom Hersteller angegebenen Kurzschlussstrom zu liefern. Bei zwei oder mehreren Verbrauchern im Inselsystem fließen in den nicht fehlerhaften Strompfaden die Betriebsströme der Verbraucher weiter. Im Fehlerfall eines Verbrauchers muss der Umrichter des Speichers an den Netzanschlussklemmen (POC) sowohl den für die Abschaltung erforderlichen Kurzschlussstrom I_a im fehlerhaften Verbraucher als auch den Betriebsstrom I_b der nicht fehlerbehafteten Verbraucher liefern. Es gilt:

$$I_{k,\,Speicher} \geq I_a + I_b$$

mit

$I_{k,\,Speicher}$ vom Hersteller angegebener Kurzschlussstrom des Umrichters am POC
I_a für die Schutzeinrichtung erforderlicher Abschaltstrom (bei RCD: I_a = Bemessungsfehlerstrom)
I_b Betriebsstrom der nicht fehlerbehafteten Verbraucher

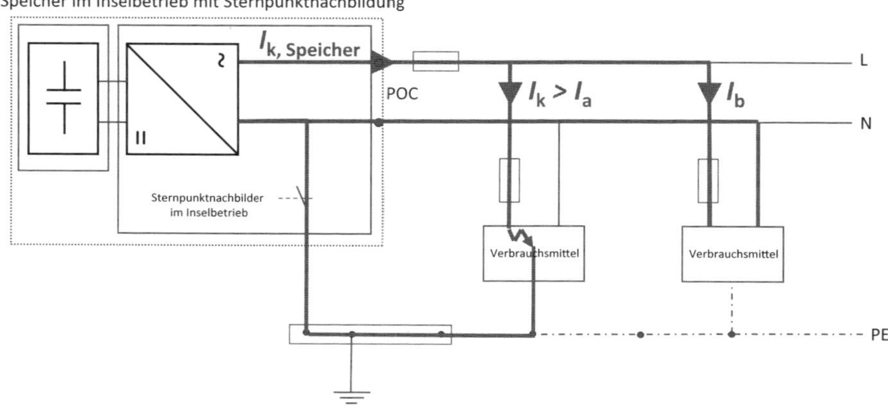

Bild 18.8 Speicher im Inselbetrieb mit mehreren Verbrauchern und Überstrom-Schutzeinrichtungen (*Zeichnung:* M. Fengel)

Der Kurzschlussstrom des Speichers müsste demnach mindestens so hoch wie der Betriebsstrom und der für die automatische Abschaltung erforderliche Abschaltstrom unter Berücksichtigung der Grenzabweichungen der Überstrom-Schutzeinrichtungen sein. Für Endstromkreise und Verteilerstromkreise muss der Speicher somit in der Lage sein, die folgenden Kurzschlussströme zzgl. der Betriebsströme der nicht fehlerbehafteten Verbrauchspfade zu liefern.

Tabelle 18.2 Kurzschlussströme der Überstrom-Schutzeinrichtungen zum Schutz bei indirektem Berühren

I_n/Betriebsklasse	gG	I_a	
35A		173 (5 s)	
10		50/(0,4 s)	100
16		80	160
25	B/C	125	250
32		160	320
63		315	630

Der erforderliche Abschaltstrom I_a eines Leitungs-Schutzschalters vom Typ B16 in einem Endstromkreis beträgt 80 A. Deshalb ist die automatische Abschaltung im Fehlerfall mit einer Fehlerstrom-Schutzeinrichtung (RCD) sicherzustellen.

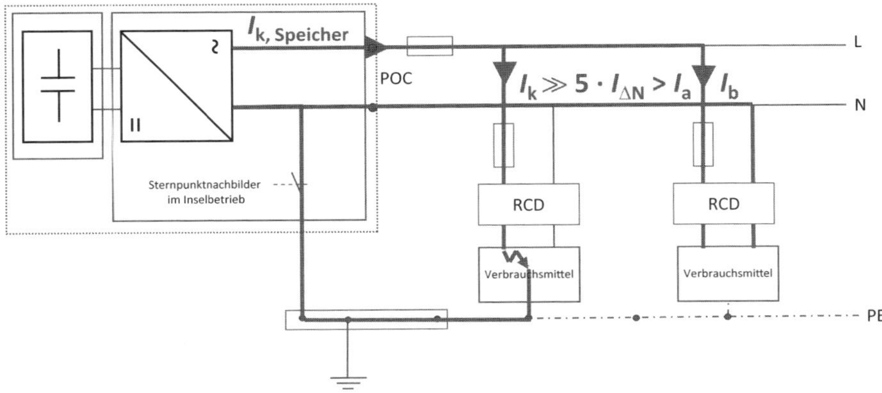

Bild 18.9 Speicher im Inselbetrieb mit mehreren Verbrauchern und Fehlerstrom-Schutzeinrichtungen (*Zeichnung:* M. Fengel)

Damit gilt:

$$I_{\text{k, Speicher}} \geq I_{\text{a}} + I_{\text{b}}$$

mit

$I_{\text{k, Speicher}}$	vom Hersteller angegebener Kurzschlussstrom des Umrichters am POC
I_{a}	für die Schutzeinrichtung erforderlicher Abschaltstrom (bei RCD: I_{a} = Bemessungsfehlerstrom)
I_{b}	der Betriebsstrom der nicht fehlerbehafteten Verbraucher

Hinweis: Die Phasenverschiebung zwischen den Strömen ist bei der Addition zu beachten.

18.5.4 Koordinierung der Schutzvorkehrungen im Inselbetrieb

Im Inselbetrieb wird die Fehlerstelle und der Kurzschlussstrom vom Speicher gespeist. Damit liegt die Fehlerstrom-Schutzeinrichtung des Speichers in Reihe zu den Verbrauchspfaden. Dadurch liegen je nach Verbrauchspfad zwei oder mehrere Fehlerstrom-Schutzeinrichtungen in Reihe. Je nach Ausführung der Schutzeinrichtungen (Typ A, Typ A [S], Typ B etc.) sind die Anforderungen an die Selektivität nicht erfüllt und die Fehlerstrom-Schutzeinrichtungen werden abhängig von der Ausführung und der Art der zu erwartenden Fehlerströme überwirksam.

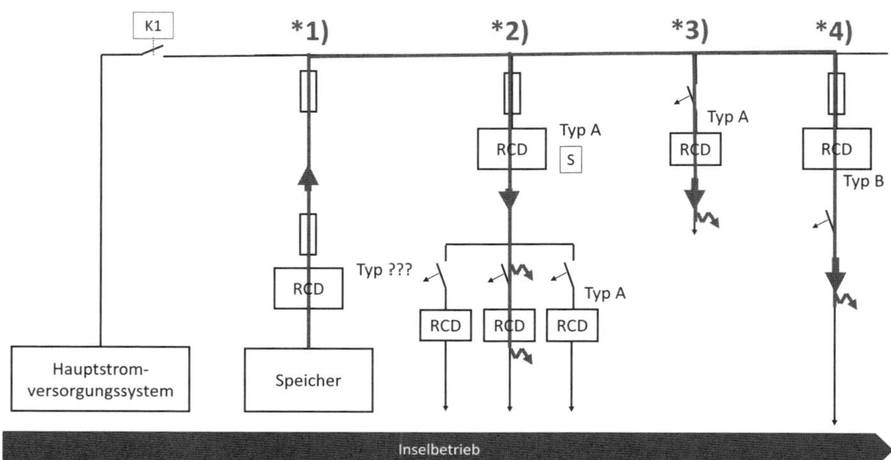

Bild 18.10 Speicher im Inselbetrieb mit mehreren Fehlerstrom-Schutzeinrichtungen (*Zeichnung:* M. Fengel)

Tabelle 18.3 Betrachtung der Schutzeinrichtungen im Inselbetrieb

	Anschlussnutzeranlage	**Inselbetrieb**		
~~0~~	~~Hauptstromversorgungssystem~~	~~Abgeschaltet~~		
1	Speicher (Netzparallelbetrieb) = **Stromquelle**	Speicher >	Typ A [S]	Typ B
2	Anschlussnutzeranlage mit vorgeschalteten RCD	Typ A [S] ≫ Typ A	wirksam Selektivität	unwirksam
3	Stromkreis mit RCD	Typ A	wirksam	unwirksam
4		Typ B	wirksam	wirksam Selektivität

18.6 Schutz bei Überstrom

Der Schutz bei Überstrom ist nach DIN VDE 0100-430 im Netzparallelbetrieb und im Inselbetrieb sicherzustellen. Grundsätzlich sind Schutzeinrichtungen vorzusehen, um jegliche Überströme und somit unzulässige Erwärmungen und damit thermische Schädigungen in der Kabel- und Leitungsanlage sowie in den Betriebsmitteln zu verhindern.

Trafolose Umrichter verfügen zwischen DC- und AC-Seite über keine galvanische Trennung. In trafolosen AC-Umrichtern sind DC-seitig Überstrom-Schutzeinrichtungen in allen zum Speicher führenden Leitern erforderlich. Integrierte Umrichter verfügen meist nur über eine Erdschlussüberwachung. Hier ist eine zusätzliche Überstrom-Schutzeinrichtung zu installieren. Die Angaben sind aus den Herstellervorgaben zu entnehmen.

Bei Lieferung des maximalen Kurzschlussstroms muss das inselnetzbildende System nach 5 Sekunden abschalten. Sofern die Anforderungen an den Schutz durch automatische Abschaltung eingehalten sind, ist eine automatische Wiederzuschaltung des inselnetzbildenden Systems für maximal 3 Versuche zulässig, sofern

- zwischen den Zuschaltversuchen eine Wartezeit von mindestens 90 Sekunden eingehalten wird und danach das inselnetzbildende System abgeschaltet wird und
- der Schutz durch automatische Abschaltung im Inselbetrieb nicht alleine durch Fehlerstrom-Schutzeinrichtungen sichergestellt ist.

18.7 Die Sternpunktnachbildung unter dem Aspekt der funktionalen Sicherheit

Leistungsumrichter fallen u. a. in den Anwendungsbereich von DIN EN 62477-1 (VDE 0558-477-1). Nach DIN EN 62477-1 (VDE 0558-477-1) Abs. 4.4.4 ist u. a. für den Fehlerschutz die Schutzmaßnahme durch automatische Abschaltung der Stromversorgung nach Abschnitt 4.4.4.4 vorgesehen. Hierfür ist ein Schutzpotentialausgleichssystem vorzusehen, sodass bei Versagen der Basissolierung die Fehlerschleife geschlossen ist und der Speicher die Stromversorgung unterbricht. Die Verbindung des Schutzleiters der Erzeugungsanlage mit dem Schutzpotentialausgleich erfolgt über die Sternpunktnachbildung. Bei fest angeschlossenen Wechselrichtern mit Leistungshalbleiter ist bei Anwendung eines Festanschlusses nach DIN EN 62477-1 (VDE 0558-477-1) Abs. 4.4.4.3.3 a)

- ein Schutzleiterquerschnitt von mindestens 10 mm^2 Cu oder 16 mm^2 Al oder
- eine automatische Abschaltung des Netzes bei Unterbrechung des Schutzleiters oder die Anbringung eines zweiten Schutzleiters gleichen Querschnitts erforderlich.

Ersteres ist bei Einhaltung der Anforderungen nach DIN VDE 0100-540 erfüllt. Zweiteres ist bei der Sternpunktnachbildung über eine geeignete Erfassung der Schaltzustände, einer sicherheitsbezogenen Steuerung (VPS, SPS) mit einem ausreichenden Diagnosedeckungsgrad zu realisieren. Der Schutz gegen elektrischen Schlag der Sternpunktnachbildung ist somit unter dem Aspekt der funktionalen Sicherheit der Erzeugungsanlage gemäß DIN EN 61508 (**VDE 0803**) zu betrachten.

Der Speicher umfasst alle zum Laden und Entladen erforderlichen Komponenten. Er besteht aus dem Energiespeicher, dem Batteriemanagementsystem (Laderegler) sowie den zugehörigen Sicherheitseinrichtungen. Die **Erzeugungsanlage (EZA)** umfasst alle an einem Netz- oder Hausanschluss angeschlossenen Erzeugungseinheiten *eines Energieträgers.*

Nicht immer bestehen Energiespeichersysteme mit Wechselrichter aus einer einzelnen Einheit, die vom Hersteller als eine funktionelle Einheit gemäß den zutreffenden EU-Richtlinien in den Verkehr gebracht wird. Der Aspekt der funktionalen Sicherheit der Sternpunktnachbildung obliegt demnach dem Produkthersteller, der die sicherheitsrelevanten Einrichtungen gemäß den Aspekten der funktionalen Sicherheit nach DIN EN 61508 (**VDE 0803**) (alle Teile) sowie der zutreffenden im Amtsblatt der EU gelisteten harmonisierten Normen konstruiert und dem Anwender die für den sicheren bestimmungsgemäßen Betrieb erforderlichen Informationen in Form einer Betriebsanleitung mitliefert. Gleiches gilt bei Bausätzen, die von einem Hersteller/Inverkehrbringer in den Verkehr gebracht werden und entsprechend den Herstellervorgaben bestimmungsgemäß installiert und betrieben werden.

Werden Batterien, Laderegler und Wechselrichter dagegen im Rahmen der Anlagenplanung aus einzelnen Komponenten zu einer Funktionseinheit geplant und vor Ort komplettiert, werden Errichter und Planer zum Hersteller.

Besteht die Sternpunktnachbildung aus mehreren Betriebsmitteln, die zu einem sicherheitstechnischen System (SIS) zusammengeschaltet werden, sind die Anforderungen an die funktionale Sicherheit zu beachten. In diesem Fall besteht die sicherheitsgerichtete Funktion aus einer Verschaltung von Sensor-Logik-Aktor unterschiedlicher Betriebsmittel. Hier hat der Errichter für das sicherheitstechnische System die Anforderungen nach DIN EN 61511-1 (**VDE 0810-1**) zu beachten.

18.8 Inselbetrieb im IT-System

Ein TN-C-S-System im Netzparallelbetrieb kann durch Trennen des Stromversorgungssystems ein IT-System im Inselbetrieb darstellen. Bei IT-Systemen im Netzparallelbetrieb bleibt durch Umschaltung auf Netzersatzbetrieb die Netzform erhalten.

Meistens sind elektrische Betriebsmittel u. a. hinsichtlich der Netzform ausgewählt. Bei nachträglich installierten Speichersystemen, bei denen im Inselbetrieb die aktiven Leiter nicht mit Erdpotential verbunden sind, besteht die Gefahr, dass diese, wie bei Gas-Brennwert-Systemen, nicht ordnungsgemäß funktionieren. Bei neu errichteten Anlagen mit Speichern und besonders bei Erweiterung bestehender Anlagen ist demnach zu prüfen, ob die Betriebsmittel im Inselbetrieb (IT-System) ordnungsgemäß funktionieren.

Die Umschalteinrichtung trennt alle aktiven Leiter vom Netz. Der Mittelpunktleiter des Umrichters stellt den künstlichen Neutralpunkt des Inselnetzes dar. Der Fehlerstrom ist aufgrund des isolierten Sternpunkts beim ersten Fehler gegen einen Körper oder gegen Erde niedrig. Im IT-System sind Körper einzeln, gruppenweise oder gemeinsam zu erden. Im Inselbetrieb bilden demnach alle mit dem Schutzleiter verbundenen Verbrauchsmittel eine Gruppe.

Im IT-System sind Isolationsüberwachungsgeräte nach DIN EN 61557-8 (**VDE 0413-8**) zu installieren. Das Messverfahren muss symmetrische Isolationsfehler erkennen.

Aufgrund der geringen Impedanzen zwischen den Außenleitern im Umrichter ist die Isolationsüberwachung eines Außenleiters ausreichend. Sofern im Netzparallelbetrieb bereits ein IMD vorhanden ist, ist darauf zu achten, dass dieses nicht durch die Netzumschaltung vom Inselnetz getrennt wird. Ist das der Fall, sind für den Inselbetrieb separate IMDs zu installieren.

Bei Speichern, die im Inselbetrieb ein IT-System bilden, muss bereits der erste Fehler zu einer Abschaltung des Umrichters innerhalb einer Minute führen. Für die Vorwarnung wird ein Grenzwert unterhalb 300 Ω/V empfohlen. Die Abschaltung sollte unterhalb 100 Ω/V erfolgen. Die Zuschaltung darf automatisch ab 300 Ω/V wieder erfolgen.

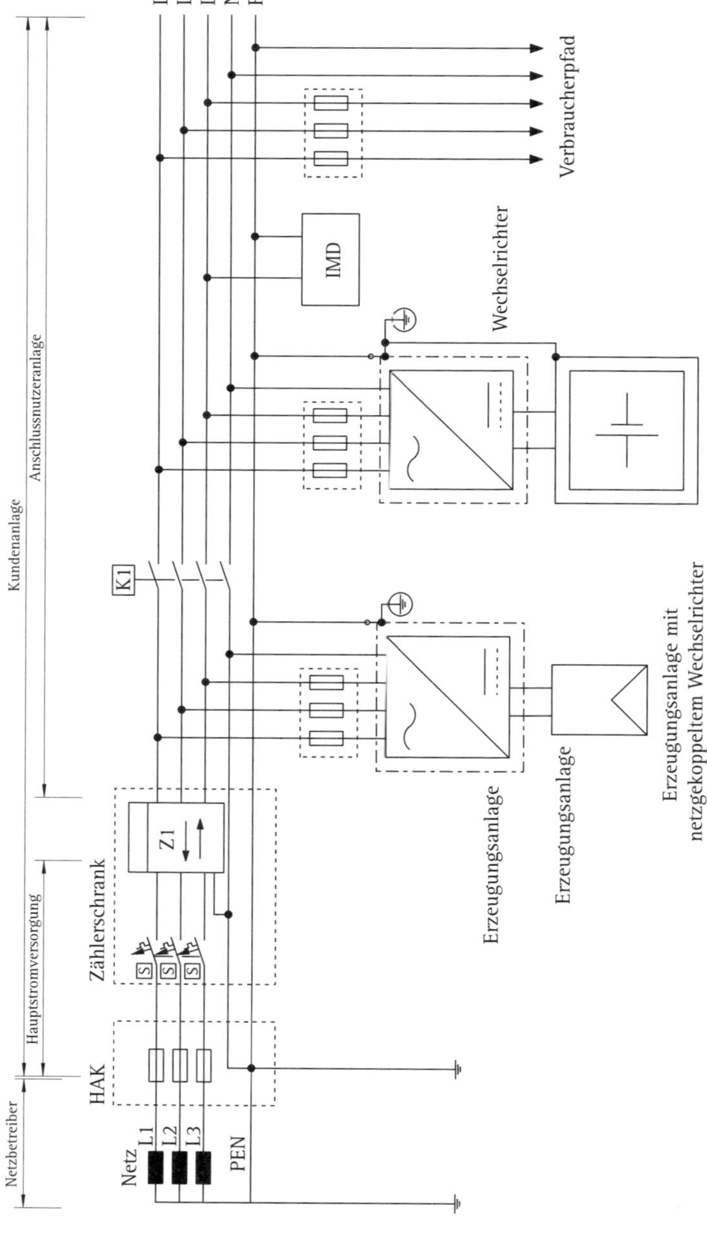

Bild 18.11 Netzparallelbetrieb eines Speichers im TN-C-S-System und im Inselbetrieb im IT-System

18.9 TT-System als TN-S-System im Inselbetrieb

In ländlichen Gebieten findet das TT-System Anwendung. Alle Körper, die gemeinsam durch dieselbe Schutzeinrichtung geschützt werden, sind an einem gemeinsamen Erder anzuschließen. Der Schutz durch automatische Abschaltung im Fehlerfall kann mit einer Überstrom-Schutzeinrichtung oder einer Fehlerstrom-Schutzeinrichtung sichergestellt werden. Im Inselbetrieb ist die Anschlussnutzeranlage vom Hauptstromversorgungssystem und damit vom öffentlichen Stromversorgungsnetz zu trennen:

- Im TN-System sind die drei Außenleiter zu trennen.
- Im TT-System ist eine Trennung aller aktiver Leiter erforderlich.

Über die Sternpunktnachbildung des Umrichters ist im Inselbetrieb der Sternpunkt des inselnetzbildenden Systems mit der Haupterdungsschiene verbunden. Dadurch liegt im Inselbetrieb ein Ersatz-TN-System vor. Demnach sind nach DIN VDE 0100-410 Abs. 411.3.2.2 und Abs. 411.3.2.4 i Netzparallelbetrieb für TT-Systeme und im Inselbetrieb für TN-Systeme sicherzustellen.

Überstrom-Schutzeinrichtung: Im TT-System mit Überstrom-Schutzeinrichtungen für den Fehlerschutz muss folgende Abschaltbedingung erfüllt sein:

$$Z_s \leq \frac{U_0}{I_a}$$

Die Fehlerschleifenimpedanz im TT-System erstreckt sich über die Impedanz der Stromquelle, den Außenleiter bis zum Fehlerort, den Schutzleiter der Körper, den Erdungsleiter, den Anlagenerder und den Erder der Stromquelle. Bei einem Leitungsschutzschalter vom Typ B16 darf die Fehlerschleifenimpedanz höchstens 2,8 Ω betragen, was durch die Impedanz des Erdreichs nicht zwingend sichergestellt ist.

Fehlerstrom-Schutzeinrichtung: Im TT-System empfiehlt es sich, den Schutz durch automatische Abschaltung im Fehlerfall aufgrund der hohen Fehlerschleifenimpedanzen mit Fehlerstrom-Schutzeinrichtungen (RCDs) sicherzustellen. Es gelten folgende Bedingungen:

$$R_A \leq \frac{50\ \text{V}}{I_{\text{N}}}$$

R_A ist die Summe der Widerstände des Erders und des Schutzleiters. Ist der Wert unbekannt, kann dieser durch die Fehlerschleifenimpedanz ersetzt werden. Die Abschaltzeiten sind beim fünffachen Bemessungsfehlerstrom und bei selektiven Fehlerstrom-Schutzeinrichtungen (Typ S) beim doppelten Bemessungsfehlerstrom sichergestellt.

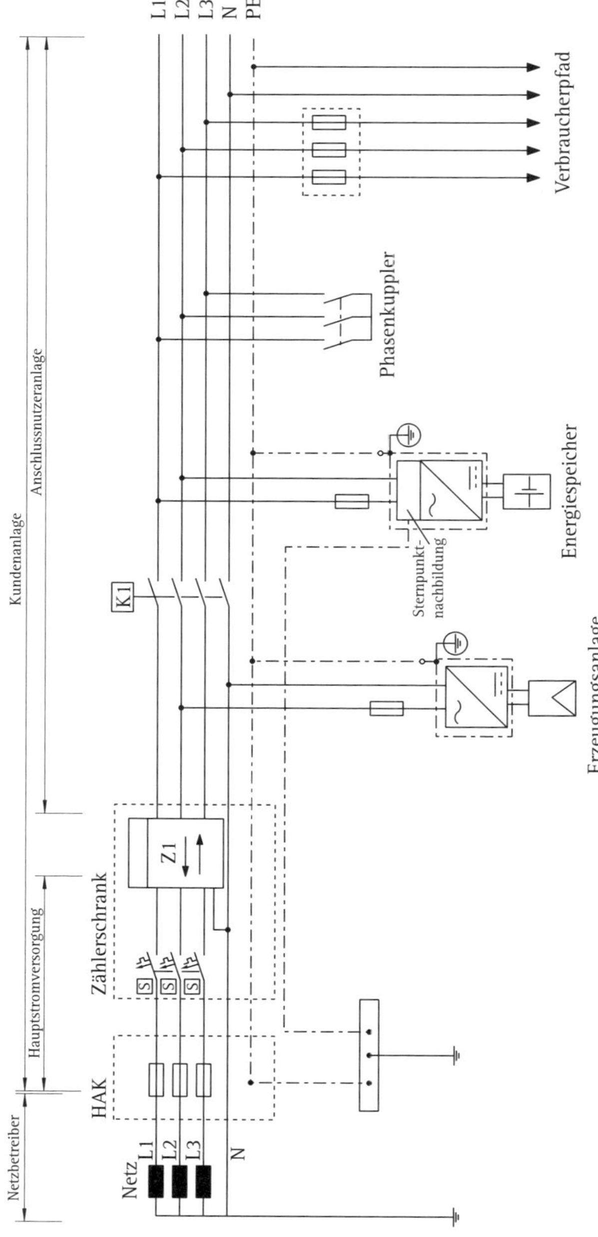

Bild 18.12 Netzparallelbetrieb eines Speichers im TT-System und im Inselbetrieb im TN-S-System

18.10 Inselbetrieb im TN-System mit Phasenkuppler

Speicher bis 4,6 kVA dürfen einphasig an der Anschlussnutzeranlage angeschlossen werden. Im Netzparallelbetrieb der Anschlussnutzeranlage im TN-C-S-System werden die Verbraucher dreiphasig betrieben. Im Inselbetrieb versorgt der einphasig angeschlossene Speicher nur einen der drei Außenleiter. Über einen Phasenkuppler werden alle drei Außenleiter der Anschlussnutzeranlage miteinander verbunden, so dass der einphasige Speicher alle drei Außenleiter mit einer Phase speist.

Im Inselbetrieb liegt so kein Drehstromsystem mit drei um 120° phasenverschobenen Spannungen in den Außenleitern vor, so dass Drehstromverbraucher wie Drehstrommotoren nicht funktionieren. Hinzu kommt, dass Speicher bis 4,6 kVA einphasig angeschlossen werden dürfen. Dadurch sind die Ströme auf 20 A (4,6 kVA/230 V) begrenzt. Durch die gleiche Phasenlage der Ströme addieren sich diese im Neutralleiter nicht zu null. Durch die höchst zulässige Leistung von 4,6 kVA ist der Betriebsstrom auf 20 A begrenzt.

$$I = \frac{4{,}6\ \text{kVA}}{230\ \text{V}} = 20\ \text{A}$$

18.10.1 Ausführung des Phasenkupplers

In der Praxis stellt sich immer wieder die Frage nach der Ausführung des Phasenkupplers. Schlicht und einfach gibt es derzeit keine Anbieter, die einen einphasigen Speicher mit einem Phasenkuppler am Markt bereitstellen, sodass sich hier der Errichter der bekannten Planungs- und Schutzprinzipien bedienen muss.

Es gibt zwar einzelne Komponenten, die für sich sicher sind. Sind mehrere Komponenten installiert, müssen diese zum einen für sich entsprechend den Herstellervorgaben und den zutreffenden Errichtungsbestimmungen ausgewählt und installiert sein, zum anderen sind die Komponenten (Phasenkoppler, Speicher und Netztrenneinrichtung) funktionell miteinander zu verbinden.

Der Phasenkoppler in einphasigen Ersatzinselnetzen stellt hier wieder eine neue Komponente dar, die in der Gesamtheit der elektrischen Anlage mit den genannten Komponenten integriert werden muss. Speicher bis 4,6 kVA dürfen einphasig an der Anschlussnutzeranlage angeschlossen werden. Im Netzparallelbetrieb der Anschlussnutzeranlage im TN-C-S-System werden die Verbraucher dreiphasig betrieben. Über einen Phasenkuppler werden die Außenleiter der Anschlussnutzeranlage miteinander verbunden. Damit versorgt der einphasige Speicher die Außenleiter der Verbraucherpfade. Im Gegensatz zum dreiphasigen Betrieb liegen die Außenleiter phasengleich.

In dem Aufbau liegt im Netzparallelbetrieb ein TN-C-S-System vor. Der PEN-Leiter des öffentlichen Stromversorgungssystems wird am Netzanschlusspunkt, dem Hausanschlusskasten (kurz HAK), in Neutralleiter und Schutzleiter aufgetrennt. In der Kundenanlage ist ein Speicher mit einer Summenbemessungsleistung von bis zu 4,6 kVA an einem Außenleiter angeschlossen. Im Inselbetrieb trennt der Netzschalter (K1) die Außenleiter vom öffentlichen Stromversorgungssystem und der Phasenkuppler (K2) verbindet die drei Außenleiter. Damit liegt im Inselbetrieb ein einphasiges TN-C-S-System vor.

Nun stellt sich die Frage nach der eigentlichen Funktion des Phasenkupplers. Nach DIN VDE 0100-530 Abs. 530.3.4 ist Schalten eine Funktion, die dazu vorgesehen ist, in einem oder mehreren elektrischen Stromkreisen den Stromfluss einzuschalten oder zu unterbrechen. Da der Phasenkoppler im Inselbetrieb weder eine Trenn- noch Schutzfunktion übernimmt, erfüllt dieser ausschließlich die Funktion des betriebsmäßigen Schaltens. Schutz- und Trennfunktionen werden damit nicht sichergestellt.

Der Phasenkuppler übernimmt demnach ausschließlich die Funktion als Schaltgerät. Er muss demnach in der Lage sein, Betriebsströme zu führen und diese zu unterbrechen. Nach DIN VDE 0100-530, Tabelle 536.1 sind demnach folgende Schaltgeräte zulässig (**Tabelle 18.4**):

Tabelle 18.4 Zulässige Schaltgeräte für die Funktion als Phasenkuppler

Schütze	DIN EN 60947-4-1 (VDE 0660-102) DIN EN 61095 (VDE 0637-3)
Schalter oder Trennschalter	DIN EN IEC 60947-3 (VDE 0660-107) DIN EN 60669-2-2 (VDE 0632-2-2) DIN EN 60669-2-4 (VDE 0632-2-4)
TSE Netzumschalter	DIN EN 60947-6-1 (VDE 0660-114)

Mit dem Phasenkuppler besteht hinsichtlich der Sicherheitsaspekte der Steuerung ein ähnliches Dilemma wie bei der Sternpunktnachbildung. Schließt der Phasenkuppler im Netzparallelbetrieb, werden die drei Außenleiter miteinander verbunden. Das Schaltgerät schaltet demnach die Außenleiter kurz. Dies ist in jedem Fall steuerungstechnisch zu verhindern, womit sicherheitsrelevante Elemente in der Steuerung zu integrieren sind. Demnach ist die Steuerung nach DIN VDE 0100-557 Abs. 557.7 gemäß den Normen der Reihe DIN EN 61508 (VDE 0803) hinsichtlich der funktionalen Sicherheit oder vergleichbaren Normen auszuführen.

Kombiniert mit der Anwendung des Ruhestromprinzips ist der Schütz als Phasenkoppler so zu schalten, dass in Ruhestellung die Lastkontakte, die drei Außenleiter im Inselbetrieb verbinden, geöffnet sind. Damit geht der Schütz bei Ausfall des Steuerstromkreises in die sichere Schalterstellung.

Lastkreise werden über Schütze gesteuert. Ein Schütz ist nach DIN VDE 0100-530 Abs. 530.3.20 ein mechanisches Schaltgerät mit einer Ruhestellung, das nicht von Hand betätigt und Ströme unter Betriebsbedingungen im Stromkreis einschließlich Überlast einschalten, führen und ausschalten kann. Somit ist der Schütz als Phasenkuppler für die im Inselnetz zu erwartenden Überlastströme auszulegen. Aufgrund der Leistungsgrenze von 4,6 kVA sind allerdings Ströme über 20 A nicht zu erwarten (4,6 kVA/230 V = 20 A).

Das Schütz wird nicht von Hand betätigt. Demnach verfügt es nicht über ein Bedienelement, wodurch Fehlverhalten von Nutzern ausgeschlossen werden können. Der Phasenkuppler muss über die Steuerung mit dem Speicher und der Netztrenneinrichtung verbunden sein.

Ist die Netztrenneinrichtung (K1) geschlossen, darf der Phasenkuppler (K2) im Netzparallelbetrieb nicht aktiv sein. Erst nachdem die Netztrenneinrichtung (K1) geöffnet ist, darf der Phasenkuppler (K2) die drei Außenleiter zusammenschalten. Öffnet der Phasenkuppler (K2) im einphasigen Inselbetrieb, wird die Stromversorgung der zwei zugeschalteten Außenleiter unterbrochen. Im einphasigen Inselbetrieb sind alle Drehstromverbraucherpfade abgeschaltet, wodurch bei Öffnen des Phasenkupplers (K2) im Inselbetrieb Fehler durch Überlast-Einphasenlauf an Motoren etc. nicht zu erwarten sind. Allerdings ist der Phasenkuppler (K2) gegenüber der Netztrenneinrichtung funktionell zu verriegeln, damit ein Schließen der Netztrenneinrichtung (K1) bei aktivem Phasenkuppler verhindert wird.

18.10.2 Redundanz bei Versagen eines Schaltgeräts

Fehler, wie ein Verkleben der Schaltkontakte an Schützen und Schaltgeräten, können nicht ausgeschlossen werden. Neben der gegenseitigen steuerungstechnischen Verriegelung zwischen Netztrenneinrichtung (K1) und Phasenkuppler (K2) sollte das Prinzip der Redundanz angewendet werden. Hierzu wird der Phasenkuppler durch zwei in Reihe geschaltete Schütze aufgebaut. Die Wahrscheinlichkeit des Verklebens beider Schütze kann vernachlässigt werden. Verklebt ein Schütz, öffnet das zweite. Durch Spiegelung der Hilfskontakte kann zudem die Steuerung festgestellt werden. Durch das Prinzip der Redundanz und der Fehlererkennung können so Fehler erkannt werden.

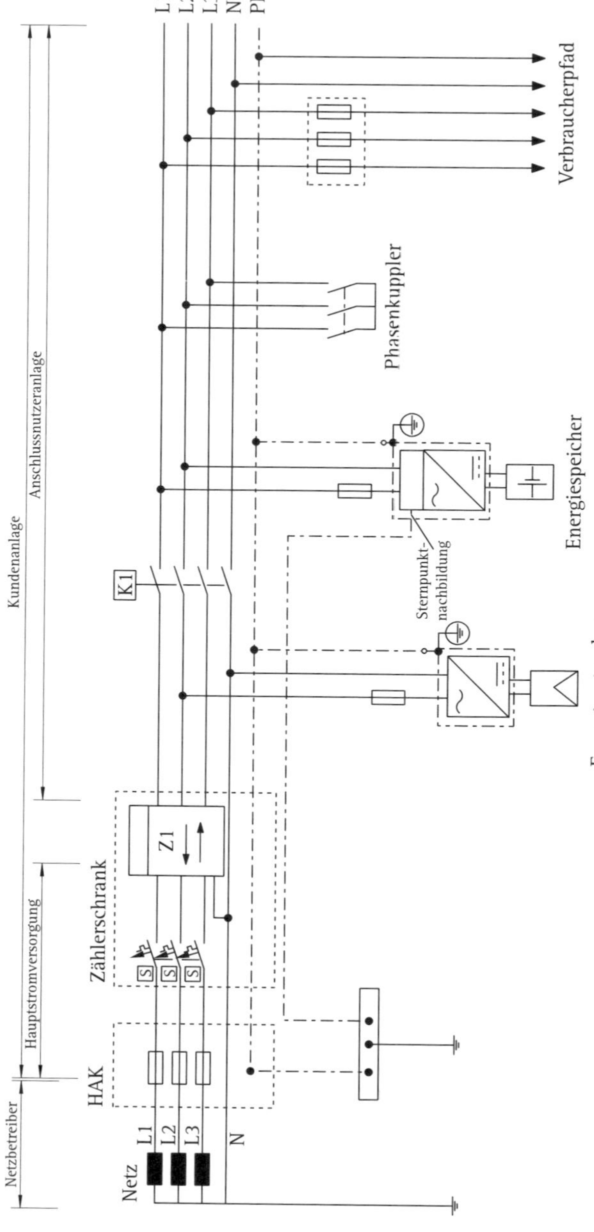

Bild 18.13 Netzparallelbetrieb eines Speichers im TN-C-S-System und im Inselbetrieb im TN-C-S-System

18.11 Inselbetrieb im TN-System mit DC-gekoppelter Erzeugungsanlage und Speicher

Bei DC-gekoppelten Wechselrichtern sind Speicher und Erzeugungsanlage, z. B. ein PV-Generator, an einem Leistungsumrichter angeschlossen. Batterieeinheit und Erzeugungsanlage speisen DC-seitig den Leistungsumrichter. Diese kombinierten PV-Stromversorgungssysteme mit integrierten Speichern finden aufgrund der kompakten Bauweise in Wohnhäusern Anwendung.

Am Netzparallelpfad ist der Leistungsumrichter fest angeschlossen. Im Netzparallelpfad findet sowohl die Einspeisung über die Erzeugungsanlage als auch die Ladung und Entladung des Speichers statt. Im Inselbetriebt trennt der Netzschalter K1 das Hauptstromversorgungssystem und den Netzparallelpfad von der Anschlussnutzeranlage. Über den Schalter K2 im Inselnetzpfad erfolgt die Inselnetzversorgung über die Anschlussklemmen des Leitungsumrichters im Ersatz-TN-S-System mit Sternpunktnachbildung.

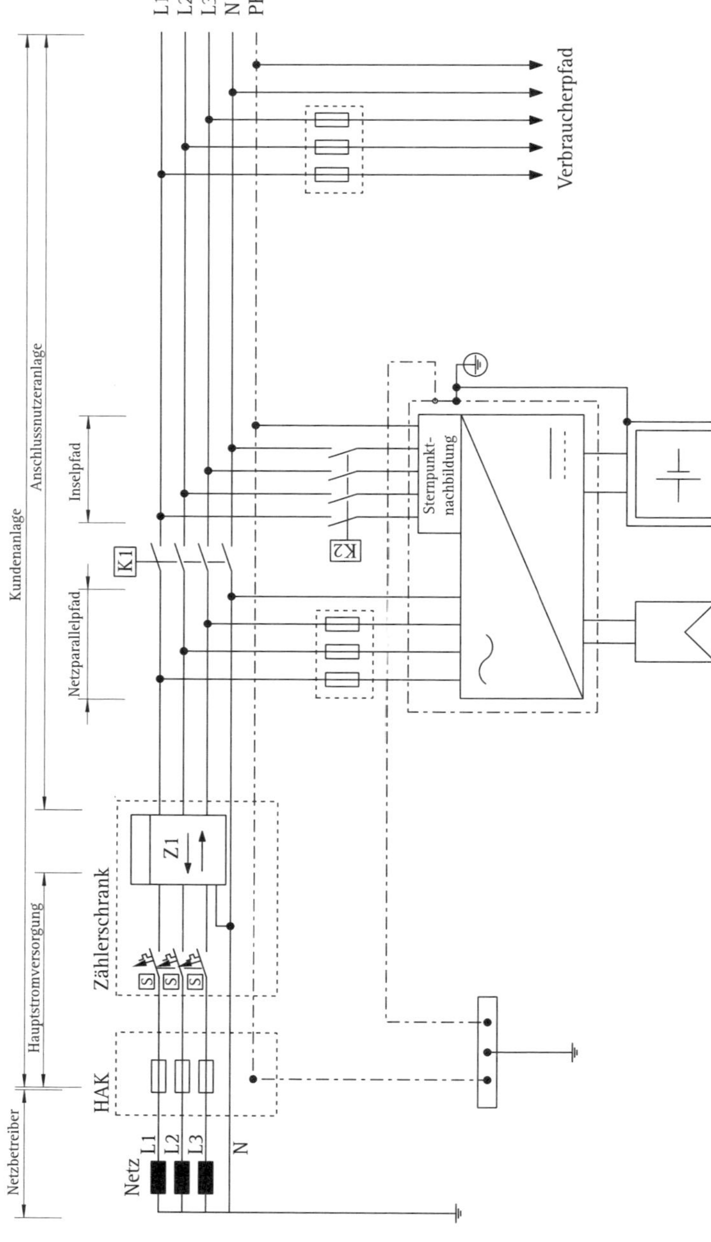

Bild 18.14 Netzparallelbetrieb eines Speichers im TN-C-S-System und im Inselbetrieb im TN-C-S-System mit DC-Kopplung der Erzeugungsanlage und Speicher

18.12 TN-System mit Separierung notstromberechtigter Verbrauchsgeräte

Im TN-System mit Separierung notstromberechtigter Verbrauchsgeräte erfolgt im Netzparallelbetrieb die Ladung des Speichers und die Einspeisung in die Anschlussnutzeranlage über die Erzeugungsanlage. Im Vergleich zu den anderen Schaltbildern speist das inselnetzbildende System nicht den gleichen Pfad wie während des Netzparallelbetriebs.

Im Inselbetrieb werden ausschließlich notstromberechtigte Verbrauchsgeräte über den Speicher versorgt.

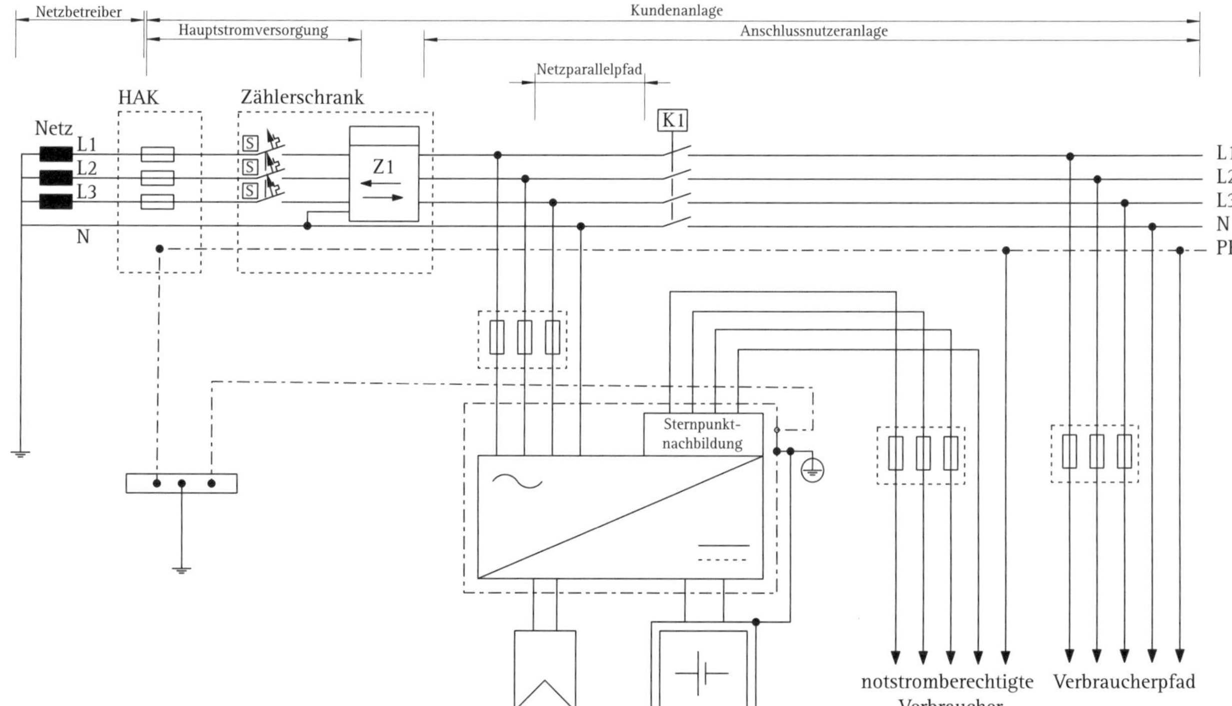

Bild 18.15 Netzparallelbetrieb eines Speichers im TN-C-S-System und Inselbetrieb des Speichers mit Separierung der notstromberechtigten Verbraucher über den Wechselrichter

19 Prüfung von Speichern

Der Speicher ist Teil der ortsfesten elektrischen Anlage. Bei Neuerrichtung eines Speichers ist eine Erstprüfung durch den Errichter nach DIN VDE 0100-600 durchzuführen. Eine Nachrüstung eines Speichers in bestehenden ortsfesten elektrischen Anlagen entspricht einer Erweiterung. Demnach sind die von der Änderung und Erweiterung betroffenen Anlagenteile ebenfalls zu prüfen. Die Prüfung besteht aus Besichtigen, Erproben und Messen.

Im Betrieb ist der Speicher nach DIN VDE 0105-100 im ordnungsgemäßen Zustand zu erhalten. Der Umfang sowie die Prüffristen können sich aufgrund Verlangen des Netzbetreibers sowie aus weiteren gesetzlichen oder privatrechtlichen Obliegenheiten des Betreibers ergeben. Der Speicher wird i. d. R. als Teil einer Erzeugungsanlage wie Photovoltaikanlage, BHKW oder Kleinwindanlage betrieben. Erzeugungsanlage und Speicher sind hier teilweise im Gesamtkontext der Anlage nicht voneinander trennbar. Deshalb sind die Speicher und auch die Erzeugungsanlagen wie Photovoltaik hinsichtlich der Prüffristen wie eine Anlage der DIN VDE 0100-7XX-Gruppe zu betrachten.

Zusätzlich zu den Anforderungen nach DIN VDE 0100-600 und DIN VDE 0105-100 sind die nachfolgend beschriebenen Prüfungen vorzunehmen. Die Prüfungen sind für den Netzparallelbetrieb und den Netzersatzbetrieb durchzuführen. Die Prüfung besteht aus

- Besichtigen,
- Prüfung der Dokumentation und Kennzeichnungen,
- Funktionsprüfung (Erproben),
- Messen.

Für die Prüfungen sind vor der **Inbetriebnahme** die zum Zeitpunkt der Errichtung, Änderung, Instandsetzung gültigen Normen, Richtlinien und Verordnungen zu berücksichtigen. Als Bewertungskriterium sind u. a. folgende Anforderungen zu beachten:

- DIN VDE 0100-551 (**VDE 0100-551**) Errichten von Niederspannungsanlagen – Teil 5-55: Auswahl und Errichtung elektrischer Betriebsmittel – Andere Betriebsmittel – Abschnitt 551: Niederspannungsstromerzeugungseinrichtungen

- DIN VDE 0100-600 (**VDE 0100-600**):2017-06 Errichten von Niederspannungsanlagen – Teil 6: Prüfungen
- VDE-AR-E 2510-2 Stationäre Speicher am Niederspannungsnetz
- VDE-AR-E 2510-50 Stationäre Energiespeichersysteme mit Lithium-Batterien – Sicherheitsanforderungen
- VDE-AR-N 4100:2019-04 Technische Regeln für den Anschluss von Kundenanlagen an das Niederspannungsnetz und deren Betrieb (TAR Niederspannung)
- VDE-AR-N 4105 Erzeugungsanlagen am Niederspannungsnetz – Technische Mindestanforderungen für Anschluss und Parallelbetrieb von Erzeugungsanlagen am Niederspannungsnetz

19.1 Dokumentation

Grundsätzlich sind nach DIN VDE 0100-510 Abs. 514.5 Schaltpläne und eine Dokumentation zu erstellen. Schaltpläne und Zeichnungen müssen in geeigneter Form Auskunft über Art und Aufbau der Ladeeinrichtung und des Stromversorgungssystems geben. Der Einbauort, die Einstellwerte und die vorgesehenen Funktionen der Schutz-, Trenn- und Schalteinrichtungen müssen ersichtlich sein. Bei inselnetzbildenden Systemen ist eine Systemdokumentation bereitzustellen:

- Angaben zur Verwendung des Speichers nach Betriebsart, z. B. nur Netzparallelbetrieb, Inselbetrieb,
- technische Spezifikationen und Anleitungen des Herstellers der Speicher,
- Anleitungen für Wartung, Betrieb und Service,
- Unterlagen und erforderliche Datenblätter nach VDE-AR-N 4100, insbesondere der Anforderungen an den Betrieb von Speichern nach Abschnitt 10.5,
- Anmeldung bzw. die erforderliche Zustimmung des Netzbetreibers gemäß NAV § 19 (2),
- Unterlagen und erforderliche Datenblätter nach VDE-AR-N 4105,
- Übergabeprotokoll zur Einweisung des Anlagenbetreibers,
- Übersichtsschaltplan, in dem alle Schalt- und Sicherheitseinrichtungen enthalten sind,
- Angaben zur verwendeten Speichertechnologie,
- Einhaltung der allpoligen Trennung am Netzanschlusspunkt bei Inselbetrieb,
- Sicherheitshinweise des Herstellers,

- Messprotokoll nach DIN VDE 0100-600 für den Netzparallelbetrieb und den Inselbetrieb,
- ein Hinweis auf ein inselnetzfähiges Speichersystem ist durch den Anlagenerrichter am Hausanschlusskasten oder am jeweiligen zentralen Zählerplatz anzubringen, um auf die Gefahr einer anliegenden Spannung trotz ausgeschaltetem Versorgungsnetz hinzuweisen,
- Schaltpläne und Übersichtspläne,
- Nutzerinformationen und Vollständigkeit der Beschilderung,
- Errichterbescheinigung nach DGUV Vorschrift 3 (falls erforderlich).

19.2 Besichtigen

Der Speicher ist bei Neuerrichtung, Erweiterung und Änderung nach DIN VDE 0100-600 Abs. 6.4.2 im Rahmen einer Erstprüfung zu besichtigen. Beim Besichtigen des Speichers sind auch die von der Änderung und Erweiterung betroffenen Anlagenteile einer Erstprüfung im inselbetreib zu unterziehen. Es sind insbesondere folgende Bereiche unter Berücksichtigung folgender Aspekte zu besichtigen:

- Einhaltung der Anforderungen an den Schutz gegen elektrischen Schlag im Inselbetrieb und im Netzparallelbetrieb hinsichtlich der korrekten Auswahl und Anordnung der Schutzeinrichtungen,
- Auslegung und Anordnung der Überstrom-Schutzeinrichtungen hinsichtlich der Strombelastbarkeit und des Spannungsfalls nach DIN VDE 0100-430 und DIN VDE 0298-4,
- Aufstellung der Batterien hinsichtlich des Aufstellorts und der Umgebungsbedinungen.
- Wird die elektrische Anlage im Inselbetrieb als Ersatz-TN-System betrieben, ist festzustellen, ob die Sternpunktnachbildung auf den Kurzschlussstrom des inselnetzbildenden Systems ausgelegt ist.
- Beim Ersatz-IT-System ist zu prüfen, ob die Verbraucher für den Betrieb im IT-System geeignet sind.
- Es ist anhand der Montage- und Bedienungsanleitungen bzw. aus den Sicherheitsdatenblättern die Erfordernis einer Lüftungsanlage festzustellen und bei Bedarf die Anordnung der Lüftung sowie der erforderliche Luftwechsel anhand der Planungsunterlagen zu überprüfen.

Weitere Anforderungen hinsichtlich des Aufstellorts und anwendungsspezifische Regeln sind zu beachten (z. B. VDE-AR-E 2510-50 bei Lithium-Batterien).

19.3 Erproben

Das **Erproben** umfasst nach DIN VDE 0100-600 Abs. 6.4.3.10 u. a. eine Funktionsprüfung. Hierbei sind seitens der ortsfesten elektrischen Anlage und des Speichers folgende Funktionen zu erproben:

- Funktionsprüfung des Energieflussrichtungssensors (EnFluRi-Sensor),
- Funktionsprüfung des zugehörigen Energiemanagements,
- die Funktion von Fehlerstrom-Schutzeinrichtungen (RCDs) durch Betätigen der Prüftaste,
- Schutzeinrichtungen/Schutzrelais,
- Die Funktion der Isolationsüberwachungseinrichtungen (IMDs) durch Betätigen der Prüftaste,
- Melde- und Anzeigeeinrichtungen,
- Erproben aller Not-Aus-Betätigungselemente (falls vorhanden.)

19.4 Messen

Die Erstprüfung umfasst nach DIN VDE 0100-600 folgende **Messungen**:

- Durchgängigkeit der Leiter,
- Isolationswiderstand der elektrischen Anlage,
- Prüfung der Spannungspolarität,
- Prüfung der Phasenfolge der Außenleiter,
- Spannungsfall,
- Prüfung zur Bestätigung der Wirksamkeit des Schutzes durch automatische Abschaltung der Stromversorgung,
- Prüfung der Wirksamkeit des zusätzlichen Schutzes.

Die Messungen sind im Netzparallelbetrieb und im Inselbetrieb durchzuführen und zu dokumentieren.

Isolationswiderstand

Bei der Isolationswiderstandsmessung ist das Batteriespeichersystem als Verbraucher zu prüfen. In sämtlichen Schaltzuständen, wie Netzparallel- oder Inselbetrieb, müssen die Werte nach DIN VDE 0100-600, Tabelle 6A eingehalten werden. Bei Wiederholungsprüfungen gelten bei Batteriespeichersystemen, die wechselstromseitig angeschlossen sind, die Grenzwerte nach DIN VDE 0105-100.

19.5 Nachweis der Wirksamkeit der Schutzmaßnahme im IT-Inselbetrieb

Im Ersatz-IT-System sind alle Körper in ihrer Gesamtheit mit einem Schutzleiter oder Erdungsleiter verbunden. Die Funktion der Isolationsüberwachungseinrichtung (IMD) ist zu erproben durch:

- Betätigen der Testtaste und/oder
- Einbringen eines Prüfwiderstands zwischen einem aktiven Leiter und dem Schutzleiter.

Die Abschaltung durch die Isolationsüberwachungseinrichtung muss beim ersten Fehler innerhalb einer Minute erfolgen.

19.6 Nachweis der Wirksamkeit der Schutzmaßnahme im TN-Inselbetrieb

Im Inselbetrieb muss der Speicher zur Einhaltung der Abschaltbedingungen im TN-System den erforderlichen Kurzschlussstrom bereitstellen. Ist der am Speicher angegebene Kurzschlussstrom I_k abzüglich des Betriebsstroms mindestens so hoch wie der erforderliche Abschaltstrom I_a der Schutzeinrichtung und verfügt der Speicher über einen Tiefentladeschutz, ist die Schutzmaßnahme im Inselbetrieb wirksam.

Ist der vom Speicherhersteller angegebene Kurzschlussstrom I_k abzüglich des Betriebsstroms kleiner als der für die automatische Abschaltung erforderliche Abschaltstrom I_a, ist anhand der Herstellerangaben des Speichers festzustellen, ob der Umrichter des Speichers ersatzweise die Ausgangsspannung am Netzanschlusspunkt (POC) entsprechend den Anforderungen nach DIN VDE 0100-410 Anhang D innerhalb der geforderten Abschaltzeit auf unter 50 V reduziert und innerhalb von 5 Sekunden die Stromversorgung abschaltet.

Vor der Messung ist durch Besichtigen festzustellen, dass

- die Schutzeinrichtungen entsprechend den Anforderungen nach DIN VDE 0100-530 so angeordnet ist, dass diese nicht aufgrund der Betriebsbeanspruchungen unwirksam werden,
- der vom Hersteller angegebene Kurzschlussstrom abzüglich dem Betriebsstrom der Anschlussnutzeranlage größer ist als der erforderliche Abschaltstrom I_a,
- der Speicher über einen Tiefentladeschutz verfügt,
- der Speicher laut Herstellererklärung den Anforderungen hinsichtlich der funktionalen Sicherheit nach DIN EN 61508 entspricht bzw. die Steuerung entsprechend den Anforderungen an die funktionale Sicherheit nach DIN EN 61511 errichtet ist,
- der PEN-Leiter sowie die Sternpunktnachbildung den zu erwartenden Kurzschlussstrom führen können und den mechanischen und thermischen Beanspruchungen standhalten,
- der PEN-Leiter ausschließlich fest installiert ist,
- der PEN-Leiter einen Leiterquerschnitt von mindestens 10 mm^2 (Kupfer) oder 16 mm^2 (Aluminium) aufweist,
- eine allpolige Trennung zum Netz vorhanden ist.

Erproben und Messen ist erforderlich zur:

- Erprobung der Sternpunktnachbildungszuschaltung,
- Feststellung der Durchgängigkeit der Leiter,
- Messung der Spannungspolarität.

Zur Messung der **Durchgängigkeit der Schutzleiter** ist ein Messgerät nach DIN EN IEC 61557-4 (VDE 0413-4):2022-12 zu verwenden. Der Prüfstrom zum Nachweis der Schutzmaßnahme darf nach DIN VDE 0413-4 Abs. 4.2 im minimalen Messbereich einen Wert von 0,2 A nicht unterschreiten. Die Betriebsmessunsicherheit liegt bei einer Messung bei 30 % und ist bei der Bewertung zu berücksichtigen. Der höchstzulässige gemessene Widerstand der Schutzleiter einschließlich der Übergangswiderstände darf die entsprechenden Leiterwiderstände nicht überschreiten (s. DIN VDE 0100-600 Anhang A).

Tabelle 19.1 Spezifische Leiterwiderstände von Kupfer und Aluminium für die erforderlichen Leiterquerschnitte nach DIN VDE 0100-600

Bemessungsquerschnitt *S*	**spezifischer Leiterwiderstand *R* bei 30 °C**
10 mm² Kupfer	1,881 1 mΩ
16 mm² Aluminium	0,448 mΩ

Die Sternpunktnachbildung ist Teil der Fehlerschleife und somit in der Messung mit zu berücksichtigen. Es sind deshalb die Durchgängigkeit der Schutzleiter, einschließlich der Schutzpotentialausgleichsleiter zu messen. Darüber hinaus ergibt sich aufgrund der geschalteten Sternpunktverbingung das Erfordernis, die Durchgängigkeit zwischen Schutzpotentialausgleich und dem Mittelpunktleiter (Neutralleiter) des geschlossenen Sternpunkts im inselnetzbildenden Systems zu messen. Das Ergebnis ist zu dokumentieren.

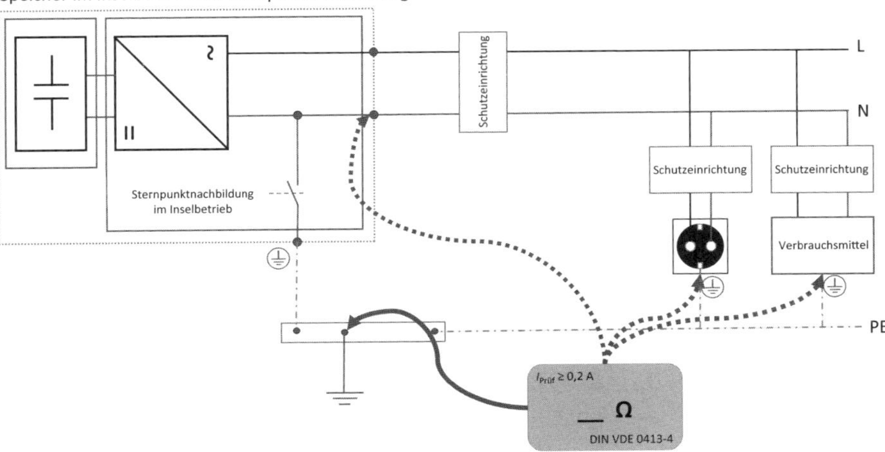

Bild 19.1 Messung der Durchgängigkeit der Leiter über den Sternpunkt (*Zeichnung:* M. Fengel)

Quellen und Referenzen

DIN VDE 0100-100 (**VDE 0100-100**):2009-06 Errichten von Niederspannungsanlagen – Teil 1: Allgemeine Grundsätze, Bestimmungen allgemeiner Merkmale, Begriffe

DIN VDE 0100-410 (**VDE 0100-410**):2018-10 Errichten von Niederspannungsanlagen – Teil 4-41: Schutzmaßnahmen – Schutz gegen elektrischen Schlag

DIN VDE 0100-420 (**VDE 0100-420**):2022-06 Errichten von Niederspannungsanlagen – Teil 4-42: Schutzmaßnahmen – Schutz gegen thermische Auswirkungen

DIN VDE 0100-530 (**VDE 0100-530**):2018-06 Errichten von Niederspannungsanlagen – Teil 530: Auswahl und Errichtung elektrischer Betriebsmittel – Schalt- und Steuergeräte

DIN VDE 0100-430 (**VDE 0100-430**):2010-10 Errichten von Niederspannungsanlagen – Teil 4-43: Schutzmaßnahmen – Schutz bei Überstrom

DIN VDE 0100-520 (**VDE 0100-520**):2023-06 Errichten von Niederspannungsanlagen – Teil 5-52: Auswahl und Errichtung elektrischer Betriebsmittel – Kabel- und Leitungsanlagen

DIN VDE 0100-534 (**VDE 0100-534**):2016-10 Errichten von Niederspannungsanlagen – Teil 5-53: Auswahl und Errichtung elektrischer Betriebsmittel – Trennen, Schalten und Steuern – Abschnitt 534: Überspannungs-Schutzeinrichtungen (SPDs)

DIN VDE V 0100-551-1 (**VDE V 0100-551-1**):2018-05 Errichten von Niederspannungsanlagen – Teil 5-55: Auswahl und Errichtung elektrischer Betriebsmittel – Andere Betriebsmittel – Abschnitt 551: Niederspannungsstromerzeugungseinrichtungen – Anschluss von Stromerzeugungseinrichtungen für den Parallelbetrieb mit anderen Stromquellen einschließlich einem öffentlichen Stromverteilungsnetz

DIN VDE 0100-551 (**VDE 0100-551**):2017-02 Errichten von Niederspannungsanlagen – Teil 5-55: Auswahl und Errichtung elektrischer Betriebsmittel – Andere Betriebsmittel – Abschnitt 551: Niederspannungsstromerzeugungseinrichtungen

DIN EN IEC 62933-1 (**VDE 0520-933-1**):2019-08 Elektrische Energiespeichersysteme (EES-Systeme) – Teil 1: Terminologie

DIN EN IEC 62933-2-1 (**VDE 0520-933-2-1**):2019-02 Elektrische Energiespeichersysteme – Teil 2-1: Einheitsparameter und Prüfverfahren – Allgemeine Festlegungen

DIN EN 62933-3-1 (**VDE 0520-933-3-1**):2017-08 Elektrische Energiespeichersysteme – Teil 3-1: Planung und Installation – Allgemeine Festlegungen Entwurf (zurückgezogen)

DIN EN IEC 62485-1 (**VDE 0510-485-1**):2019-01 Sicherheitsanforderungen an Sekundär-Batterien und Batterieanlagen – Teil 1: Allgemeine Sicherheitsinformationen

DIN EN IEC 62485-2 (**VDE 0510-485-2**):2019-04 Sicherheitsanforderungen an Sekundär-Batterien und Batterieanlagen – Teil 2: Stationäre Batterien

DIN EN 60947-6-1 (**VDE 0660-114**):2014-09 Niederspannungsschaltgeräte – Teil 6-1: Mehrfunktionsschaltgeräte – Netzumschalter

VDE-AR-E 2510-2:2021-02 Stationäre elektrische Energiespeichersysteme vorgesehen zum Anschluss an das Niederspannungsnetz

VDE-AR-N 4100:2019-04 Technische Regeln für den Anschluss von Kundenanlagen an das Niederspannungsnetz und deren Betrieb (TAR Niederspannung)

VDE-AR-N 4105:2018-11 Erzeugungsanlagen am Niederspannungsnetz – Technische Mindestanforderungen für Anschluss und Parallelbetrieb von Erzeugungsanlagen am Niederspannungsnetz

Stichwortverzeichnis

B

C

D

F

G

H

N

O

P

T

U

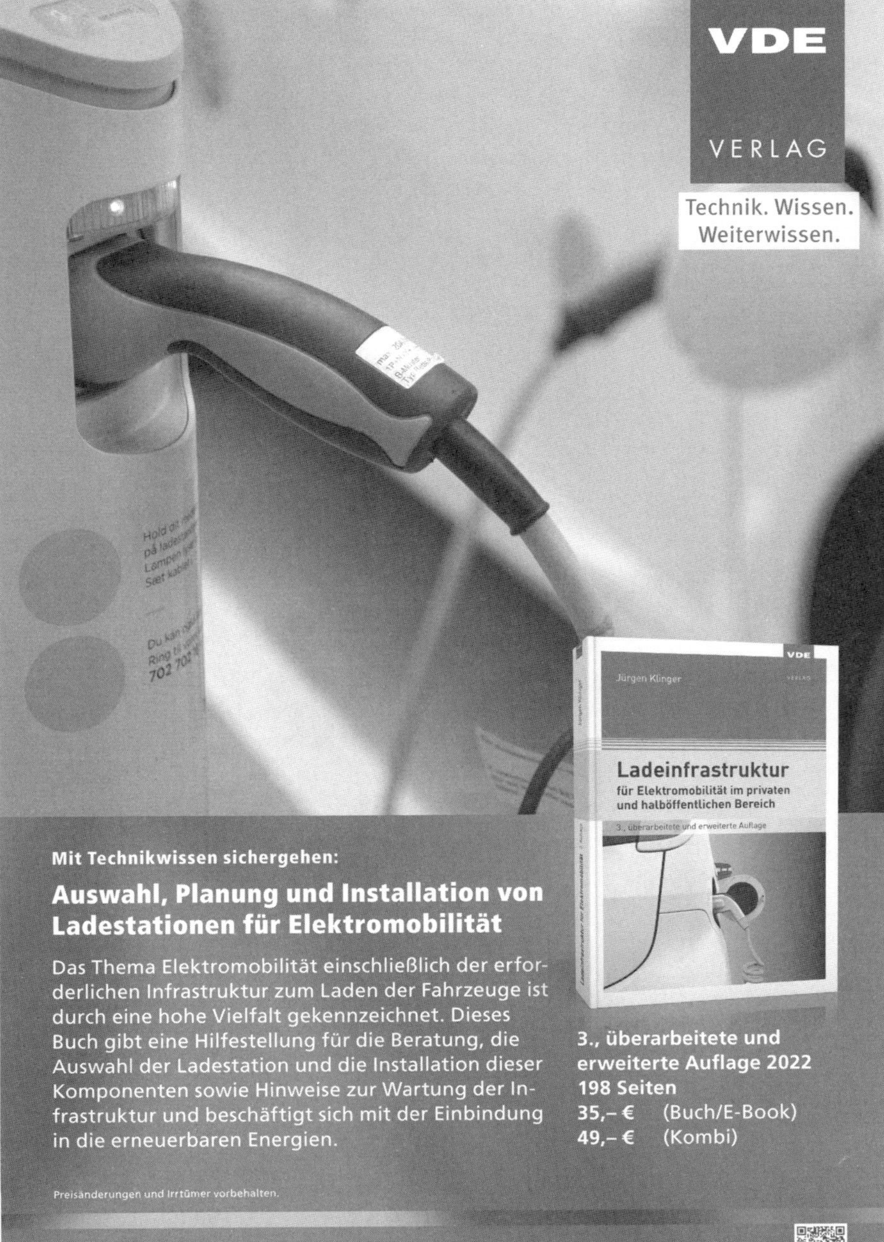
VDE
VERLAG
Technik. Wissen.
Weiterwissen.
VDE
Jürgen Klinger
VERLAG
Ladeinfrastruktur
für Elektromobilität im privaten und halböffentlichen Bereich
3., überarbeitete und erweiterte Auflage
Mit Technikwissen sichergehen:
Auswahl, Planung und Installation von Ladestationen für Elektromobilität
Das Thema Elektromobilität einschließlich der erforderlichen Infrastruktur zum Laden der Fahrzeuge ist durch eine hohe Vielfalt gekennzeichnet. Dieses Buch gibt eine Hilfestellung für die Beratung, die Auswahl der Ladestation und die Installation dieser Komponenten sowie Hinweise zur Wartung der Infrastruktur und beschäftigt sich mit der Einbindung in die erneuerbaren Energien.
3., überarbeitete und erweiterte Auflage 2022
198 Seiten
35,– € (Buch/E-Book)
49,– € (Kombi)
Preisänderungen und Irrtümer vorbehalten.
Bestellen Sie jetzt: (030) 34 80 01-222 oder www.vde-verlag.de/buecher/485746
Werb-Nr. 2308115; Bildquelle: 42122998 ©Volker Witt